동북아 평화의 길

동북아 딜레마, 협력과 상생의 출구는?

동북아 평화의 길

동북아 딜레마, 협력과 상생의 출구는?

2018년 1월 10일 초판 인쇄
2018년 1월 15일 초판 발행

편저자 | 김상순
옮긴이 | 김상순 · 우진훈 · 구자원
펴낸이 | 이찬규
펴낸곳 | 북코리아
등록번호 | 제03-01240호
주소 | 13209 경기도 성남시 중원구 사기막골로 45번길 14
우림 2차 A동 1007호
전화 | 02-704-7840
팩스 | 02-704-7848
이메일 | sunhaksa@korea.com
홈페이지 | www.북코리아.kr
ISBN | 978-89-6324-582-9 (93390)

값 25,000원

동북아 평화의 길

동북아 딜레마, 협력과 상생의 출구는?

김상순 편저

김상순 · 우진훈 · 구자원 옮김

북코리아

서언 1

'동북아 평화의 길'을 설계하며

2017년 9월 3일 12시 39분, 북한은 인공지진 5.7 규모 폭발위력 50-70kt으로 추정되는 제6차 핵실험을 단행했다. 이로써 지난 2006년 10월 9일 오전 10시 35분 인공지진 3.9 규모 폭발위력 1kt 이하의 제1차 핵실험, 2009년 5월 25일 오전 9시 45분 인공지진 4.5 규모 폭발위력 3-4kt의 제2차 핵실험, 2013년 2월 12일 오전 11시 57분 인공지진 4.9 규모 폭발위력 6-7kt의 제3차 핵실험, 2016년 1월 6일 오전 10시 30분 인공지진 4.8 규모 폭발위력 6kt의 제4차 핵실험, 2016년 9월 9일 오전 9시 30분 인공지진 5.0 규모 폭발위력 10kt의 제5차 핵실험에 이어 엄청난 기술적 발전을 이룬 것으로 추정된다. 그만큼 대한민국은 치명적인 안보 위협에 직면했으며, 주변국 또한 심각한 안보 불안을 겪는 시점에 이르렀다.

북한은 9월 3일, 서울 시간으로 3시 30분에 중대보도를 통해 대륙간탄도미사일 장착용 수소탄 실험을 성공적으로 단행했으며, 이는 김정은 조선노동당 위원장의 지시에 의한 것이라고 전했다. 이번 제6차 핵실험을 통해 두 가지의 특징을 살펴볼 수 있다. 첫째는 북한 노동당 5인 상무위원회 회의 장면을 통해 수소탄 탄두를 공개한 지 6시간 만에 기습적으로 핵실험을 단행한 점이다. 둘째는 김정일 국방위원장에 의해 이른바 '선군정치'로 무력화되었던 노동당과 상무위원회의 정치적 위상 강화를 공개했다는 점이다. 제6차 핵실험의 중대결정이 노동당 상무위원회에서 논의되고 결정되었음을 외부에 알린 북한의 의도는 김정은의 책임 나누기, 혹은 책임 회피라는 전술적 의미가 내포된 것으로 해석된다. 상세한 분석을 여기에서 논하기는 어려우나, 확실한 것은 북한이 핵무기 보유를 위한 핵실험을 절대로 포기하지 않을 것이라는 점이다.

현 동북아 국제정세는 1992년 8월 24일, 한중수교를 기점으로 실질적인 변화를 모색했지만, 이에 위기를 느끼고 반발한 북한의 핵무기 개발 전략에 의해 동북아 지역에서는 오히려 탈냉전 시대가 어색한 신냉전의 시대를 유지하고 있다. 지난 2016년 7월 8일, 한미의 사드 시스템 배치 결정 이후, 한중관계는 '사드 딜레마'에 깊이 매몰되어 있다. 1년 이상을 경색국면에서 헤어나지 못한 한중관계로 인해 수교 25주년 기념행사마저 양국 정부가 각각 단독으로 치르는 형국이 되었다. 상대국이 단독으로 주관하는 행사에 마지못해 축전을 보내거나 가급적 무게감이 떨어지는 인사가 오간 이번 수교 25주년 기념행사는 한중관계의 현실을 그대로 반영한다.

위에서도 간단히 언급했지만, 체제의 안전 보장과 동시에 경제발전을 추진할 수 있는 대규모 원조 확보의 수단으로, 북한이 핵무기 개발 완성 목표를 포기하지 않을 것이라는 점은 이미 공공연한 사실이 되어 버렸다. 따라서 필자 역시 다른 전문가들과 마찬가지로, 지난 2016년 상반기부터 북한이 제4차 핵실험에 이어서 제5차와 제6차 핵실험을 추진할 것으로 예상했다. 그리고 이러한 과정에서 '동북아 평화의 길'을 우리가 함께 모색해 보는 것이 의미 있는 작업이 될 것이라고 판단했다.

2017년 8월 24일 북경에서 출판기념회를 가진 이번 『동북아 평화의 길』 중문판 출판에는 초기에 한중일 3개국에서 30여 명의 학자가 참여했으나, 원고 내용과 문장 완성도 등을 고려한 최종 선정을 통해 총 26명의 학자를 필자진으로 확정했다. 우선 동아시아평화연구원에서 총

중문판 『동북아 평화의 길』 북경출판기념식

왼쪽부터 왕충 차하얼학회 부비서장, 김상순 동아시아평화연구원 원장, 장궈빈 차하얼학회 비서장, 유성엽 국회 교문위 위원장, 한팡밍 차하얼학회 주석, 이상기 (사)한중지역경제협회 회장, 주후청 차하얼학회 부비서장, 김경식 (사)한중문화관광총미디어연합 회장

14명(한국 3, 중국 10, 일본 1)이 참여했고, 중국 차하얼(察哈尔)학회에서 6명(중국 6명), 그리고 필자의 초청으로 총 6명(한국 1, 중국 5)이 참여했다. 참고로, 필자는 동아시아평화연구원 원장이자 차하얼학회의 연구위원이지만, 동아시아평화연구원 소속으로만 산정했다. 필자 이외에도, 동아시아평화연구원 연구위원이자 차하얼학회 연구위원인 중국 측의 학자는 3명이 있고, 이들은 모두 차하얼학회 소속으로 구분했다. 필자는 이 26명의 필자진을 정치외교, 경제발전, 사회문화의 세 영역으로 구분하여 '동북아 평화의 길'에 대해 함께 고민을 나누었다.

한글판에는 필자의 초청으로 정지용(郑继永) 복단대 교수를 포함해 총 27명의 필자진이 참여하게 되었다. 정 교수는 처음부터 중문이 아닌 한글로 원고를 작성하였고, 중문으로 번역할 시간적 여유가 없어서 아쉽게도 중문판에는 참여하지 못했다. 나머지 총 26명의 중문 원고는 동아시아평화연구원 소속인 한국인 학자 중에서, 필자와 우진훈 교수 및 구자원 교수가 각각 정치외교, 경제발전, 사회문화 영역으로 나누어 직접 번역했다.

북경에서의 중문판 출판 기념 오찬회는 필자의 동아시아평화연구원과 (사)한중지역경제협회(이상기 회장) 및 (사)한중문화관광총미디어연합(김경식 회장)이 공동 주관한 8개 항목의 한중수교 25주년 기념행사의 일부로 진행되었다. 『동북아 평화의 길』 한중 출판 기념 오찬회 이외에도 한중 일대일로 평화음악회, 한중 문화공공외교 행사 '동아시아평화문화포럼', 한류 뷰티 피부미용 세미나, 건강한 물 세미나, 한중 서화교류전, 한중 문화관광 사진 전시회(평창 동계올림픽 포함), 한중 중소기업 상품교류 전시회가 북경의 포스코센터 왕징 전시장에서 성대하게 개최되었다. 이 자리를 빌려 이번 행사에 협조해 주신 주중국 대한민국 대사관, 한국관광공사 북경지사, 주중국 한국문화원 및 여러 후원사와 한중 언론사 관계자 여러분께 다시 한 번 깊은 감사의 마음을 표하는 바이다.

이번 『동북아 평화의 길』 중문판 북경 출판 기념 오찬회에는 한국에서 '국회 교육문화체육관광위원회' 유성엽 위원장이, 중국에서는 중국 '전국정치협상회의(정협)' 외사위원회 부주임(현직 차관급)이자 차하얼학회 주석인 한팡밍(韩方明) 박사가 참석하여 한중관계의 미래지향적인 발전을 위해 함께 노력할 것을 다짐하였다. 이 자리를 빌려 다시 한 번 적극적인 지지를 보여 주신 유성엽 국회 교문위원장님과 한팡밍 차하얼학회 주석님께 깊은 감사의 말씀을 전한다.

필자는 차하얼학회와 상의하여 양국의 미래지향적인 발전을 위해 『동북아 평화의 길』 중문판 출판은 물론, 한글판 출판도 처음부터 함께 추진했다. 그리고 한글판 출판 이후 '동북아 평화의 길'을 주제로 국회에서 출판 기념 대규모 포럼을 진행하기로 하였다.

이번 『동북아 평화의 길』의 중문 및 한글 공동 출판은 동아시아평화연구원과 차하얼학회가 지향하는 '동북아 평화'를 위한 연구 성과물이다. 비록 연구의 성과가 아직은 미흡하지만 '동북아 평화'를 위한 시발점에 있어서는 매우 중요한 의미를 지닌다. 동아시아평화연구원은 말 그대로 동아시아의 평화를 연구하는 연구기관이다. 차하얼학회는 '공공외교'와 '평화학'을 그 연구 목적으로 삼는 중국의 대표적인 민간 싱크탱크이다. 필자는 이 두 연구기구에 속해 있으면서 한중관계의 평화적인 발전은 물론, 동아시아의 평화를 위한 연구를 차하얼학회와 함께 하고 있다.

지난 8월 24일 북경에서의 중문판 출판 기념회에 이어서, 이번 한글판이 올해 말에 서울에서 출판될 것이다. 『동북아 평화의 길』에 이어지는 다음 계획은 『동아시아 평화의 길』 출판이다. 이 연구는 한중일 학자는 물론, 러시아와 동남아 학자들이 참여하는, 명실상부한 '동아시아 평화'를 위한 공동 작업이 될 것이다. 또한 이번 한글판과 중문판에 이어, 『동아시아 평화의 길』은 영어판과 일어판으로도 출판할 예정이다.

북한의 핵무기 보유 시도와 사드 시스템 배치가 동북아 평화와 동아시아 평화로 가는 길에 결정적인 장애가 될 수는 없다. 하지만 우리는 반드시 이 문제를 함께 극복해야 한다. 동아시아의 모든 이들이 동북아 평화의 길에 이어, 동아시아 평화의 길에 함께 동참해야 한다. 이를 통해 모두가 평화로운 세상을 누릴 수 있도록 함께 노력해야 한다.

이번 『동북아 평화의 길』 출판에 참여한 모든 집필진과 적극 지지해 주신 모든 분들께 다시 한 번 깊은 감사의 말씀을 드린다.

2018년 1월 3일

서울에서 동아시아평화연구원 원장 김상순 배상

서언 2

동북아의 조화로운 발전을 위하여

중국공산당의 제18차 당대회 보고서는 전체 당원이 '노선의 자신, 이론의 자신, 제도의 자신'을 견지할 것을 강조했다. '세 개의 자신'은 집권당 자신의 인식 제고는 물론 경제발전과 국력신장과 함께 중국의 대외정책에 대한 자신감의 기준이다. '노선, 이론, 제도'의 자신감은 특정 국제환경하에서만 체현될 수 있는바, 민중이 국내외의 노선, 이론, 제도에 대한 객관적 · 전면적 인식이 있어야만 인정받을 수 있다.

국제정세와 중국의 사회구조가 급변하는 가운데 외교 및 국제관계 문제에 대한 연구의 중요성은 갈수록 중시되고 있다. 우선 국제업무에 대한 중국의 중요성이 부각되면서 존중과 비판을 동시에 받고 있다. 2010년에 중국이 세계 2위의 경제대국으로 올라선 이후 많은 국가들과의 외교 활동에서 '진통기'를 맞고 있다. 북한 문제와 영토분쟁 등 국제적 핫이슈가 민중의 이성과 외교적 지혜를 시험하고 있다. 둘째, 국내외 문제가 연동되면서 국제문제에 대한 대책이 세계정세 변화와 국내안정에 영향을 미치고 있다. 국제정세 변화와 돌발사태의 영향으로 국내의 분란을 유발하는 사례는 열거할 수 없을 정도로 많아 본보기가 되고 있다. 정책 결정권자 입장에서 국제정세에 대응하고 국제사무를 처리하는 능력에 대한 요구가 갈수록 높아지고 있는 가운데 외교 및 국제관계 문제에 대한 학술연구는 필수적이다. 셋째, 사회매체의 신속한 발전은 공공업무와 국제사무에 대한 참여도를 전례 없이 제고하고 그 내용의 빠른 전파는 국경과 문화 차이, 그리고 가치관의 구분을 모호하게 만들고 있다. 이와 같은 연유로 외교와 국제관계는 단지 정치인, 외교관, 학자 등 소수가 참여하는 '전공학문'이 아니라 명확한 '평민화'의 특징을 보여주고 있다.

그러므로 국제문제에 대한 민중의 소양을 제고하는 것은 매우 중요하다. 2012년 '댜오위다오(钓鱼岛)' 문제로 촉발된 반일 시위에서 시위대의 과격한 행동은 일반인의 재산과 공공이익에 손실을 입혔다. '차를 부수는' 과격 행동이 매체에 보도 혹은 인용되어 폭력으로 이어지는 가운데 민중의 국제문제에 대한 소양 문제가 주목받기도 했다. 주목하다시피 국제문제로 발생하는 항의 시위 중 대다수 사람은 애국 열정을 가지고 있는 이들이다. 비이성적 폭력행위의 주요 원인은 국제문제의 전모와 본질에 대한 이해가 부족하기 때문이다. 현재 국제문제에 대한 국민의 편견과 비이성적인 주목은 국가 측면의 외교정책과 심지어 국가이익에 영향을 주고 있다. 국제문제는 종종 매우 복잡하게 얽혀 있다. 본국의 국가이익에 관련되는 국제문제에서 보통의 민중은 문제의 한 단면만을 볼 뿐 이성적 대처가 어렵다. 이와 같은 배경하에 최대한의 노력을 경주하여 국제문제에 대한 민중의 소양을 제고하는 것은 절박한 과제로, 민중의 정서와 국가의 외교정책이 상반되지 않고 맞물릴 수 있도록 노력해야 한다.

국제 및 국내문제의 연동효과는 국제문제에 대한 민중의 정보 수요를 만족시키고 있어 매체의 국제문제 보도에 있어 귀중한 일보를 내디뎠다. 최근 2년 동안 세심한 시청자는 흥미 있는 사실을 하나 발견했을 것이다. 중앙 TV건 아니면 지방 TV건 국제문제를 다루는 프로그램에 평론가가 증가했다는 사실이다. 온라인상에서도 갈수록 많은 외교관과 국제관계 연구학자가 시야에 들어오고 시청자를 위해 국제정세와 중국의 역할을 분석하고 있다. 이는 국제정세 정보에 대한 민중의 거대한 수요를 반영함과 동시에 민중에 대한 중국 정부의 국제적 소양을 강화하는 교육의 일환이다.

이에 상응하여 외교 및 국제관계를 연구하는 학자의 연구성과의 출판과 보급도 매우 중요하다. 시효성에 따라 매체의 국제문제 보도는 종종 현상 묘사를 중시하여 배경 설명이 부족하고 심지어 사실과 부합되지 않는 소식도 많은 실정이다. 마침 외교 및 국제관계 연구 학자가 장기적으로 관찰하고 연구해서 터득한 연구성과는 이와 같은 부족함을 메우는 역할을 하고 있다. 그러므로 외교 및 국제관계 연구자의 연구성과와 보급은 매우 중요하다. 신중국 설립, 나아가 개혁개방 이후 중국에서 우수한 외교 및 국제관계 연구학자가 성장하고 있다. 그들은 국제규범에 정통하고 중국의 국정을 이해하는 가운데 많은 연구성과로 국제학술무대에서 주목을 받고 있음에도 국내 민중은 이를 잘 알지 못하고 있다. 국내 민중에게 국제관계에 대한 지식을 보급하고 국제문제에 대한 민중의 소양을 제고하는 것은 이미 국제관계 연구학자와 관련 기구의 사회적 책임이 되고 있다. '노선 자신, 이론 자신, 제도 자신'을 위해서는 외교 및 국제관계 연구학자의 더욱 뛰어난 연구성과를 필요로 한다.

'차하얼학회(察哈尔学会)'는 비관방 및 무당파의 독립 사상을 추구하는 싱크탱크로, 2009년 10월에 창립한 후 우수한 외교 및 국제관계문제 연구학자들이 모여 전문가 정신과 본국의 정서 및 국제적 시야를 가지고 국제문제를 연구하고 있다. 현재 학회와 전국정치협상회의가 공동으로 중국의 첫 번째 공공외교 학술지인 『공공외교계간』을 창간하였으며, 외교 및 국제관계 영역의 저명 학자를 연구원으로 초빙하여 매년 차하얼 공공외교연회를 개최하고 있다. 이뿐만 아니라 중국의 첫 번째 공공외교 교과서인 『공공외교개론』과 첫 번째 공공외교총서인 '차하얼 공공외교총서'를 출판하였다. 향후 차하얼학회는 '전망성, 영향력, 협력'의 이념과 원칙하에 정부, 연구기관, 기업, 사회민중 간에 소통 및 교류 플랫폼을 구축하고 외교 및 국제관계를 연구하고 전파하는 실천적 활동을 계속해서 주도해 나갈 것이다.

이번에 출시하는 '차하얼 외교 및 국제관계 총서'는 이와 같은 노력의 일환으로 '차하얼 공공외교총서'에 이은 두 번째 총서이다. 차하얼학회는 앞으로도 지속적인 노력을 통해 중국 외교와 국제관계 연구학자의 최신 성과를 출시함과 동시에, 국제문제에 대한 중국 사회 각계 인사의 이성적이고 건설적인 변론을 촉진하기 위해 계속해서 새로운 성과물을 제시하여 중국의 외교 및 국제관계 연구를 더욱 높은 수준으로 끌어올릴 것이다. 국내외 학자와의 협력을 적극 환영하며 이를 통해 중국과 국제사회의 평화와 안정 그리고 조화로운 발전을 위해 공헌할 것이다.

2017년 12월

전국정치협상회의 외사위원회 부주임

차하얼학회 주석 한팡밍(韓方明)

CONTENTS

제2부 경제발전 분야

제3부 사회문화 분야

제1부
정치외교 분야

1. 동북아 평화의 길, 한중 전략적 안보협력으로 개척을

김상순
번역: 김상순

1) 한중 공공외교 협력으로 외부요소의 피동적 국면을 돌파해야

(1) 북한의 제4차 및 제5차 핵실험과 핵보유 프로세스

2016년 1월 6일 북한이 제4차 핵실험을 진행한 이후, 북한에 대한 각종 제재방식에 있어서 주변국들 사이에는 커다란 차이가 발생했다. 주변국의 대북한 제재에 심각한 분열이 조성되자, 오히려 국면은 북한이 주도권을 확보하는 상황으로 변했다. 원래 북한의 잘못된 행위로 북한이 유엔 안보리의 제재를 받는 피동적인 상황이었으나, 제재를 하는 쪽에서의 분열을 틈타 오히려 제재를 받아야 하는 북한이 주도권을 쥐게 됨과 동시에 북한의 전략적 지위가 더욱 상승하게 되었다. 2월 2일, '6자회담'의 중국 측 단장인 우다웨이(武大伟)가 북한을 방문하자, 북한은 오히려 2월 위성 발사를 선포했고, 주변국은 또다시 피동적인 국면에 빠지게 되었다.

2016년 9월 9일, 북한은 제5차 핵실험을 감행했다. 이후, 2017년 6월까지 김정은은 끊임없이 제6차 핵실험을 준비하고 있고, 각종 미사일 실험을 진행하며 적극적으로 북한의 핵보유 전략을 추진하고 있다. 현재 국제사회가 북한의 핵무기 보유 과정을 저지하기는 매우 어려워 보인다. '비핵화'가 동북아 관련국의 '공통된 인식'이지만, 북핵 문제에 대해 어떻게 대응할 것인가는 모두의 난제가 되었다.

2017년 연말 이전에 북한이 제6차 핵실험을 실시할 가능성은 어떨까? 영국 주재 북한공사였던 태영호는 2016년 8월 17일 영국에서 서울로 정치적 망명을 한 이후, 서울의 모 언론과의 인터뷰에서 "김정은은 2017년 연말까지 핵무기 개발 프로세스를 완성할 생각"이라고 언급했다. 국제사회는 북한이 언제 제6차 핵실험을 결행할 것인가에 주목하고 있다. 필자를 포함한 많은 사람들이 북한의 제6차 핵실험이 여러 곳에서 약간의 시간 차를 두고 진행하는 일종의 '다중' 핵실험이자 '최후'의 핵실험이 될 가능성이 있다고 예측하고 있다. 국제사회가 북한에 대해 엄중한 비평과 제재를 실시하고 있기 때문에, 비록 북한이 잠시 제6차 핵실험을 보류하는 형세이지만, 2017년 연말 이전에 북한이 최후의 다중 핵실험을 진행할 가능성이 매우 높은 것이 현실이다.

(2) 한미의 사드 시스템 배치 결정과 한미중 딜레마

2016년 1월 6일, 북한이 제4차 핵실험을 진행했다. 1월 7일, 한국 국방부장관은 '한중 국방 핫라인'을 가동하여 중국의 국방부장관에게 전화를 했지만 받는 사람이 없었다. 이 핫라인은 5년의 협상을 거쳐 2015년 12월 31일 체결되었고, 2016년 1월 1일부터 개통되었다. 1월

8일, 청와대 대변인은 박근혜 전 대통령이 시진핑 주석과 통화할 예정이며, 이에 대해 중국과 다각도로 협력 방안을 논의하고 있다고 발표했다. 1월 13일, 박근혜 전 대통령은 제4차 '국민담화'를 통해, "북한의 핵실험 위협이 전 세계 평화와 안보를 위협하고 있는데, 이것은 용인될 수 없는 도전이다. 중국도 북한의 핵 의지에 대해 용인할 수 없음을 표명하였다."라고 발표했다. 박 전 대통령은 중국에게 공동으로 북한을 제재하자고 요청했다. 박 전 대통령은, "한국이 사드시스템의 배치를 고려하지만, 한국이 핵무기로 북한을 억제하는 방법을 찾으려고 하지는 않는다." 라며 "어려운 시기일수록 손을 잡고 함께하는 것이 가장 좋은 협력자이다."라고 했다.

2월 5일, 비록 시 주석이 뒤늦게 박 전 대통령에게 전화를 하여 중국의 원칙을 표명했지만, 박 전 대통령은 국무회의에서 이미 중국에 대해 그리 큰 기대를 하지 않는다는 입장을 밝혔다. 결국 한미는 정식으로 사드 배치 문제를 협의할 예정이며, 협상단 구성을 준비 중이라고 발표했다.

2016년 7월 8일, 한미는 사드 배치를 결정했다. 필자가 보기에, 한국은 다음의 네 가지 피동적 요소에 의해 사드 배치를 결정한 것으로 보인다. ① 미국의 압력, ② 한국의 '여소야대' 정국으로 인한 국내 반대파와 여론의 압력, ③ 중국의 한국에 대한 냉담한 태도, ④ 북한의 핵과 각종 미사일 개발의 급속한 발전 속도가 그것이다. 이 네 가지 요소로 인해 '중국통'으로 불렸던 박 전 대통령의 선택 공간은 제한될 수밖에 없었을 것이다.

중미관계에서 보자면, 중국은 적극적으로 중북관계를 발전시킬 수 없다. 왜냐하면 이 경우 중국은 미국의 압력을 받게 될 것이고, 중국이 미국의 압력 행사에서 벗어나려면 중북관계의 발전이 불리한 요소가 되기 때문이다. 또한 오랫동안 주류로서 발언권을 장악하여 중국과 관련하여 한국의 여론을 주도하고 있는 한국의 미국파와 국내파에 비해 비주류에 불과한 한국의 중국파는 현저하게 차이 나는 기존의 발언권조차도 축소될 것이고, 한국 국민들의 중국에 대한 우호감 역시 상실될 것이다. 북핵 문제에 있어서 중국이 적극적으로 한국을 지지하지 않고 있기 때문에, 한국이 어떤 선택을 할지를 상상하는 것은 어렵지 않다.

반대로, 중국의 입장에서 보자면, 만약 중국이 한중관계를 보다 적극적으로 발전시키는 것은 미일동맹 혹은 한미일 연맹을 통해 미국이 중국을 압박하려는 전략에 대한 중국의 반격에도 유리하다. 또한 동북아 정세에서 중국이 발언권을 획득하는 데에도 유리하다. 따라서 어떻게 북핵 문제와 사드 문제를 해결하고 새로운 동북아 질서를 수립할지에 대해 중국은 한국과 긴밀하게 협의할 필요가 있다는 것이 필자의 생각이다.

또한 필자의 주장은, 이러한 새로운 질서는 반드시 북한의 핵무기 개발을 절대 용인할 수 없음을 실현하고, 미국의 중국에 대한 압력 전략을 배제하며, 한중 평화발전의 모범적인 사례로서 새로운 평화기제를 창조함에 집중해야 한다는 세 가지 의미를 포함한다.

(3) 사드로 야기된 한중 딜레마, 공공외교로 풀어야

이전 박근혜 보수정부이든 새로 출범한 문재인 진보정부이든, 한국의 입장에서 보자면, 사드문제는 한중관계에 있어서 일종의 '에피소드'에 불과하다고 필자는 생각한다. 북한의 비핵화가 오히려 핵심적인 문제이지 않은가!

이 비핵화 원칙은 지켜야 한다. 따라서 사드 배치가 미국의 의도이든, 다른 문제이든 간에 한국의 사드 문제에 대한 판단은 일종의 전술이나 수단에 불과한 것이지, 목적이나 목표가 아니다. 따라서 필자는 지난 2년간 북경에서 봉황위성의 여러 TV 토론 프로그램에서, 혹은 각종 한중 포럼이나 특강 및 중문 칼럼을 통해, “한중 양국은 긴밀한 소통이 필요하고, 소통을 통해 문제를 해결할 수 있다”고 수없이 반복해서 주장하고 있다.

사드 문제는 한중 간의 문제일 뿐만 아니라 미국의 한국에 대한 공공외교적 요소도 포함되어 있다. 따라서 이는 한미중의 3각관계 측면에서 살펴봐야 할 문제이기도 하다. 한국에 대한 미국의 공공외교는 한국전쟁의 종전에서부터 시작되었고, 초기에는 완전히 홍보적 기능을 발휘했다. 즉 중국, 소련, 북한 등의 사회주의 진영의 공세를 막기 위하여 미디어를 활용하는 방식으로 한국의 국민들에게 미국의 이념을 선전했다. 한국은 전쟁의 폐허에서 부흥을 갈망했고, 확실한 국가 안보와 경제발전을 위해 부득이하게 미국의 시장에 종속될 수밖에 없었다.

한중 양국은 비록 정치체제는 달랐지만 90년대에 수교를 통해 경제관계를 발전시켰고, 현재까지 25년의 성공적인 협력 사례를 만들었다. 물론 북한 요소도 있지만, 그러나 주로 미국과의 관계에 의해 한국과 중국의 안보관계는 발전하지 못했다. 현재 한국은 안보는 미국에, 경제는 중국과의 협력이라는 딜레마에 빠져 있다. 단지 아주 짧은 40여 년의 대립관계를 거쳤지만, 한중 양국은 5천여 년의 전통적인 교류를 지속해 온 역사적 · 문화적 이웃이고, 양국 관계는 다시 발전하고 있다.

한미관계와 한중관계는 다르게 발전했다. 한국은 합리적인 방식으로 미국으로부터의 안보적 종속성에서 벗어나려고 한다. 김대중과 노무현 대통령을 시작으로 한국은 줄곧 전시 작전권을 회수하려고 했다. 문재인 신임 대통령은 몇 차례 이를 언급했으며, 2017년 6월 30일(미국 현지

시간) 트럼프 미국 대통령과의 정상회담 후, 공동성명을 통해 "여러 조건이 성숙하였을 때, 한국은 전시 작전지휘권을 회수할 것이다."라고 발표했다.

최근 한중 간에 뜨겁게 달아오른 사드시스템 배치 문제는 양국의 입장과 각국의 이익이 서로 다르므로, 다방면의 대화와 소통이 필요하다. 한중 간 사드딜레마에 대해, 필자가 주로 중국에서 전개하고 있는 일종의 '공공외교적'인 발언의 핵심은 이것이다. 즉 한중 양국은 일종의 '사드 투트랙 회담'을 동시에 4단계로 진행해야 한다. 첫째, '한중 사드기술회담'을 통해 군사 전문가들로 하여금 군사 기술적인 문제에 대해 소통해야 한다. 둘째, '한중 사드정치회담'을 통해 양국의 정책결정 부문 간에 정치적 문제를 협의해야 한다. 셋째, 이 두 가지 회담을 통합하여, '한중 사드종합회담'을 통해 종합적인 의견을 조율해야 한다. 한중이 우선 이 두 종류의 회담으로 교류한 뒤에, 이러한 기본 틀에서 마지막으로 미국과 '3자회담'의 소통을 진행해야 한다.

박근혜 전 대통령은 취임 이후 3년 반 동안 미국이 요청하는 사드시스템의 배치를 미루었다. 미국은 한국의 '아시아인프라투자은행(AIIB)' 가입과 중국의 '9 · 3 대열병' 참석을 적극적으로 반대했다. 당시 한국의 민간 부문과 여당조차도 반대에 참여했지만, 박 전 대통령은 이러한 반대를 무릅쓰고 중국의 편에 섰다. 필자가 보기에, 박근혜 전 대통령은 사드시스템 배치의 결정이 피동적인 조치라는 점과 중국이 이를 이해하길 희망한다는 메시지를 중국에게 여러 차례 보냈다. 그러나, 결국 한국 내부의 변화 및 북한과의 관계에 영향을 준 사드 문제는 한중 간에 최대의 정치 문제가 되었다. 북한의 미사일과 핵무기는 한국에게도 엄청난 위협이 되고 있지만, 중국도 북한에 대해 불만이다. 따라서 박근혜 전 대통령은 중국이 더욱 적극적으로 북한에 대해 제재 조치를 하기를 바랐던 것이다.

2017년 5월 10일, 문재인 신임 대통령이 집권했다. 한국의 정치환경 변화를 계기로 삼아, 한중은 사드 문제로 악화된 양자관계를 개선하여야 한다. 위에서 언급한 '한중 사드기술회담'과 '한중 사드정치회담'의 투 트랙 소통과 '한중 사드종합회담' 이외에도, '한중 공공외교 교류'를 통해 양자관계를 개선할 수 있다.

따라서 양국은 세 가지의 공공외교 협력을 진행할 필요가 있다. 즉 ① 중앙정부와 지방정부를 포함하는 '한중 정부 간 공공외교' 협력, ② '한중 싱크탱크 공공외교' 협력, ③ '한중 미디어 공공외교' 협력이 그것이다. 양국은 정부(중앙 및 지방정부), 싱크탱크 및 미디어 부문에서 적극적으로 상호 소통을 추진해야 한다. 이러한 한중 양국의 협력 정신을 통해 양국은 한중관계의 외부 요소인 '북한' 혹은 '미국'으로부터 발생되는 안보적인 측면에서의 부정적인 영향력, 즉 한중 간의 피동적인 안보딜레마를 감소시킬 수 있다.

2) 동북아 에너지 기제 구축 협력으로 동북아 평화기제 구축을[1]

(1) 동북아 에너지 협력은 '유라시아 이니셔티브'와 '일대일로'의 접목으로 시작

한국의 '유라시아 이니셔티브(Eurasia Initiative)'와 중국의 '일대일로(Belt

---

1) 이 내용은 2015년 12월 19-20일 중국사회과학원 아태글로벌전략연구원(亚太与全球战略研究院)에서 개최한 'The Belt & Road and Northeast Asia Energy Security Environment' 국제포럼에서 필자가 발표한 내용을 기초로 재 수정한 내용임.

& Road Initiative)'를 어떻게 접목시킬 것인가? '유라시아 이니셔티브'는 박근혜 정부만의 생각이 아니라, 역대 한국 정부가 추진해 왔던 오래된 구상이다. 따라서 새로운 문재인 정부 역시 '유라시아 이니셔티브'와 '일대일로'의 결합을 통한 유럽과 아시아의 새로운 경제협력을 추진해야 한다.

만약 한중 양국이 협력하여 양국의 국가전략을 접목할 수 있다면, 동북아 평화공존과 공동발전에 많은 긍정적 효과를 만들 수 있다. 한중 양국이 주도하고 다른 주변 국가들의 협력을 통해 동북아 지역에서 우선 '동북아 에너지 협력기제'를 수립할 수 있다. 또한 앞으로 동북아 지역에 새로운 '동북아 경제 공동협력'의 발전 모델을 추진할 수 있을 뿐만 아니라, 동북아 안보환경의 해소에도 효과적인 역할을 할 수 있다. 동북아 지역에서 어떻게 중국이 말하는 '공동현대화(Common Modernization)'를 실현할 것인가를 추진하기 위한 핵심적인 요소는 한중 양국이 지역의 공동발전을 위해 각기 제기한 국가전략을 접목시키는 것이다.

(2) '유라시아 이니셔티브'와 '일대일로'는 '공동현대화'의 새로운 국제공공재

2013년 10월 18일, 유럽 국가와의 협력을 위해 한국의 박근혜 전 대통령은 '하나의 대륙', '창조의 대륙' 및 '평화의 대륙'을 핵심으로 하는 '유라시아 이니셔티브'를 제창했다. ① 교통 · 에너지 · 통상 네트워크 확대를 통한 '하나의 대륙', ② 국제적 차원의 창조경제 추진 및 문화 · 인적 교류 확대를 통한 '창조의 대륙', ③ '한반도 신뢰 프로세스'와 '동북아 평화협력 구상'에 대한 국제적 지지에 기초한 '평화의 대륙' 비전을 실현하여 평화와 번영의 새로운 유라시아 시대를 얻어 가자는 것이다.[2)]

---

2) 제성훈, 유라시아 이니셔티브(Eurasia Initiative), 외교부 · 동아시아연구원 공동 컨퍼런스,

유라시아 이니셔티브에는 아래와 같은 구체적인 내용이 있다. 첫째, 부산을 출발하여 북한 · 러시아 · 중국 · 중앙아시아 · 유럽을 관통하는 새로운 실크로드 철로(Silk Road Express, SRX)의 구상이다. 둘째, 2013년 11월 박근혜 대통령과 러시아 푸틴 대통령의 정상회담에서 한반도 종단철도(Trans-Korean Railway, TKR)와 시베리아 종단철도(Trans-Siberian Railway, TSR)의 연결에 대한 필요성에 공감하였고, '나진하산' 프로젝트의 양해각서(MOU)를 체결하는 데 공감했다. 셋째, 중국 횡단철도(Trans-China Railway, TCR), 시베리아 종단철도(TSR), 몽고 횡단철도(Trans-Mongolia Railway, TMR)를 연결하는 것이다. 넷째, 남북한 내부의 단절된 철도와 고속도로를 연결하고, 한반도 외부의 철도와 연결하는 것이다. 다섯째, 2015년부터 '유라시아 실크로드 우호 프로젝트'를 촉진하고, '한 · 중앙아시아 협력사무국'을 창설하는 것이다.[3)]

2015년 3월 28일, 중국 시진핑 국가주석은 보아포럼 2015년 개막식 연설을 통해 "'일대일로'의 제창은 중국 및 관련된 국가와 지역의 발전에 필요하며, 관련국들의 공동이익에도 부합하고, 지역과 전 세계의 협력 추세에 따른 것"[4)]이라고 했다. '일대일로'의 성공적인 발전을 위해 중국은 '아시아인프라투자은행(Asian Infrastructure Investment Bank, AIIB, 亚洲基础设施投资银行)을 설립했다. 2015년 4월 15일, 아시아 지역 내 37개국과 아시아 지역 이외의 20개국, 총 57개국이 AIIB에 가입했다.

한국 중장기 외교전략의 평가 및 발전 방향, 2015. 10. 21., pp. 93-112. 백성호, GTI와 북방물류시장, 유라시아 네트워크, 2015 북방아카데미: 대륙에서 길을 찾다, pp. 185-189.

3) [韩]金兴圭,《"一带一路"战略构想与韩中合作方案》, 中韩丝绸之路研讨会:《"一带一路"与"欧亚倡议"共赢发展》,《西北大学丝绸之路研究院》2015. 9. 13. 검색일: 2015. 12. 10.(10:00) http://isrs.nwu.edu.cn/index.php?m=content&c=sczl&a=show&id=242

4) 环球网,《"一带一路", 开放包容的合唱》, 2015. 03. 29., 검색일: 2015. 12. 09.(11:00) http://opinion.huanqiu.com/1152/2015-03/6039452.html

2003년 8월 27일, '6자회담'은 중국이 처음 주도적으로 개입하여 적극적으로 추진했던 '지역 다자안보 기제'였으나, 결국 부족했음이 역사적으로 증명되었다.[5] 새로운 시기의 중국 외교는 국제사무에 대해 창조적 개입이 필요하며, 요점은 어떻게 스스로의 역량과 상호공존의 전제하에 더 많고 효과적인 전략적 원조와 공공재를 제공할 것인가에 있다.[6] 장기적으로 피동적인 상황에서 굴기하던 중국은 세계를 향해 '신형 국제공공재' 즉 '일대일로'와 'AIIB'를 제시했고, 중국의 소프트파워 가치사슬과 글로벌 가치사슬(Global Value Chain, GVC)을 높이려고 한다.

'일대일로' 제창의 본질적인 특징은 (중국식 표현으로) '공동현대화(Common Modernization)'이다. 첫째, 이 목표는 '공동이익' 실현이다. 둘째, 이 주체는 여러 국가가 조직한 '공동체'이다. 셋째, 이 원칙은 공상(共商), 공건(共建), 공향(共享)의 '3공협력' 원원이다. 넷째, 이 내용은 상호연동과 상호소통 위주이다. 마지막으로, 실현 방식은 국제 협력이 핵심이다.[7] '일대일로'의 제창은 전형적인 새로운 외교이며,[8] 'AIIB' 역시 중국의 뉴노멀(New Normal) 외교전략으로 볼 수 있다.[9] '일대일로'의 현대화 내용에 있어서는 정책, 설비, 무역, 자금, 민심 등의 '상호연동'과 '상호소통'의 중요성을 강조한다.[10] 중국이 주장하는 '일대일로'의 주요 목적은 협력을

---

5) 王逸舟,《创造性介入: 中国外交新取向》, 北京: 北京大学出版社, 2011, p. 70. '6자회담'은 2003년 8월 27일부터 2007년 9월 30일까지 총 6차례의 회담을 진행했으나, 2009년 4월 23일 북한의 퇴출 선언으로 회복되지 못하였고, 이미 유명무실한 상태이다.

6) 王逸舟,《创造性介入: 中国之全球角色的生成》, 北京: 北京大学出版社, 2013, p. 67.

7) 察哈尔学会,《"共同现代化": "一带一路"倡议的本质特征》(제2판),《察哈尔报告》, 2015. 11., pp. 9-12.

8) 艾平,《"一带一路"新外交》,《公共外交季刊》, 2015년 봄호 제8호(총제21기), pp. 1-5.

9) 김상순, "중국의 신혁명: 뉴노멀 시대와 '일대일로' 전략", New-Daily, 2015. 04. 27., http://www.newdaily.co.kr/news/article.html?no=244965

10) 察哈尔学会,《"共同现代化": "一带一路"倡议的本质特征》(제2판),《察哈尔报告》,

통해 '윈윈'의 새로운 경제질서를 실현함과 동시에 공동으로 새로운 안보질서를 만드는 것으로 판단된다.

(3) 한중 FTA 발효, 양국의 전략적 협력의 새로운 무대

한중이 체결한 자유무역협정(Free Trade Agreement, FTA)은 양국과 아태 지역 경제협력에서 중요한 이정표의 의미가 있다. 첫째, 한중 FTA는 '높은 수준의, 전면적이고, 최대 이익의 공평성 추구'라는 협정이다. 둘째, 한중 FTA는 네 가지 '최초' 혹은 '첫 번째'라는 의미가 있다. ① 중국의 협력국 중에서 경제규모와 양자 무역액이 '제일' 크다. ② 중국이 '처음으로' FTA 진입 이전에 국민 대우와 네거티브 리스트 규제를 완화하여 외국인 투자를 적극 받아들이는 것을 승인하는 형식으로 무역과 투자에 대해 협상한 것이다. ③ '처음' 별첨 부건 형식으로 특정한 영역의 협력 내용을 열거했다. ④ 동북아 지역의 '첫 번째' 자유무역 협정이다. 셋째, 한중 FTA는 향후 양국과 아태 지역에 여러 효과를 제공했다. ① 한중 양국은 객관적인 거시경제 이익을 얻게 될 것이다. ② 한중 양국의 여러 산업 모두 양자무역의 자유화로부터 이익을 얻을 것이다. ③ 한중 FTA는 양국 제품의 국제 경쟁력을 높이게 될 것이다. ④ 한중 FTA는 중국이 신속하게 자유무역지역 전략을 실현하기 위한 공간을 확대할 것이다.[11]

한중 FTA는 한국과 중국 양측이 지금까지 맺은 FTA와는 다른 특징이 있다. 즉 동북아 지역에 형성된 밀접한 국제분업구조 기초 위에서 이

2015. 11., p. 11.

11) 赵晋平,《中韩自贸协定将产生多重共赢效应》, KIEP北京代表处成立20周年国际研讨会:《中国经济新常态和中韩FTA时代下中韩经济合作方向》, 2015. 06. 25., pp. 47-51.

루어지는 FTA로, 동아시아 경제공동체라는 장기적인 비전을 향해 나아가는 첫걸음으로서의 FTA이며,[12] 글로벌 가치 사슬(Global Value Chain, GVC)을 확대하기 위한 것이다. 한중 FTA의 성립으로 한중 양국은 농업, 제조업, 서비스업에 기초한 산업망, 가치사슬, 공급망의 결합을 추진하여 산업의 군집화와 규모화 효과를 만들었고, 한중 기업의 투자 개발 협력 추진과 지적 재산권 협력을 추진하게 되었다.[13] 2015년 12월 20일, 한중 FTA가 정식으로 발효되었다. 한중 양국은 새로운 발전 동력과 경쟁력을 높여서 새로운 전략적 협력의 무대를 전개하게 된 것이다.

(4) 어떻게 동북아 에너지 개발과 경제협력 기제를 추진할 것인가

한국의 역대 정부는 한반도 종단철도(TKR) 건설 프로젝트, 부산을 출발하여 한반도와 러시아를 잇는 시베리아 횡단철도(TSR), 중국 횡단철도(TCR), 몽고 횡단철도(TMR), 중앙아시아와 유럽 등의 아시아와 유럽 대륙을 횡단하는 '실크로드 고속철도(SRX)' 건설 구상을 추진하려고 노력함과 동시에, 한국 정부는 '한중 해저터널'과 '한일 해저터널'의 건설도 구상했다. 문재인 정부는 이 구상을 더욱 확대하여 미국과 러시아를 잇는 베링 해협 터널(Bering Strait Tunnel)과 연결, 유라시아 아메리카 대륙 철도의 합작 프로젝트를 수립하여, 한반도가 '물류산업망'의 허브가 되는 것을 추진해야 한다.

---

12) 이승신, "한중 FTA 시대의 한중 Global Value Chain 협력 확대 제언", KIEP 북경사무소 설립 20주년 기념 국제세미나, 중국경제 뉴노멀과 한·중 FTA 시대의 새로운 한·중 경제협력 방향, 2015. 06. 25., p. 118.

13) 张建平,《中韩FTA时代下中韩相互投资扩大建议》, KIEP北京代表处成立20周年国际研讨会:《中国经济新常态和中韩FTA时代下中韩经济合作方向》, 2015. 06. 25., pp. 88-89.

동북아 지역은 각종 대국 간의 경쟁과 각 국가의 서로 다른 전략이 존재하기 때문에, 본질적으로 지역의 다자협력기제를 수립하기 어려운 환경이다. 경제발전의 측면에서도 동북아 국가 모두 서로 다른 경제적 어려움에 처해 있다. 그러나 한중 양국은 '동북아 에너지 개발과 경제협력기제'의 수립을 시도하고, 아래와 같은 협력 과정을 진행할 필요가 있다. 첫째, 한국의 '유라시아 이니셔티브'와 중국의 '일대일로'의 결합을 시도하여 '동북아 에너지 개발과 경제공동개발 전략'을 상호 보완하고 실현하는 단계이다. 둘째, 러시아와 몽고가 참여하는 '한·중·러·몽'의 4개국 에너지 개발과 경제협력기제 수립 단계이다. 셋째, 북한을 참여시켜 '동북아 에너지개발 및 경제협력기제'의 구상을 완성하는 단계이다.

이러한 협력기제의 핵심은 다음과 같다. 첫째, 기초설비를 포함하는 에너지 개발 위주의 실제적인 협력 방식으로 광범위한 경제협력 목표를 실현하는 것이다. 둘째, '정경분리' 원칙 위주로 미중관계, 중일관계, 미러관계, 러일관계 등과 같은 대국 간의 정치·안보 경쟁과 모순의 근원을 완전히 배제해야 한다. 셋째, 지역 내 '순수한' 경제협력 모델을 수립해야 한다.

동북아 '공동현대화(Common Modernization)' 발전 동력의 핵심은 어떻게 '동북아 경제공동발전기제'를 수립하는가에 있으며, 그 출발점은 어떻게 동북아 국가의 발전전략을 접목시키는가에 있다. 즉 '유라시아 이니셔티브'와 '일대일로'의 결합은 일종의 전형적이고 모범적인 새로운 협력모델이 될 수 있다.

3) 한중 고등교육 공공외교 교류와 평화 거버넌스의 창조

한중은 1992년 8월 24일 수교 이래 하부정치(low politics) 영역, 즉 경제, 사회, 문화 분야에서는 세계 외교사에서 모범적인 성공 사례를 만들었다. 그러나 상부정치(high politics) 영역인 정치, 외교, 안보 영역에서는 아직도 발전이 필요하다. 그중에서도 안보 영역에서의 한중 협력은 '미래의 희망' 혹은 '꿈'과도 같다.

한중관계는 경제 문제와 사회·문화 교류 측면에서 여러 형태의 공동이익과 협력 공간이 존재하고, 정치와 외교적 측면에서도 협력할 수 있는 부분이 많다. 그러나 안보 영역에서 양국은 양국의 '외부요소'에 의해 발생되는 역방향의 영향력에서 벗어나지 못하고 있다. 예를 들면 '북한요소'나 '미국요소'로 발생되는 일련의 딜레마, 즉 '북핵 문제'나 '사드 문제'와 같은 외부요소가 한중 간 안보딜레마를 발생시키는 중요한 원인이 되고 있다.

(1) 세 가지 '순환성 부족'이 한중 안보딜레마를 조성

필자가 보기에, 한중 간의 안보딜레마는 ① 소통 부족, ② 이해 부족, ③ 상호 신뢰 부족이라는 세 가지 '순환성 부족'이 주요 원인이다. 한중 양국은 상부정치 영역에서 ① 한반도 비핵화, ② 평화 발전, ③ 한반도 무력통일 반대라는 세 가지 '공통된 인식'이 존재한다. 따라서 한중은 양국의 외부요소로부터의 피동적인 국면에서 능동적으로 전환하여 평형을 회복하도록 하기 위하여, 인내를 가지고 안보대화를 진행해야 한다.

한중 양국은 안보영역의 구체적인 협력에 있어서 다음과 같이 진행할 수 있다. 첫째, 각종 '안보대화'의 플랫폼을 증가시켜서, 양국의 소통

기제를 강화시켜야 한다. 둘째, 소통기제의 강화를 통해, 상대에 대한 이해의 수준을 심화시켜야 한다. 셋째, 상대에 대한 심화된 이해를 통해 안보적 측면에서의 양국 간의 전략적 상호 신뢰를 높여야 하며, 이를 통해 '동북아 평화기제'를 수립하는 기초로 삼아야 한다.

종합하자면, 한중 양국은 소통을 강화할 필요가 있고, 상대에 대한 이해도를 심화시켜야 하며, 전략적 상호 신뢰를 구축할 필요가 있다. 이 과정에서 양국은 여러 가지 서로 다른 안보딜레마와 정치 · 외교 전략 및 국가 이익 등의 문제에 대해 함께 상의할 필요가 있다. 또한 한 걸음 더 나아가 어떻게 협력하면 공동의 이익을 만들거나 협력의 접점을 찾을 수 있을지에 대해서도 함께 깊이 검토할 필요가 있다.

한중 양국의 소통기제를 강화하고 상대에 대한 이해의 수준을 심화하기 위한 중요한 방법은 역시 각종 '공공외교' 교류의 플랫폼을 적극적으로 이용하는 것이다. 그중에서 필자는 '한중 고등교육 공공외교 교류'라는 플랫폼을 제안한다.

고등교육 측면에서, 양국은 이미 장기적으로 각종 '학술성' 교육을 교류하고 있다. 예를 들면 양국의 유명한 대학교 간 학부생, 석사생 위주의 '쌍학위' 교류라든지, 교수 등 연구자 위주의 '방문학자', '박사후 과정' 및 연구 프로젝트의 공동 연구 등의 방식으로 교류하고 있다. 그러나 이러한 교류는 '학술적' 영역 위주일 뿐, 민간 부문의 영역을 포함시켜야 한다. 필자는 특히 상대국의 정책결정 부문에 영향력을 발휘할 수 있는 '민간 지도층' 간의 교류를 포함해야 한다는 점을 강조하려는 것이다.

(2) '한중 고등교육 공공외교 교류 프로그램' 건립이 필요

어떻게 '한중 고등고육 공공외교 교류 프로그램'을 만들 것인가? 필자가 주목하는 것은 한중 양국의 유명한 대학에 현존하는 많은 '평생교육원'을 활용하자는 것이다. 대학이 학생들에게 대학 교육을 실시하는 것은 중요한 역할이다. 그러나 글로벌 지식 시장은 갈수록 복잡해지고, 정보화와 국제화 및 각 영역을 넘나드는 지식융합의 추세로 발전하고 있다. 전통 교육시장의 발전 이외에도, 각국의 고등교육은 사회교육과 평생교육의 중요성을 중요시하게 되었을 뿐 아니라, 새로운 교육시장을 만드는 것을 더욱 중요시하게 되었다.

한중 양국에도 이미 새로운 교육시장과 교육 프로그램들이 무수하게 출현했다. 현재 양국은 '평생교육원'의 주요 교육 대상을 정부 각 부문의 중견 간부나 각 기업의 이사급 이상 고급 경영진 및 사회 지도층 저명 인사들로 하고 있고, 이들은 모두 양국의 주류 지도층이다. 그러나 필자는 이러한 교육의 범위가 단지 국내 위주이고, 국제적인 교류로 진행되지는 않고 있다는 점에 주목한다.

한중 양국의 고등교육 분야는 사회교육 측면에서 국제화, 다국적화, 융합화의 새로운 관념이 필요하다. 따라서 이러한 국제 교육시장의 새로운 수요 과정에 있어서 현존하는 양국의 평생교육 시스템을 이용하여 상대방의 사회 주류 지도층 인사들에 대한 교육 과정의 상호 교류를 추진할 필요가 있다. 이를 통해, 양국의 '공공외교 교육'과 '상호 협력전략 교육'을 진행하고, 이러한 교육과 소통을 통해 양국의 사회 지도층이 양국의 공동 발전과 지역 발전에 기여할 수 있도록 해야 한다.

이러한 국제협력은 상대국에 대한 이해를 강화시키고, 상호 소통을 심화시키며, 양국의 전략적 상호 신뢰를 수립함에 있어서도 도움이 된다. 현존하는 한중 양국의 평생교육 시스템을 이용하여 공공외교 국제교육의 상호 교류를 추진하는 것은 한중 간의 평화발전은 물론, '동북아 평화의 길'을 건설하는 데 있어서 중요한 역할을 발휘할 것이다.

4) 한중 위기에 대한 비밀 제안: '제2차 한중 빅딜' 가동

한중수교의 시간은 길다고 할 수 없는 단지 25년에 불과하다. 그런데 냉전 시대를 배경으로 수교 이전에 이미 양국이 엄격한 비밀을 유지한 채 수교를 위한 비밀담판을 진행하였다는 것을 사람들은 잘 기억하지 못하는 듯하다. 한중 양국은 이미 비밀담판을 비공개로 오랫동안 진행했던 경험과, 이의 결과로 세계가 깜짝 놀란 '한중수교'를 이룬 실적이 있다.

따라서 한중 양국은 '사드딜레마'를 계기로 이제 '제2차 한중 빅딜'을 가동해야 한다. 이는 이미 2015년부터 필자가 계속해서 강조하고 있는 '사드딜레마'와 '북핵 문제'에 대한 해법이자, '동북아 평화의 길'을 추진하는 기본 토대이기도 하다.

(1) 냉전 시대의 비밀 담판, 수교는 '제1차 한중 빅딜'

세계가 냉전 시대에 진입한 것은 1947년 3월로, 미국의 트루먼 대통령이 '트루먼주의'를 선포한 것이 시발점이라고 할 수 있다. 트루먼은 그리스와 터키에 대한 원조를 제공함과 동시에 소련에 대해 전면적이고 강경한 억제정책을 추진하였는데, 이것이 바로 냉전의 시작이라고 알려지고 있다.

냉전 기간, 미국과 소련은 30여 년간 패권다툼을 벌였고, 전 세계의 각 지역에 엄청난 안보 위협을 초래했다. 이러한 패권다툼은 서로 다른 체제의 힘겨루기였을 뿐만 아니라, 두 초강대국 간의 글로벌 패권 다툼이었다. 1989년 12월 2일과 3일, 미국의 부시 대통령과 소련의 고르바초프 전 공산당 총서기는 몰타에서 비공식 정상회담을 통해 "미소는 더 이상 적대국 관계가 아니다. 따라서 냉전은 종식되었다."라고 선포하였다. 1991년 12월 25일, 고르바초프는 소련의 해체를 선포하였고, 냉전은 공식적으로 종결되었다.

냉전 기간, 한중 양국도 서로 다른 입장에 서서 오랫동안 적대관계로 있었다. 그러나 1983년 '북경 아시안 게임'을 시작으로 양국 민간 부문의 교류가 갈수록 증가했다. 한국, 중국, 북한 및 대만과의 다자 이익과 관계에 따라, 초기의 한중수교 담판은 단지 엄격한 비밀 유지하에 진행되었고, 1992년 8월 24일에 비로소 성공적으로 완성되었다.

'한중수교'는 '제1차 한중 빅딜'이라고 필자는 주장한다. 이 말은 앞에서도 강조했듯이 이제 '제2차 한중 빅딜'이 필요하다는 의미이기도 하다.

(2) 한국의 사드 배치, 한중관계 첫 전면적 위기 봉착

북한의 핵무기와 미사일 위협에 대한 우려, 한미 양국 국민의 안전 보호 및 한미동맹의 군사력 확보를 이유로 2016년 7월 8일 한미 양국은 2017년 연말 이전에 한국에 '사드' 시스템을 배치한다고 선포했다. 한국이 사드배치를 결정한 것은 북한의 끊임없는 핵무기 개발과 미사일 발사가 주원인이며, 이것이 한국의 안보에 위협이 되기 때문이다. 한국이 가장 걱정하는 것은 북한이 조만간 핵탄두의 소형화, 경량화, 표준화 및 투발 능력의 다양화를 통해 '핵무기 실전능력'을 보유하는 것이다. 한국이 가장 두려워하는 것은 일단 북한이 '핵무기 실전능력'을 보유할 경우, 남북관계의 힘의 균형이 일방적으로 북한으로 기울게 된다는 점이다. 북한의 핵무기에 대해 한국은 완전히 피동적인 위치에 처하게 되고, 인질이 되는 핵인질 안보딜레마에 빠지게 된다.

한국은 국내외의 각종 압력하에 피동적으로 사드를 배치하게 되었고, 중국의 반발로 인해 한중관계는 엄중한 도전에 직면했다. 그러나 한중 양국은 모두 이 문제에 대한 피동적이자 직접적인 피해자이며, 어떤 측면에서는 미국과 일본 및 북한이 수혜자라고 필자는 판단한다. 이번 한중관계는 확실히 엄중한 도전에 직면했고, 쌍방의 의견 차이로 인해 갈등도 증가하고 있다. 그러나 한중은 어떻게 협력해야 비로소 현재의 피동적인 갈등 국면에서 벗어나 새로운 협력 방식을 만들 수 있는지를 냉정하고 심각하게 생각해야만 한다.

반대로, 만약 한중 양국이 서로 각종 보복이나 반격에 집중할 경우, 결국 한중 양국은 모두 '최후의 패자'가 될 것이다. '사드'는 절대로 긴밀한 한중관계를 종결시킬 수 없으며, 어려운 시기에 한중은 오히려 더욱 효율적인 소통을 유지하여야 한다. 이러한 시기에 특히 고위층 간의 상호 교류가 필요한데, 한중관계는 서로를 포기할 수 없는 상호 필수적인 보완관계이기 때문이다.

(3) '한중 비공개 안보 전략대화' 진행으로 주도적 상황을 장악해야

한중은 계속해서 전략적 협력 동반자 관계를 발전시켜야 하고, 긴밀하게 소통해야 한다. 양국의 긴밀한 협력을 추진하기 위하여, 쌍방은 능동적으로 상대방을 초청하여 '비공개 안보 전략대화'를 진행해야 한다. 이 프로세스는 3단계로 진행할 필요가 있다.

첫째, '한중 2.0 안보대화기제' 단계이다. 우선 양국의 싱크탱크로부터 시작하고, 큰 틀을 설계한 뒤, 충분한 소통을 통해 한중 싱크탱크 연맹 관계를 수립할 필요가 있다.

둘째, '한중 1.5 안보대화기제' 단계이다. 양국은 퇴역 및 퇴직한 전임 정책결정 부문의 전직 고위층을 참여시켜서 상호 간 소통을 강화하고, 1.5트랙의 싱크탱크 연맹을 수립할 필요가 있다. 여기에는 구체적으로 5대 영역의 전문가 그룹이 참여하여야 한다. 즉 ① 군사 전문가 그룹(퇴역 및 현역 장군), ② 외교 및 중앙정부 행정 전문가(전직 G20 총영사급 이상, 전직 차관급 이상), ③ 정치 전문가(전현직 국회의원, 중국은 전인대 상무위원급), ④ 싱크탱크 전문가(대학 및 연구기관 부소장급 이상), ⑤ 언론 전문가(메이저 언론 주필급 이상)로 구성되어야 한다.

셋째, '한중 1.0 안보대화기제' 단계이다. 양국 정부의 정책결정 부문이 소통에 참여하여 협상하는 단계이다. 정부 간 안보대화의 진행에서 의견이 다른 부분은 다시 '한중 2.0 안보대화기제'로 되돌리고, 제1단계부터 다시 제3단계로 다시 시작하는 '비공개 안보 전략대화'를 순환식으로 진행해야 한다.

이러한 비공개 대화에서 한중은 양국의 경제, 문화, 사회, 정치, 외교, 안보 등의 모든 문제에 있어서 상호 간 어떤 문제도 제기할 수 있어야 하고, 마음을 터 놓고 전면적이고 전방위적인 소통을 추진해야 한다. 이 가운데, 특히 안보 영역의 내용에 대해서는 대외에 공개할 필요가 없으며, 미국과 북한 및 국제사회에 대해 비밀을 유지하여, 그들이 한중 간의 협상 내용을 추측하지 못하도록 해야 한다. 즉, 한중 간의 안보 전략대화가 어떻게 진행되고 변화되며 발전되는지를 알지 못하게 해야 한다. 이러한 '비밀대화'를 통해 한중은 아주 간단하게 그리고 최우선적으로 '주도적' 위치를 얻을 수 있고, 안보 영역에서 철저하게 이전의 '피동적 국면'을 바꿀 수 있다.

필자가 주장하는 '제2차 한중 빅딜'의 주목적은 한중 양국이 미래 지향적인 발전 방향을 추구함과 동시에 '동북아 평화의 길'을 가기 위해 '미래 동북아 평화기제'의 기초를 수립하는 데 있다. 한중은 이 '빅딜'의 일차 목표를 외부 요소에 의해 오랫동안 '피동적' 국면에 처한 것을 뒤집고, '주도적' 위치를 회복하여 동북아 평화안보 기제를 구축하는 데 두어야 한다.

'제1차 한중 빅딜'의 성과가 '한중수교'이다. 당시의 상황을 보면, 한중이 정상적인 국가관계를 이룰 것이라고는 상상하기 어려웠을 뿐만 아니라, 이후에 양국이 이렇게 성공적인 사례로 발전할 것이라는 점은 더더욱 상상하지 못했을 것이다. '제2차 한중 빅딜'을 실현하기 위해서, 한중은 국내외의 각종 장애를 극복해야만 한다. 결국 실현할 목표는 아마도 현재의 '성숙된 전략적 협력 동반자 관계'보다도 더 긴밀하고 더욱 성숙된 일종의 '동맹적 · 전략적 협력 동반자 관계', 심지어 '전략적 정치동맹' 관계까지도 검토할 필요가 있다고 필자는 생각한다.

2. 인터넷 민족주의가 중한 공공외교에 미치는 영향과 대책

왕셩(王生)
번역: 김상순

갈수록 소프트 파워가 중요성을 갖는 탈냉전 시기의 국제관계에 있어서, 정치, 경제, 사회, 문화, 언론 등의 영역에 대한 글로벌 시대가 도래하고 있다. 세계는 하드 파워의 강국이든 중진국이든 혹은 소프트 파워가 필요한 개발도상국이든 국가가 외교 정책의 전략 수단을 전개함에 있어서 '공공외교'가 가장 명확하게 국가의 이미지를 높이는 작용을 한다. 한중관계가 25년의 급속한 발전을 이룬 이후, 경제, 정치, 문화, 군사 등의 영역에서 전면적으로 확산하고 있다. 최근에, 양국의 민간 교류는 날이 갈수록 빈번해지고, 상호 이해가 끊임없이 깊어짐과 동시에 오해와 불쾌함도 발생함에 따라 양국의 화합과 발전에도 영향을 미치고 있다. 특히 양국의 인터넷 인구가 급속하게 증가함에 따라, 인터넷 외교의 파생품인 '인터넷 민족주의'[1]도 나날이 고조되어 한중 양국의 공공외교

1) 역자 주: 원문의 '网络民族主义'에서 '网络'는 인터넷, 네트워크, 그물망, 회로망 등으로 번역할 수 있지만, 여기에서는 '민족주의'와 결합된 용어로 가장 이해되는 '인터넷 민족주의'로 번역함.

관계에 미치는 영향을 경시할 수 없는 상황에 이르렀다. 정부의 의제나 정책 결정에 대한 개입 및 국민의 여론 형성은 사실상 언론과 인터넷이 주도한다. 여론과 국민의 지지를 얻지 못하는 정책일 경우 성공하기가 어렵게 되었다. 따라서 '인터넷 민족주의' 역시 갈수록 관심과 주목을 받고 있다.

나날이 중요해지는 소프트 파워와 공공외교의 시각에서 한중 양국의 인터넷 민족주의의 진행에 대해 주목할 필요가 있다. 이 글은 이러한 관찰을 통해 소프트 파워와 공공외교 전략의 수립에 있어서 한중 양국이 어떻게 인터넷 민족주의에 대응할 수 있는지에 대한 대책을 제안하려는 것이다.

1) 공공외교와 인터넷 민족주의의 관계

미국은 현재 세계 공공외교의 창시자이다. 공공외교에 대해 학계에는 많은 정의가 있다. 그중에서 가장 유명한 공공외교 학자인 Hans N. Tuch는 "더 나은 미국의 대외정책을 추진하기 위하여, 미국에 대한 다른 국가의 오해와 의혹을 감소하도록 정부가 외교 환경을 만드는 노력"이라고 정의했다.[2] 중국 차하얼학회 한팡밍(韩方明) 주석은 "한 국가가 본국의 지명도와 명예 및 인지도를 높이기 위하여, 중앙정부 혹은 권한을 위임받은 지방 정부나 기타 사회 부문이 본국 혹은 외국의 사회 행위자에 위탁을 통해, 혹은 언론 미디어나 공공관계 등의 수단을 통해 외국의 대중들과 상호 교류를 진행하는 것이다. 전 세계 대중을 향한 외교 활동

2) Hans N. Tuch, *Communicating With the world* , St. Martin's Press, New York, 1990.

을 전개하는 것으로 명확한 정보와 지식 전달 및 가치 형성을 통해 진일보된 국가 이익의 실현을 구현하는 것이다. 본질적으로 말하자면, 공공외교는 전통외교에 대한 보충이자 발전된 형태이며, 세계화와 정보화 시대에 있어서 국제적인 합법성과 인지도를 생성하는 일종의 중요한 전략이다."[3]라고 설명했다. 새로운 상황에 따라 공공외교와 전통외교는 상호 보완적이며 국가 외교전략의 중요한 부분을 구성하고 있다.

인터넷의 눈부신 발전에 따라, 국제 외교업무에 있어서 대중 매체와 인터넷 매체의 표현 형식 중의 하나가 된 인터넷 외교 또한 새롭게 출현하여 상당한 관심을 받고 있다. 해외 학자들은 일반적으로 가상 외교(Virtual Diplomacy), 디지털 외교(Digital Diplomacy), 인터넷 기반 외교(Internet-based Diplomacy) 등을 사용하지만, 중국 학자들은 인터넷 외교(Internet Diplomacy), 온라인 외교(Diplomacy on the Net), 사이버 외교(Cyber Diplomacy) 등의 개념을 사용한다. 미디어의 정보가 폭발하는 오늘날, 대중 미디어, 특히 인터넷 미디어는 이미 공공외교 시행의 전략적 거점으로서 대외 미디어의 효과적인 전파를 통해 매우 뛰어난 효과를 발휘할 수 있다. 세계화와 정보화 시대에 대한 중국의 도전에 있어서도, 개혁개방을 진일보 확대하기 위한 과정으로서도, 사이버 외교는 의심할 바 없이 공공외교 전략의 실현 과정에서 갈수록 중요한 지위와 역할을 할 것이다. 인터넷의 발달이 가져온 대중의 정치 참여 증가는 민족주의의 발전에도 새로운 공간을 창출했다. 이러한 발전은 전대미문의 깊이와 넓이로 진행 중이며, 인터넷 외교의 파생품인 인터넷 민족주의가 나날이 형성되고 있다. "인터넷상에서 생산되고 교류되며 소비되는 민족주의적 의견과 사상 및 이로 인해 추진되는 행동들에는 관변 민족주의자나 지식인 민족주의자 및 대

3) 韩方明主编,《公共外交概论》, 北京: 北京大学出版社, 2011, p. 7.

중 민족주의자의 행위도 포함된다."[4] 이러한 국가의 정치 세력과 민중은 통상적으로 인터넷을 이용하여 자신의 정견이나 민족 정서를 표현한다. 네티즌들은 실질적으로 명실상부한 외교 참여자들이다. 인터넷 외교는 소프트 파워를 실현함에 있어서 문화적 가치관과 정체성에 대한 지지를 제공할 수 있다. 민족 감정은 인터넷이라고 하는 신속하고 편리한 통로를 통해 발전하고 있다. 네티즌의 합리적인 표현과 이성적인 분석은 국가의 정책 결정에 있어서 적극적인 영향을 줄 수 있다. 그러나 편파적인 관점은 반드시 양국과 양국의 민간 부문에 있어서 상호 신뢰감과 조화로운 왕래를 깨뜨릴 것이다.

근자에 한중 양국의 인터넷 민족주의의 발달은 갈수록 양국 정부와 민간의 관심을 불러 일으키고 있다. 인터넷 공간의 자유성과 유동성에 따라 이 영역은 의심할 바 없이 양국 민족주의가 부딪치는 일종의 새로운 '전쟁터'가 되었다. 현재 한중 양국의 인터넷은 급속한 발전을 이루고 있다. 중국은 제1의 네티즌 대국이다. 2014년 12월까지 중국 네티즌 규모는 6.49억 명에 달했고, 1년간 3,177만 명이 새로 증가했다. 2014년의 인터넷 보급률은 47.9%였는데, 2013년보다 2.1%가 증가했다.

2020년에는 네티즌 수가 11억 명에 달할 것으로 예측한다. 한국의 『아주경제』 보도에 따르면, 2014년 6월 4일 발표한 닐슨 코리아의 '제30차 네티즌 조사 보고'에서 2014년 3월 말까지 한국의 네티즌 수는 3,476.2만 명으로 전체 인구의 81.1%라고 한다.[5] 인터넷 민족주의에서 한중 양국의 네티즌들이 갈수록 두드러진 역할을 할 것이고, 공공외교

---

4) 王军,《网络民族主义与当代中国外交》, 北京: 中国社会科学出版社, 2011, p. 37.

5) 人民网,《韩网民数近3500万人, 移动用户达3182万人》, 검색일: 2016. 11. 8. http://korea.people.com.cn/n/2014/0604/c205167-8736804.html

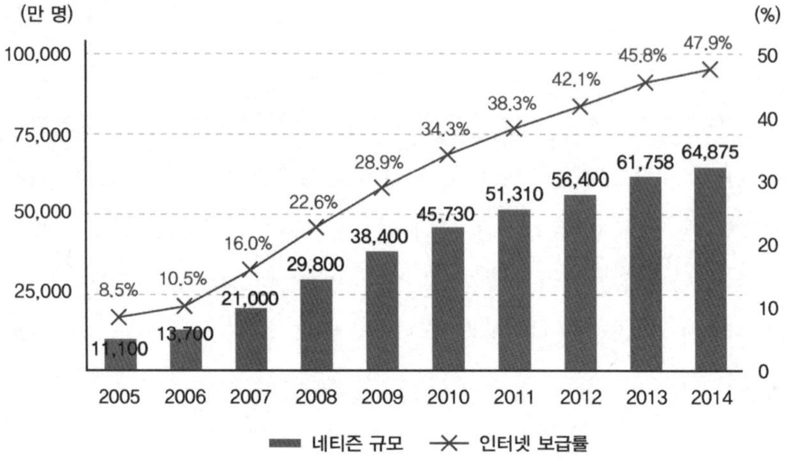

〈그림 2.1〉 중국 네티즌 규모와 인터넷 보급률

에 대한 영향력 또한 나날이 증가할 것이다.

2) 한중 인터넷 민족주의의 현황과 당면한 과제

인터넷 민족주의는 현대의 인터넷과 전통 민족주의의 결합으로, 과학 기술의 발전과 인터넷의 보급에 따라 인터넷과 일반 민중들의 일상생활에서 갈수록 밀접하게 발전하고 있다. 인터넷은 정보를 주거나 받으며 공유하는 허구의 플랫폼이다. 이를 통해 각각의 점 · 면 · 체의 정보가 하나로 연결되고, 이로써 이러한 자원을 공유할 수 있다. 인터넷은 사람들이 정보를 교류하고 사용하는 도구이다. 인터넷 전파는 신속, 편리, 쌍방향 및 개방의 특징을 갖는다. 또한 인터넷은 낮은 진입 문턱의 특성과 허구성으로 광범위한 대중, 즉 네티즌들에게 환상적인 표현 무대를 제공한다. 이 밖에 인터넷의 공공성과 호환성은 또한 각종 관점이 부딪치고 충돌하는 것을 그대로 나타내고, 인터넷 민족주의의 광범위한 전파를 촉진했다.

인터넷 민족주의의 개념은 20세기 90년대에 이미 출현했는데 인터넷 민족주의에 대한 영어 표현을 보자면 'online nationalism', 'nationalism on the net', 'new nationalism' 등이 있다. 중국에서의 '인터넷 민족주의' 개념은 2003년 중국의 『국제선구보도(国际先驱导报)』 신문의 보도로부터 출현했다.[6] 민다홍(闵大洪)은 "중국 인터넷 민족주의에 대한 고찰과 분석: 중일 및 중한관계를 대상으로"라는 글에서 '인터넷 민족주의'에 대해 다음과 같이 정의했다. "첫째, 인터넷을 기반으로 민족주의의 의견, 정서 및 생각을 전파하는 것이다. 둘째, 민족주의 정서의 표현과 선동, 민족주의 여론의 형성과 확산뿐 아니라, 어떤 상황하에서 실질적인 행동을 통해서 예기되는 목표를 추진하는 인터넷 전파 행위를 말한다. 일반적으로 말하자면, 인터넷 민족주의는 ① 정서 표현, ② 여론 조성, ③ 시위 조직, ④ 해커(hacker) 공격의 네 가지 형태로 표현할 수 있다."[7]

한중수교 25년 이래, 양국의 정치, 경제 및 인문 교류는 모두 전 세계 사람들이 주목할 만한 자랑스러운 성과를 얻었다. 그러나 국가관계는 부부관계와도 같아서, 밀월기가 지남에 따라 피차의 이해가 갈수록 깊어지게 되고, 결점의 발견 또한 갈수록 많아진다. 최근에, 한중은 사회문화 영역 등의 측면에서 차이와 모순이 명확하게 나타나는 추세에 있다. 특히 '한류'가 중국의 여기저기에서 광범위하게 전파됨과 동시에 인터넷에서 골치 아픈 '반한류' 현상이 나타나고 있다.

---

6) 罗迪, 毛玉西,《争论中的"网络民族主义"》. http://media.people.com.cn/GB/22114/44110/44111/3278579.html

7) 闵大洪,《对中国网络民族主义的观察、分析—以中日、中韩关系为对象》, 人民网. http://media.people.com.cn/GB/8352178.html

2004년의 '동북공정' 역사 분규, 2003년의 '강릉 단오절 세계유산 신청'의 문화유산 분규 등을 포함하여, 중국의 인터넷에서 반한(反韩) 의견이 출현했다. 2007년 1월 31일 창춘(长春)에서 거행되었던 아시아 동계올림픽에서 5명의 한국 여자 선수들이 "백두산은 우리의 영토"라는 표어를 들었고, 중국 네티즌들의 열띤 토론을 불러 일으켰다. 심지어 "한국 여행객들의 대규모 백두산 여행은 백두산을 한국의 영토로 삼으려고 생각하는 시도이다"라는 등의 말들이 인터넷에 넘쳤다. '고구려 파동' 이후, 한국은 주몽, 대조영, 연개소문, 태왕사신기 등의 역사를 소재로 한 연속극들을 계속해서 만들었다. 대다수 네티즌들은 극중에서 당태종을 추악하게 하거나 왜곡된 고구려 역사의 행위에 '반감'을 표시하였고, 수많은 비판을 불러왔다. 어떤 네티즌은 "한국 연속극의 역사 왜곡은 매우 뛰어나서, 고구려가 고대 조선의 영토이고 중국에게 침략을 당했다고 한다. 사극에서 중국인을 매우 추악하거나 바보같이 묘사했다."라고 했다.

2008년 중국의 인터넷에는 광범위한 영향을 미친 한 편의 글이 발표되었다. "손중산이 한국 혈통을 가졌다"라는 한국 성균관대학교 박분경(朴芬庆) 교수의 논문이 급속히 중국의 각 대학 신문과 인터넷에 퍼지면서 엄청난 풍파를 일으켰다. 이 글은 후에 2008년도 10대 가짜 뉴스 보도로 선정되었고, 한중관계와 한국의 국가 이미지에 가장 나쁜 영향을 만들었다. 손중산이 한국인이라는 것 이외에도 "한국 정부가 공자를 한국인이라 했다"라거나, "한국 학자가 한자를 한국이 발명한 것이라고 했다"라는 등의 유언비어가 있었다. 후에 실증 조사를 통해 많은 유언비어의 제조자는 구독량의 증가를 통해 상업적인 목적을 이루려고 했던 것으로 밝혀졌다. 그러나 객관적으로 보면 한중 양국의 민중 간 오해는 증가되었다.

사실상, 그 당시 중국 인터넷에는 '한류' 현상이 출현했고, 영향력도 대단했었다. 부인할 수 없는 것은 확실히 한국의 자유주의학파 학자들이 발표하는 민족주의 의견도 있었지만, 과장된 사실들도 존재했다는 것이다. 예를 들면, 한국 이화여자대학교 정재서 교수는 "중국의 신화는 동이족 계열의 신화를 포함하여, 형성 초기에 있어서 많은 다른 원시 민족의 신화를 흡수하고 융합한 것으로 여겨진다. 그렇다면 한민족은 상고 동이계 종족과 연관이 있기 때문에, 한민족의 신화가 중국에게도 영향을 준 것으로 여겨진다. 따라서 중국의 신화에서 한민족이 잃어버린 상고 신화의 흔적을 찾을 수 있을 것으로 생각한다."라고 했다. 그의 문화 다원주의 주장은 중국의 언론에 문화 민족주의 행위의 표현으로 해석되었다. 이로 인하여, 정재서 교수는 런민왕(人民网)을 통해 자기의 억울함을 호소했다. "이 문제를 보고 나는 경악하지 않을 수 없었다. 나를 아는 중국 지인들 다수가 나의 일관적인 학술적 입장과 주장을 이해할 것이다. 현재 인터넷상의 나에 대한 논쟁은 전달 과정에서 발생된 일종의 오해가 분명하다. 내 논문이 심각하게 왜곡되었기에, 마음이 너무 아프다. 나는 중국 문화를 얕잡아 보는 관점을 가진 적이 결코 없었다."[8)]

한편, 한국의 상황을 한번 보자. 한국은 인터넷 설립에 있어서 줄곧 세계의 선두 위치에 있었다. 한국의 인터넷망 속도는 몇 년간 계속 세계 1위였고, 현재 한국은 이미 세계에서 처음으로 무선 광대역 네트워크 보급률이 100%에 달하는 국가가 되었다.[9)] 통계에 따르면, 한국의 네티즌은 인구 대비 70%를 차지하고 있다. 인터넷망은 한국인의 생활에 편리

---

8) 《韩国教授鸣冤: "从未有贬低中国文化的观点"》, 人民网, 2007. 11. 23., 검색일: 2016. 11. 09. http://culture.people.com.cn/GB/87423/6570577.html

9) 《智能手机撬动信息消费 网络安全还有问题》,《人民日报》, 2013. 01. 04.

함과 동시에 많은 문제를 야기했다. 비록 한국이 2002년부터 인터넷 실명제를 추진했지만, 한국은 전형적인 민족주의 국가이기 때문에 주변국의 행위에 대해 지극히 민감하다. 게다가 한국인의 참을성 없는 급한 성격이 더해져서, 매우 쉽게 (다른 나라나 민족과의) 견해 차이와 모순으로 인해 인터넷 민족주의의 충돌로 이어진다.

2004년, 한중 간의 고구려 역사 문제가 출현한 이후, 한국은 중국의 '문화 제국주의'와 '패권주의'를 비판하기 시작했고, 중국과의 우호정책을 다시 검토했다. 이후, 고구려 문제 논쟁을 포함하여 한중 네티즌 간의 충돌은 끊이지 않았다. 고구려 역사 문제 출현 이후, 민족주의 정서를 가진 한국 네티즌도 중국의 인터넷 사이트에 대한 해커 공격을 했다. 한국 언론 보도에 따르면, 국학원과 국학운동시민연합이 2004년 7월 27일 각 인터넷 포탈 사이트를 통해 29일 중국의 주요 홈페이지에 대해 집단 공격을 호소했고, 이 행동 명칭을 'e-클릭운동'이라고 했으며, 목적은 "우리나라 역사를 강탈한 중국의 야만적 행위를 세상에 알리자"라는 것이었다.[10)]

중국은 20세기 90년대 말 지린성(吉林省) 지안(集安)시 고구려 고분 벽화가 도굴되어 한국으로 유출된 것을 발견했고, 한국 정부에게 해당 유물의 반환을 요구했다. 비록 유물 반환에 대해 한국 정부가 확실하게 답하지 않았지만, 한국 네티즌들은 중국의 요구에 반발했다. 어떤 한국의 네티즌은 "고구려 문화가 어떻게 중국의 문화가 되는가?"라고 했다. 또한 한국의 언론은 〈중국의 고구려 벽화 반환 요구〉라는 TV 프로그램 제목을 사용했다. 2010년 9월 28일 자 『세계일보』는 MBC TV가 고구려

---

10) 《韩国网民计划攻击中国主要网站以抗议歪曲高句丽史》, 한국 『조선일보』 중국어판, 2004. 07. 28. http://chinese.chosun.com/site/data/html_dir/2004/07/28/20040728000009.html

벽화 도난 문제를 주제로 방송했다고 보도했다. 이 프로그램 제목은 〈소실된 고구려 벽화〉였고, 중국 지린(吉林) 고구려 벽화 도난 사건의 배후 주모자는 한국인이며, 현재 도난된 벽화는 한국으로 유입되었다고 했다. 네티즌 'kdpa'는 "어떤 사람이 고구려 벽화를 훔쳐서 한국으로 운반했다고 하더라도, 국가 이익을 위해 MBC TV는 벽화와 관련된 프로그램을 방송하지 말았어야 했다."라고 말했다. 한국 네티즌은 중국의 정당한 요구에 대해 지나친 반응을 나타냈다. 심지어 어떤 네티즌은 "중국이 벽화를 원한다면 우리는 고구려의 영토를 원한다."라고도 했다.[11)]

2008년, 원촨(汶川) 대지진의 발생과 올림픽의 개최에 따라, 한국의 일부 민중은 인터넷상에서 전대미문의 민족주의 정서를 드러냈다. 2008년 5월, 중국에 특급 대지진 피해가 발생한 후에, 사회단체와 개인들이 중국의 지진 재해에 대해 위문을 표시하고 열정적으로 모금을 했다. 그러나 일부 네티즌은 중국의 지진에 대해 동정은커녕 남의 재앙을 즐기거나 냉소로 신랄하게 풍자했다. 어떤 네티즌은 인터넷에서 지진 사망자 수를 과장하거나, 뜻밖에도 공공연히 비웃거나 좋다고 했다. 한 네티즌은 "최근 중국에 유학생 폭력 시위와 티베트 인권 침해 등의 사건이 있었는데, 이번 지진은 중국에 대한 징벌이다."라고 했다. 다른 네티즌은 "지진이 저렇게 심각하니, 올림픽은 취소해야 한다."라고 말했다. 어떤 이는 "지금이 어느 시대인데 아직도 인해전술로 구조 작업을 하나. 우리 대한민국의 구호대가 선진기술을 가지고 가야 하나 보다."라고 말했다.[12)] 바로 이렇게 편중된 시각의 의견들이 양국 민중의 감정을 상하

11) 《中国要求韩国返还高句丽古壁画 韩网民反应强烈》,《环球时报》, 2010. 12. 16.

12) 《韩国部分网民对四川地震幸灾乐祸让人痛心》, 环球网. http://world.huanqiu.com/roll/2008-05/115041.html, 文献检索日, 2016. 11. 10.

게 한다. 2008년 4월 27일, 중국의 올림픽 성화가 서울로 봉송되었을 때, '티베트 독립'을 주장하는 사람들과 한국의 국내 인권 및 보수 세력 단체는 이를 중국을 향해 불만을 쏟아 내는 좋은 기회로 삼았다. 중국의 유학생들이 성화 봉송을 보호하는 과정에서 격렬한 행위가 있었기 때문이다. 비록 이러한 행위는 문제가 되지만, 그러나 한국인의 일관된 극단적인 민족주의적 민감한 신경질에 의해 오히려 중국 유학생들이 자극을 받은 것이다. 4월 29일, 한국의 한승수 총리는 올림픽 성화가 27일 서울에서 봉송될 때 중국 학생의 '폭력행위'가 한국의 민족 자존심을 해쳤으며, 한국은 '필요한 법률적 및 외교적 조치'를 취하여 이 문제를 해결할 것이라고 했다.[13] 한국의 많은 인터넷 칼럼에서 이틀간 중국을 비평하는 목소리가 가득했고, 많은 한국의 네티즌들이 중국의 행동이 품위가 없으며, 올림픽 정신을 훼손했다고 여겼다.

한국의 일부 언론은 독자들의 주목을 얻기 위해 아주 편파적인 보도를 했다. 2008년 8월 20일, 한국 『조선일보』 중문 사이트에는 "중국 언론 또 유언비어: 한국이 펠프스가 한국 혈통이라 주장"했다는 이광회 기자의 보도가 있었다. 이 글에서는 "올림픽 수영 8관왕 펠프스 또한 한국의 혈통을 가졌다고 하는 것은 바로 한국인이 세계적으로 역사를 왜곡하는 민족이기 때문이다."라고 중국 언론이 언급했다는 것이다. 한국의 『중앙일보』는 "최근 중국 내에 인터넷을 통한 반한과 혐한 정서가 신속하고 광범위하게 퍼지고 있다. 중국의 반한 정서의 원인과 대책을 찾기 위하여, 103명의 중국 거주 한국인을 대상으로 긴급 설문조사를 했다. 그 결과 "약 68%가 '만약 시급히 풀지 않으면, 반한 정서는 아주 오랜 시간 지속될 것'이라고 답했다."라고 보도했다.[14] 또한, "중국인의 반

---

13) 《韩总理批中国学生护圣火行动过激 将用外交手段》,《环球日报》, 2008. 04. 29.

한 정서에 따른 한국인의 인식은 한국 국내에 맹목적인 반중 여론도 확산시켰다. 네이버나 다음 등의 포털 사이트에 수십 개의 반중국 사이트가 생겼고, 회원 수가 끊임없이 증가하고 있다. 만약 이러한 추세가 계속된다면, 한중 양국 국민의 감정의 골은 더욱 깊어질 것이다."라고 보도했다.[15] 올림픽 기간에 한국이 중국 위인의 역사를 고증한 가짜 뉴스나, SBS가 북경 올림픽 개막식 내용을 사전에 방송한 것 등등은 모두 한중의 인터넷에서 널리 퍼졌고, 큰 파문을 일으켰다.

중국 민중의 '반한' 정서와 한국 민중의 '혐중' 정서는 인터넷에서 널리 만연하여 언론과 뜻있는 사람들의 주목을 끌었으며 양국 정부마저도 깊이 우려했다. 중국의 한국 문제 전문가들은 "2005년 한국이 강릉 단오절의 유엔 교육과학문화조직 세계 유산 등재를 신청한 이래, 반한 정서가 급상승했다. 중국인은 한국이 중국의 전통 유산을 훔쳐 갔다고 오해했으며, 이것이 반한 정서의 기초를 다지게 했다."라고 분석했다.[16] 한국의 뜻있는 사람들도 "한중 교류가 갈수록 번창함에 따라 마찰이 증가하는 것을 피할 수 없다. 모든 문제를 사전에 모두 예방할 수도 없다. 만약 서로 신뢰한다면, 어떠한 분규도 원만하게 해결할 수 있다. 양국의 신뢰 손상을 발생시키는 언론과 네티즌에 대해 반드시 유예 없이 책임지는 조치를 취해야만 한다."고 호소했다.[17] 이명박 대통령은 2009년 10월 13일 청와대 국무회의에서, "중국 지도자와 회담했을 때, 나는 한중관계가 외교적으로 발전을 이루었다고 깊이 느꼈었다. 그러나 민간 차원에서는 인터넷 여론 등과 같은 부분에 있어서 아직도 많은 개선의

---

14) 《以谦虚和温情来化解中国的反韩情绪》, (韩国)《中央日报》, 2008. 09. 01.

15) 《论所谓的"反韩情绪"与"反中情绪"》, (韩国)《中央日报》, 2008. 09. 03.

16) 《中国国内反韩情绪高涨》, (韩国)《中央日报》, 2008. 08. 26.

17) 《中国国内反韩情绪高涨》, (韩国)《中央日报》, 2008. 08. 26.

여지가 있다."라며, 다음과 같이 지시했다. "정부가 할 수 있는 역할을 찾아서 중국 국민과 한국 국민이 우호적인 공감을 만들도록 하라."[18]

박근혜 대통령 집권 이래, 한중관계는 제2의 '밀월기'로 접어들었다. 특히 인문 교류는 더욱 활발하게 번영했고, 종합예술 프로그램을 대표하는 '한류 제2의 봄'은 중국을 석권했다. 최근 중국에서 비교적 인기가 있는 오락 프로그램을 보면, 기본적으로는 한국의 오락 프로그램이 대부분의 시장을 점유했다. 예를 들면, 〈아빠! 어디 가?〉, 〈달려라 형제〉(중국판 〈런닝맨〉), 〈우리 결혼했어요〉, 〈무한도전〉 등은 모두 기본적으로 한국의 오락 프로그램이고, 직접 수입하거나 판권을 사서 중국에서 제작하는 것이다. 미디어와 음악에 이어, 중국의 오락 프로그램 시장은 기본적으로 한류 천하이다. 한국의 엔터테인먼트 회사 및 관련 정부 부문이 중국의 엔터테인먼트 회사나 언론과의 협력을 적극적으로 전개하는 것 이외에도, 중국 언론의 선동도 매우 큰 관계가 있다. 이와는 반대로, 한국의 언론은 오히려 중국의 미디어로 대표되는 대중 문화의 한국 진출을 적극적으로 억제한다. 한국 언론의 중국에 대한 한류 현상에 대한 보도 입장을 보면, 기본은 일종의 문화 우월자의 자세로 묘사한다. 많은 한국 언론은 중국의 한류 현상을 한국 대중 문화의 선진성과 우월성으로 귀결한다. 고자세와 우월감의 표출로 중국의 민중으로 하여금 반감을 일으키게 하는 것은 문화 교류에 유리하지 못하다.

2016년 7월 8일, 중국과 관련 국가의 명확한 반대 입장에도 불구하고, 미국과 한국이 '사드' 미사일 방어시스템의 한국 배치를 선포했다. 이는 즉시 한중 양국 국민의 민족주의 정서를 자극했다. 특히 박근혜 전 대통령이 미국의 미사일 방어시스템을 재차 지지하면서 명확한 메시지

18) 《李总统"网络上的韩中关系也应友好"》, (韩国)《中央日报》, 2009. 10. 14.

를 보냈다. 즉 한국의 최대 무역 파트너인 중국의 강력한 반대에도 여전히 '사드' 배치를 고수했던 것이다. 이 소식은 신속하게 중국의 언론에서 항의 붐을 유발했다. 분노한 중국 네티즌은 빅뱅, EXO, iKON 등의 한국 남자 그룹 스타들과 송중기, 이종석 및 박신혜 등의 연기자들에 대한 보이콧을 호소했다. 어떤 중국 네티즌은 웨이보(微博, 중국의 블로그)에서 좋아했던 한국 연예인들의 팔로우를 취소했다. 다른 사람들은 감성적인 색채가 충만한 댓글을 달았다. 예를 들면, "안녕, 나의 오빠!", "런닝맨과 이광수, 다시 만나.", "빅뱅, 내가 다시는 널 사랑하지 않을 거야.", "권지용, 최승현, 우리 잠시 헤어지자." 등이다. 한국이 '사드' 배치를 선포한 이후, "국가 앞에는 우상이 없다!"라는 슬로건은 매우 신속하게 중국 웨이보의 유행 태그가 되었다.[19]

몇 개월 이래, '사드' 풍파는 한 걸음 더 나아가 한국의 언론계에 격렬한 민족주의적인 정서가 만연했다. 『조선일보』의 기사에서는 중국의 반대 의견과 행위를 "중화주의 질서에 집착한다."라는 식으로 비판했으며, "중국이 사드 문제로 한국에게 고압적인 태도를 보이는 것은 구한말 시대의 악몽을 연상시킨다. 연일 한국에게 몰상식한 언어로 퍼붓는 중국은 이미 주권 국가 간의 평등 외교 관계에서 용인할 수 있는 선을 넘어섰다."라고 언급했다. 비교적 중국에 대해 우호적인 것으로 인식되던 『중앙일보』 역시 "중국은 가장 기본적인 존중과 신뢰를 보이길 바란다."라는 기사를 통해 강렬하게 중국 언론에 대해 비판했다.[20]

'사드' 배치 지역인 성주 주민의 강렬한 항의와 시위 활동으로 인해, 박근혜 정부는 다른 지역을 선택할 태도를 보이기도 했다. 하지만, 오히

---

19) 《外媒: 愤怒的中国网民正在抵制韩星》,《环球时报》, 2016. 7. 25.

20) 李开盛,《在韩感受萨德"冲击波":舆论界弥漫激动情绪》,《环球时报》, 2016. 8. 10.

려 새로운 논쟁거리인 큰 사건이 발생했다. 야당인 더불어민주당의 의원 6명이 '사드' 의제 교류를 위해 중국을 방문했다. 한국의 여러 여론 대다수는 의혹의 목소리 위주였다. 중앙일보의 기사는 "더불어민주당이 뜻밖에도 한국 외교의 입지를 좁히고 중국에게 힘을 보태 주었다. 정말 이해하기 어렵다."라고 질책했다. 새누리당 정진석 원내대표는 "즉각 사대주의식 매국행위를 중단하라."라고 독촉했다. 강렬한 반대에 직면하자, 더불어민주당 내부에서도 분열이 있었다. 김종인 당대표는 "이러한 행동의 목적이 한국을 흔들게 된다."라고 했다. 언론의 영향으로 이런 의견은 인터넷으로 번졌다.

예를 들면, "북한은 매일 도발 처하는데, 우리나라에 사드 배치는 왜 지랄병인지.", "한반도 사드는 반대, 중국은 장거리 방공 미사일 시스템인 '홍치(紅旗)9'를 수출하는 데 열을 올리고 있다.", "미친개에게는 협상이 아니라, 몽둥이와 밥을 주지 않는 게 답이다.", "할 말이 없네. 남 국방에 웬 간섭. 니네 인신 납치나 잘 처리해라.", "우리 국민의 생명과 재산을 중국 니네들이 지켜 줄 거니? 아니면 참견하지 마라. 이건 우리나라 자주권이니까.", "눈치 볼 거 없다. 간섭받을 것도 없다. 핵 보유하고 미사일 사거리 3,000km 이상으로 하라.", "중국이 뭐라 지껄이든 무시해라. 6·25 때 냄새나는 짱깨들 없었으면 우린 통일하고 평화롭게 살면서 일본이 개소리 못 하게 국방력 키우고도 남았을 거다. 그런데 지들이 뭐가 잘났다고 이래라 저래라 감 놔라 배 놔라 지껄이는 거지?", "미국이 짱깨 좀 해치워 줬으면 좋겠다…." 등이다.

이와 동시에, 중국의 네티즌도 비교적 과격한 의견을 표시했다. 예를 들면, "한국의 언론이 오히려 국가 이익을 큰 소리로 외치지 않네. 그만큼 여론은 장악되는 것이고, 민중은 세뇌되는 것이지.", "그럼 중국의 보복을 기다려 봐. 이렇게 간단한 일이야. 기왕 니가 느끼기에 사드 시스템으로 중국의 미움을 사든 말든 배치해야겠다면, 그럼 자기의 선택에 의한 뒤탈을 겪어 보든지!", "김치 니들 죽는 걸 기다려라. 어쨌든 스스로 선택한 거니, 후회는 말고.", "이 세상은 잔혹해. 우둔한 민족은 단지 운에 의존하는데 멀리 못 가거든. 국호에서부터 국기까지 모두 모조품이고 결국 잠깐 왔다 바로 갈 뿐이네.", "요 몇 년간 남쪽 빵즈(棒子)[21]의 인플레이션이 대단하던데, 자기가 몇 그릇을 먹었는지도 이미 잊어버린 듯…." 등이다.

논쟁이 상승함에 따라, 어쩔 수 없이 '기회주의자', '중국 군대를 정탐하는 공범', '이웃'이 변하여 '적' 등의 민족주의 정서가 담긴 의견들이 나타났을 뿐 아니라, 인터넷상에도 퍼지게 되자, 양국 정부의 관심과 경계가 생기게 되었다.

3) 대책과 건의

공공외교의 중요한 일환으로서 인터넷 민족주의는 '양날의 검'이다. 만약 긍정적으로 발전한다면, 민족의 응집력을 증강시키고 애국주의적 책임감을 강화시켜서 공공외교를 추진함에 있어서 유리한 수단이 될 것이다. 만약 부정적으로 발전한다면, 상호 이해와 신뢰를 깨뜨리거나 피차의 차이점과 모순을 확대시켜서 피차에 서로 미워하는 정서를 증가시키게 되고, 공공외교의 장애 요소가 될 것이다.

공공외교의 핵심은 국민 간의 이해와 신뢰에 있다. 이것은 단지 한

---

21) 역자 주: 가오리 빵즈(高麗棒子), 차오셴 빵즈(朝鮮棒子), 한 빵즈(韓棒子) 등은 중국인이 한국인을 비하하여 부르는 비칭임.

국가의 정부가 다른 국가의 사회에 진행하는 목적성이 있는 외교 행위일 뿐 아니라, 민심의 교류이자, "국가 간의 교류로 국민 간에 서로 친해지게 함에 있다." 한중 양국의 민중 간에, 특히 젊은이들 사이에는 아직도 비교적 협의의 민족주의 정서가 있고 이러한 정서는 어떤 경우에는 역사와 현실 문제로 확대되어 양국 젊은이들로 하여금 소원한 감정을 한층 더 가중되게 한다. 특히 새로운 언론 시대에 이러한 부정적인 면 혹은 가짜 정보가 여과되지 않은 채 인터넷에서 급속하게 전파되면, 양국 네티즌의 격렬한 토론 및 논쟁을 유발하게 되고 양국관계에 부정적인 영향을 미치게 된다. 이런 문제는 시급히 공공외교 수단을 통해 해결해야 한다. 따라서 한중 양국은 더욱 적극적으로 공공외교를 추진해야 한다. 한중관계가 건강하게 발전하기 위해서 다음과 같은 실용적이고 실행 가능한 대책을 선택해야 한다.

첫째, 양국은 공공외교 이론에 대한 연구 강화와 기본적인 업무를 잘 완성해야 하고, 동시에 전문적인 공공외교 기구와 체제를 수립해야 한다. 즉, 총괄적 관리와 공공외교 업무 협조, 공공외교의 종합적인 협력 완수, 위기 대응과 뉴스 발표 체제를 세워야 한다.

둘째, 각종 경로를 충분히 이용하여 확실히 효율적으로 공공외교를 전개해야 한다. 우선 공공외교의 재정을 확대하여 투입하고, 언론과 인터넷 외교를 중시해야 한다. 인터넷의 여론 선전과 인터넷이 지닌 글로벌 영향력과 직접적인 특징을 충분히 주목하여, 서양의 정보 독점 타개와 대외 선전의 새로운 통로를 찾아서 한중 공공외교의 새로운 국면을 열어야 한다.

셋째, 양국 정부는 국가라는 대국적 관점과 고도의 전략적 입장에서 출발하여, 인터넷에 대한 양국관계 발전의 급진적인 의견을 조정하고, 효과적인 관리를 추진해야 한다. 특히 극단적인 정서가 노출될 조짐이 있는 사건에 대해서는 이러한 사건이 정치와 외교의 극단적인 사건으로 변질되는 것을 사전에 막아야 한다. 자유주의 정서의 네티즌들이 인터넷이나 핸드폰 등의 수단으로 선동, 집회 조직, 시위, 해커 공격 등의 활동을 진행하는 것에 대해서 양국 정부는 더욱 명확하게 금지해야 한다. 입법, 감독, 관리 및 교육 등의 조치를 통해서, 이메일 · 칼럼 · 블로거, 심지어 인터넷 동영상과 게임 사이트 등에 대해 실명제 관리를 실행하여, 네티즌의 책임과 자율 의식을 수립하고 인터넷이 더욱 안전하도록 해야만 한다.

넷째, 언론의 뉴스 보도는 국가 이익을 중요하게 여겨야 하며, 집단이나 개인의 이익을 추구하지 말아야 한다. 즉 "사리사욕에 빠져 언론의 기본 정신을 잊지 말아야 한다." 많은 기자와 여론 종사자들은 독자를 끌어들이기 위하여 사실의 진상을 고려하지 않거나 검증하지 않고, 대량의 전파로 선동 역할을 하여 매우 나쁜 영향을 미친다. 따라서 언론은 결정적인 시점에서는 긍정적인 여론 유도를 해야 하고, '긍정적인 힘'을 충분히 발휘해야 한다. 필자의 경험에서 보면, 양국 언론은 학자들의 관점을 발표할 때, 서로 다른 측면에서의 표현 일부를 제멋대로 끊어서 사용하거나 과도하게 해명하려는 현상이 존재한다. 국가 이익의 측면에서 천편일률적으로 표현할 것이 아니라, 어떻게 서로 다른 소리를 용납할 것인가에 대해 한중이 모두 정면으로 도전할 필요가 있다. 지금까지 양국 정부는 비교적 자제하고 있지만, 오히려 양쪽의 언론이 충돌의 역할을 하고 있지 아니한가! 이 시기에 더욱 객관적이고 이성적인 목소리가 위기 관리에 도움이 되며, 양국관계를 구석으로 몰지 말아야 한다.

다섯째, 특히 양국은 풍부한 유학생 자원이 있다. 상대 국가에 유학생은 모두 약 6만여 명이 있다. 이것은 중요한 공공외교 그룹이다. 많은 유학생들이 귀국한 이후, 양국의 교류에 있어서 중요한 힘이 되며 심지어 중요한 참여 에너지가 된다. 따라서 세계의 많은 국가가 유학생 그룹의 공공외교 행위를 매우 중시한다. 양국 정부는 유학생 그룹과 귀국 유학생들의 지원을 확대해야 한다. 교육부 산하의 '유학생 지원 기구'를 설립하여 민간 재단이 유학생을 위한 장학금 제공 등을 지원한다거나, 민간 교류 측면에서 양국 유학생들로 하여금 양국의 우호 관계를 체험하게 해야 한다. 많은 유학생 교류를 추진하여, 한중 양국의 전통 문화를 체험하고 이러한 문화가 유학생의 생활 습관과 학업에도 깊이 유입되게 해야 한다. 양국 유학생들의 풍부한 상대국의 문화 인지와 정치적 인식은 그들이 자연스럽게 '민간대사'가 될 수 있게 한다. 유학생의 공공외교 수단을 통하여, '지중파'와 '지한파'를 배양해야 한다. 양국관계의 선봉 역할을 책임지게 하고, 양국 문화와 의미를 깊이 이해하여 역사적 편견을 포함한 양국에 대한 오해를 해소하고 민간 교류를 촉진하며 미래 국제정치 구조에서 우호적인 인맥을 수립하는 기초를 세우게 해야 한다. 이를 위해 한중 양국은 '진정한 중국통(中國通)'과 '진정한 한국통(韓國通)' 즉 양국의 전문가(通)들을 많이 배양할 필요가 있다.

여섯째, 현재 한중 양국은 역사상 가장 좋은 시기이다. 양국 국민은 역사적으로 오기 힘든 이러한 기회를 소중히 여겨야 한다. 한중 우호관계의 실질적인 발전을 촉진하여, 양국관계가 전면적인 전략적 협력 동반자 관계로 향하도록 함께 응원해야 한다. 한중의 '인문유대'를 강화하는 것은 무책임하고 근거 없는 불량한 정서와 '반한'과 '혐중'의 감정을 저지함에 있어서 매우 큰 도움이 된다. 한중이 노력하여 '인문동맹'을 맺는다면, 양국 민중이 이성적으로 애국주의 정서를 표현할 수 있다. 제멋대로 인터넷 민족주의로 상대를 희롱하거나 피차의 근심을 가중시키지 않도록 할 수 있다. 한중 공공외교의 번영을 위하여, 인터넷은 적극적으로 '긍정적인 힘'을 발휘해야만 한다.

3. 중한관계의 문제점과 대응

량야빈(梁亚滨) · 장첸저(张茜喆)
번역: 김상순

북한이 제4차 핵실험을 진행하고 한국이 사드 미사일 방어시스템 배치를 선포함에 따라 밀월기에 있던 중한관계는 급전직하되었다. 이것은 중한관계에 매우 커다란 취약성이 존재하고, 아주 쉽게 소극적인 요소의 영향을 받아 악화될 수 있음을 설명하고 있다. 현재로 볼 때, 비교적 심각한 두 가지 핫 이슈는 사드 방어시스템 배치 문제와 중한 어업 분쟁 문제이다. 사드 배치 문제는 동북아의 안보 구조와 중한 양국의 지정학적 위치 및 이익과 연관이 된다. 어업분규의 본질적인 문제는 양국의 영해 경계선 확정 문제이다. 현실적으로 끊임없이 심화되는 충돌로 인해 양국관계는 앞으로 대립으로 향할 수 있다. 만약 우리가 중한관계의 급전직하를 하나의 위기로 가정할 때, 이 위기는 계속해서 악화될 가능성이 있고, 양국이 적대적 위기 상태로 향할 가능성이 매우 크다. 따라서 이 두 가지 문제에 대한 중한 양국의 이해와 대응조치는 이미 미래지향적인 중한관계를 결정하는 핵심적인 요소가 되었다. 중한 양국은 국제법과 위기관리의 측면에서 이 문제를 보고 처리해야 하며, 문제가 악화되거나 중한관계가 돌이킬 수 없이 파괴되는 것을 피해야만 한다.

1) 신현실주의적 시각으로 본 중한 양국의 '안보딜레마'

신현실주의의 대표적인 인물인 월츠(Kenneth Neal Waltz)는 "권력은 단지 일종의 사용할 수 있는 수단이고, 국가가 가진 권력이 너무 크거나 너무 작은 것도 모두 위험하다. 힘이 약하면 공격을 불러오고, 힘이 지나치게 강하면 다른 국가를 자극할 수 있으며, 그들로 하여금 군비 증강과 연합으로 대항하게 한다. 중요한 것은 국가의 최종 관심이 권력이 아니라 안보라는 점이다. 무정부 상태하에서 안보가 가장 최고의 목적이며, 단지 생존이 보장받은 후에야 각국이 비로소 안심하고 안보와 이익 및 권력 같은 목표를 추구할 수 있다."라고 했다.[1] 국제사회가 바로 무정부 상태에 처해 있고, 국가의 행위가 비록 국내 요소의 영향을 받기는 하지만, 그러나 국제 행위자 중의 하나인 국가는 국제체제의 압력과 규제하에 처해 있다. 시장에서 기업이 경쟁을 통해 이윤을 추구하는 것과 같이, 국제체제 구조 중의 하나인 국가가 무정부 상태하에 안보를 국가 행위의 우선 목표로 선택할 수밖에 없다. 안보가 해결되어야만이 경제, 무역, 문화, 인문 등의 하부 정치이익이 비로소 고려될 수 있다. 같은 논리로 안보 상황의 악화는 당연히 기타 이익 실현에 연루된다.

중한 양국은 20세기 50년대부터 80년대 초까지 줄곧 상호 적대관계였고 직접적인 어떤 왕래도 없었다. 중한관계의 발전은 냉전 종결로부터 시작되었다. 소련의 해체에 따라 원래 상호 적대적이던 세계의 양

---

1) 肯尼思 · 沃尔兹,《国际政治理论》, 中国人民公安大学出版社, 1992, p. 2.

극구조도 결국 붕괴했고, 평화와 발전이 시대의 진정한 주제가 되었다.[2)]바로 이러한 배경하에, 중한 양국은 1992년 8월 24일 정식으로 대사급 외교관계를 수립했고, 오랜 기간 서로를 인정하지 않고 단절했던 역사를 종결했다.

이로부터 중한관계는 급속하게 발전했다. 1998년 21세기를 향한 중한 협력 동반자 관계, 2003년 전면적 협력 동반자 관계, 2008년 5월 전략적 협력 동반자 관계를 각각 맺었다. 2014년 7월, 양측은 중한이 노력하여 공동발전 실현의 협력자, 지역평화 추구의 협력자, 아시아 진흥에 손잡은 협력자, 세계 번영 촉진의 협력자가 되기 위해 노력할 것을 선포했다. 세관의 통계에 근거하면, 2014년 중한 양국의 수출입 총액이 2,906.6억 달러가 되었다. 중국은 한국의 최대 무역 파트너이자 최대 수출 시장과 수입국이 되었고, 한국은 중국의 3대 무역 협력국이 되었다. 2014년 말 한국의 중국에 대한 실질적인 투자 누계가 595억 달러에 이르렀다. 중국은 한국의 최대 해외투자 대상국이 되었고, 한국은 중국의 5대 외국 직접 투자국이 되었다. 중국의 한국에 대한 투자 누계는 16.3억 달러이다. 양국은 문학, 예술, 체육, 교육, 위생, 영화와 TV 방송, 언론 출판 영역의 교류도 신속하게 발전했다. 2014년 중한의 인적 교류는

---

2) 1985년 덩샤오핑(邓小平)이 일본 상공회의소 중국방문단을 회견했을 때, "현 세계에는 실지로 큰 문제가 있고 글로벌 전략의 문제를 야기한다. 하나는 평화 문제이고, 다른 하나는 경제 문제 혹은 발전의 문제이다. 평화 문제는 동서 문제이고, 발전 문제는 남북 문제이다. 정리하자면 동서남북의 4글자이고, 남북 문제가 핵심 문제이다."라고 현 세계 정세에 대한 종합적인 고견을 말했다. 덩샤오핑은 세계의 구조적 변화의 기초 위에 세계의 주요 모순을 심각하게 통찰했을 뿐 아니라, '평화와 발전'의 두 가지 큰 문제를 날카롭게 정리했다. 그리고 명확하게 전 공산당원을 향해 "우리는 앞으로 평호와 발전이 주제가 되는 시대를 맞이할 것"이라고 했다. 邓小平, "和平和发展是当代世界的两大问题",《邓小平文选》第三卷, 理论网. http://www.qstheory.cn/zl/llzz/dxpwjd3j/200906/t20090630_4800.htm

1,005만 명을 넘었고, 양국은 자국 국민의 최대 여행 목적지 국가가 되었다. 2014년 연말까지 중국의 한국 유학생 수는 6.3만 명이고, 한국의 중국 유학생 수는 6.7만 명으로, 양국에서 유학하는 외국 유학생 수에서 양국 모두 1위를 기록했다. 양국의 주요 도시 간에 47개 정기 항로에 매주 800여 차례의 편수가 운행되고, 10여 차례의 정기 화물 노선과 매주 47차례의 편수가 있다. 양국은 중국의 성(省)과 한국의 도(道) 및 양국의 도시 간에 168개의 우호관계를 맺고 있다.[3)]

그러나 안보 정세의 악화에 따라 중한관계에는 의견 차이가 출현하기 시작했다. 2016년 1월 6일 북한의 4차 핵실험 및 2월 7일 위성발사의 성공은 이웃해 있는 한국에게 막대한 공포감을 주었다. 한미 양국은 처음으로 공동성명을 발표하여 전시 고고도 미사일 방어체계 배치 논의를 정식으로 시작한다는 것을 발표했다. 즉 '사드' 요격미사일 시스템의 배치를 가급적 조기에 완성하겠다고 공표했다.[4)] 2016년 3월 4일, 한미는 '사드' 시스템 배치 준비 위원회 협의에 서명했고,[5)] '사드' 배치의 준비 작업이 시작되었다. 수개월 후인 2016년 7월 8일, 한미 양국은 정식으로 '사드' 시스템 배치 결정을 선포했다. 그러나 이 결정에 대해 홍레이(洪磊) 중국 외교부 대변인은 당일 기자회견에서, "미국과 한국이 중국 및 관련 국가의 명확한 반대 입장을 고려하지 않고 한국에 '사드' 요격미사일 시스템을 배치한다고 선포했다. 중국은 이에 대해 강렬한 불만과 단

---

3) 한국 국가 개황(2015년 7월), 중화인민공화국 외교부. http://www.fmprc.gov.cn/web/gjhdq_676201/gj_676203/yz_676205/1206_676524/1206x0_676526/

4) United States Forces Korea, "ROK-U. S. Joint Announcement", 검색일: 2016. 12. 13. http://www.usfk.mil/Media/News/tabid/12660/Article/651588/rok-us-joint-announcement.aspx.

5) "S. Korea, U. S. Launch Formal Talks on Deploying THAAD in Korea", Yonhap News Agency, 검색일: 2016. 12. 13. http://english.yonhapnews.co.kr/national/2016/03/04/0301000000AEN20160304004751315.html.

호한 반대를 표시하며, 이미 미국과 한국의 주중 대사를 각각 초치하여 엄중하게 항의했다. 한미의 '사드' 요격미사일 시스템 배치는 한반도 비핵화 목표 실현과 한반도 평화 안정 유지에 도움이 되지 않는다. 당사자 간 대화와 협상으로 문제를 해결하려는 노력과는 정반대의 방향이며, 중국을 포함하여 이 지역 국가의 전략적 안보이익과 지역의 전략적 평형에 심각한 해를 끼칠 것이다. 중국 측은 강력하게 한국과 미국이 '사드' 요격미사일 시스템의 배치 과정을 중지할 것을 촉구하며, 지역 전체를 복잡하게 하는 행동을 취하지 말 것과, 중국의 전략적 안보 이익을 해치는 일을 하지 않기를 촉구한다."고 말했다.[6)]

신현실주의적 시각에서 보자면, 사드 배치 문제로 인해 조성된 한중의 긴장 국면은 바로 양국의 상호 불신으로부터 생긴 '안보딜레마'이다. 한국의 '사드' 시스템 배치에 대한 중국의 걱정은 주로 두 가지 의구심에서 온 것이다. 첫째, 한국이 '사드' 시스템을 배치하는 이유가 북한의 미사일을 방어하기 위한 것이라고 하지만, 그러나 중국이 볼 때 이 이유는 믿을 수 없다는 것이다. 실전적 시각으로 보자면, '사드'는 필요하지 않고 무용지물이기 때문이다. 한국의 국토가 협소하고, 남북의 거리가 약 500km이므로 필요한 전략적 종심(縱深)이 부족하다. 북한이 만약 한국을 공격한다면, 미사일을 사용할 필요가 없다. 한국 경제의 절반을 담당하는 서울시의 중심과 휴전선과의 직선 거리는 겨우 40km이다. 일단 남북 전쟁이 시작되면, 북한이 휴전선 부근에 배치한 몇천 문의 방사포가 순식간에 서울의 절반을 덮을 것이다. 이것이 바로 한국이 방어해야 하는 요점이며, '사드'로 화포 공격에 대응한다는 것은 아무런 의미가

6) "2016年7月8日外交部发言人洪磊主持例行记者会", 中华人民共和国外交部, 검색일: 2016. 12. 13. http://www.fmprc.gov.cn/web/wjdt_674879/fyrbt_674889/t1378698.shtml

없다.

둘째, '사드' 시스템은 중국에게 심각한 안보 위협을 조성한다. '사드'가 비록 방어형 무기이고 중국의 국가 안보에 직접적인 위협이 되지 않는다고는 하지만, 그러나 이 시스템이 갖춘 강력한 레이더 시스템은 중국의 핵 위협력을 크게 약화시킨다. 미국이 공개한 정보에 따르면, 세계에서 성능이 가장 강력한 지상배치용 요격미사일[7]의 탐색 레이더 중의 하나인 '사드' X밴드 요격미사일 레이더의 반사면적 1평방미터(전형적인 탄도미사일 탄두의 반사면적)를 탐색하는 거리가 1,200km이거나 심지어는 더 멀어서 전략 및 전술적 의미를 겸용한다는 것이다. 동시에, 특수한 모듈 방식(modularity) 설계는 지상에서의 매우 강한 기동성을 갖추어 선박, 기차, 트레일러와 수송기를 이용하여 운송할 수 있다. 한미 양국이 '사드'를 배치하려는 배후에는 미국이 동북아 지역에서 중국에 대한 군사적 억제를 하려는 의도가 숨어 있다고 중국은 생각한다. 그 이유는 '사드'의 레이더 시스템이 미국의 미사일 방어 시스템에 정보를 제공하여 알래스카 공군기지의 경보 레이더가 중국의 대륙간 탄도미사일을 잡아내는 시간을 대폭 단축할 수 있기 때문이다.[8] 모든 '사드' 시스템의 통제소(지휘 통제와 작전 정보관리 시스템)는 이미 미국의 글로벌 요격미사일 시스템 중에서 다른 '사드' 시스템과 연결되어 있고, 모든 통제소는 인공위성, 광케이블 및 세계 각지에 배치된 통제소와 요격미사일 간의 교신을 가능하게 하는 통신시스템(In-Flight Interceptor Communication System, IFICS)을 통해 전 세계에 있는 미군의 각종 방어무기로 하여금 정보를 종합하고 통합

---

7) 역자 주: Ground-Based Interceptors, GBIs.

8) 薛慧, 陈志宏,《THAAD反导系统中的"千里眼"—AN//TPY-2雷达[J]》,《军事文摘》, 2016, 제7기, pp. 36-39.

하게 하여 정보자원을 공유하고 협동작전을 실현한다.[9] 다시 말해, 만약 중국이 대륙간 탄도미사일을 발사한다면, 한국에 배치된 '사드' 시스템의 탐색에 걸리어 신속하게 궤적이 계산되고 미사일 요격 조치가 실행된다. 이것은 대국 간의 핵 균형을 깨뜨리며 세계 평화와 안정의 기본을 약화시키는 것이다. 사드 시스템에 대해 현재 중국 내에서 비교적 유행하는 관점은 완전히 중국에 대한 '항장무검(項莊舞劍)', 즉 '실제의 목적을 숨긴 것'이라고 인식하는 관점이다.[10]

2014년 주한 중국대사였던 추궈훙(邱国洪)은 '사드'의 한국 도입 가능성에 대해 중국 정부의 입장을 대표하여 반대의 의견을 표시했다. 그는 '사드' 시스템이 "북한의 탄도미사일을 방어하기에 필요한 범위를 초월하였으며, 그 목적이 북한이 아니라 중국에 있다고 느끼게 한다. 기술적으로 보면, 만약 북한이 한국을 공격할 생각이라면, 단거리 탄도미사일을 사용할 것이고 대륙간 탄도미사일을 사용하지 않을 가능성이 매우 크다. 따라서 실제로 '사드'가 북한의 핵이나 탄도미사일의 방어에 기본적으로 어떤 효과도 없을 뿐 아니라, 오히려 중국의 안보체계에 위협을 조성한다."라고 했다.[11] 한국이 '사드' 배치에 동의한 것은 미국의 글로벌 대국 간의 제로섬 게임의 전차에 스스로를 묶은 것이며, 심지어는 미국의 압도적인 전략적 우세를 추구하기 위해 남에게 이용당하는 바둑돌이 되는 것일 뿐이다. 이러한 상황하에 냉전 종식 이후 안정과 탄력적인

---

9) 郭衍莹,《解析美在韩部署"萨德"系统对邻国安全利益的损害[J]》,《现代军事》, 2016, 제5기, pp. 59-62.

10) 예를 들면, 중국 현대국제관계연구원의 류충(刘冲)은 미국의 '사드' 배치는 완전히 중국을 향한 것이라고 했다. 刘冲,《美国酝酿在韩部署"萨德"系统问题辨析[J]》,《现代国际关系》, 2015, 제5기, pp. 13-22.

11) 《中国大使警告美韩: "萨德"系统勿进韩国》, 新华网, 2014. 11. 28., http://news.xinhuanet.com/world/2014-11/28/c_127260181.htm

상호 교류를 하던 동북아 정세는 한층 경직된 대치 국면이 되었다. 11월 23일, 한국의 한민구 국방장관과 나가미네 야스마사(长岭安政) 주한 일본 대사는 서울에서 한일 군사정보보호협정을 체결하여 더욱 이러한 추세를 가중시켰다. 제2차 대전 이후 한일이 서명한 첫 군사협력 협정은 향후 미일동맹과 한미동맹을 한미일 3국 동맹으로 발전하도록 할 것이다.

월츠는 "안보딜레마에 있어서, 한 국가가 자국의 안전 보장을 위해 취하는 조치는 다른 국가의 안전을 낮추는 의미이기도 하다. 무정부 상태에서, 한쪽의 사전 방비는 다른 쪽의 근심을 유발한다. 따라서 한 국가가 방위를 목적으로 전쟁 도구를 축적하는 것은 다른 국가로 하여금 위협에 대한 반응을 필요로 한다."라고 인식했다.[12] 북한이든 미국이든 모두 지역 안보를 악화시키는 수단을 취하는 것은 다른 국가로 하여금 같은 조치를 하게끔 한다. 솔직히 말하자면, 이 과정에서 중한 양국 모두 커다란 압력을 받았고, 선택의 딜레마에 직면했다. 중한관계를 잘 해결하는 것이 비로소 동북아 정세가 현재의 위기에서 탈출하게끔 할 수 있고, 국가간의 '안보딜레마'로 인한 도미노 효과를 피할 수 있다.

2) 중한 양국의 주권 권익 분쟁

'사드' 문제처럼 갈수록 악화되는 중한관계의 또 다른 하나의 문제는 중한 영토 주권과 주권 권익의 분쟁이다. 현대 민주 개념과 민족주의 이념은 끊임없이 사람들의 마음속에 깊이 자리 잡고 있다. 영토 주권과 주권 권익은 어떤 국가도 모두 극도로 민감한 문제이다. 중한 양국은 역

12) 肯尼思 · 沃尔兹,《国际政治理论》, 中国人民公安大学出版社, 1992, p. 2.

사상 영토 주권 분쟁이 존재하지 않았다. 그러나 '유엔해양법조약'의 서명과 발효는 많은 국가들에게 역사에 없었던 주권 권리를 부여했다. 모든 국가는 자국에 유리한 시각으로 국제법을 해석하게 되었고, 이는 일련의 다툼과 분쟁 유발뿐 아니라 각국의 민중 민족주의 정서를 선동하는 중요한 요인이 되었다. 중한 간에도 영토주권과 주권 권익 분쟁이 출현하기 시작했디. 본질적으로는 해상 경계선 문제이고, 구체적으로는 '이어도'의 성격에 대한 인식과 귀속 문제 및 어업 분쟁이다.

이어도[13]는 중국의 동지나해 북부에 위치한 수면 아래의 암초로서 수면에서는 4.6m 깊이에 있다. 중한일 배타적 경제수역(Exclusive Economic Zone, EEZ)이 겹치는 지역으로 중국 영해 기점인 퉁다오(童島)와는 132해리, 한국의 제주도와는 82해리, 일본의 도리시마(鳥島)와는 151해리가 각각 떨어져 있다.[14] '유엔해양법조약'에 근거하면, 연해 국가와 도서 국가는 영해 기점으로부터 200해리 이내의 배타적 경제수역을 선포할 권리가 있다. 따라서 중한 양국은 서해(중국의 황해) 지역에 대규모로 중첩되는 배타적 경제수역이 존재한다. 한국은 자국이 이해하는 배타적 경제

13) 역자 주: 중국 학자의 이어도(離於島)에 대한 설명이 한국의 설명과 차이가 있고, 정확하지 않은 부분이 있어서 한국이 정의한 내용을 소개하면 다음과 같다. 이어도는 마라도 서남쪽 81해리(149km), 중국 퉁다오(童島) 동북쪽으로 247km(134마일), 일본 나가사키(長崎) 현 도리시마(鳥島) 서쪽으로 276km(160마일)가량 떨어진 지점에 위치해 있다. 평균 수심 50m, 길이는 남북으로 1,800m, 동서로 1,400m 정도의 크기에, 면적은 11만 3,000평 규모로, 4개의 봉우리를 가진 수중 암초다. 국내 해양학계에서의 공식 명칭은 파랑도(破浪島)이다. 해양수산부는 해양연구 · 기상관측 · 어업활동 등을 위한 이어도 해양과학기지 설치를 목표로 지난 1995년부터 해저지형 파악과 조류 관측 등 현장조사를 실시해 왔다. 2001년 공사가 착수되었으며 2003년 6월 완공되었다. 이어도의 해양과학기지는 최첨단 관측 장비를 통해 해양 · 기상 관련 자료를 수집하며, 해경의 수색 및 구난 기지로도 활용되고 있다. 출처: 네이버 지식백과, 시사상식사전, 박문각. 검색일: 2017. 7. 21., http://terms.naver.com/entry.nhn?docId=938168&cid=43667&categoryId=43667

14) 刘亚丁,《苏岩礁的法律地位及其意义》,《世纪桥》, 2008, 제3기, pp. 68-69.

수역에 근거하여 중첩 지역에 해양 조사 시설을 세웠다. 2000년 하반기를 시작으로 한국은 이어도의 가장 높은 부분인 남쪽 65미터 지역에 76미터(수면 아래 40미터, 수면 위 36미터) 높이의 말뚝을 박고, 중량 3,600톤에 15층 높이의 거대한 철골 건축물을 세워 부근 해역에서 각종 자원을 탐색하고, 함정과 비행기로 순시하여 해상 영토의 확장으로 삼았다. 2001년 1월 26일, 한국의 국토지리원은 해양 배타적 경제수역을 확장하기 위하여 수옌자오(苏岩礁, 이어도)[15]를 불법적으로 이어도(Ieodo)로 호칭했고, 심지어 2006년 한국 정부는 이어도가 한국의 영토라고 명확하게 못박았다. '유엔해양법조약'에는 해상의 도서는 12해리의 영해와 200해리를 초과하지 못하는 배타적 경제수역을 가지지만, 암초는 이러한 권리를 전혀 누릴 수 없다고 규정한다. 따라서 '이어도'의 명칭이 '암초'에서 '섬(島)'으로 변경된 것은 배후에 한국 정부의 거대한 해양 권익 주장이 포함된 것이다.

이에 대해 중국 정부는 중국의 해양 권익에 커다란 손해를 가져오기 때문에 수옌자오(苏岩礁)를 섬으로 인정할 수 없고, '영토적' 성격을 갖추었다는 것도 인정할 수 없을 뿐 아니라, 이를 절대로 받아들일 수 없다고 했다. 2000년과 2002년 두 차례 중국은 이어도에 해양 관측소를 설치하는 문제를 한국 측에 제기했고, 한국이 양국의 중첩되는 배타적 경제수역에 단독으로 활동하는 것을 반대했다. 2006년 9월 14일, 중국 외교부 친강(秦刚) 대변인은 기자회견에서 다시 한번 중국 측의 입장을 표명했다. "이어도는 중국 동해 북부의 해상 암초이다. 이어도의 위치가 양국의 배타적 경제수역 중첩 지역에 있으므로, 한국이 양국의 중첩된

---

15) 역자 주: 중국 학자의 문장 본문에는 '이어도'를 '수옌자오(苏岩礁)'로 표기하고 있으나, 한국 독자들의 이해를 위해 특별히 표기하여야 하는 경우를 제외하고 모두 '이어도'로 번역했다.

배타적 경제수역에서 단독으로 활동하는 것을 반대한다." 그는 특히 한국 정부의 단독 행위는 어떠한 법률적 효력도 발생시킬 수 없다고 지적했다. 따라서 중국 정부는 중한 양국 간에 '동해 북부 암초의 관할권 문제'와 '영토분쟁'의 존재를 인정하지 않았다.

중한 간의 분쟁의 본질은 해양 경계선 문제이고, 특히 배타적 경제수역의 경계선 문제이다. 만약 양측이 국제법의 시각과 전문적인 방법에 따라 실질적으로 양국 간의 분쟁을 처리하여 공동의 합의를 얻을 수 있다면 이 문제는 거의 해결된 것이다. 한국의 이명박 대통령은 2012년 3월 12일 이어도가 "영토 분쟁 지역이 아니다."라고 하면서, 만약 한중 양국이 배타적 경제수역에 합의한다면, 이어도는 "앞으로 자연스럽게 한국에 귀속될 것이다."라고 주장했다.[16] 이에 대해 중국 외교부는 "중한 양국이 이어도 문제에도 공동의 인식이 있다. 즉 그 암초는 영토적 지위가 없다는 것이고, 중한 양국에는 영토분쟁이 존재하지 않는다는 것이다."라고 논평했다.[17] 2013년 한국 외교부는 성명을 통해 "영토논쟁이 아니다."라고 했다.[18] 사실 한국 정부도 '이어도'라고 명명한 구역이 법률적 개념으로 '암초'의 범위에 속하여, 국제법상에서 영토로 인정되지 않기 때문에 영토가 가진 배타적 경제수역도 갖추지 못한다는 것을 잘 알고 있다.[19] '유엔해양법조약'의 규정에 따라, 한국이 해당 구역에서 진행하는 모든 인공 시설물은 그 합법적인 경제적 지위를 가질 수 없다. 이

---

16) 《李明博宣称苏岩礁"可自然而然属于韩国"》, 环球网, 2012. 3. 13. 검색일: 2016. 12. 14. 新华网, http://news.xinhuanet.com/mil/2012-03/13/c_122826096.htm

17) 《外交部: 苏岩礁地处重叠区 争议需同韩国协商解决》, 中华人民共和国外交部, 2012. 3. 13. 검색일: 2016. 12. 14. 新华网, http://news.xinhuanet.com/mil/2012-03/13/c_122826079.htm

18) 《韓国「離於島問題は領土問題でない」= 中国防空識別圏で.》, 《朝鮮日報》, 2013. 11. 27.

19) 남영우 · 최재헌 · 손승호, 『세계화 시대의 도시와 국토(제5판)』, 법문사, 2009, p. 60.

후 이어도에 대한 중한 양국의 분쟁은 점차 사라지고, 배타적 경제수역의 경계 문제로 전환되었으며 어업 분쟁이 두드러지게 나타났다.

1990년대 이전, 중국 정부는 국가가 스스로 설정한 연안 해역 경제구역 혹은 대륙붕 권한을 인정하지 않았다. 역사적인 관례에 따라 영해 밖의 공해에서는 각국이 자유롭게 진입하여 고기를 잡을 수 있다고 생각했다. 그러나 '유엔해양법조약'이 발효된 이후, 배타적 경제수역이 원래 공해였던 많은 구역을 '점'하게 되었다. 중첩된 지역에 대해서는, '유엔해양법조약'에 따라, "관련국이 양해와 협조의 정신에 기초하여, 실질적인 임시 조치를 하고, 과도기 기간에 서로 손해나 장애가 되지 않는 최후 협의를 달성하도록 모든 노력을 다해야 한다. 이와 관련된 처리는 최후의 경계선 확정에도 지장을 주지 말아야 한다."[20]라는 것이다. 이에 기초하여, 중한 양국은 '중한어업협정'을 체결했다. 양국의 학자들은 좋은 기대를 가지고 양국이 공동으로 이 해역을 공유하기를 바랐지만, 이 협정은 오히려 최초의 바람과는 배치되었다. 간단히 말하자면, 비록 '중한어업협정'이 어업 구조의 조정과 한국 연해 수산 자원의 회복 등에 있어서 중요한 작용을 했지만, 그러나 오히려 양국 어업 분쟁의 주요 원인이 되었던 것이다.[21] '중한어업협정'이 2001년 6월에 발효된 이후, 발생된 충돌 숫자는 명확하게 높아지기 이전인 2005년에 최고의 기록을 세우게 된다. 이유는 협정 체결 이후 중국의 어민이 전통적으로 어로 작업을 하던 구역이 한국에 귀속되었고, 상대적으로 한국에 근접한 해역이 가

---

20) 王铁崖、田如萱编,《国际法资料选编》, 法律出版社, 1993, p. 324.

21) (韩)金祯弘,《〈中韩渔业协定〉实践情况评析》,《法治与社会》, 2010, 제12기, p. 26. (韩)朴冬勋、李成焕,《韩中之间的实在国境与内在国境的相互作用》,《国际政治研究》, 2012, 제1기, p. 263. (韩)金祯弘,《中韩渔业协定》实践情况评析[J], 法治与社会, 2010. 12., p. 26.

진 해양 어업 자원이 중국보다 많았기 때문이다. 이것은 중국의 어업으로 말하자면 적지 않은 타격이었고 분쟁이 끊임없이 상승하는 원인이 되었다. 양국 정부는 이러한 문제에 대해 수수방관하지 않고 매년 어업 연합위원회를 개최하여 양국의 사법기구 간 핫 라인을 개설하여 공동으로 법을 집행했다. 그러나 유감스러운 것은 이러한 해결 방법도 근본적인 문제 해결을 위한 결정적인 문제점을 찾지 못하였다는 점이다.[22)]

최근에 중한 어업분쟁 문제로 이미 연속해서 심각한 무장 충돌이 발생하여 사상자가 생겼다. 예를 들면 2008년 9월 한국의 박경조 해경이 중국 어선을 조사하는 임무를 수행하던 중, 둔기에 맞아 바다에 빠져 사망했고, 2010년 12월 중국 어선이 한국 군산 앞바다에서 단속 중에 배가 뒤집혀 선원 한 명이 사망하고 한 명이 실종되었다. 2011년 3월 한국 해경이 처음으로 단속에서 총을 발사했고 중국 선원 한 명이 부상당했다. 2011년 12월에 한국의 이청호 해경이 단속 중에 중국 어선의 선장에게 칼에 찔리어 사망하고, 다른 한 명이 부상을 당했다. 2012년 5월 네 명의 한국의 사법 집행 인원이 중국 선원들에게 맞아서 중경상을 입었고, 2012년 10월 중국 선원 한 명이 한국 해경이 쏜 고무 총탄에 맞아 사망했다. 그 이외에도 중한 양국은 매년 크고 작은 어업분규가 끊이지 않고 발생하고 있다. 2016년 '사드' 미사일 방어 시스템은 중한 간의 외교 분쟁을 야기시켰고, 이후 중한 어업 분쟁도 다시 폭발했다. 한국의 해경은 두 차례 중국 어선을 향해 수백 발의 총탄을 발사했다. 이 일은 중한 민중 간에 상호 증오의 감정을 한층 더 촉발했을 뿐만 아니라, 양국이 충돌로 치닫는 위험을 다시 한번 고조시켰다. 양국 모두 국내에서 상대방에게 더욱 강경한 수단을 취할 것을 요구하는 민족주의적인 압력을

---

22) 詹德斌,《海洋权益角力下的中韩渔业纠纷分析》,《东北亚论坛》, 2013, 제6기, pp. 61-70.

받았다.

주권 권익의 분쟁에 있어서, 어떤 정부도 쉽게 양보할 수 없고, 국제법에서도 타협을 이루는 것이 거의 유일한 해법이다. 그러나, 이러한 목표를 실현하는 전제는 양쪽 정부와 민간이 모두 법리적 · 심리적으로 준비가 되어야 한다는 것이다. 사실 전자의 경우 중한 양국 정부는 이미 충분한 준비가 되어 있다. 핵심은 민중의 심리적 준비이다. 즉 국제법의 이해와 수용인데, 이것을 타협의 전제로 원해야 한다는 것이다. 이러한 것을 실현하는 핵심은 우선 양국 관계를 안정시키고, 상황이 계속해서 악화되는 것을 피하며, 외교적 협상이 민족주의적 정서에 의해 휩쓸리지 않게 하는 것이다. 따라서 중한 양국의 중첩된 배타적 경제수역의 경계 문제를 원만하게 해결하는 것은 곧 평화적인 중국의 주변 환경 조성과도 관련이 있으며, 중한 양국의 동북아 지역의 대국(大国) 경쟁에서의 역할과 이익에도 관련이 있다.

3) 사고와 건의

(1) 전략적 상호 신뢰와 정책 협조의 강화로 분쟁을 피해야

한반도 비핵화 문제에 있어서, 중한 양국은 커다란 공동의 이익과 목표가 있다. 따라서 중한 양국은 전략적 상호신뢰를 증가시키고, 북한에 대한 제재와 협상에 있어서 예를 들면 일정 정도의 정보 공유와 통일된 표준의 변경 관리 등과 같은 더 많은 정책적 협조를 실현해야 한다. 가장 핵심적인 것은 이간질과 분쟁으로 인해 북한이나 미국에 대항하는 바둑돌처럼 중한 양국이 대립관계가 되는 것을 공동의 노력을 통해 피해야 한다는 점이다.

북한이 제3차 핵실험을 진행한 이후, 중·미·러·일·한은 유엔의 주도하에 일정한 정도의 정책협의를 이루었다. 특히 중한 양국관계는 심지어 한층 더 밀월기에 진입했는데, 박근혜 전 대통령의 중국 방문과 시진핑 주석의 한국 방문 기간은 최고조에 달했다. 이것은 분명히 북한이 바라는 바가 아니다. 북한의 제4차 핵실험은 이러한 협력을 깰 목적이 있었고, 실제로 중한 양국 간의 반목을 확실하게 야기했다. 한국은 결단을 내려 2016년 7월 8일 정식으로 미국과 협력하여 한국에 사드 미사일 방어시스템을 배치하기로 선포했다. 이것은 의심할 바 없이 중국의 강렬한 반대를 야기했고, 중한관계는 급속도로 악화되었다. 7월 11일, 중국의 시진핑 국가주석은 북한의 최고 지도자인 김정은에게 '중조우호협력상호원조조약(中朝友好合作互助条约)'[23] 서명 55주년 기념 축전을 보냈다. 2011년 50주년 기념에서 중국이 단지 부총리급 고위층 인사를 행사에 참가시킨 것과 비교 시, 이번 기념은 당시 북한이 아직 핵실험을 하지 않았던 시절인 2006년 45주년 기념에서 최고 지도자가 축전을 보낸 격식을 회복한 셈이 되었다. 이러한 변화는 다른 나라들로 하여금 아주 간단하게 중국과 북한이 관계를 개선하고 전통적 우호관계를 회복하는 것으로 해석하게 했다.

제5차 핵실험은 의심할 바 없이 한국 국내의 '사드' 반대 목소리를 약화시켰고, 한국 정부로 하여금 더욱더 결심을 확고히 하게 함과 동시에 한미동맹과 미일동맹을 더욱 강화하여 상호 간 정책 조율을 실현하도록 했다. 미국은 계속 북핵 위기를 이용하여 아태 회귀 전략의 속도를 강화하고 더 나아가 아태 지역의 군사적인 최전선 존재와 전략적 억제

23) 역자 주: 1961년 7월 11일 중국과 북한이 체결한 일종의 자동개입 조항이 삽입된 동맹조약

능력을 강화했다. 반대로, 이러한 행위는 의심할 바 없이 중국의 한미일에 대한 전략적 의심을 증가시켰고, 남북 간의 평형 유지의 어려움은 급상승했으며, 중국 국내의 민의 또한 더욱 분열되도록 했다. 남지나해 분쟁이 끊임없이 발생되는 시점에서 중국의 상당 부분의 사람들은 이미 한미일의 동태가 앞으로 끊임없이 강화된 위협이 될 것이므로 더욱 대항 의지를 강화해야 한다고 인식하게 되었다. 이것은 분명히 중한 양국의 기본적인 이익에 부합하지 않으며, 양국이 상호 신뢰를 더욱 강화하여 이렇게 끊임없이 악화되는 추세를 전환할 필요가 있다.

그러나, '사드' 문제를 원만하게 해결할 기회의 창구는 아직 완전히 닫힌 것이 아니다. 새로 선출된 미국의 트럼프 대통령은 이미 한국에게 주한미군의 군비 부담 비율을 높일 것을 요구했다. 한미 양국이 '사드' 시스템 배치에 의견 일치를 이룰 수 있었던 전제는 미국 정부가 사드 무기 시스템의 비용을 부담한다는 것이었다. 만약 트럼프 정부가 나중에 이 비용을 한국 정부가 모두 부담하라고 한다면, 아마도 거절당할 것이다. 한국 정부로 하여금 '사드' 배치 문제를 실제로 무한 연장하도록 하기 위하여, 중국 정부는 압력이 아닌 창조적인 조건으로 더 많은 호의를 보이는 등의 주도적인 외교를 적극적으로 펼쳐야 한다.

(2) 위기관리와 제도수립 강화로 쌍방의 견해 차이를 관리해야

중한 양국에 나타난 안보딜레마의 근원은 북핵 문제이다. 이 문제 역시 동북아 안보를 파괴하는 결정적인 요소이다. 북한이 제5차 핵실험을 진행한 이후, 이에 대한 대응은 이미 급박한 상황에 처해 있다. 이 문제의 긴박성과 민감성은 이미 명실상부한 국제적 위기가 되었다. 국제 군사 안보위기를 일으키기 위해서는 적어도 세 가지 조건이 갖추어져야 한다. 첫째, 둘 혹은 둘 이상의 국가의 기본 가치가 위협에 직면하는 것이다. 이 '기본 가치'는 해당국의 구체적인 국가이익을 포함할 수 있으며, 예를 들면 방위 능력과 협상 능력 혹은 심지어 해당국 지도자 자신의 권력적 지위 같은 해당 국가의 국제 무대상의 권위를 포함한다. 이 세 가지기본 가치는 서로 배척되지 않으며, 많은 위기 중에 위에서 서술한 기본 가치는 동시에 위협을 받을 수 있다. 북핵 위기는 단지 북한, 한국, 일본을 위협할 뿐만 아니라, 심지어 중국의 국가 안보를 위협하며, 중미 등의 대국의 국제적 명성이나 동맹국에 대한 보장 및 김정은 본인의 생명과도 관련된다. 둘째, 정책 결정자는 반드시 제한적 시간 내에 반응을 보여야 한다. 북핵 위기가 오늘날까지 발전하여 실질적인 핵무기 보유 국가에 이르기까지는 단지 한 걸음 정도가 남았지만, 남은 이 과정은 고도의 민감성과 취약성이 있어서, 언제든 격렬한 변화가 발생될 수 있다. 셋째, 이러한 반응은 상호 간 적대적인 군사적 반응을 유발할 가능성이 매우 높다. 북핵 위기를 둘러싸고 나타나는 남북 대치 국면은 더욱 강화되고 고착되고 있고, 중미 등 국가들도 선택을 강요받고 있다. 일반적으로 만약 정세가 앞의 두 가지 조건을 갖춘다고 가정하면, 위기 관리 체제의 가동이 필요하며, 북핵 위기의 세 가지 조건은 이미 충족되었다.

미국의 학자 리처드 리보우(Richard Ned Lebow)는 국제위기는 적대행위 정당화의 위기(Justification of Hostility Crisis), 파생 위기(Spin-off Crisis) 및 벼랑 끝 전술 위기(Brinkmanship Crisis)라는 세 종류의 기본 형태로 분류된다고 했다.[24] 북핵 위기는 첫 번째와 세 번째의 혼합으로, 적대 상태를 증명한 상태에서의 벼랑 끝 정책 위기이다. 북한과 한미 쌍방은 모두 위험한 국면

24) Richard Ned Lebow, *Between Peace and War: The Nature of International Crisis*, Baltimore and London: Johns Hopkins University Press, 1981, pp. 23-97.

이 더욱 극단적이게 될 수 있는 정책을 통해 그 과정에서 이익을 얻으려 하고 있다. 북한은 끊임없이 핵실험과 미사일 실험을 진행하고, 한미도 역시 끊임없이 군사 훈련을 진행하고, 제재를 확대하고 사드를 배치하고 있다. 1956년 1월, 미국의 전임 국무장관이었던 덜레스(John Foster Dulles)는 "전쟁 직전으로 가는 것은 두렵지 않지만, 전쟁 직전으로 가는 것을 배워야 하며, 전쟁에 말려들지 않는 예술을 배워야 한다."라고 했다. 다시 말해, 벼랑 끝 정책은 재난을 가져오거나 성공한 정치 책략을 가져오는 것이다. 이 정책은 일종의 반응 규칙에 기초하는데, 이는 더욱 큰 위협을 가해서 상대의 저항을 포기하도록 유도하는 것이다. 만약 위협이 바라는 대로 보상을 받을 수 있다면 위협을 제기하는 측이 실제로 위협의 수단을 실제로 실시하지 않을 것이다. 그러나 만약 양쪽 모두가 이런 정책을 취한다면, 이 위협은 끊임없이 상승해서 위기는 결국 전쟁으로 변모할 것이고 양쪽 모두 같이 망하게 될 것이다. 이러한 상황에 대해 반드시 위기관리를 가동해야 하며, 그렇지 않을 경우 의외의 일이 발생할 확률이 매우 높고 그 결과는 매우 심각할 것이다. 현재의 상황에 대해, 중한 양국은 원활한 정보 소통 유지와 돌발 사건에 대해 즉시 대응할 수 있는 대비책 준비와 같은 신속하고 효율적이며 논리적이자 규칙적인 조치를 취할 수 있는 제도를 반드시 수립해야 한다. 이러한 능력과 결심을 보인 바에는, 또한 국제법에 부합하는 적절한 통제와 함께 협상의 여지도 남겨 두어야 한다.

(3) 안보영역의 창조적 협력을 위해, 다른 영역의 협력에도 노력해야

중한 양국은 현재 이미 많은 영역에서 차이와 충돌이 있다. 예를 들면 서해(중국의 황해) 어업권 분쟁, 영토 분쟁 및 미디어 문화와 경제 영역의 차별 대우 등, 끊임없이 양국관계가 악화되고 있고, 이러한 추세를 긴급히 전환시킬 필요가 있다. 이러한 문제에 대해, 국제적으로 성숙된 체제와 표준에 의해 처리해야 한다. 중한 양국은 편견을 버리고 위기를 기회로 바꾸도록 해야 하며, 이러한 문제를 해결 혹은 '동결'시키도록 노력하여 더 이상 악화되지 않도록 해야 한다. 특히 영토나 안보 등의 상부정치 문제의 영역으로 연루되지 않도록 조속히 타협과 협력을 이루어야 한다.

구성주의 학자들은 국가 간 상호 작용과 실천을 통해서 국가 행위를 구속할 수 있는 각종 규범 및 공동의 기대를 만들 수 있으며, 이러한 규범과 물질자원은 국제 구조를 구성하는 일부와 같다고 여긴다. 규범의 일종인 국제법 규칙도 국제 구조의 일부를 형성하며 물질자원에 속하지 않는다.[25] 동시에 행위자의 외부 행위는 그 상호작용의 구조적 신분을 결정하는 것이며, 그중에 행위자의 국제법률 행위가 포함된다. 카젠슈타인(Peter J. Katzenstein)은 정체성이란 "행위자가 소유하고 표현한 것, 중요한 '타인'과의 관계를 통해서 형성되는 (시간에 따라서 발전하고 변화하는) 개성과 자아신분의 독창적인 이미지이다."라고 했다.[26] 즉 정체성은 행위자가 그 내부의 독창성에 근거하여 자아의 위치 및 국제체계와 타인과의 상호 작용에 의해 나타내는 행위이다. 따라서 중한 양국은 영해 경계 문제의 처리에 있어서의 차이점을 국제법의 기준 틀 내에 놓고 이 틀 내부에서 양국이 상호 교류를 통해 정체성을 나타내고 공동의 관념이 이후의 양국 행위에 영향을 주도록 해야 한다. 중국의 시각에서 보면, 중

---

25) 刘志云, 《国际法研究的建构主义路径》, 《厦门大学学报-哲学社会科学版》, 2009, 제4기, pp. 5-12.

26) 彼得 · 卡赞斯坦, 《国家安全的文化: 世界政治中的规范与认同》, 北京大学出版社, 2009, p. 12.

국은 해양 권익의 의식이 부족하고, 현재 해양과 관련된 법규도 겨우 한 가지만 입법화되어 법규 체제가 부족하다. 법률의 미비함이 양국의 모순 해결에 영향을 끼치는 중요한 요소이다.

중한 양국은 동북아의 평화와 안정을 재건해야 하는 사명을 맡아야 한다. "자국의 법규 준수 행위를 통해 국제사회에 동의와 협력의 정보를 전달하고, 이를 통해 다른 국가도 똑같이 국제법규를 준수하기를 기대하여, 공동으로 평화공존과 공동발전의 국제환경을 조성해야 한다."[27]

27) 何志鹏,《国际法的遵行机制探究》,《东方法学》, 2009, 제5기, pp. 28-41.

4. 현 북한 정세 판단

덩위원(邓聿文)
번역: 김상순

북한 문제를 연구할 때 가장 어려운 것은 북한 당국에 대한 판단이다. 왜냐하면 극도로 폐쇄적인 국가인 북한에 대한 효율적인 정보가 너무도 적기 때문이다. 만일 충분히 많은 1차 자료를 얻지 못할 경우, 북한에 대한 정확한 분석이 매우 어렵다. 그렇다고 북한에 대한 우리의 분석이 마치 맹인 코끼리 더듬기 정도에 불과한 것일까? 꼭 그렇지는 않다.

원인은 이렇다. 북한은 두꺼운 강철판과 같은 정권이라서 내부의 차이가 매우 작다. 그렇다고 북한이 서로 다른 이익 구조가 없다고 말하는 것은 아니다. 그러나 종합적으로 말하자면, 민주 국가 혹은 전환기 국가와 비교 시, 북한의 이익 구조는 매우 간단하다. 즉 공산당이 집권하는 기타 다른 권위주의 국가와 비교한다고 해도, 북한의 이익 구조는 매우 간단하다. 대체로 북한 내부의 이익 구조를 두 가지로 나눌 수 있다. 즉 노예주(奴隷主)와 노예(奴隸)인데, 전자는 각 부문의 관료나 군부의 고위층으로 구성되어 있고, 후자는 이들을 제외한 모든 사회 저층의 사람들이다. 김정은은 최고 권력의 최대 노예주이고, 김정은 앞에서는 모든 사람이 다 노예이다.

필자의 이러한 구분은 개괄적이고 정밀하지 못하지만, 간단명료한 구분을 통해 바로 문제의 본질에 도달하게 한다는 장점이 있다. 역사적으로도 선례가 드문 이런 정권에 있어서, 단지 내부의 반란에 의한 실패일지 아니면 외부의 적으로부터의 침략에 의한 실패일지에 대한 구분만 남았을 뿐이다. 즉 이들에 대한 최후의 결과는 실패일 것이다. 따라서 이러한 측면으로 보면, 이런 정권의 운명 예측 또한 매우 간단하며 우리가 많은 자료를 가질 필요가 없다. 북한, 혹은 정확하게 말해서 김씨 왕조도 이러한 법칙에서 벗어나지 못할 것이다.

이렇게 말하는 것이 너무 모호하고, 위에서 언급한 역사적 규칙을 북한에 적용할 때 꼭 들어맞는 것은 아니라고 어떤 이들은 반박하려 할 것이다. 김씨 3대 왕조는 이미 60여 년간 북한을 통치했다. 여러 유명한 전문가와 많은 사람들이 북한이 어느 시점에 멸망할 것이라고 끊임없이 예측했었지만, 북한은 지금도 잘 지내고 있으며 마치 이전보다도 더 견고한 듯하다. 이것은 사실 조금 난감한데, 정세 분석에 있어서 예측을 하지 말라는 것을 말해 준다. 그러나 중국인들이 항상 기억하는 두 가지 격언이 있다. 첫 번째는 "갚지 않는 것이 아니라, 때가 되지 않은 것이다. 때가 되면 반드시 갚는다."라는 말이다. 두 번째는 "세 번을 넘지는 못한다."라는 말이다. 사실 서양에도 부는 3대를 가지 못한다는 말이 있다. 김정은이 바로 3대째인데, 김정은은 언제 업보를 치를까?

필자의 생각은, 북한이 지금 대붕괴의 전야에 처해 있으며, 이 시간은 아마도 8-10년이 필요할 것이고, 최대 15년을 넘지 못할 것이다. 이에 대한 이유는 다음과 같다.

첫째, 북한은 현재 자연재해와 정책의 실패로 야기된 식량위기에 직면해 있고, 위기는 오랜 시간 동안 만연해서 미래에 더욱 큰 자연재해의 타격을 입을 것으로 예상된다.

북한은 지난 세기 90년대 중엽 소름 끼치는 대기근이 발생하여 몇십만 명이 죽었다. 대기근이 지난 뒤, 북한에 비록 이전과 같은 참혹한 상황이 다시 재현되지는 않았지만 식량위기와 기근에서 벗어나지 못했다. 유엔은 '2010 세계 식량 불안정 상황'에 대한 보고서를 통해 북한을 22개 만성 식량위기 국가에 포함했다. 북한은 수년간 가뭄의 곤경에 처했고, 2015년 북한 전역 44.156만 헥타르(662.34만 묘)의 논에 모내기를 했지만, 그중에서 적어도 13.62만 헥타르(204.3만 묘)가 가뭄으로 말라 버렸다. 북한의 식량 창고인 황해북도와 황해남도, 평안남도와 함경남도는 특히 심각한 피해를 입었다. 가뭄은 황해북도와 황해남도의 약 80%의 벼 모종과 58%의 논을 파멸시켰다. 유엔 소속 기구의 통계에 따르면, 북한의 5세 이하의 아동 중에서 대략 1/3이 발육 부진이라고 한다. 2016년 이후, 북한은 9월에 대홍수가 또 발생했다. 이 수재는 10만이 넘는 사람들이 귀가할 거처를 잃게 했으며, 북한 당국으로 하여금 드물게 국제사회를 향해 구호의 신호를 보내도록 하였다.

가뭄과 수재와 같은 자연재해를 겪을 대로 겪었던 북한 사람들은 동시에 정책 실패에 따른 농업 재난도 빈번하게 겪어야 했다. 북한은 원래 가능한 경작지 비율이 낮아서 경작용 토지가 겨우 18%에 불과하다. 또한 북한은 화학 비료와 생산 설비 및 농업 기계가 부족하고, 관개 수로와 자연재해 대응 능력 또한 약하다. 유엔 식량농업기구(Food and Agriculture Organization, FAO)와 세계식량계획(World Food Program, WFP)의 보고서에 의하면, 북한은 1996년부터 2010년까지 총 15차례의 재난을 당했다고 한다. 그중에서 시설 부족 혹은 인적 착오로 조성된 인재가 9차례에 달하여 자연재해보다도 더 많았다.

김정은은 집권 이후 중국의 '농가 세대별 생산 책임제'와 비슷한

'6 · 28 방침'을 실시했다. 북한은 황해남 · 북도를 포함하여 늘어난 쌀 수확을 했지만, 생산된 쌀을 백성들에게 나누어 주지 않은 채, 군 부대와 당의 간부 및 평양시민의 배를 먼저 채웠다. 북한의 모든 물자는 군 부대와 평양으로 집중되고, 충성을 바치는 자들에게 먼저 공급된다. 그러나 실질적인 혜택을 받는 것은 군 부대 간부이지 사병이 아니다. 가장 저층의 일반 사병의 식량은 아침은 그런대로 있으나 저녁은 보장 못 할 정도이다. 양강도 부대의 밥 한 끼 공급량 규정은 250g이지만, 기준에 따르는 부대는 매우 적고, 어떤 부대는 150g이거나, 100g, 심지어 70g도 있다. 식량 창고라고 불리는 황해남 · 북도 인민들도 항상 굶주리고 있고, 높은 가격에 중국에서 밀수한 쌀을 사 먹는다. 대부분의 농촌 지역은 갈수록 사람들이 하루 세 끼를 먹지 못하고 있다.

식량위기는 앞으로도 오랫동안 북한이 겪어야 하고, 이 과정에서 만약 대규모 자연재해 혹은 인위적인 정책 실패가 생기거나, 혹은 이 모두가 겹치게 된다면, 북한 정권이 기아의 충격을 감당해 낼 수 있을지 여부는 사람들로 하여금 의구심을 갖게 한다. 사람들이 밥조차 먹지 못할 경우라면, 어느 누가 지도자에 대한 충성을 유지하려 하겠는가?

둘째, 북한 정권의 엘리트 계층 탈북 증가는 강권 통지를 유지하는 지주격인 엘리트 계층에서마저도 이런 체제에 대한 실망이 시작되었다는 것을 나타낸다. 일단 의혹에서 위기가 닥치면, 그들은 우선적으로 북한 체제를 포기하거나 심지어는 반란을 일으킬 것이다.

엘리트 계층은 북한의 집권계층이자 배당을 받는 자들이다. 그들의 수가 그리 많지는 않지만, 그러나 그들과 그들 가족의 운명이 정권에 달려 있기 때문에 그들은 정권에 대한 충실한 수호자이다. 그럼에도 불구하고 그들 중에서 극단적으로 미련하게 충성을 다하는 사람들을 제외하면, 상당한 수의 엘리트 계층 인사들도 자신과 가족을 위해 언제든 퇴로를 준비할 것이다. 왜냐하면 이들은 외부와의 접촉으로 이 정권이 그리 오래가지 못할 것이라는 점과 언제든 붕괴할 가능성이 있다는 것을 알게 되었기 때문이다. 또한 그들도 이미 독재 통치하에서는 누구에게도 신변의 안전 보장이 없고, 언제든 지도자의 변덕으로 생명을 잃을 가능성이 있음을 인식했다. 북한에서 고위층에 대한 숙청은 늘 발생한다. 일단 지도자가 권력의 위협을 느끼거나, 정책 실패로 인한 희생양이 필요하거나, 혹은 어떤 간부 개인이 부패하는 것 같은 일들이 한 부류의 간부들을 사라지게 한다. 따라서 북한의 엘리트 계층은 항상 사전에 준비했다가 문제가 발생하기 이전에 도망쳐야 한다.

이전 세기 90년대부터 지금까지, 불완전한 통계에 의하면, 대략 20여 명의 북한 외교관이 한국으로 망명했다. 1991년 주콩고 북한대사관 고영환 참사관과 1996년 현 인민군 현철해 원수의 조카이자 주잠비아 북한대사관 현성일 3등서기가 한국으로, 1997년 장승길 주이집트 북한대사 및 파리에서 무역에 종사하던 그의 형제인 장승주 일가는 미국으로 망명했다. 2000년 주태국 북한대사관 홍순경 무역 및 과학기술 참사, 2009년 주중국 상하이 북한 무역대표부 김기철 대표와 그 일가, 2013년 주에티오피아 북한 무역대표부의 한 외교관, 2014년 태국 주재 북한 외교관 한 명이 모두 한국으로 망명했다.

2016년 엘리트 계층의 망명인사가 점점 증가하고 있다. 주영국 북한대사관 태영호 부대사 이외에도 외국 주재 북한 식당 종사자들도 엘리트 계층 망명의 중요한 사례가 되었다. 이 중에서 주목을 끈 것은 중국의 북한 식당에서 근무하던 13명의 종업원들이 집단으로 한국으로 망명한 것이다. 북한 해외 식당 종업원이 비록 정부의 공무원은 아니지만, 일반적으로 '사상의 표준'이고 '정치 심사를 통과'한 엘리트 계층 출신이다. 즉 단지 엘리트 계층의 자녀만이 비로소 해외에 파견될 수 있다. 외교관의 망명과 다른 것은, 이런 식당 종업원들의 집단 망명의 중요한 원인이 해외 외환 벌이 사명이라는 그들의 막중한 부담에 있다는 점이다. 만약 달성하지 못하면, 그들이든 그들을 관리하는 상급자든 모두 징벌을 받아야 한다. 이 외에도 올해 망명한 간부는 북경 주재 북한의 고위 관리로서 일본으로 망명했다고 하는데, 북한과 일본 모두 부인하고 있지만 이를 배제할 수도 없다.

당연히 엘리트 계층의 망명이 이들만은 아니다. 북한 정찰총국 책임자로 한국의 특수 공작 담당인 대령 한 명이 작년에 한국으로 망명했는데, 그의 직무로 보자면 인민군 일반 부대의 소장 직급이다. 어쨌든 김정은 집권 이후 북중 국경 관리가 강화되어 북한의 '탈북자' 수가 감소했지만, 그러나 엘리트 계층이 (북한이라는) '배를 포기'하는 현상은 증가 일로에 있다.

셋째, 전례가 없는 유엔의 엄중한 제재와 특히 한미일이 각기 단독으로 실시하는 대북제재는 북한의 외환 통로와 외부 지원을 단절시켰다. 외환과 외부 원조는 북한이 독재통치를 지탱하는 데 매우 커다란 역할을 하며, 특히 북한이 어려움에 처했을 경우에는 더욱 그렇다.

북한에의 외부 지원은 두 가지 부분이 있는데, 첫째는 북한의 외곽 조직으로 '재일본 조선인 총연합회(조총련)'의 지원이다. 둘째는 외국이나 외국의 조직이 우호나 국가이익에 기초하여 북한에 원조하는 경우이다. 전례가 없는 유엔의 징벌하에 이러한 원조는 인도적인 것을 제외하고 기본적으로 모두 영향을 받았다.

북한의 제4차 핵실험 이후, 유엔은 유사 이래 북한에 대해 가장 엄격한 제재를 실시하였고, 범위에 있어서도 무기, 화물, 광물, 금융은 물론이고, 기업과 개인을 포함하여 북한의 무역 물자에 대한 조사도 강화했다. 종합하자면, 핵무기와 관련이 있다고 연관되는 것과, 북한의 핵 역량을 증가시킬 수 있다고 여겨지는 모든 물건과 경로는 모두 제재의 범위에 포함되었다. 이것은 우선 북한 경제에 타격을 줄 것이고, 특히 외환 획득에 영향을 줄 것이다. 과거 몇 차례의 핵 실험 이후, 유엔이 비록 제재 조치를 취하였지만, 강도가 크지 않았고, 북한은 철광석과 석탄 등의 무역을 통해 자금을 얻을 수 있었다. 북한은 이 두 가지 자원이 풍부하고, 밀무역을 통해서 외환을 획득했다. 그런데 엄중한 새로운 제재로 철광석과 석탄 무역이 영향을 받았다. 밀수도 해상에서의 검역 강화로 크게 감소했다. 외국과 북한의 외곽조직도 유엔의 제재하에 북한에 대한 원조가 단지 인도적 측면으로 국한되었다.

유엔의 제재 이외에도, 한미일과 EU가 각기 단독으로 북한이 핵무기 발전에 사용할 수 있는 부분에 대해 추가로 제재를 실행했다. 위에서 언급한 제재로 인한 효과는 북한의 외환 부족을 불러왔다. 북한은 외환 획득을 위하여 부득불 각국의 해외 주재원들에게 모든 방법을 동원하여 외환을 만들라고 명령했다. 앞에서 서술한 북한의 해외 식당 종업원 집단 망명은 이러한 배경하에 발생된 것이다.

북한처럼 이렇게 고도로 폐쇄되고 통제되는 정권에 있어서 외부의 제재가 비록 근본적으로 체제를 동요시키지는 못하지만, 부도를 통해 내부에서 변화가 발생되도록 할 수는 있다. 이것이 바로 우리가 늘 말하는 외부 요소가 내부 요소에 영향을 주어 변화를 일으킨다는 것이다. 몇몇 엘리트들이 자신과 가정의 안전을 고려하여 배반할 수도 있다. 김정은 집권 이후 엘리트의 탈출이 증가하고 있는데, 이러한 것과 연관이 있다고 말하지 않을 수 없다. 일단 엘리트들이 탈출하여 일정 규모가 된다면, 이는 파생효과를 일으킬 것이다. 엘리트 계층 내부의 분열을 촉진하게 되며, 엘리트들이 탈출하지 못하도록 하기 위하여 북한 당국은 더욱 가혹한 공포정치를 펼칠 것이다. 이는 다시 엘리트들에게 더욱 큰 불안감을 주게 되어 결국 이 정권에 대해 더욱 충성하지 않게 될 것이다. 이와 같은 악순환에서 어떤 돌발적인 사건이 발생할 경우, 양적이며 질적인 반응을 유발할 것이다. 견고한 요새(要塞)도 내부로부터 파괴될 가능성이 많다. 따라서 유엔의 제재가 만약 충분히 지속된다면 엘리트 그룹을 와해시킬 것이다.

넷째, '탈북자' 망명정부의 수립은 표면적으로 그들의 정치의식이 각성하기 시작한 것이다. 북한 정권을 뒤집는 활동에 참여하는 것은 북한의 독재통치에도 커다란 영향을 줄 것이다.

통계로 보면, 북한의 '탈북자'는 몇만 명이 되고, 그중 한국에 거주하는 사람이 대략 3만 명이며, 나머지는 미국 등에 분산되어 있다. 과거 이러한 '탈북자'는 김씨 왕조를 전복시키는 활동을 생각하지 않고 단지 김씨 왕조의 공포통치에서 탈출하기 위해 탈북한 것이었다. 즉 이러한 의식은 개별 혹은 소규모 조직의 행동이자 한국에 북한 내부의 어떤 정보를 제공하는 것 정도로 나타났다. 대부분의 '탈북자'가 한국에 온 후에는 곧 자신의 생계에 바빴다. 그러나 현재 이러한 상황은 변했다.

보도에 따르면, 해외에 거주하는 '탈북자'와 한국의 주요 '탈북자' 단체가 내년 상반기에 미국에서 '북한 망명정부'를 수립할 계획이라고 한다. 이 '망명정부'의 임시 명칭은 '북조선 자유민주 망명정부'이며, 현재 이미 십여 개 '탈북자' 책임자의 의견 조회 작업을 마쳤다고 한다. '망명정부'의 목적은 북한 내부 인사의 탈북을 선동하고, 북한의 '민주화 운동의 핵심'을 만드는 것이다. '탈북자' 조직의 각종 단체는 망명정부를 수립하고, 단체의 힘이나 시위 등의 방법으로 한미 정부가 북한에 대해 더욱 강경한 조치를 취하도록 설득할 것이다. 또한 북한 내부 인사의 탈북 선동 활동에 직접 참여할 것이다. 짐작하자면, 미래에 더 많은 북한 주민과 엘리트 계층 인사들의 탈출이 있을 것이고, 이것은 틀림없이 북한의 통치 기둥을 흔들 것이다.

위에서 4개의 현상을 분석했다. 역사적 측면에서 보면, 북한 당국이 붕괴를 조기에 피하고 정권 수명을 연장시키기 위한 두 가지 길이 있다. 하나는 문호를 개방하고 개혁개방을 실행하는 것이다. 경제개방을 통해 인민들의 생활을 개선하고 이를 통해 다시 합법성을 회복하는 것이다. 다른 하나는 세계가 분열과 재건에 직면한 시기에 강력한 동맹을 통해 충분한 물자 지원과 정치적 지지를 얻는 것이다. 전자는 정권의 생존에 있어서 근본적이지만, 그러나 평화적인 변화, 즉 민주화의 위험이 존재한다. 후자는 세계의 대국적 변화와 스스로에 대한 강력한 가치를 얻을 수 있다.

필자는 줄곧 인터넷 시대에 북한이 이미 개혁개방의 기회를 상실했다고 생각한다. 필자가 말하는 개혁개방은 진정으로 대문을 활짝 개방하는 것이다. 왜 이렇게 말할까? 중국의 개혁개방과 비교해 보면 명확할 것이다.

중국은 지난 세기 70년대 말 개혁개방을 단행했다. 당시 세계 공산주의 체제가 아직 와해되지 않았고, 사회주의 진영도 존재했다. 이것은 이데올로기적 측면에서 보아도 집권당의 합법성이 여전히 존재했다는 것이다. 그러나 오늘날의 형세는 전혀 다르다. 사회주의 국가도 몇 개 남지 않았고, 북한의 개혁개방 이후 이 정권이 합법적인 이데올로기 요소를 지탱하게 할지에 대해서도 의문점이 남는다. 왜냐하면 중국이 당시 외부 지지를 얻었던 것과 북한이 개방을 할 경우는 다를 것이기 때문이다.

또한 한국과 대만도 다르다. 중국이 문호를 개방했을 때, 양안관계의 대만 경제가 대륙보다 발달했었고 사람들의 생활도 더욱 풍요로웠다. 그러나 당시 중국 인민들은 대만에 대한 정보 취득이 오늘날처럼 쉽지 않았다. 또한 대만의 규모, 면적, 인구, 군사력의 모든 면에서 대륙과 비교할 수도 없었다. 더욱 중요한 것은 대만을 통치하던 국민당 정부는 공산당에 의해 대륙에서 쫓겨간 것으로서, 대륙의 인민들은 국민당 정권의 부패에 대해 아직도 생생하게 기억한다는 것이다. 게다가 대륙과 대만 사이에 해협이 있어서, 중국이 개혁개방을 실행했을 때 대만의 영향에 의해 중국이 평화적인 변화를 하게 될 것인가에 대해 걱정할 필요가 없었다.

그러나 북한은 문호 개방 이후 줄곧 인민의 정권에 대한 인식과 지지에 대한 문제가 존재한다. 남북은 한국전쟁으로 분열되어 두 개의 국가가 되었기 때문에 한국으로서는 북한 정권이 정당성이 있다고 보지 않는다. 또한 한국도 대만과 비교할 수 없는 것이, 국토 면적이나 인구 규모 및 군사력 모두 북한과 비슷하거나 북한을 초월한다. 남북한 영토가 연결된 점을 더하자면, 북한이 문호를 개방한 이후 휴전선은 남쪽으로 가는 사람들을 막을 수 없을 것으로 예상할 수 있다. 특히 세계가 이미 서로 통하는 상황이므로, 일단 북한이 자유화 개혁을 시작한다면, 한국이라는 같은 민족의 존재로 인해 북한 주민들이 현 정권이 저지른 몇십 년 동안의 부패 통치에 대해 참지 못할 것이다. 이것이 북한 당국이 가장 두려워하는 부분이다. 현재 북한 민중이 그나마 정권에 대해 비교적 지지하는 근본 원인은 외부의 정보를 접촉하지 못한다는 것이며, 외부 세계와 북한 정권의 열세에 대해 이해하거나 비교할 수 없다는 것이다. 일단 이러한 비교가 생기면 몇십 년의 거짓말이 바로 드러날 것이다.

또한 양국의 지정학적 정치도 분명히 다르다. 중국은 당시 개혁개방의 실행에서 의외로 유리한 외부조건이 있었는데, 바로 미소 패권쟁탈이다. 중 · 미 · 소의 3각 관계에서 미국은 중국과 함께 소련에 대항하기 위하여 중국의 개혁개방을 환영하고 지지했다. 그러나 이러한 조건은 오늘날은 없다. 우선 북한은 중국이 아니고, 북한의 규모는 너무 작으며, 미국은 북한을 위해 중국을 등질 수 없기 때문이다. 둘째로 중미는 현재 전략적 경쟁을 하고 있지만, 그러나 오늘날의 중미관계는 당시의 미국과 소련처럼 절대로 제로섬 게임 관계가 아니다. 따라서 미국이 중국을 억제하기 위하여 장기간 '악의 축'이라고 칭했던 평양 정권을 도와줄 것이라고 상상하기는 매우 어렵다.

한마디 더 하자면, 중미관계의 발전이 당시의 미소관계를 만들었듯이, 미국이 중국을 포위하기 위하여 전력으로 북한을 지원한다고 해도, 북한 내부에서 개혁개방에 따라 독재통치에 대해 반대하는 요소나 힘이 없을 것이라고 장담하기 어렵다는 것이다. 중국은 이런 측면에서 실패의 경험이 있다. 따라서 가장 가능한 것은 일단 북한이 개혁개방을 실행하고, 미국이 한국과 함께 평화적인 공세로 전환하는 것인데, 지금 시기에 평화적 전환의 성공 확률이 매우 크기 때문이다. 북한 당국은 이 점을 고려하지 않을 수 없을 것이다.

마지막으로, 국내 이익집단의 저항력이 다르다. 중국은 문화대혁명의 기초 위에서 개혁개방을 추진했다. 문화대혁명은 중국을 붕괴 직전에 이르도록 했을 뿐 아니라, 일부의 문화대혁명 신흥 귀족과 급진 좌파 세력을 제외하고 국내의 거의 모든 정치 세력과 계층 모두를 피해자로 만들었다. 따라서 덩샤오핑(邓小平)이 문호를 개방하고 세계로 향했을 때, 비록 당시 관념과 이익에 대한 저항이 매우 컸지만 이러한 저항은 개혁개방을 막을 수가 없었다. 또한 사람들 모두가 거의 경제개혁으로부터 혜택을 받은 후에 개혁에 대한 지지가 사회의 주류가 되었다.

그러나 북한은 다르다. 북한의 개혁과 개방을 시작하는 자는 반드시 이 정권의 최고 통치권자이자 현 정권에서 최대의 이익 수혜자이다. 이것은 곧 그로 하여금 일종의 이론적 역설에 빠지게 한다. 따라서 실질적인 개혁과 개방의 보폭은 확실히 클 수가 없다. 다른 측면에서 북한이 실행하는 것은 선군(先軍)정치로서, 군대가 이 폐쇄되고 빈곤한 국가의 실질적인 지배자이다. 장기적인 군대 우선의 국가 정책에 있어서 이미 방대한 군사 이익집단이 형성되었다. 특히 군대의 고위층 인사들인 이 집단은 현 정권에 종속된 대상이자 기둥이다. 이렇게 추측하자면, 개혁개방 이후에 이 집단의 이익을 계속 보장하지 않는 한, 그들 세력은 반드시 반대할 것이다. 이론적으로 말하면, 개혁개방을 추진하는 것은 군대의 힘과 이익을 약화시키는 것을 전제로 한다. 말을 바꾸면, 개혁개방과 선군정치 간에는 일종의 구조적 모순이 존재한다. 김정은이 군대의 충성을 포기하면서 전면적으로 개혁개방을 추진하는 것은 불가능하다.

어쨌든 이 정권의 본질은 북한의 중국식 개혁개방 시행 불가능을 결정하며, 가능하다 해도 기껏해야 약간의 자본주의적 요소를 도입하는 정도일 것이다. 김정은 본인이 개혁을 생각해도, 그가 개혁을 능숙하게 받아들일지 여부 또한 커다란 도전이다. 북한 정권의 약화와 북한 스스로 소국으로 선회하는 여지는 크지 않으며, 많은 요소가 통제된 것을 초월하는 것이다. 따라서 북한의 입장에서 개혁의 위험성은 매우 크다. 그렇지 않았다면 김정일 시대에 이미 개혁을 진행했을 것이다.

북한은 개혁개방을 할 수 없고, 그들은 반드시 제2의 방식을 찾아서 정권의 생존을 연장하려 할 것이다. 현 글로벌 정세가 냉전으로 회귀하는 추세이지만, 미국이 중국과 러시아를 강력하게 압박하지 않는다면, 북한이 중국 및 러시아와 동맹을 맺을 가능성은 크지 않다. 여기에서 한국은 중 · 미 · 러 사이에서 조정자의 역할을 해야 하며, 미국의 뒤에서서 미국의 보조를 맞추지 말아야 한다. 만약 한국이 북한의 핵에 대항하기 위하여 완전히 미국과 일본의 편에 선다면, 중국과 러시아는 어느 정도는 북한과의 특수적 정치관계를 회복할 수 있다. 따라서 한국은 북핵 위협과 미래의 통일 사이에서 하나를 선택해야 한다. 이제 한국이 어떤 선택을 할지 지켜보자!

5. 시진핑 시대 중국의 대북 정책

정지용(郑继永)

1) 중국의 주변 외교 전략

(1) 중국의 외교 전략 방향

한반도와 중국은 역사적, 정치적, 사회적, 인문적으로 깊은 관계가 있다. 또한 한반도는 중국 주변에서 지정학적으로 가장 중요한 이웃 지역이다. 때문에 대북 외교 정책은 반드시 중국의 전체적인 외교 전략에 부합하여야 한다.

중국 외교는 새로운 국면을 맞이하고 있다. 중국은 현재 여러 분야에서 폭발적인 성장세를 보이고 있다. 경제적으로는 세계 2위의 경제규모를 자랑하고 있고 정치적으로는 글로벌 정치 무대에서 무시할 수 없는 파워로 성장하였다. 인문 사회 교류에 있어서도 새로운 시대를 열어가고 있다. 신속한 발전으로 인해 중국은 현재 역사적인 호황기를 누리고 있는 것이다. 과거 그 어느 때에도 중국이 이렇게 세계의 중심이 되어

본 적은 없었다. 또한 이렇게 깊이 세계의 발전에 영향을 미쳐 본 적이 없었으며, 중화민족의 위대한 부흥에 이렇게 가깝게 접근해 본 적도 없었다. 어떤 주변 외교 전략을 채택하는지에 따라 미래 글로벌 정세에 대한 중국의 기본적인 전략적 사고와 전략적 취향을 엿볼 수 있다. 중국의 주변 외교는 주변 정세에 대한 지정학적 전략일 뿐만 아니라 더 심오한 의미에서의 외교적 대전략이기 때문에 새로운 외교적 사유와 외교적 전략 및 외교적 조치가 필요하다.

중국의 주변 외교 전략은 견인차의 역할을 한다. 때문에 필연적으로 그리고 반드시 전략에 대한 자신감과 이론적인 자신감 그리고 제도적인 자신감을 가져야 한다. 중국은 글로벌 강국이 된 이후에 그 지위에 걸맞는 외교 정책을 실시해야 하고, 또한 상응하는 국제적 존중을 받아야 한다. 중국의 이익이 위협을 받을 때 타인에 의해 휘둘리지 않을 것이며, 그동안 견지해 왔던 '도광양회(韬光养晦)' 정책도 조정되어야 한다. 평화적인 수단으로 미묘한 국면을 잘 처리함으로써 윈윈의 결과를 이끌어내야 한다. 현재 중국의 외교는 양적인 경쟁에서 질적인 경쟁으로 수준이 향상되고 있고, 타국을 추종하던 것에서 자주적인 외교로 바뀌어 가고 있다. 중국의 국력이 미약했던 시기, 중국 외교는 여러 가지 조건의 제약을 받고 대국의 견제를 많이 받았다. 대국 외교로 형성된 전략적 기회와 주변 외교 및 개도국 외교를 통해 자국의 이익을 도모할 수밖에 없었다. 최근 국제 질서와 중국을 둘러싼 주변 정세가 끊임없이 변화하고 있고 다극화 추세가 분명해지고 있다. 그에 따라 중국의 외교적 이익과 외교 전략의 방향에 있어서 대국 외교의 중요성이 상대적으로 낮아지고 있다. 중국은 주변 국가의 도움과 지지를 필요로 하고 있고 정치적, 도덕적인 지지를 더욱 필요로 하고 있다. 주변 외교와 주변국과의 관계 경영이 무대의 중앙으로 등장하고 있다.

중국의 주변 외교는 방향 제시의 의미를 가지고 있다. 중국은 오랫동안 세계 정치 무대에서 존재감이 거의 없었다. 그러나 최근 국력이 폭발적으로 신장하면서, 급부상하는 중국이 전 세계의 주목을 받을 수밖에 없게 되었다. 전통적으로 제국의 흥망성쇠는 필연적으로 전쟁과 무력충돌을 불러일으킨다고 여겨져 왔다. 현재 중국의 발전이 역사적 비극을 재현하여 세계적인 동요와 불안정을 불러일으킬 것인지가 관심의 초점이 되고 있다. 중국이 전통적인 시각에서 생각하는 것처럼 전쟁을 유발하는 대국이 될 것인지, 아니면 역사적 주기를 벗어나 새로운 신형대국이 될 것인지는 결국 중국이 주변 국가를 어떻게 대하느냐에 달려 있다.

중국의 주변 외교는 실천을 통해 배우고, 배움을 통해 정리하고, 정리를 통해 수정해 나가는 자체 진화의 과정이다. 중국에게 있어서 현대적 의미의 외교는 정확히 말하면 90년대 초부터 시작되었다. 외교는 장기적인 전략이다. 이러한 장기적 전략은 중국이 새로운 상황에 직면하면서 끊임없이 갈등하고 충돌하고 있다. 이 때문에 중국에게 있어서 외교는 이론보다 실천이 중요하다 하겠다. 또한 특정 이론으로 전체적인 주변 외교의 현상을 설명할 수도 없다.

(2) 주변 외교: 형세, 입장, 고려, 리스크

중국의 주변 외교는 단기적인 동요, 끊임없는 충돌, 장기적인 안정, 통제 가능한 리스크 등으로 표현되는 새로운 정세에 직면해 있다. 우선 주변 정세가 심각하게 동요하고 있고 긴장 국면이 조성되고 있다. 잠재되어 있던 충돌의 리스크가 여기저기서 드러나고 있다. 동쪽, 서쪽, 남쪽 지역에서 끊임없는 이슈가 발생하고 있고, 동북아 지역은 북핵 문제 및 일본 역사 수정주의, 중일 조어도 분쟁 등으로 인해 지역 정세가 재조정되고 있으며 미국의 '동아시아 회귀 전략' 및 '아태 지역 재균형' 전략과 충돌하고 있다. 서쪽으로는 '신장 위구르 자치구의 이슬람 운동', 아프가니스탄 정세, 이란 정세 등도 이슈화되는 경향을 보이고 있다. 남해 상에서도 중국이 '포위 공격'을 당하는 형세를 보이고 있다. 대국관계는 주변 정세를 안정시키는 완충의 역할을 한다. 전체적인 정세는 통제 가능한 범위 내에 있으며 아직 통제가 불가능한 수준의 중요한 위협적인 안보 사건은 일어나지 않고 있다.

끊임없는 불균형과 재구성 가운데 중국의 주변 외교는 '새로운 이익 구도'와 '새로운 상호 작용 구도'라는 두 개의 기본 입장을 확립하였다. '새로운 이익 구도' 부분에서는, 변화하는 국제 환경과 서로 다른 국가 상황 및 서로 다른 수요를 가진 주변 환경이 전통적인 국제 관계의 '진영', '적과 아군', '국가관' 등의 개념을 완전히 바꾸어 놓았기 때문에 모호한 회색 지대가 갈수록 많아지고 있다. 전통적인 외교 이념과 국제 관계 질서로는 이러한 새로운 변화에 적응할 수 없다. 역내 질서와 국제 질서에 대해 인문적인 관심을 가져야 할 필요가 있다.

새로운 이익 구도와 새로운 상호작용 구도하에서 이익 확장, 이미지 수립, 질서 구축이 중국 주변 외교의 3대 기본 방향이다. 첫째는 이익의 확장이다. 중국의 주변 국가는 자원이 풍부하고 중국과의 무역량도 많다. 중국은 또한 인구가 많고, 주변 국가와 경제, 정치, 안보적으로 많은 이익이 얽혀 있다. 새로운 정세하에서 중국의 이익이 무엇인지 명확히 파악하고 국가 이익을 확장하고 중국의 권익을 보호하는 것이 중국 주변 외교의 중요한 임무이다. 둘째는 이미지 수립이다. 새롭게 부상하는 중국이 세계 무대에 어떤 모습으로 다가갈지는 매우 중요한 문제이며 중국 외교의 기반을 다지는 작업이라 할 수 있다. 중국은 전통적인 신흥 강대국처럼 주변 국가에게 안보적인 위협이나 경제적인 약탈, 정치적인 압박을 가해서는 안 된다. 친근하고 믿을 수 있는 신형대국이 되어야 한다. 셋째는 질서의 구축이다. 신흥 대국의 출현은 기존 질서에 대한 부적응이다. 새로운 질서를 재확립해야만이 이익을 확장하고 이미지를 수립하며 정의를 주도할 수 있다.

복잡한 국제 정세로 인해 중국의 주변 외교는 네 가지 리스크에 직면할 수 있다. 중국은 이를 경계하고 예방해야 한다. 우선 소위 '투키디데스의 함정'이다. 중국의 급부상이 반드시 기존 강대국의 지위에 대한 도전을 의미하는 것은 아니다. 중국은 평화롭게 발전하는 신형대국의 길을 걸을 것이다. 이를 위해 기존의 강대국과 장기적인 조율의 과정을 거쳐야 한다. 다음은 안보 리스크이다. 현재, 중국과 주변국과의 역내 정세는 안보 '전환점'과 정치적 경제적 '연소점(燃燒点)'에 놓여 있다. 전통적인 안보 리스크가 끊임없이 심각해지고 있다. 다음은 '색깔 혁명'의 리스크이다. 중국 주변의 적지 않은 나라들이 이미 색깔 혁명을 겪었기에 이런 풍조가 중국 국내로 도입될 가능성이 있다. 2014년 홍콩 시위 사태에서 이러한 기미가 벌써 나타났다. 끝으로 중등 소득 국가의 함정이다. 중국은 현재 이 단계에 놓여 있다. 거대한 내재적인 리스크를 가지고 있으며 내부적 문제가 심화될 가능성이 있다.

네 가지 리스크 중에서 중등 소득 국가의 함정이 중국의 내부적인 문제라는 점을 제외하면 수정주의 대국의 리스크, 안보 리스크, 색깔 혁명 등의 리스크 등은 모두 외부적 문제이다. 한반도를 포함한 이 지역은 전형적으로 많은 리스크를 안고 있는 지역이다. 단기적으로 긴장과 동요가 심화될 수 있지만, 장기적으로는 통제 가능하다. 중국의 한반도에서의 이익 구도와 상호작용 구도에는 큰 변화가 발생하였다. 한반도에서의 이익 확장, 이미지 수립, 질서 구축은 모두 불확실성 가운데 놓여 있다. 한반도 문제의 불안정성은 중국의 전체적인 대외 전략에 영향을 미친다. 이에 대해 중국은 정책 수립에 있어서 상응하는 변화를 통해 더욱 유리한 국면을 조성해야 한다. 때문에 중국의 대북 정책은 현재 역사적, 구조적인 변화의 전야에 놓여 있다.

2) 중국의 대북 정책의 전략적 인지(認知)

(1) 북중관계 현황

현재, 북중관계는 장성택 처형 사건과 시진핑 주석의 방한 이후 체감 온도가 신속하게 떨어지고 있다. 다음 세 가지 부분에서 이런 현상을 볼 수 있다.

① 북한 정부 측 언론 매체에서 중국 관련 보도가 거의 없으며, 보도가 있다면 주로 부정적인 보도이다. 『로동신문』과 조선 중앙 통신사의 보도에서 중국은 이미 미국과 거의 비슷한 동급으로 전락했다. 아예 중국 관련 보도가 없거나, 지진, 재해, 스포츠 관련 보도로 인해 중국을 언급하지 않을 수 없을 경우 '어느 국가'라는 단어를 사용한다.
② 북중 관계가 소통이 되지 않고 외교적으로 냉각되고 있다. 북한은 현재 다양한 나라들과 관계 개선을 시도하고 있으나 유독 중국과는 관계가 소원하다. 현재 중국의 주북한 대사관도 북한이 일방적으로 중국에게 통지하는 데 사용되는 창구로 전락하였다.
③ 북한은 국민들에게 주입식 교육을 하고 있으며 북한에 주재하는 조직이나 기관들의 활동은 차별적인 대우를 받고 있다.

북중관계가 냉각된 데는 네 가지 원인이 있다.

① 민족정서: 북한 민족은 '한(恨)'이 있는 민족이며 자주적이지 못하고 자신감도 없는 민족이었다. 사대주의적이고, 한이 많고, 그러면서도 자만심이 있는 복잡한 정서가 얽혀 있다.
② 북중 관계의 주기: 북중 관계는 우호와 반목이 반복적으로 나타난다. 이는 북중 관계 발전의 주기율이 작용을 하기 때문이다.
③ 국가 지도자의 개인적 경험과 내부 숙청: 김일성, 김정일과 달리 김정은은 중국에서 교육을 받은 경험이 없고 중국 역사에 대해 관심이 없다. 북한 내부의 변화, 특히 장성택 처형 사건으로 인해 북한 간부들 사이에는 어떤 일을 하든지 특히 중국과 일하는 것을 두려워하는 분위기가 형성되었다. 간부들은 안정만을 추구하고 책임을 지려 하지 않고 나서려 하지 않는다.
④ 정책 변화와 지나치게 높은 상호 기대: 중국의 대북 정책은 기복이 심하다. 정책의 변화가 크기 때문에 북한의 입장에서는 중국의 의도를 파악하기 어렵고, 때문에 북한은 중국이 변덕스럽고 신뢰할 만하지 않다고 여긴다. 동시에 북한은 중국의 정책 변화의 근본 원인을 심도 깊게 연구하지 않고 여전히 중국에 대해 과도한 기대감을 가지고 있다. 동시에 중국의 정책 변화에 대해 과도하게 민감하게 굴고 있으며 왜곡된 견해를 가지고 있다. 중국과 북한은 서로 상대방에 대한 기대나 요구치가 지나치게 높다.

(2) 북한 전략의 의미에 대한 재인지(再認知)

중국의 대북 정책은 거대한 현실적 어려움으로 인해 회의적인 시선을 받아 왔다. 우선, 사용 가능한 정책이 바닥난 상태에서 선택의 딜레마를 겪고 있다. 북핵 문제를 핵심으로 하는 북한 문제에 있어서 중국은 사용할 수 있는 모든 정책을 시도한 바 있다. 평화, 안정, 비핵화를 기본 축으로 하는 중국의 한반도 정책에 있어서 안정과 비핵화는 북한의 핵 보유 및 남북한과 미국 사이의 끊임없는 충돌로 인해서 좌절된 상태이고 평화 역시 목적이 아닌 수단으로 전락해 버렸다. 더 이상 새로운 의미를 갖는 정책이 없는 상태이다. 강경책이든 온건책이든 혹은 양자가 결합된 형태의 정책이든지 간에 시도할 수 있는 모든 정책을 시도했다. 새로운 사고방식과 돌파구가 필요한 상황이다. 다음은 효과의 딜레마이다. 평화, 안정, 비핵화라는 3대 핵심 목표가 도전을 받고 있다. 이제 새로운 의미를 발굴해야 한다. 이 부분에서 논란이 가장 많다. 중국은 북한에 대해 온건책에서 강경책까지, 묵인에서 제재까지, 금융제재에서 금융통제까지 많은 정책을 취해 왔지만 결국 북한의 핵 문제를 통제하지도 못했고, 한반도의 복잡한 충돌과 갈등을 해소하지도 못했다. 다음은 견제 딜레마이다. 대북 정책을 추진할 때도 철회할 때도 결코 북한에 대한 제재의 효과를 거두지 못했고 북한의 행위를 규제하지 못했다. 북한은 제재를 많이 받으면서 특색 있는 정치 경제 내부 순환과 자아 순환 시스템을 형성했으며 최대한의 안정을 유지하고 있다. 미국이든 한국이든 북한이 핵 보유국으로 나아가는 추세를 막을 수 있는 그 어떤 방법도 없다. 유엔 안보리의 제재 결의도 민간 자본이 변칙적으로 북한으로 유입되는 것을 제한하지는 못한다. 마지막은 점진적으로 확대되는 스필오버 딜레마이다. 효과 없는 대북정책은 주변 외교 구도에 영향을 미쳐 대한국 정책과 대미국 정책에도 구조적인 변화가 나타난다. 한국과의 관계 개선을 통해 북한을 압박하는 중국의 정책은 한국의 전략적 선택으로 인해 좌절되었다. 한중 관계는 북중 관계의 외부적 요인이 된다. 중국은 성숙하고 양호한 한중 관계를 통해 한미 관계를 분화시키고 미국의 중국에 대한 견제를 약화시키고 경제, 정치, 안보, 통일 구도에 있어서 한국을 흡수하여 북한과의 균형을 맞추기 위해 '정책의 저울'을 한국 쪽으로 기울였다. 그러나 최근 사드(THAAD) 미사일 배치 등의 안보문제로 인해서 이러한 정책 역시 딜레마에 부딪히게 되었다.

대북 정책의 결함으로 인해 중국의 대북 외교는 많은 질책을 받고 좌절을 겪고 있다. 중국의 대북 정책은 반드시 조정되어야 한다. 조정의 과정에서 중국의 대북 정책에는 '북한 포기론'과 '북한 지지론'의 두 가지 여론이 형성되었다. '북한 포기론'자들은 전쟁의 방식과 국제 및 주변 환경의 변화로 인해서 북한이 가지고 있던 전략적 병풍으로서의 의미를 상실하게 되었다고 여긴다. 전통적인 지정학적 전략을 기반으로 하는 대북 정책은 현실적으로 실현되기 어렵다는 것이다. '북한 지지론'은 현재 국제정세 중 지정학적 위기, 금융 전략 및 색깔 혁명 등이 대국 정치와 국제 관계의 주류를 이루고 있다고 여긴다. 북한의 지정학적, 지경학적 지위는 중국이 받는 정치적, 경제적인 압력을 완화시켜 주었고, 중미 간의 직접적인 군사 대항의 리스크를 완충시켰다. 종합적으로 볼 때, 중국 주변 정세는 불안정한 상태에 놓여 있다. 그러나 중국과 북한의 국경 지대는 최저 수준의 안정을 유지하고 있다. 북한의 지정학적 요충지와 병풍으로서의 역할과 지위는 다소 약화되거나 변화가 발생하기는 했지만 결코 사라지지는 않았다. 이 때문에 중국 역시 정책 대응에 있어서 정세의 변화에 적응하는 변화를 도모해야 할 필요가 있다.

그러나 '북한 포기론'과 '북한 지지론'은 모두 논리적 해석의 딜레마가 존재한다. '북한 포기론'의 경우 첫째, 지정학적 완충의 역할이 더 이상 존재하지 않는다면 미국은 왜 한반도에 2만 7,000명의 미군을 주둔시키고 있는가? 왜 한반도에 사드 미사일 시스템을 배치하려고 하는가?

왜 우크라이나 및 중동, 북아프리카 정세에 개입을 하려고 하는가? 왜 아시아 회귀 정책을 실시하는가? 왜 '아태 지역 재균형' 전략을 취하는가? 둘째, 한반도에서 중국은 안정된 북한을 필요로 하는가, 아니면 위기 속의 북한을 필요로 하는가? 붕괴된 북한이 진정 중국의 이익에 부합하는가? 셋째, 한국은 왜 경제적으로는 중국에 대한 의존도가 매우 높으면서, 정치적, 안보적으로는 냉각된 관계를 유지하는가? 끝으로 이를 근거로 유추할 때 미래의 한반도 통일은 한국이 북한을 흡수하는 방식으로 진행이 될 것인데, 한중 간에 지금은 묻어 두고 있는 역사 문제 및 영토 문제들이 통일 이후에 폭발하지는 않을 것인가? 통일 이후의 한반도는 중국의 친구가 될 것인가? 중국이 필요한 것은 남북한이 분리된 채 우호적인 관계를 유지하는, 통제 가능한 한반도인가, 아니면 통일된 후 중국에게 적대적인 한반도인가? 핵을 보유한 북한이 앉아서 흡수통일을 당하겠는가?

'북한 지지론'자들도 다음과 같은 문제에 대답할 방법이 없다. 북한과 같은 국가에 대해서 만약 수수방관한다면 북한은 더욱 더 놀랄 만한 도발 행동을 할 것이고, 지나치게 압박을 가한다면 북한은 체제적 붕괴로 인해 더 큰 재난을 불러일으킬 수 있을 것이다. 반대로 압박을 가하지 않으면 책임 있는 대국으로서의 중국의 이미지에 타격을 입을 것이다. 북한 내부의 인도주의적 문제에 대해서 중국을 포함한 국제 사회는 모르는 척할 수 없다.

현재 한반도 문제에 대한 많은 견해들이 난립해 있다. '북한 지지론', '북한 포기론', '배은망덕론', '한중 결맹론' 등의 견해들에 대해 냉정하고 객관적인 분석이 필요하다. 수천 년 동안 이어진 한반도에서의 중국의 존재감을 경솔하게 부정해서는 안 된다. 이는 엄숙하지 못한 자세이며 중국과 북한의 전통적인 우호관계를 분열시키고 북한 문제를 대하는 시각을 어지럽히는 태도이다.

3) 중국의 대북 정책의 전체적인 방향

한반도는 전략적 요충지이자 대국의 이익의 절충지로서의 지정학적 가치를 상실하지 않았다. 한중 양국은 특수한 전통적 관계가 있고 공동의 이익이 많다. 한반도의 안정과 평화는 중국의 이익과 밀접한 관계가 있다. 이성적인 대북 정책은 상술한 '북한 지지론' 혹은 '북한 포기론'의 단점을 극복하고 한중 관계의 정체성을 명확히 하고, 다음과 같은 기본 방향을 견지해야 한다.

(1) 기본 방향, 방침 및 원칙 설정

중국의 대북 외교 전략은 다음과 같은 기본 방향을 유지해야 한다.

① 북한은 여전히 지정학적 가치가 높은 지역이다. 북한에 내란이 발생하거나 위기가 발생하도록 방관해서는 안 된다.

② 북한의 지정학적 가치는 북한의 국가 존립의 근본이다. 객관적으로는 중국에 도움이 된다. 북한은 본말을 전도시켜 이를 가지고 중국을 위협해서는 안 된다.

③ 핵 문제는 중국에게도 북한에게도 해가 된다. 중국은 북한의 핵 개발을 반대한다. 문제 해결에는 두 가지 목표가 있다. 최저 목표는 북핵 문제가 중국에게 피해를 입히지 못하게 하는 것이고, 최고 목표는 북한의 비핵화를 실현하는 것이다.

④ 한반도 통일은 장기적인 과정이다. 전략적 애매함을 유지하는 것(모호성의 전략, Strategy ambiguity)이 중국의 전략을 펼치는 데 더 유리하다.

평화와 안정과 비핵화가 중국의 대북 정책과 중국의 이익에 부합하는 동요되어서는 안 될 중요한 기준이다. 이를 위해 다음과 같은 기본 원칙을 수립해야 한다.

① 북중 우호 관계 유지라는 기조는 변하지 않는다. 북중 관계의 기초석은 특수한 배경을 가진 정상적인 국가 관계이다. 공동의 이익, 공동의 가치가 양자 관계의 기초석이다.
② 주도적인 역할을 통해 북한이 정세 발전에 유리한 방향으로 나아가도록 유도해야 한다. 이슈를 만들어 내거나 추종하지 말아야 한다.
③ 방향 제시의 역할을 해야 한다. 이익 추구와 가치판단을 통해 북중관계를 이익공동체, 운명공동체, 가치공동체로 만들어야 한다.
④ 대북 외교는 마지노선을 설정하고 이를 지켜야 한다. 명확하고 엄숙한 원칙이 있어야 한다. 상상의 여지나 협상의 여지를 남겨서는 안 된다.

(2) 전술적 방향

뉴노멀, 밸런스, 커넥팅이 중국의 대북 외교 추진의 원칙이다.

① 뉴노멀: 지속적이고 꾸준한 정책을 이성적으로 추진해야 한다. 지나친 강경책으로 사태를 악화시키거나 지나친 온건책으로 사태를 혼란시켜서는 안 된다. 혼란스러운 메시지를 전달해서는 안 된다. 확고

부동한 입장을 유지하고 중국의 한반도 프로세스의 주도적인 입장을 확보한다. 북한에 영향을 미칠 수 있는 멀티 트랙 병행 정책을 실시하고 소수에게 희망을 걸어서는 안 되며 각 분야 각 차원에 대한 영향력을 유지해야 한다.

② 밸런스: 단기, 중기, 장기적으로 남북한 관계를 대립관계에서 상호 간에 피해를 주지 않고 대립하지 않는 방향으로 균형을 맞춘다. 남북한에 대한 정치 경제 문화 교류의 균형을 유지한다.

③ 커넥팅: 다양한 수단의 운용을 중시하고 중국의 이미지와 중국의 가치관이 북한에 유입되도록 추진한다. 북핵 문제와 북한 집권 지위의 역방향 연계를 구축한다. 북한의 내외 교류를 촉진하고 규칙을 배우고, 익히고, 적응하고, 운용하도록 한다. 주변 외교와 대국 외교의 선순환을 추진한다.

또한 다음 네 가지 부분에서 밸런스를 유지해야 한다.

① 북한 내부의 밸런스가 중요하다. 장기적으로 볼 때는 북한 국민들에게 영향을 미치고 양호한 중국의 이미지를 형성하는 것이 중요하다.

② 남북한 외교의 밸런스이다. 남북한으로 하여금 상호 간에 피해를 주지 않고 서로 대립하지 않는 방향으로 유도해야 한다. 특히 남북한 관계가 중국과 남북한의 양자 관계에 영향을 미치지 않도록 해야 한다.

③ 대북 외교 밸런스와 대국 외교 간의 관계에 적응해야 한다. 북한 문제에 있어서 사용할 수 있는 카드가 많다. 때로는 미국과 러시아 등 대국 외교를 조정하는 데 좋은 효과를 가져올 수 있다.

④ 중국의 전체적인 한반도 외교의 밸런스를 맞추어야 한다. 대한국 및 대북한에 대해서 정치, 경제에 있어서 역균형을 이루어야 한다. 즉

경제적으로 북한에 영향을 미쳐야 하고 정치적으로 한국에 영향을 미쳐야 한다. 지정학적, 지경학적 통합을 중시해야 한다.

대북 외교의 상호작용은 다음 세 가지 부분에서 나타난다.

① 다양한 수단의 운용이다. 한 가지 정치적인 수단에 의존해서 북한에 영향력을 행사하려 해서는 안 된다. 경제적인 수단, 문화적인 수단 등을 병행해야 한다.
② 북한의 내부와 외부의 상호작용을 추진해야 한다.중국의 이미지를 향상시키고 중국의 영향력을 강화해야 한다.
③ 북한 문제를 출발점으로 해서 주변외교와 대국외교 사이의 양호한 상호작용을 형성해야 한다.

(3) 로드맵: 네 가지 차원에서의 네 가지 노선

이를 기초로 대북 외교는 범위, 고도, 강도, 심도의 네 개 차원에서 회유, 억제, 유도, 촉진 등 네 개 수단을 취해야 한다.

① 회유: 협상 테이블에서 해결 방안을 논한다. 회담을 추진하여 기조를 확정한다. 중국은 관련 국가와 함께 외교 능력을 발휘하여 아태전략과 중국 주변외교의 범위에서 각국을 협상 테이블로 모아 대화하도록 해야 한다. 대북외교는 주변 외교의 중요 부분으로서 작은 정세 변화가 전체에 영향을 미칠 수 있다. 관련 국가와의 협조를 통해 전략적 고도에서 북한 문제를 중시하고 회담을 추진해야 한다.

북한은 작은 나라인 것 같지만 그 지정학적 위치의 중요성으로 인해 동북아 국제 관계에 있어서 중요한 구성 요소가 되고 있기에 작은 정세 변화도 전체 정세에 영향을 미칠 수 있다. 중국 주변외교와 아태외교는 대북 외교의 영향을 많이 받는다. 중국은 외교자원을 동원하여 적극적인 행동에 나서야 한다. 각국과 협력하여 협상 테이블로 돌아와 한반도 문제에 대한 진지한 논의를 시작해야 한다. 이 부분에서 중국은 미국, 한국, 북한과 종합적으로 협상하고 러시아와 일본과도 상호 작용을 형성해야 한다. 현재, 서양 세계와 대립하고 있는 러시아도 고립된 북한 편에 서서 이를 통해 외교적 난국을 타개하려 하고 있다. 동시에 북한 문제는 본질적으로 발전의 문제이다. 발전을 추구하는 북한이 잘못된 길을 걷고 있고, 미국과 한국은 발전을 추구하는 북한의 결심을 무너뜨리려 하고 있다. 그 밖에 중국과 러시아 사이에도 북한 문제에 대해 전략적 공감대를 이루어야 한다. 중국과 러시아는 기타 다른 문제에 있어서도 서로 지지하고 협조할 수 있다. 러시아가 대북 전술적 차원에서 중국에 협조하도록 요구해야 한다.

② 억제: 전략적 공감대 형성을 통해 전체 정세를 안정시킨다. 미국과 힘을 합쳐 글로벌 전략 및 지역적 전략에서 출발해서 한반도 정세의 악성 순환이 심화되는 추세를 억제시켜야 한다. 한반도 문제에 대해서 '뚫을 수 없는 천장'을 만들어 덮어서 한반도 정세가 나선형으로 상승하는 것을 억제해야 한다. 중미 양국은 동북아 정세에 대해서 한반도 안정에 대한 수요와 공감대가 있다. 이는 한반도 정세의 구조적 결정 요인이다. 이 공감대를 형성하고 함께 추진해 나가야 한다.

중미 간 전략적 협력은 한반도 발전의 고도를 결정짓는다. 공동으로 북한의 핵개발 충동과 도발 충돌을 누르고, 한반도 정세가 통제 불가능한 상태가 되지 않도록 억제해야 한다. 한반도에서의 중미 양국의 상호작용은 한반도 문제의 구조적 결정 요인이다. 중미 간에 공감대가 형성되면 한반도를 안정시킬 수 있다. 일본과 북한, 남북한 관계도 진전을 보일 수 있다. 그러나 실질적인 진전은 중미관계를 떠나서 생각할 수 없다. 특히 미국은 일본과 한국이 독자적인 행동을 통해 미국의 아태 전략의 리듬을 깨트리는 것을 용납할 리 없다. 미국이 신속하게 고위 관료를 한국에 파견해 황병세 방한 상황을 파악하도록 한 것이 바로 이 때문이다. 동시에 대국이 한반도 문제에 있어서 실행 가능한 전략적 공감대를 형성한 것은 한반도를 신속하게 안정시키는 데 도움이 된다. 그러므로 중국은 대북 문제에 있어서 대국으로서의 도량과 끈기를 가져야 한다. 한반도 문제가 궤도를 벗어날 가능성은 적다.

③ 유도: 채찍을 버리고 사고방식을 바꿔야 한다. 상호 신뢰와 자신감을 출발점으로 북한을 유도하는 강도를 강화한다. 러시아와 협력하여 북한과 중국 및 러시아와의 근본적인 전략적 상호 신뢰라는 장점을 이용하여 적절한 안보 보호를 제공한다. 북한과 한국, 미국 간의 구조적인 상호 불신뢰의 문제를 피하고 북한이 전략적 이익과 가치를 창출하는 데 있어서 신뢰와 자신감을 갖고 정확한 길로 나아갈 수 있도록 유도한다.

중국과 러시아는 모두 북한이 신뢰할 수 있는 이웃 국가이다. 북한으로 하여금 신뢰감을 갖도록 함으로써 북한이 정확한 길로 나아갈 수 있도록 유도한다. 중국과 북한의 관계는 중국의 한반도 외교의 역량을 결정짓는다. 북중관계가 중요한 것은 그것이 한중관계와 중국의 한반도에서의 이익을 결정짓기 때문이다. 북중관계의 이런 특징으로부터 출발해서 북중관계 발전에 유리하고 한중관계 발전에 부합하며 중국의 한반도에서의 전체적인 이익에 적합한 방향으로 발전하도록 유도해야 한다.

한반도 문제에 있어서 중국의 역할은 남북한에 대한 독특한 영향력에서 비롯된다. 어느 한쪽에 대해서 영향력이 약화되면 한반도에 대한 중국의 전체적인 영향력에 영향을 미칠 수 있다. 이 특수한 지위를 잘 이용해서 한반도 문제에 있어서 중국의 발언권을 강화해야 한다. 여론이 악의적인 방향으로 유도하지 않도록 해야 한다. 중국은 한국과 미국에 대한 외교 능력의 향상이 상당 부분 한중 간의 특수 관계가 한국의 대량의 외교자원을 끌어들이고 그 안보 추세를 견제했기 때문임을 알아야 한다. 만약 이런 지위를 잃어버리면 한중관계도 조정을 해야 하는 상황에 직면하게 된다. 북중관계는 많은 문제들이 얽혀 있고 역사적으로도 여러 차례 갈등을 겪은 바 있다. 여러 가지 요소들이 종합적으로 작용한 결과 중국의 대북 영향력의 표면적인 거품은 신속하게 파멸되었다. 그러나 이것이 중국이 이미 북한에 대한 영향력을 상실했음을 의미하지는 않는다. 만약 이 영향력을 유지, 회복, 확대하려면 외교적인 재인식과 전략적 지원이 필요하다.

④ 촉진: 사다리를 놓고 길을 안내한다. 한반도 문제 해결을 더욱 깊이 있게 추진한다. 북한 문제는 상당 부분 발전의 문제이다. 발전을 추구하는 북한이 잘못된 길을 걷게 된 것이고, 북한의 발전을 막으려는 한국과 미국 또한 잘못된 길을 걷고 있다. 한중 양국은 지정학적 수요와 경제적 수요가 있고 금융 분야의 경쟁력을 가지고 있으며 한반도 정세 개선의 원동력을 가지고 있다. 중국은 한국과 협력하여 북한을 중국의 발전에 편승시켜 북한과 동북아와의 융합을 촉진해야 한다.

지정학적 장점 및 자본이라는 장점을 발휘해서 한반도 문제 해결을 깊이 있게 추진해야 한다. 북한의 발전 문제를 해결하는 것이 진정한 문제 해결이다. 한중 양국은 북한이 정치, 안보, 사회, 경제 분야에서 바른 행위를 할 수 있도록 격려해야 한다. 마찬가지로, 한중 양국은 북한을 정확한 길로 유도하는 부분에서 자본이라는 장점을 가지고 있고 대북한 투자의 원동력을 가지고 있다. 결국 한중 관계가 대북 외교의 깊이를 결정짓는다. 한국은 대중국 외교를 한반도 문제 해결의 수단으로 보고 있다. 중국과 북한의 협력 관계를 분리시키면 대북 관계에 직접적인 영향을 미칠 수 있을 뿐만 아니라 대중국 외교 의존도를 줄일 수 있다. 이는 중국의 대북외교의 외부적 영향 요소이다. 한국은 대중국 외교를 중요하게 여겨 왔고, 중국의 여론과 학계에 영향을 미치기 위해 적극적으로 노력해 왔으며 공격적인 수단으로 중국의 한반도 정책 결정 과정에 영향을 미치고자 했다. 대북 외교는 어느 정도 한국의 영향을 받고 있다. 결국 한중 관계의 발전은 북중 관계의 깊이를 결정짓는다.

4) 외교혁신

북중관계는 선대의 국가 지도자들이 피땀 흘려 가꾸어 낸 것이다. 중국과 북한은 당, 정부 및 군부 차원에서 특수한 관계를 유지하고 있고 역사적 인연도 깊다. 그러나, 지나친 기대를 가지고 있는 관계는 취약하게 마련이고 성장하기 어려워 쉽게 붕괴된다. 현재, 북한은 정치, 경제, 사회적으로 비교적 안정되어 있다. 그러나 김정은 정권의 외교 정책은 실패한 것으로 여겨지고 있다. 북한은 대미 외교에 있어서 돌파구가 마련되지 않고 있는 상황에서 여러 가지 외교적 수단을 통해 난국을 타개하고자 시도하고 있다. 2015년은 한반도 광복, 반파시즘 전쟁 승리 및 항일 전쟁 승리 70주년이 되는 해이다. 북한에게 있어서 많은 경축할 일이 있는 해이다. 이러한 시점에서 북한은 더욱 높은 수준의 북중 협력이 필요하다. 다시 말하면, 김정은은 대국의 인정이 매우 필요하다. 중국이 만약 이런 상황에서 대국의 도량을 가지고 먼저 북한과 정상 외교를 실현한다면 앞으로 핵심적인 순간에 주동적인 지위를 확보해서 북한을 긍정적인 방향으로 유도할 수 있을 것이다.

새로운 대북외교는 다음과 같은 몇 가지 분야의 혁신을 고려할 수 있다.

(1) 규칙의 혁신으로 중북 관계 안정 수호

북한을 깊이 있게 알고 북한의 행위를 더욱 규제하고 유도해야 한다.

우선 북한의 의도와 입장을 충분히 연구 토론하고 그중 합리적인 부분을 적절히 인정해야 한다. 물론 출발점은 중국의 자국의 이익이어야 한다. 김정은의 권력 승계 이후 두 차례 중국에 특사를 파견하여 지원을 요청하였다. 그 목적은 전체적인 노선에 있어서 중국에 기울어진 전략을 취하고자 한 것이었지만 중국은 이를 거절하였다. 북한의 일부 요구에 대해서 깊이 있는 연구 토론을 진행하고 북한의 의도를 명확히 파악한 후 적절한 대응 조치를 취해야 한다. 무조건 북한의 요구를 무시해서는 안 된다. 핵 문제에 있어서 중국은 한국과 미국에 협조해서 매우 난이도가 높은 핵 포기 목표를 설정하였다. 또한 이를 북중 관계 개선의 전제조건으로 삼았다. 국제사회의 현 단계에서 핵무기를 포기한다는 것은 실현하기 어려운 임무이다. 심지어 한국과 미국 양국조차도 불가능하다고 여기는 상황에서 중국마저 이러한 목표를 제시한다는 것은 김정은과 북한의 외교 당국을 크게 좌절시키는 것이기에 당연히 북한의 강한 반발에 부딪히게 될 것이다.

둘째, 외교에서 중국의 이익이 무엇인지 잘 파악하고 북중 관계를 자국의 이익을 수호하는 방향으로 이끌어 가야 한다. 한반도 문제는 많은 국가와 복잡하게 관련이 되어 있기에 한반도 문제에 있어서 자국의 이익을 도모한다는 것은 어려운 일이다. 이는 객관적인 사실이다. 그러나 북한이나 한국이 어떻게 도발하든지 간에 그 상황과 과정 자체는 중요하지 않다. 중요한 것은 이러한 행위가 가져오는 결과가 미국과 한국의 이익이 아니라, 북한의 이익도 아니라, 중국의 이익과 주변 국가의 공동 이익에 부합하는가이다. 과거 중국은 한반도 문제에 있어서 이익을 논하는 것을 부끄럽게 생각해 왔다. 이로 인해 돌이킬 수 없는 결과를 불러일으켰다. 미래의 북중 관계는 이익관계로 설정되어야 한다. 중국의 이익이 무엇인지 명확히 파악해야 한다. 한국과 북한은 중국의 이익을 짓밟아서는 안 된다. 셋째, 북중 양국의 수요가 무엇인지 명확히 정리해야 한다. 북한과 중국은 특수한 관계를 유지하고 있다. 이는 좋은 카드가 될 수 있고, 많은 이익을 가져올 수 있다. 그러나 동시에 중국은 대국으로서 북한에게 국제사회에서 통행되는 규칙이 무엇인지 주입시켜야 한다. 합리적인 이익을 추구한다는 전제조건하에 중국과 북한의 특수한 공동이익이 무엇인지 명확히 해야 한다.

셋째, 북한이 규칙을 준수하도록 유도해야 한다. 이익과 발전으로 북한이 공동의 준칙과 합리적인 방식을 통해 이익을 추구할 수 있도록 유도해야 한다. 대북외교는 교류와 동시에 교전도 필요하고 융합도 필요하다. 북중 간의 갈등을 해소해야 함과 동시에 북한의 외교적 행위를 정상화시키기 위해서 중국은 '대등 원칙'을 지켜야 한다. 북한의 외교적인 비협조를 방관해서는 안 된다. 북중 관계의 마지노선을 정하고 규칙을 제정하고 조건을 나열하고 목적을 설정해야 한다.

(2) 수단의 혁신을 통해 북한 내부에 개입하고 북한이 약속을 준수하도록 규제한다

우선, 북한이 신용과 신뢰성을 높이는 데 '일상적인' 영향을 미친다. 북한은 외교적 신용과 국가적 신용이 심각하게 부족하다. 이 때문에 인문과 경제적 수단을 통해 북한에 대해 '일상적으로' 영향을 미치고 이익을 제공함으로써 북한이 약속을 지킬 수 있도록 규제해야 한다.

둘째, 지정학적, 지경학적 통합을 통해 북한의 실질적인 이익을 창출한다. 북한은 전략적 위치가 좋고, 물자자원도 풍부하다. 장기간 동안 개발되지 못한 시장이기 때문에 경제와 시장의 잠재력이 거대하다. 두만강이 바다로 흘러 들어가는 출구 지역의 교량 건설과 해저 세척 작업이 의사일정에 올라야 한다. 이를 통해 동북아 지역과 북극항로를 연결하고 전략적 고도에서 동북아의 지리적 안보와 지경학적 네트워크를 구축해야 한다. 국가적 차원에서 북한 투자의 전략적 조율에 대해 정치적 보장을 제공하고 지정학적 장점을 통합해서 경제적 장점과 이익으로 승화시켜야 한다.

셋째, 실질적인 이익으로 북한 사회와 경제의 발전 추세를 견인하고 북한이 약속을 지키도록 규제해야 한다. 인문외교는 쉽게 받아들일 수 있고 선택의 여지도 크고 실행 가능성이 강하다. 북한의 각종 무역, 공장, 광산, 투자 등은 모두 당, 정부 및 군 당국이 장악하고 있어서 이런 분야의 교류는 최고 정책 결정 계층까지 영향력이 전달되기에 가치가 크다. 중국의 제품은 북한에서 인지도가 가장 높고 대북 투자액도 중국이 가장 많다. 국가 차원의 전략적 지지하에 투자와 무역을 통해 북한의 개별 기업의 행위를 구속하고 더 나아가 북한이 약속을 지키는 습관을 기르도록 영향을 미쳐야 한다.

(3) 체제혁신을 통해 한반도 세력 균형을 회복하고 한반도의 새로운 균형을 이룬다

한반도의 체제 혁신은 다음과 같은 네 가지 방면에서 나타난다. 의제 혁신, 형식의 혁신, 안보의 혁신과 세력균형의 혁신이 그것이다.

우선, 의제 혁신으로 비핵화 과정이 효과적으로 진전되도록 추진해야 한다. 비핵화의 개념을 재정의하고 6자회담을 활성화시키고 '비군비경쟁 시범지대'의 설립을 추진한다. 현재 비핵화 과정이 전혀 진전이 없는 상황에 직면해서 기존 의제의 한계에서 벗어나야 한다. 첫째는 비핵화의 개념을 재정의해야 한다. 한반도 문제는 '비핵화'에서 매듭이 풀리지 않고 있다. 북한과 미국의 요구는 모두 현실적이지 못하다. 미국이 주장하는 완벽한 핵 포기나 북한이 주장하는 핵 보유는 모두 불가능하다. 6자회담의 919성명이 성과를 거두지 못한 것도 비핵화의 모호성 때문이라 할 수 있다. 미래 6자회담 재개도 결국 비핵화에 대한 명확한 재정의에서 시작해야 할 것이다. 때문에 '핵 포기'의 개념에 대해 실행 가능한 차원의 재정의를 내려야 한다. 둘째, 6자회담을 활성화시키고 효과적으로 관리해야 한다. 6자회담은 형식에 구애받아서는 안 되며 6개국의 의견 일치에 집착해서도 안 된다. 6개국의 의견이 일치될 확률은 매우 낮다. 실질적인 문제 해결에 집중하도록 하고 6개국 내에 서로 다른 문제 해결을 위한 서로 다른 조합을 만들어 내야 한다. 특히 남북한과 중국, 미국을 위주로 의제에 따른 새로운 조합을 만들어 내야 한다.

의제혁신은 '동북아 제로 군비경쟁 지역'이나 '군사 동결 기간' 등의 특색화된 제도를 통해 안정된 외부 환경을 강제적으로 형성해야 한다. 또한 한국이 제시한 'DMZ평화공원' 구상과 유기적으로 결합해서 한반도 긴장 국면을 연착륙시키도록 하고 쌍방의 감정적인 대립 분위기를 해소해야 한다. 쌍방의 이익을 고려하고 상호 신뢰를 누적시켜 나감으로써 최종적으로 평화를 위한 첫발을 내딛어야 한다. 다른 나라가 먼저 첫발을 내딛기를 기대하며 정작 어느 누구도 행동하지 않는 지금과 같은 상황을 타개해야 한다.

북중 관계는 유구한 역사를 가지고 있다. 중국은 창의적인 형식을 제시해서 북중 관계가 높은 차원에서 유지될 수 있게 해야 한다. 북중의 정치체제로 인해서 쌍방의 고위급 회담은 방향 제시의 역할을 발휘하게 되었다. 양자 간 최고 지도자의 회담을 조기에 회복해야 한다. 동시에 북중 관계의 안정적인 발전을 촉진시키기 위해서 고위급 회담 외에도 당, 국방당국, 안보, 외교 분야의 양자 간 회담과 협상을 추진해서 국경지대나 양자 관계 발전에 있어서 부딪히는 실질적인 문제들을 해결하고 이러한 소통 기제를 정례화 · 제도화해서 문제 해결의 출발점으로 삼아야 한다.

한반도 안보문제에 있어서 중국은 적절한 시기에 상응하는 안보 공공재를 제공함으로써 협력을 통해 안보를 추구하고 협력을 통해 안보를 촉진해야 한다. 안보 공공상품 부분에 있어서 중국은 '북중 변경 조약'과 '우호 조약'을 유연하게 활용하고 이를 부담이나 짐으로 여기지 말아야 한다. '북중 변경 조약'과 '우호 조약'을 북한의 양보를 이끌어 낼 조건으로 삼고 북한에 대한 안보 약속 형식에 대해 발표해야 한다. 동시에 중국은 한반도에 대한 안보 약속을 진지하고 엄숙하게 대해야 한다. 중국의 '집 문 앞'에서 문제를 일으키는 것을 허락하지 않겠다는 것도 일종의 안보에 대한 약속이다. 동시에 중국과 미국과 러시아 등 대국의 공통된 인식과 한국과의 협조 역시 안보 약속에 있어서 없어서는 안 될 부분이다.

정세 전환을 촉진하기 위해서 중국은 한반도 세력균형의 혁신을 촉진시키고 정치와 발전과 안보 세 분야에서의 세력균형을 실현해야 한다. 중국은 한반도의 정치적 세력 균형과 발전의 세력균형을 중시해야 한다. 현재, 북한은 경제적, 사회적으로 이미 한국보다 훨씬 뒤처져 있다. 정규 군사력과 정치력에 있어서 모두 한국의 적수가 못 된다. 안보 세력 균형의 저울이 한국과 미국 쪽으로 기울어져 있다. 북한은 그래서 모든 것을 걸고 핵무기를 발전시키려고 하는 것이다. 한국과 미국의 군사력 증강이 한반도의 균형을 깨뜨리고 있다. 한국과 미국의 사드 미사일 배치에 대해 단호히 대응해야 한다. 한반도 문제의 어려움은 신뢰 부족이다. 핵심은 남북한과 중미 간의 전략적 신뢰이다. 중요한 것은 결국 북미 간, 남북한 관계이다. 북한의 관심은 체제 생존과 안보 보장이다. 이 요구에 대해 중국은 원칙적으로 지지해 주어야 한다.

5) 결론

중국은 한반도에 대해 특수한 역사적 지위를 지속적으로 유지하고 국제 정치 현실에 대해 '일상적'인 영향을 미쳐야 한다. 중국과 북한의 관계는 안정적으로 발전해야 하고 관계 발전의 기준은 중국의 국가 이익이 되어야 한다. 단기적인 국가 이익을 고려해야 할 뿐만 아니라 장기적인 국가 이익을 더욱 고려해야 한다. 북중 관계의 발전은 반드시 현재, 그리고 미래 중국의 국가 이익을 지킬 수 있는지를 출발점으로 삼아 고려해야 한다. 특히 미국이나 한국의 영향을 받아서는 안 된다. 현재와 같은 국제환경하에서, 중국의 외교는 이제 전통적인 '원교근공(遠交近攻, 먼 곳의 친구를 사귀어 가까운 적을 공격한다)'의 모델을 벗어나야만 한다. 시간적인 선후 관계가 있어서도 안 되고 지나치게 흔들려도 안 되고 시기와 상황에 따라 적절하고 신속하게 반응하고 조절해야 한다.

6. 지정학적 시각으로 본 미국의 한반도 정책 연구

왕리원(王利文)
번역: 김상순

1) 지정학적 이론의 변천

환경과 행위자 관계의 문제는 국제관계 이론가와 실천가가 장시간 주목했던 중요한 의제이다. "국제관계 연구의 본질은 하나의 공간 배경에서 국가와 기타 상호 작용을 하는 행위자를 연구하는 것이다."[1] 충돌은 언제나 특정한 국가의 변경 안팎에서 발생하고, 영토와 자원을 통제하기 위한 전쟁의 발발은 국제무대에서 무척 많다. "세계 지리는 자연의 산물이 아니라 권위자들 간의 권력 투쟁의 역사적 산물이며, 그들이 관리를 위해 쟁탈하고, 점령과 통제하는 공간적 권력이다."[2] 19세기에서 20세기까지 산업화 시대의 통신과 교통 기술의 발전에 따라 지리적 요

1) 詹姆斯 · 多尔蒂 小罗伯特 · 普法尔茨格拉夫著, 阎学通 陈寒溪等译《争论中的国际关系理论》(第五版), 北京: 世界知识出版社, 2002, p. 163.

2) Gearóid ó. Tuathail, *Critical Geopolitics: The Politics of Writing Global Space*, Minneapolis: University of Minnesota Press, 1996, p. 1.

소는 갈수록 관심을 받았고, 지정학(geopolitics)이 탄생하게 되었다. 현실주의 이론의 분파 중의 하나로서 지정학은 지리와 정치의 관계를 집중적으로 주시하여, 공간이라는 지리적 요소가 정치권력에 미치는 영향을 연구한다. 현실주의자는 국가의 지리적 위치가 그 정치적 행위를 대부분 결정한다고 여기고 있다. "추상적 측면에서, 지리와 권력의 관계(지정학)는 이러한 일종의 능력을 실현한다. 하나의 국가는 언제나 권력을 활용하여 국가가 보기에 중요한 전략적 의미를 가진 영토에 영향을 주거나 혹은 통제하는 능력이 있다."[3)]

지정학적 분석의 본질은 "국제정치 권력과 지리적 환경간의 관계이다. 지리적 환경의 변화와 이런 변화의 본질에 대한 사람들의 해석이 변화함에 따라, 지정학적 관점 역시 변화한다."[4)] 지리적 요소는 육지와 해양 및 하늘의 세 가지 위도를 포함하며, 이렇게 형성된 세 가지 중요한 이론적 파벌은 머핸(Alfred Thayer Mahan)으로 대표되는 '해양권력론(해군력)', 맥킨더(Halford John Mackinder)로 대표되는 '육군력' 및 두에(Giulio Douhet)로 대표되는 '공군력'이 있다. 서로 다른 이론적 파벌은 서로 다른 지리적 요인에서 출발하여, 해양과 육지 및 창공이라는 지리적 요소가 국가의 정치 권력과 현대 국가의 대외정책 결정에 매우 심오한 영향을 끼친다고 했다.

---

3) 詹姆斯 · 多尔蒂 小罗伯特 · 普法尔茨格拉夫著, 阎学通 陈寒溪等译《争论中的国际关系理论》(第五版), 北京: 世界知识出版社, 2002, p. 163.

4) Saul B. Cohen, *Geography and Politics in a World Divided*, 2nd ed., New York: Oxford University Press, 1973, p. xiii.

2) 미국 지정학의 사상적 계보

지정학 이론은 미국의 외교정책과 글로벌 전략을 결정하는 이론적 기초이다. 국제환경, 힘의 분포, 전략적 배려 및 가용 전략자원의 차이에 따라, 다른 역사적 시기에 미국의 아태전략은 단계적인 변화를 보였지만, 지정학적인 사고는 줄곧 미국의 정책결정자가 대외전략과 정책을 확정하는 중요한 근거가 되었다. 대외전략을 확정할 때, 뿌리 깊은 지정학적 사고는 정책 결정자가 세계를 판단하는 일종의 습관적인 관념이 되었고, 정책 결정자의 의식 중에 유입되어 미국의 글로벌 전략에 깊이 작용했다. 역사적으로 다른 시기에 미국의 지정학적 사고체계의 중심점은 달랐지만, 이 지정학적 사고의 전통은 비교적 큰 일관성을 유지했다. "대륙국가와 해양국가의 충돌과 대립을 전제로, 해양 공간 추구를 중점으로, 유라시아 대륙국가 억제를 목적으로, 유라시아 대륙의 힘의 균형 유지를 수단으로, 유라시아 지역 통제를 핵심으로, 미국의 지도적 위치를 추구한다."[5]

(1) 머핸: 국가의 해군력이 아주 중요함

해양권력론을 주로 대표하는 인물은 미국의 해군 장군 머핸(Alfred Thayer Mahan)이다. 그는 『해양패권이 역사에 미치는 영향(1660-1783)』 등의 저작에서 해양 역사, 특히 영국이 해상 패주가 되는 역사 연구를 통해 제해권이 결정적인 의미를 가진다고 했다. 해양 통제가 특별한 것은 전략적 의미를 가진 협소한 해상 항행 통로를 통제하는 것이고, 대국의 지위

---

5) 宋德星 李高峰,《美国亚太战略中的地缘政治考量》,《和平与发展》, 2011, 제4기.

를 유지함에 있어서 매우 중요하다는 것이다. 머핸이 해양권력론을 주장했을 때는 마침 미국이 점차 세계의 대국으로 성장할 시기였고, 이것은 미국의 국가발전에 필요했다. 머핸의 해양권력론은 시어도어 루스벨트(Theodore Roosevelt) 대통령에게 막대한 영향을 주었으며, 미국의 안보 개념에도 지대한 변화를 주었다. 미국으로 하여금 개방적인 해양관으로 미국의 국가 안보와 국가 이익을 자세히 살펴보도록 촉진했고, 미국이 해양 강국으로 성장할 수 있도록 기초를 닦았다.

(2) 맥킨더: '심장지대'는 대국이 쟁취할 중심

맥킨더(Halford John Mackinder)는 세계 역사는 해양패권과 대륙패권의 끊임없는 경쟁의 역사이지만, 철도 교통의 발달에 따라 육군력이 점차 우세를 점하게 되었다고 했다. 맥킨더는 유라시아 대륙과 아프리카 대륙을 합하여 '세계의 섬'이라고 칭하였고, 그중 유라시아 지역의 광활한 지역을 중추지구 혹은 심장지대[6]로 칭했다. 1919년 『민주주의의 이상과 현실』에서 그는 심장지대를 통제하는 유명한 진일보된 공식을 제시했다. "누군가가 동유럽을 통치하려면, 심장지대를 통제할 수 있어야 한다. 누군가 심장지대를 통치하면 곧 세계의 섬을 통치할 수 있게 되고, 세계의 섬을 통치하게 되면, 전 세계를 지배할 수 있다."[7] 맥킨더의 '심장지대' 이론은 세계의 발전에 심오한 영향을 끼쳤으며, 우리가 세계를 인식함에 있어서 매우 훌륭한 하나의 패러다임을 제공했다.

---

6) 역자 주: 맥킨더는 유라시아 대륙의 '심장지대'를 지배한 국가가 대륙과 세계를 지배하게 된다는 '하트랜드론(Haeartland Theory)'을 주장했다.

7) Mackinder, *Democratic Ideals and Reality*, New York: Norton, 1962, pp. 150.

(3) 스파이크만: 주변지역이 육군과 해군에 대항하는 주요 전장을 구성

스파이크만(J. Spykman)의 '주변지역(Rimland)' 이론은 머핸의 해양권력론과 맥킨더의 '심장지대' 이론을 받아들였지만, 유라시아 대륙의 주변지역이 더욱 중요하다고 여겼다. 세계의 공간적 위치는 내륙, 도서 및 주변의 세 종류로 구분할 수 있다. 해양강국과 대륙강국의 경쟁에서, 발칸(Balkan)을 포함하는 흑해지협 내의 모든 유럽 서부 대륙과 아시아 중부 산지 및 중국의 유라시아 대륙의 주변지역(Rimland)은 중요한 완충지역이다. 이러한 분석에 근거하여, 스파이크만은 맥킨더의 유명한 3단계 공식을 수정하여, "누군가 주변지역을 지배하면, 유라시아 대륙을 통제하게 되며, 유라시아 대륙을 지배하게 되면, 세계의 운명을 장악할 수 있다."[8] 라고 하였다. '주변지역' 이론에 따라, 스파이크만은 미국이 직면한 상황을 분석하였고, 지리적으로는 유라시아 대륙과 아프리카 및 호주를 포함시켰다. 따라서 미국이 취해야 할 전략은 평화 시기에 어떤 국가 혹은 국가연맹이 우세한 세력으로 유라시아 대륙의 서부와 동부 주변지역에 출현하는 것을 막아야 한다는 것이다. 미국인 윌리엄 프랭클린(William Franklin)은 2차 대전 이래 "미국이 채택한 국가전략을 대표하는 핵심은 스파이크만이 주장했던 '주변지역' 전략 관점인데, 맥킨더의 심장지대를 포위(억제)하는 외부 확장이 주요 목표이고, 그 수단은 전략적으로 중요한 유라시아의 주변지대를 강화하는 것이다."[9]라고 보았다. 스파이크만은 '심장지대' 이론에 대해 중요한 수정을 했고, 미국인의 안보관을 머핸

---

8) (미)斯皮克曼(N. J. Spykman) 著, 刘愈之译:《和平地理学》, 北京: 商务印书馆, p. 78.
9) 方永刚, 康复全,《大国逐鹿—新地缘政治》, 成都: 四川人民出版社, 2001, p. 30.

이 강조했던 광활한 해양으로부터 유라시아 대륙의 주변지역으로 전환시켰으며, '주변지역'을 해양권력과 대륙권력이 대항하는 진정한 전장으로 보았다.

(4) 브레진스키: 유라시아의 주도권 유지가 미국의 패권 실현의 관건

브레진스키(Zbigniew Brzezinski)는 미국의 저명한 지정학 이론가로서, 지리적 위치를 민족국가의 대외정책의 우선 목표를 규정하는 출발점으로 여겼다. 브레진스키는 세계 인구의 75%를 차지하고, 국민총생산(Gross National Product, GNP)이 세계의 60%를 차지하며, 세계에 이미 알려진 에너지 자원의 75%를 보유한 유라시아 대륙의 전략적 지위를 매우 중요하게 여겼다. 또한 유라시아 대륙은 세계에서 정치적으로 매우 자신감이 있고 풍부한 활동을 하는 대다수의 국가가 집중된 곳이기도 하다. 브레진스키는 유라시아 대륙을 하나의 전략지정학(Geostrategy)의 커다란 체스판으로 보았고, 미국의 세계 주도 지위 유지를 결정하는 중심 무대로 보았다. 브레진스키는 유라시아 체스판의 중요한 국가를 두 종류로 구분했다. 첫째는 능력과 민족의지가 있어서 국경 밖으로 힘을 활용할 수 있거나, 혹은 영향력을 발휘하여 현재의 지정학적 정치상황을 변화시킬 수 있거나, 미국의 이익에 영향을 줄 수 있는 전략지정학의 선수(player)[10] 국가이다. 둘째는 민감한 지리적 위치와 잠재적으로 취약한 상태에 처해 있는 그들이 전략지정학의 선수국가 행위에 영향을 줄 수 있는 지정

10) 역자 주: 원문인 '棋手'를 번역하면 체스 선수(chess player)인데, 여기에서는 선수, 즉 플레이어로 번역했음.

학적 지축국가[11]이다. 프랑스, 독일, 러시아, 중국, 인도가 중요한 전략지정학의 선수들이고, 그들은 지정학에서 다변적인 잠재력과 취향이 있다. 우크라이나(Ukraina), 아제르바이잔(Azerbaijan), 대한민국, 터키(Turkey), 이란의 다섯 나라는 지정학적 지축국가로서, 그들은 중요한 국가가 될 수 있을 뿐 아니라 심지어 한 지역의 보호장벽이다. 유라시아 대륙에서 지정학의 중요성은 전략지정학의 선수국가와 지정학적 지축국가를 미국이 반드시 종횡으로 조정하게 한다. 브레진스키가 볼 때 유라시아 대륙의 동부 주변은 중국이 중요한 전략지정학의 선수이고, 그 전략적 선택은 아시아 지정학의 힘의 분포와 동북아 정세에 지대한 영향을 끼친다. 또한 한국은 극동의 중요한 지정학적 지축국가로서 미국이 동북아 지역의 정치와 군사력의 존재에 중요한 가치를 지니고 있다.[12]

머핸의 '해양권력론', 맥킨더의 '대륙권력론', 스파이크만의 '주변지역' 이론과 브레진스키의 '빅 체스론'은 일맥상통하여, 미국의 전략지정학 사상의 전통을 함께 구성하였고, 미국의 대외전략에 대한 영향력은 오랫동안 이어질 것이다.

3) 한반도의 지정학적 가치

미국 아태전략의 유기적인 구성부분으로서, 미국의 동북아 전략은

---

11) 역자 주: 지축(Pivot)은 지렛대를 움직이게 하는 중심 지점, 즉 지렛대의 받침목으로 중요한 역할을 하는데, 지축국가(Pivot country)는 중요한 역할을 하는 국가의 의미로 사용되었음.

12) (미)兹比格纽 · 布热津斯基, 中国国际问题研究所译:《大棋局—美国的首要地位及其地缘战略》, 上海: 上海人民出版社, 1998, pp. 39-64.

상대적으로 고정된 지리적 요소에 기초하고, 정책의 상대적인 연관성을 유지하였다. 아태전략의 목적은 중국과 러시아에 대한 전략적 견제를 강화하여 미국의 동북아 내지는 아태 지역의 주도적인 지위를 확보하는 것이다. 미국 정책 결정자의 안중에서는 한반도의 지리적 위치가 동북아의 중심에 있고 동북아 지정학의 핵심이며 그 가치가 뛰어나다고 보고 있다. 한반도는 독특한 지리적 위치와 복잡한 지정학적 특성으로 인해, 미국이 동북아 내지는 아태 지역의 패권적 지위를 강화하는 데 있어서 중요한 일환이 되었다. 브레진스키는 한반도 남부에 위치한 한국이 중요한 전략지정학적 지축국가이고, 이러한 정책의 선택은 지역 정세에 중요한 영향을 끼친다고 보았다.

(1) 한반도의 위치는 유라시아 대륙과 태평양 지역의 주변지역

한반도는 전형적인 주변지역의 특성을 가지고 있다. 아시아 대륙을 등에 업고 태평양을 향해 약 3,000리를 뻗어 일본 열도와 바다를 사이에 두고 서로 마주 보고 있다. 한반도는 대륙세력과 해양세력이 교차하는 완충지대이다. 따라서 자연적으로 대륙국가와 해양국가의 각축의 목표이자 핵심적인 지역이 되었다. 역사상 일본은 한반도를 아시아 대륙으로 확장하는 '교량'이자 중요한 발판으로 여겼으며, 명나라 만력년(万历年)[13] 기간에 일본의 통치자 도요토미 히데요시(丰臣秀吉)가 1592년과 1597년에 두 차례에 걸쳐 당시 조선에 출병하여 한반도를 점령하려 하였지만, 결과적으로 명나라와 조선 연합군의 반격으로 실패했다. 1894년 일본

---

13) 역자 주: 만력(万历)은 명나라 신종(神宗, 1563-1620)의 연호이고, 재위 기간에 사용한 만력년(万历年)은 1573년부터 1620년까지 사용하였음.

이 조선에 출병하였고, 이어서 중국을 침략하여 조선은 일본이 중국을 침략하는 발판이 되었다.

(2) 한반도의 군사전략적 지위는 매우 중요

한반도는 동북아 해상 교통의 요충지이다. 한반도 남해안과 일본 규슈 섬(九州島) 사이의 대한해협은 '동북아의 문'으로 불리며, 러시아 군함이 남하할 때 반드시 지나는 길이다. 일단 외부의 강국이 한반도를 통제하게 되면 러시아 해군의 남하는 첩첩산중의 어려움을 겪게 된다. 중국으로 말하자면, 한반도와 중국 동북 지역은 이웃이고 발해만과 서해(황해)는 천연 장벽이다. 한반도에 군사기지가 설립되면 중국 해군은 양자강 이북의 연안 지역이 위협을 받으며, 심지어는 양자강 삼각주의 안전도 위협받게 된다. 미국은 한반도를 유라시아 대륙 세력을 억제하는 '도서(島嶼) 체인망'의 중요한 고리이자 중요한 지점으로 여기고 있다. 일본은 한반도를 자국의 안보를 보장하는 전략적 요지로 여기고 있다. 미국, 일본, 러시아, 중국의 4대 대국이 교차하는 지점인 한반도는 각국의 이익이 교차하는 지점이기 때문에, 근본적으로 한반도의 전략지정학적 가치는 상승된다.

(3) 한반도 분열의 지정학적 의의

2차 대전 이후, 한반도에 정치적인 분열 국면이 나타났고, 이러한 국면을 조성한 원인은 다양하지만, 지정학적 가치가 중요한 출발점이 될 수 있다. 한반도의 남북 쌍방은 북위 38도선을 경계로 지정학적 기능에 의해 분열되었고, 대립과 충돌이 심화되었다. 그 후에 한국전쟁은 남북 분열 국면을 영구화하게 되었다. 미소 패권다툼과 양극화 대치의 냉전 체제하에서 한반도는 미소 패권 경쟁의 아시아 최전선이 되었다. 한국은 미국의 중요한 동맹국으로서 미국이 특히 중시하는 반공 교두보이다. 북한은 소련의 동맹국으로서 미국이 반드시 억제를 가해야 하는 적이 되었다. 한반도의 분열은 미국이 이 지역의 군사적 존재를 위해 현실적인 근거를 제공했다. 강력한 외부의 적이 존재함으로 인해 한국은 한미동맹 관계를 유지할 필요가 있고, 이로써 자국의 군사 안보를 강화하였다. 한반도는 대륙국가와 해양국가가 대결하는 중요한 장소이자 완충지대이다. 대륙국가와 해양국가는 전력을 다해 이러한 전략적 요충지가 적의 수중에 들어가서 막대한 지정학적 손실이 발생되는 것을 막아야 했다. 이로써 한반도의 대립과 통일의 어려움이 가중되었고, 여기에 한반도 분열의 지정학적 의의가 있다.

4) '아태 재평형' 전략의 배후와 미국의 동북아 전략지정학적 선택

미국의 아태전략 시스템에서 한반도는 소홀히 할 수 없는 전략지정학적 가치를 지니고 있다. 이 지역을 효과적으로 통제하는 것은 단지 미국이 아태지역에서 거대한 경제적 이익을 보호할 수 있게 할 뿐만 아니라, 잠재적 경쟁자인 중국과 러시아에 대해 전략적 견제를 할 수 있게 한다. 냉전이 끝난 이후에도 미국의 역대 정부는 한반도에 대한 정책이 모두 달랐고, 한반도 정세의 변화에 따라 정책을 조정했다. 그러나 전체적으로 보면, 미국의 한반도 정책은 일정한 연속성을 유지하고 있다. 오바마가 대통령이 된 이후, 미국의 글로벌 전략에 대한 재평가의 기초 위에서 '아시아로의 회귀전략(pivot to Asia)'을 제기했고, '재평형'을 통해 미국의 아태전략을 새롭게 정의했다.[14] 오바마는 "미국이 태평양 국가의 하나로서 핵심 가치관과 동맹의 긴밀한 파트너 관계를 유지하고 지역과 미래를 리모델링하여 더욱 크게 더욱 오랫동안 역할을 할 것이다."라고 언급했다.[15] 한국은 중요한 지정학적 지축국가로서 동북아 지역에서 미국의 중요한 동맹이자 미국의 재평형 전략의 중요한 거점이다. 오랫동안 해결되지 못하고 있는 북핵 문제는 미국에 있어서 "가장 오래된 외교적 도전 중의 하나"가 되었다.[16] 따라서 적극적으로 북핵위기를 관리 통제해야 하기 때문에, 미국의 아태 재평형 전략이 자연스럽게 오바마 정부의 중요한 전략적 고려사항이 되도록 하였다.

(1) 한국과의 다자안보동맹관계 강화

한미동맹은 미국이 추진하는 한반도 정책의 중요한 초석이다. 한반도의 대치 국면 아래 자국의 안전을 실현하기 위하여 한국과 미국은 '한미공동방어조약'을 맺었고, 한미동맹이 정식으로 수립되었다. 한미동맹이 수립된 이래, 미국은 줄곧 한국에게 포괄적 핵 안보를 포함하는 안보우산을 제공했다. 국제정세가 변화무쌍하여 오랜 기간의 미소 양극 대치 국면이 종결되었고, 세계가 다극화로 향하고 있다. 한반도 정세도 때

---

14) 阮宗泽,《美国"亚太再平衡"战略前景析论》,《世界经济与政治》, 2014, 제4기.

15) Remarks by President Obama to the Australian Parliament, November 17, 2011, Canberra, Australia. http://www.whitehouse.bor/the-press-office/2011/11/17/remarks-president-obama-australian-parliament.

16) Kurt M. Campbell, "U. S. Policy toward North Korea", March 1, 2011. http://www.state.gov/p/eap/rls/rm/2011/03/157472.htm.

로는 긴박하고 때로는 완만하게 흘렀지만, 그러나 한미동맹관계는 여전히 튼튼하다. 미국의 한반도 정책의 주요 내용은 적극적으로 한국과의 동맹관계를 발전시키는 것이다. 또한 한국에 대한 통제를 강화함과 동시에 북한에 대한 고강도 군사적 압박을 유지하여 북한에 대한 전면적인 봉쇄와 운송금지 및 고립 정책을 통해 자국의 전략적 목표를 실현하고, 한반도를 전략적 최전선화하여 중국과 러시아를 전략적으로 견제하는 것이다.

오바마 취임 이후, 아태 '재평형' 전략을 제기했는데, 한미동맹이 바로 중요한 전략적 거점인 것이다. 2013년 5월, '한미동맹 60주년 기념 연합 선언'에서 "한미동맹은 이미 국가안보적 측면의 협력뿐 아니라, 정치, 경제, 문화, 인적 교류 등의 다양한 영역으로 확장되었고 전면적 전략적 동맹관계로 발전했다."라고 밝혔다.[17]

군사적 측면에서, 미국은 '대한 방위공약'을 성실히 이행할 것을 약속했다. 전통 무기와 핵무기 등 여러 측면의 역량을 조정하여 한국을 위해 군사원조를 제공하고, 정보, 감시, 정탐 등의 여러 방면에서도 연합 방위능력을 향상시키며, 공동으로 북한의 미사일 위협에 대비할 것을 약속했다.

정치적 측면에서, 한미동맹을 기초로 북한이 국제적 의무를 이행하도록 촉구하고, 나아가 한반도의 평화와 안정을 강화하기로 했다. 경제적 측면에서, 한미 자유무역협정을 준수하고, 양국의 경제성장에 엔진의 역할을 발휘하기로 했다. 미국이 '아태 재평형' 전략을 추진하는 큰 배경 아래, 한국은 극동의 중요한 지정학적 지축국가로서 거점적 작용

---

17) 《纪念韩美同盟60周年联合宣言》, 韩联社中网, 2013. 5. 8. http://chinese.yonhapnews.co.kr/domestic/2013/05/08/0401000000ACK20130508000500881.HTML

이 갈수록 부각되고 있다.

(2) '사드' 배치, 주한 군사배치 및 최전방 점유 강화

한반도에서의 미국의 군사적 존재는 지역의 불안정한 구조를 형성하는 전제조건이다. 남북의 대치와 북한의 핵 보유 능력이 계속해서 강화됨에 따라, 한국이 느끼는 위협이 갈수록 커지게 되었다. 한국은 미국과의 군사협력을 급히 강화할 필요가 있었고, 미국은 주한미군의 군사적 역량 강화를 통해 자국의 절대적 안전을 찾게 되었다.

미국이 '사드' 시스템을 배치하는 것은 아태전략의 추진, 중 · 러 억제와 포위, 중 · 러 전략무기의 위력을 약화하려는 것이다. 북한의 계속된 핵실험은 한국과 미국의 강렬한 반발을 야기하고, 국제사회가 북한에 대한 제재를 강화하도록 촉구함과 동시에 적극적으로 한국에 고고도미사일 방어체계(Terminal High Altitude Area Defense, THAAD) 배치를 검토하게 했다. 2016년 7월 8일, 한국과 미국은 정식으로 한국에 '사드' 시스템 배치를 선포했고, 중국과 러시아 및 북한 등의 강렬한 우려와 불만을 야기했다. '사드' 시스템은 가장 선진화된 미국의 탄도미사일 요격 시스템이고, 중요한 기능은 단거리 및 중거리에서 공격하는 탄도미사일을 방어하거나 요격하는 것이다. '사드'가 한국에 '전진배치'된 이후, 그 레이더 탐색 범위가 동북아 중심지역과 극동지역에까지 이른다. 평시에는 해당 지역 국가의 모든 군사정보와 데이터를 수집할 수 있고, 전시에는 조기 식별과 추적 도구의 역할로 미사일 요격 비율을 높인다. '사드'는 단순히 피동적 방어형 '방패' 역할이 아니라 상당히 공격적인 방어능력을 구비하였다. 또한 한국과 한반도 방위 수요를 넘어서서 중국과 러시아의 지정학적 전략에 대비하는 시도가 매우 명확하고, 동북아 지역 국가의 전략적 안보이익을 크게 훼손시키는 것으로 보인다. 동북아의 특정한 지역 환경하에, 일단 '사드' 시스템 배치가 완료되면 동북아 지역의 전략지정학적 평형이 파괴되거나 혹은 이로 인하여 "한반도가 영원히 분열되는 문"이 열리는 것이다.

(3) 지역 긴장 국면 조성, 한국의 전략적 궤도 이탈 방지

2009년 1월 초부터 현재까지, 오바마 정부의 대북정책은 우호적인 정책에서 강경하게 변화하였고, 초기의 대북 '개입외교'에서 2009년 말부터 '전략적 인내(strategic patience)' 정책으로 변화했다.[18] 이른바 '전략적 인내'는 북한이 핵 포기와 함께 의미 있는 조치를 취하기 전까지 미국은 북한과의 대화를 거절하고 계속해서 제재를 가한다는 것이다. 오바마 정부는 상대적으로 경직된 협상 입장과 압력을 통해 변화를 촉구하는 태도로 북한의 강렬한 반감을 유발했다. 오바마의 '목줄 당기기'는 북한의 도발을 저지하지 못했을 뿐 아니라, 동북아의 미래 안정에도 영향을 끼쳤고, 한반도의 미래 형국을 복잡하게 만들었다. 북한 핵 실험과 미사일 발사 이후, 미국은 한국의 약점인 안보 방어 심리를 휘어잡고 한국과 협상을 통해 '사드' 요격미사일 시스템의 배치를 결정했다. 이는 북한의 역량을 약화시킴과 동시에 한국에게 안전보장을 제공하면서 한국이 진일보 미국과 멀어지는 것을 예방한 것이다.

2016년 1월 6일, 북한이 '수소탄 실험' 성공을 소리 높여 외치자, 한미 국방부는 '공동 발표문'의 형식으로 언론에 발표했다. 미국 국방부 장관인 애슈턴 카터(Ashton Carter)는 한국에 대한 미국의 방위공약을 재차 표

---

18) 杨悦, 《奥巴马政府对朝"战略忍耐"政策探析》, 《外交评论》, 2015, 제4기.

명했고, 한국에 대한 미국의 방위공약은 미국이 소유한 모든 위협 수단을 포함한다고 강조했다. 미국은 한국을 향해 확장된 위협을 제공하겠다고 약속했다. 미국이 승낙한 확장억제에는 "미국의 핵 보호 우산, 통상적인 타격 및 미사일 방어력을 포함한 모든 군사능력"이 포함되었다. 미국은 또한 이번 기회에 한일 양국이 '군사정보보호협정'의 가계약에 서명하여 군사배치 강화와 한미일의 동맹을 견고히 할 것을 권장했다.

5) 미국의 한반도 정책의 딜레마와 출구

(1) 지정학적 사고가 한반도의 새로운 '안보딜레마'를 생성

한반도의 긴장 대치 정세와 북한 핵 위협을 핑계로 미국은 '사드' 미사일 요격시스템을 배치하는 중요한 기회로 여겼다. 미국이 한미 동맹관계를 계속해서 향상시키고, 한국에서의 군사적 존재를 강화하는 것은 지역의 평화와 안정에 막대한 부정적 효과를 조성하는 것이다.

'사드'의 한국 도입은 한반도에서 이미 취약한 전략적 평형을 더욱 심각하게 해치게 될 것이다. 한반도의 남북 군사력 비교를 볼 때, 북한은 군대 규모와 무기장비의 수량에서 우세하지만, 한국군의 장비 성능은 오히려 북한보다 한참 위에 있을 뿐 아니라, 주한미군이라는 강력한 후원자가 있다. 따라서 전체적으로 보면, 한반도는 사실상 전체적으로는 군사력 균형이 한국에 유리하다. '사드' 도입은 한반도의 전략적 평형을 더욱 한국에 유리한 방향으로 이끌게 되어, 북한의 불안감을 가중시키게 된다. 그 결과 북한의 신속한 군비 확장을 조성할 것이고, 특히 핵 보유를 서두를 것이므로, 한반도의 새로운 '안보딜레마'를 조성할 것이다.

북한의 핵실험과 '사드' 배치는 양면의 동전과 같다. 이 두 가지는 서로를 강화시키며, 서로 자신의 행위가 합리적임을 증명하려고 한다. 한편으로는, 미국과 한국은 북한의 핵 보유 위협 때문에 자신의 안전을 위해 '사드'를 배치하지만, 북한의 강렬한 반발을 유발한다. 다른 한편으로, 북한은 '사드' 미사일 요격 시스템이 자신의 안전을 해친다는 이유로 계속해서 핵 보유 전략을 추진하고 있다. 북한은 제5차 핵실험을 진행했고, 핵 보유 노선으로 점점 더 멀어져 갔다.

'사드' 미사일 요격 시스템의 한국 도입은 동북아 내지는 아태 지역의 평화와 안정에 심각한 충격을 조성했다. 만약 '사드' 미사일 요격 시스템의 한국 배치가 완료되면, 그 시스템의 X-밴드 레이다의 탐색 거리가 2,000km에 달하고, 반사 구역이 중국의 동북, 화북, 황해 해역 및 러시아의 극동 지역에까지 이르게 된다. 이는 중국과 러시아 양국의 전략적 위협 능력에 필연적인 타격을 주고, 아태 지역의 전략적 평형은 더욱 더 미국에 유리한 방향으로 기울게 된다. 한국의 성주에 배치하는 '사드' 시스템은 그 방어 범위가 한국 인구의 절반인 수도권 지역을 포함하지 않으며, 이로서 한국 국민을 보호하기 위함이라는 말이 성립되기가 어렵다. 또한 한국이 당면한 중요한 것은 북한의 중저공 단거리 미사일의 위협이므로, 고고도 목표의 중거리 및 원거리 미사일의 요격 대상으로 배치하는 '사드' 시스템은 한국의 방어 수요와는 거리가 멀다.

따라서 미국이 한국에 '사드'를 배치하려는 것은 "다른 속셈이 있다."라는 것이다. 러시아는 미국이 한국에 '사드' 미사일 요격 시스템을 설치하려는 것을 미국의 글로벌 미사일 방어 시스템 구축의 중요한 일환이라고 보고 있다. 이는 동북아 지역의 전략적 평형을 깨뜨릴 뿐 아니라, 러시아에 대한 핵 전략 구성에도 커다란 위협이 될 것으로 여기고 있다. '사드' 미사일 요격 시스템이 일단 배치되면, 러시아 극동 군사시설이 미국의 레이다 감시하에 노출되게 된다. 반격조치를 위해 러시아는 'Iskandar-M' 전술 미사일로 대응할 것이고, 한반도는 더욱 큰 안보 위협을 받게 될 것이다.

중한관계도 '사드'의 한국 유입으로 커다란 타격을 받게 될 것이다. 양국 정부의 적극적인 추진하에 중한관계는 지난 25여 년의 기간에 급속하게 발전했다. 그러나 냉전 구조의 영향으로 중한 양국은 경제영역과 군사안보 영역의 협력에서 불균형이 나타났고, 군사적 협력은 상대적으로 미약했다. 미국이 한국에 '사드'를 배치하려는 것은 중국의 강력한 반대를 야기했다. 중국은 미국이 한국과 함께 중국의 전략적 안보이익을 해치는 행위를 용인할 수 없다. 일단 '사드' 미사일 요격 시스템이 배치되고 나면, 반드시 중한관계에는 엄청난 타격이 될 것이다. 전략적 상호 신뢰는 매우 하락하여 양자 간 무역협력에도 타격이 될 것이다. 동시에 '사드' 미사일 요격 시스템의 배치는 한국이 미국을 위하여 중국을 군사적으로 억제하는 장기판의 '마 앞의 졸'과 같은 의미가 되고, 나아가 미중의 전략적 경쟁의 희생물이 될 것이다. 한국의 박근혜 정부가 제창했던 '한반도 신뢰 프로세스'나 '동북아 평화협력 구상' 및 '유라시아 이니셔티브' 등도 중한관계와 한러관계가 악화되는 바람에 유명무실해졌다.

(2) 지정학 사고의 포기가 동북아 긴장 국면을 완화하는 관건

"지정학은 자연지리에 정치적 영향을 부여한 결과이다." "지리적 요소의 이동 불가성이 지정학의 권력과 이익의 배타성을 결정하며, 지정학 이론과 현실적 정책의 '대항적' 사고방식을 결정한다."[19] 글로벌 시

19) 鞠海龙,《论地缘政治的对抗性思维》,《世界经济与政治论坛》, 2009, 제5기.

대에 상호의존의 발전은 근본적으로 지정학의 대항적 기초를 약화시키지 않는다. 실제로 "상호의존은 지정학적 이익의 대항성을 보편적으로 약화시킴과 동시에 지정학적 권력의 대항성이 오히려 불평등한 권력과 이익의 양극화 중에 점점 더 강화된다."[20] 이렇게 끊임없이 강화되는 지정학적 사고가 미국 정책 결정자의 두뇌에 뿌리깊게 자리잡았고, 미국의 한반도 정책은 거시적인 지도사상이든 미시적인 구체적인 문제의 처리이든 모두 선명하게 지정학과 전략지정학의 사고를 나타내고 있다. 그 목표는 중국과 러시아의 군사력에 대한 우세를 강화하고, 한국의 대외전략이 이러한 전략적 궤도에서 이탈하는 것을 방지함과 동시에, 한반도의 긴장과 전쟁 없는 국면을 유지하여 '아태 재평형' 전략에 타당성을 제공하려는 것이다. 미국이 전통적 지정학 사고를 한사코 고집하는 것은 한반도가 중국과 러시아를 억제하는 전략적 최전선이기 때문이다. 한반도 주변지역의 통제를 통해, 동북아 내지는 아태 지역의 전략적 우세를 강화하기 위해 지역의 긴장 국면을 악화시키는 것이다.

현재 국제정세가 심각하게 복잡하게 변화하는 것을 경험하고 있고, 세계 다극화의 발전과 경제 글로벌화 가속이 추진되고 있으며, 국가 간 이익의 융합이 끊임없이 확대되고 있다. 평화 구현, 발전 모색, 협력 추구는 국제사회의 공동의 바람이 되었다. 이와 동시에 지역의 불안과 핫이슈가 여기저기에서 끊임없이 발생되고 있다. 전통과 비전통 안보문제도 서로 뒤섞여서 대부분 전략적 조정과 상호 교류를 신속히 진행 중이며, 국제안보 정세는 더욱 복잡해졌다. 국제사회는 상호 신뢰, 이익 공유, 평등, 협력의 새로운 안보관을 수립해야 한다. 냉전적 사고와 제로섬 경쟁을 버리고 대화와 협상을 통해 분쟁을 해결하고, 손을 잡고 화합과

20) 鞠海龙,《论地缘政治的对抗性思维》,《世界经济与政治论坛》, 2009, 제5기.

안정된 동북아 안보환경을 만들어야 한다. 미국의 정책결정자가 강력히 추진하는 '사드' 미사일 요격시스템의 배치는 앞으로 심각하게 중미 및 미러의 전략적 상호 신뢰를 해칠 것이다. 이는 지역의 긴장과 대항의 화근을 심고, 글로벌 전략의 안정적인 체제를 흔들 뿐 아니라, 심지어 새로운 군비경쟁을 유발할 수도 있다.

중국으로 보면, 미국이 한편으로는 북한에 대해 제재를 진행하고 한편으로는 사드 미사일 시스템을 배치하는 것은 무책임한 행위이며, 북핵 문제를 해결하는 데 있어서도 이롭지 못할 뿐 아니라 한반도 평화에도 이롭지 못한 행위이다. 북핵 문제의 근본적이고 영구적인 해결 방법은 반드시 6자회담의 기초 위에 다자 안보체제를 수립하고, 지역 안보의 보장으로 모든 관련 국가의 안전과 교환하는 것만이 마지막으로 실현할 수 있는 것임을 미국은 인식해야만 한다. 미국은 단지 전통적인 지정학적 사고를 버려야 한다. 미국은 국제정치의 기본적 사고를 다시 정리하여, 패권주의 국가의 사유방식을 포기해야 한다. 이를 통해 한반도의 긴장 국면을 완화시킬 수 있으며, 한반도의 영구적 평화와 동북아 공동체의 최종적인 수립을 위하여 토대를 다질 수 있다.

7. 이원화 제도: 한반도 딜레마 해소의 길 탐구

리쟈청(李家成)
번역: 김상순

냉전 종식 이래 남북관계는 줄곧 반복과 등락을 경험했고, 한결같이 이어지지 못했다. 김대중과 노무현 시대의 대북 화해정책은 이명박과 박근혜 시대의 대북 강경정책에 의해 중단되어 공든 탑이 무너졌다. 박근혜 전 대통령 시대의 북한은 한편으로는 김정은 수령화 사업을 통한 당의 유일 영도체제 수립과, 한편으로는 적극적으로 남북 간 대화와 협력 재가동을 위해 한국에게 화해 공세를 펼쳤다. 박근혜 전 대통령도 남북관계 개선과 공존공영의 협력체제 수립 및 동아시아 신질서 수립에 대한 주도적인 참여 의지가 있었다. 자주 통일 창조의 새로운 전기와 민족 단결과 평화 번영 실현을 위해, 대북정책에 있어서 안보와 대화의 평형 유지에 노력하고 있다고 거듭 표명했다. 그러나 쌍방의 노력은 언제나 효과가 드러나지 않고, 가능성도 늘 의심스럽다. 본문은 5개의 이원화 제도를 통해 남북 공동체 의식을 서술하려고 한다.

1) 한반도 남북교류의 곤경

이명박 집권 시대의 남북관계는 단절과 같았는데, 남북교류가 경색된 이후 사실상 중단 상태였다. 비록 박근혜와 김정은이 취임한 이후 양쪽 모두 상호 탐색을 통한 평화공세로 관계 개선을 생각했지만, 한반도는 여전히 어려운 상황에 빠져 있었다. 한국은 박근혜 정부가 '한반도 신뢰 프로세스'와 '동북아 평화협력구상', 그리고 '새로운 한반도 청사진' 등을 연이어 제시하여 한반도의 어려운 국면을 해소하려 했다. 북한에서는 김정은이 취임한 이후 구정 때 화해 공세를 한국에 내밀고, 남북관계가 역사에서 새로운 기점에 오르도록 촉진을 시도했다. 그러나 한반도의 남북관계는 항상 돌발적인 충돌 사건이나 장기적인 전략적 상호의심에 의한 충돌의 영향을 받는다. 한반도 곤경을 깨뜨리려는 양쪽의 시도는 늘 구상 단계에 머물기만 할 뿐, 실제로 실현되지 못했다. 남북관계 개선은 이른바 거울 속의 꽃이요 물속의 달과도 같다. 남북관계는 늘 제로 상태로 되돌아가고, 남북 대화의 동력과 기대는 수없이 꺾였다.

(1) 박근혜 시기 한국의 대북정책

박근혜 정부의 출현 이후 시기부터 한국 이미지에 대한 북한 주민의 반응이 변화하기 시작한 것으로 보인다. 특히 북한 인민들은 한국의 영상 프로그램을 매우 좋아하고 있다. 북한 경제는 순수한 사회주의 경제가 아니고, 초기 자본주의 단계에 처해 있으며, 개인의 재산권이 있다. 현재 한국과 국제사회는 한반도의 분열 상황에 익숙해져 있다. 한국 청년들의 통일에 대한 열정은 하락해 있으며, 중노년층은 비교적 많은 관심을 갖는다. 만약 현재 통일을 서두르지 않는다면, 미래에는 더욱 어려움이 가중될 것이다. 이 점을 감안하여, 박근혜 정부는 국민들의 기대에 부합하고 국제규범에 부합하는 대북정책을 추진하려고 노력했고, 북한이 '신뢰의 길'과 변화의 길로 나아가길 희망했다. 박근혜 정부는 대통령 직속의 '통일준비위원회'를 설립했다. 남북통일의 정세로 볼 때 한국에게 '대박'이 될 수 있는 드문 기회로 여겼고, 한국 사회는 반드시 평화통일을 이룰 수 있도록 준비하려고 했다. 북한의 도발은 단계적인 행위인데, 북한이 극도로 불안한 상황하에서 한반도의 주도권을 장악하기 위한 의중이 포함되어 있다.

① 한반도 신뢰 프로세스

2013년 2월 24일, 박근혜 정부는 북한이 핵실험을 진행한 상황하에 계속 제재를 하면 북한이 피할 수 없을 것으로 인식했고, 일정 시기가 지나면 북한이 국면 전환을 시도할 것으로 여겼다.[1] 따라서 박 전 대통령은 '한반도 신뢰 프로세스' 구축을 제시했다. 이는 안정된 안보와 남북대화의 협력 교류를 통해서 지속 가능한 진정한 평화와 국제사회와의 심화된 협력을 통해 통일의 기초를 만들자는 것이다. 이 과정에서 한국 정부는 충분한 위협 능력 보유를 기초로 점차 남북의 상호 신뢰관계를 누적시키고, 도발에 대한 타협과 보상의 악순환을 깨뜨리며, 끝으로 한반도의 평화와 안정을 실현하겠다는 것이었다. 한반도 신뢰 프로세스의 핵심은 강력한 위협능력을 기초로 북한이 잘못된 행위에 대해 상응하는 대가를 지불하지만, 만약 북한이 국제사회의 책임지는 일원이 되길 바란다면, 한국도 반드시 명확하게 기회와 지원을 제공하겠다는 것이다.

---

1) 《朴槿惠访中特使: 不能修改韩半岛信任进程》, 韩联网, 2013. 2. 19., http://chinese.yonhapnews.co.kr/domestic/2013/02/19/0401000000ACK20130219003700881.html

박근혜 정부가 북한을 향해 반복해서 강조한 것은 대화를 통해 작은 일의 협력부터 약속을 지켜 가는 것이 비로소 신뢰를 쌓을 수 있다는 것이었다.[2] '한반도 신뢰 프로세스'의 취지는 신뢰가 없는 남북 간에 신뢰를 수립하자는 것이고, 따라서 한국은 인내심을 가지겠다는 것이다.

② 동북아 평화와 협력 구상

2013년 5월, 박근혜 방미 시에 '동북아 평화협력 구상', 즉 '서울 프로세스'를 제시했다. 박 전 대통령은 지역 국가는 기후변화, 환경, 재난, 핵발전소 안전, 글로벌 공동 이익 실현 등의 비정치적 사무에 공동으로 대응할 필요가 있고, 협력을 통해 신뢰를 심화해야 한다고 말했다. 만약 피차 간 협력하면 곱셈의 승수효과(multiplier effect)를 만들 수 있지만, 현재는 장애가 존재하므로 동북아 지역에는 다자대화 모델이 수립되어야 하고 동북아의 공동 번영을 위해 협심해서 노력해야 한다는 것이다.

③ 새로운 한반도 청사진

2013년 7월 29일, 한국의 박근혜 전 대통령이 중국 칭화(清华) 대학 연설에서, "동북아 지역의 진정한 평화와 협력 실현은 현재 가장 긴박한 과제인 북한의 핵 문제를 해결하는 것이고, 북한이 책임지는 국제사회의 일원이 되도록 돕고, 남북 대화의 악순환을 탈피하여 통일된 새로운 한반도를 수립하는 것입니다. 제가 그리는 새로운 한반도의 청사진은 평화 실현과 남북한 자유 왕래를 위해 안정되고 풍요로운 아시아를 만드는 데 있어서 새로운 공헌을 할 수 있는 새로운 한반도이고, 한반도를

---

2) 朴槿惠,《实现新韩朝关系的旅程》, 2013. 12. 31., http://chinese.joins.com/gb/article.do?method=detail&art_id=113715

위하여 진정한 변화가 오기를 희망합니다."라고 말했다. 박 전 대통령은 통일이 앞으로 동북아의 평화와 번영 및 중국 동북삼성의 발전을 위해 공헌할 것이라고 말했다.

박근혜 전 대통령이 취임 이후, 비록 '한반도 신뢰 프로세스'와 '동북아 평화협력 구상' 및 '새로운 한반도 청사진'을 연이어서 제시하고, 이를 통해 한반도의 곤경을 해소하길 희망했지만, 북한은 남북관계를 대립의 상태로 몰아갔다. 2013년 3월 5일 북한 국방위원회의 '정전협정' 백지화 선포를 시작으로, 인민군 최고사령부는 '야전 포병 1호 전투 근무태세' 진입을 선포했다. 4월 3일 일방적으로 개성공단 출입 봉쇄의 극단적인 조치를 취하여 개성공단의 통행을 제한했다. 4월 8일 북한은 노동자를 철수시켰고, 5월 7일 '서해 5도 불바다'로 위협했으며, 계속해서 미사일 발사 실험과 대규모 군사훈련을 진행했다. 2013년 6월 12일 거행하려고 했던 남북 당국 회담은 수석대표 지위와 관련한 의견 차이로 결국 무산되었다. 북한이 한반도 국면을 긴장의 끝으로 몰아넣자, 박근혜 전 대통령이 제시한 '한반도 신뢰 프로세스'는 막 걸음을 시작하기도 전에 장벽에 부딪치게 되었다. 북한은 박근혜 전 대통령의 대북정책인 '한반도 신뢰 프로세스'를 전면적으로 부정하였다. 이 정책은 "완전히 남북관계 개선에 부정적인 것이자, 체제 대결을 추구하는 반통일정책"이라고 조목조목 반발했다.[3] 한국 정부는 한 번의 실패로 포기하려 하지 않았고, 계속해서 북한과 협상을 진행하여 '신뢰 프로세스'를 전개하려 했다. 청와대의 고위층 인사는 "예상보다 이르게 대화의 대문을 열 것이다. 북한이 당국회담에 처음 응할 때 한 걸음 한 걸음씩 적절하게 전진하자고 말하지 않았던가?"라고 말했다. 9월 개성공단이 다시 재개되었

3) 《评韩半岛信任进程》, 朝鲜《劳动新闻》, 2013. 10. 24.

다. 8월 내내 북한의 『노동신문』의 남북관계 평론에는 "화해와 단결이 시대의 요구이자 동포의 소원"이라는 훈훈한 분위기 일색의 내용이 실렸다. "북한을 유도하기 위하여, 박근혜는 신뢰 프로세스를 적용할 때에 탄력성을 나타내야 할 것"[4]이라는 평론도 실렸다.

박근혜 정부는 '한반도 신뢰 프로세스'와 '동북아 평화협력 구상' 및 '새로운 한반도 청사진'을 연이어 제시했고, 자주 통일 창조의 새로운 전기와 민족단결 실현 및 평화번영의 결심을 위하여 대북정책이 안보와 대화 간의 평형을 유지하도록 노력할 것을 거듭 표명했다. 또한 시범적 평화공세로 한반도의 곤경 타파를 시도하고, 남북관계 개선과 공존종영의 협력 체계 수립 및 동아시아 질서 재건 탐색의 길에 주도적으로 참여할 것을 거듭 표명했다.

이러한 생각들은 모두가 바라지만 이룰 수 없는 해상의 신기루나 공중 누각과 같아서 실현성에 의심을 받았다. 한반도의 남북관계는 항상 우발적인 충돌사건과 장기적인 상호 불신의 충돌에 영향을 받았다. 특히 북한의 제4차 핵실험 이후, 북한 핵과 미사일 실험의 강력한 자극을 받은 '통일 대박론'은 장기간 영향을 받게 되었다. '급진 통일'의 박근혜 정부는 북한이 '핵 무기 개발과 경제 건설 병진노선'을 포기할 가능성이 거의 제로라고 인식하게 되자, 대북 화해와 평화통일 구상을 포기하고, 외교 정책도 갈수록 강경하게 변했다. '유혹'에서 '윽박'과 '강압'으로 전환했고, 나아가 극단으로 향했다. 대북정책은 북한 '전면봉쇄'와 터무니없이 '사드' 도입을 통해 대북 억제력을 높이고 북한을 흡수 통일하는 방향으로 전환했다. 박근혜 정부의 전기 대북 완화정책은 양호한 기초

4) 金真明,《"韩半岛信任进程"开端不顺》, 韩国《朝鲜日报》中文网, 2013. 6. 12., http://chinese.chosun.net/site/data/html_dir/2013/06/12/20130612000014.html

를 닦았지만, 후기의 대북 강경정책은 이전의 공을 포기하는 단절을 가져왔다.

(2) 김정은 시대 북한의 대한국 정책

이명박 정부를 시작으로 북한은 대규모 식량과 화학비료의 원조를 받지 못하였을 뿐만 아니라, 오히려 5년에 달하는 제재의 시련을 겪었다. 북한은 남북관계가 이명박 정부 이전의 상황으로 돌아가기를 매우 바랐고, 공동 기념의 상징인 '햇볕정책' 시기의 '6 · 15선언'을 강조했다. 김정은이 집권한 북한은 이영조가 해직되고, 장성택이 처결되었으며, 정권이 안정된 후에는 '핵무기 개발과 경제발전 병진노선'을 제시하였다. 북한은 남북관계 개선을 시도하고 경제 개발에 노력하였으며, 심지어 "식량이 총알보다 중요하다"라는 구호를 내세웠다.

2014년 1월 16일, 한국 당국은 남북 교착상태의 책임을 북한에게 전가하면서, '키리졸브(Key Resolve)'와 '독수리(Foal Eagle)' 연합훈련을 2월 말로 당겼다. 미군은 한국과 주변지역에 대규모 탱크와 장갑차 및 비행 편대 등의 해 · 공군력을 투입했고, 북한 국방위원회는 당일 한국을 향해 "우리 민족의 상호 단결력으로 남북관계 개선의 도로를 열자"라는 제목으로 중대한 제안을 했다. 북한은 음력 구정, 즉 1월 30일을 계기로 남북의 실질적인 조치를 통한 남북관계 개선을 제안했다. 상호 자극과 비방 · 중상을 전면 중단하고, 즉시 무조건적으로 상대에 대한 일체의 군사적 적대행위를 중지하여 핵 재난을 방지하자는 것이었다.

1월 17일 한국 국방부 김민석 대변인은 북한의 '중대 제의'가 왜곡된 사실에 충만하고, 한미 연합훈련은 늘 진행된 것이므로, "만약 한미가 지금 진행하는 군사훈련으로 북한이 한국을 향해 침략전쟁을 발동한다면 한국 군대는 추호의 의심도 없이 반격을 진행할 것이다."라는 성명을 발표했다. 김민석은 또한 북한이 어떤 행동을 하든 간에 한국은 이에 맞는 대응조치를 할 것이며, 한국군은 북한의 모든 행동을 주시할 것이라고 했다. 1월 17일 한국 통일부 김의도 대변인은 북한의 중대제의에 대해 "북한이 끊임없이 중상 · 비방을 일삼고, 남북이 중상 · 비방을 중지하는 협의를 수차례 위반했다."라고 조목조목 응대했다.

북한은 2년 전 신년 축사에서 이런 행위를 중단하겠다고 했지만, 오히려 줄곧 한국에 대해 위협과 비판을 가했다. 북한이 명심해야 하는 것은 남북 간의 신뢰는 입에 의존하는 것이 아니라 실제 행동에 의해 유지되어야 한다는 것이다. 한국이 진행하는 군사훈련은 주권 국가가 관례에 따라서 실시하는 방어적 훈련이며, 국제관례와 협의에 근거하여 한국은 매년 모두 정식으로 북한과 주변 국가에 통보하고 있다. 북한은 한국의 정당한 군사훈련에 대해 말하지 말아야 할 뿐만 아니라, 우선적으로 지금의 도발 행위에 대해 책임지는 조치를 취해야만 한다. 핵 문제의 근원이 북한의 핵 개발이고, 만약 북한이 진정으로 한반도의 평화를 희망하고 있다면, 즉시 비핵화 실현을 위한 실질적인 행동을 취해야 한다. 한국 정부는 "거의 여지가 없이" 강경하게 북한이 제기한 '구정 화해' 제의를 거절했을 뿐 아니라, "왜곡된 사실과 황당무계한 주장으로 여론을 오도"하는 북한에게 엄중하게 질책했다. 심지어 한국의 어떤 매체는 북한이 늘 시도하는 '위장 평화공세'라면서, 한 걸음 더 도발을 하기 위한 핑계 찾기라고 했다.

한반도의 '구정 화해'에 대한 희망은 시작도 하기 전에 이미 깨졌다. 북한의 '유화적 자세'가 담긴 '중대제안'에 대해 한국은 냉정하고 단호하게 거절했다. 비록 의외는 아니지만, 사람들로 하여금 탄식하지 않을 수 없게 하였다. 한국은 인내로 북한의 후속 조치를 지켜봐야 할 것이다.

북한의 제의에 대한 한국 여야 정치권의 반응은 현저한 차이가 있었다. 여당은 의구심을 표했으나, 최대 야당인 민주당은 북한의 제의에 대해 환영을 표시했다. 민주당 전병헌 원내대표는 성명에서 "정부는 관용과 열정의 태도로 남북관계의 경색 국면을 깨기 위해서 기회를 제공해야 하며, 우선 비정치적 · 비군사적 의제의 대화를 통해 신뢰를 만들어야 한다."라고 말했다. 한국의 양무진 교수는 언론과의 인터뷰를 통해, "한국 정부가 연속해서 대화를 모두 거절하면, 어떻게 한반도 신뢰 프로세스를 말할 수 있는가?"라고 했다. 세종연구소 정성장 박사는 "정부가 단호하게 북한의 구정 화해 제의를 거절한 것은 대화의 호기를 잃어버리는 잘못을 범한 것이 아닌가"라며 사람들의 우려를 면하기 어렵다고 했다. 북한의 구정 화해 제의가 진심과 성의로 평화의 손길을 내미는 것인지 아니면 고의로 도덕적 고점을 차지하려는 것이었는지를 잠시 따져 보지도 않고, 한국 정부가 이와 같이 신속하게 거절하는 것은 문제 해결의 성의가 없어 보인다. 성의가 부족하고 신용이 깨져서 남북관계는 이미 풀 수 없는 매듭이 되었다. 남북 양쪽은 모두 고자세로 민족 화해를 실현하겠다고 하지만, 상대에 대해 악감정을 유지하고 상대의 '호의' 행위를 고도로 경계함과 동시에 상대방의 성의 부족을 질책하고 있다.

초기에 선의에 기초했던 건설적인 많은 바람은 남북의 '냉전 대치'와 잠재적인 위기가 언제든 폭발할 수 있는 안보정세를 변화시키지 못했을 뿐만 아니라, 오히려 시도되기 이전에 중도에서 실패했다. 한반도는 가장 가능성이 높은 전쟁 발발 지역 혹은 화약 냄새가 농후한 지역이 되었다.

한국이 북한의 화해 제의를 거절한 이후, 북한은 아마도 이것을 핑계로 핵실험 혹은 위성 실험을 진행하거나, 그렇지 않으면 설전을 제기하여 한반도 분열의 고착화를 조성할 것이다. 한미 군사훈련이 끝나기 이전의 남북관계는 살얼음을 걷는 것 같을 것이다. 사실상, 북한이 당시 한국의 거절에 대한 반응이 없었지만, 당일 북한의 매체는 계속해서 '민족단결'의 분위기를 조성했다. 2014년 1월 17일의 북한 『노동신문』 6판에 "조국통일의 주체는 전체 조선민족"이라는 글이 게재되었다. 경애하는 김정은 원수가 신년 축사에 제시한 전투 임무에 따라, 올해는 자주통일과 평화번영의 새로운 국면을 열어야 하고, 사람들 모두는 반드시 조국 통일의 의지 생활화와 투쟁 실현이 매우 중요하다는 것을 가슴에 품어야 한다는 것이 이 글의 내용이었다. 이전 『노동신문』에는 "반드시 북남관계 개선의 분위기를 창조하자"라는 평론 글이 실렸다. 글은 '우리 민족 스스로'라는 입장으로 조국 통일 문제를 해결하고, 북남관계 개선이 매우 중요하다는 내용이었다. 분열 상태의 남북관계를 개선하려면 반드시 창조적인 분위기가 필요하다.

2) 이원화 책략: 남북 화해의 5대 실현 노선

강력한 안보와 유연한 대화는 두 개의 자동차 바퀴와 같다. 한국은 장기적인 대북 전략을 제정하고, 북한에 대해 강경과 온건의 합당한 양면전략을 운용해야 한다. 다단계 미사일 방어시스템 배치와 북한의 도발에 단호히 대응함과 동시에, 더욱 유연한 태도를 취하여 북한 핵문제와 남북 대화를 분리하여 처리해야 한다. 북한과 핵무기에 대한 사실을 공존하고, 적극적으로 북한에 대해 인도주의적 지원과 개발 원조를 제공하여 신뢰를 쌓고, 심리적 교류를 강화해야 한다. 남북 대화 국면을 열고, 대화 분위기를 조성하여 남북 정상회담 실현을 추진하고, 통일 시대에 남북의 상생 · 공영을 찾아야 한다. 남북관계가 정상적으로 변하고 상식적인 관계에 부합하도록 하기 위해 북한을 국제사회로 인도하고, '남북관계의 안정적 발전 추진' 혹은 '한반도의 지속 가능한 평화'를 실현해야 한다. 남북회담이 무산되었다고 해도, 한국 정부는 "대화의 문이 항상 열려 있다."라고 선포해야 한다.

(1) 정경 분리(政经分离)

남북은 당연히 '정경 분리' 원칙을 확립해야 한다. 즉 정부의 정권교체 영향을 받지 않고, 일관된 경제협력 정책을 유지해야 한다. 양호한 정치적 상호 신뢰는 국경을 초월환 경제지역 협력의 기초를 수립할 수 있고, 정치적 국면의 불안정은 반드시 경제에 대해 열악한 영향을 나타낸다. 사실을 증명하자면, 한국의 이명박 전 대통령이 북한에 실시한 강경한 '배척' 정책은 남북관계를 원 상태로 돌렸고, 긴장 국면은 갈수록 가열되었다. 북한에 대해 적극적인 유화정책의 진행은 남북 긴장 국면을 완화시켰다. 중국은 북한의 최대 원조국으로 북한에 대해 "제재는 제재로 귀결되며, 우정은 우정으로 귀결"된다고 했다. 중국은 적극적 요소를 확보하고 부정적 요소를 감소시켜, 양자 무역액과 투자 규모의 확대에 노력했고, 우호적인 양자관계를 계속해서 유지했다. 중한 양국은 부정적 정치 영향을 당연히 감소시켜야 하고, 적극적으로 경제발전을 촉진시켜야 하며, 정치와 경제를 "억지로 끼워 넣는" 착오적 모델에 빠지지 말아야 한다. 북한에 대해 유엔 안보리가 취한 일련의 제재조치는 북한의 민생과 발전에 영향을 주지 말아야 하고, 북한의 정상적인 경제무역 왕래에 영향을 주지 말아야 한다. 다수의 한국 전문가와 학자들이 한국 정부가 '천안함' 사건으로 인하여 북한에 취했던 경제제재를 취소하거

나 완화시켜야 하며, 한반도의 긴장 국면을 완화해야 한다고 주장했다.[5]

김정은 시대에 최우선 과제는 경제문제를 해결하는 것이다. 2013년 12월 12일 장성택이 처결되던 날, 북한은 한국 정부를 향해 12월 19일 개성공단에서 남북 공동위원회 제4차 회의의 소집을 제의했다. 비록 장성택 사건이 발생했지만, 김정은은 정치와 경제의 분리 원칙하에 대외 정책의 의지를 철저하게 표현했다.[6] 식량 문제를 해결하기 위하여, 북한은 남북 농업협력에 대해 매우 깊은 관심을 가졌다. 농업 부문의 협력은 남북 쌍방에게 실천적인 면이 있다. 이를 고려하여, 한국의 류길재 전 통일부장관은 "농업협력은 앞으로 남북 주민이 아래로부터 위로의 상호 신뢰를 쌓을 수 있는 첫 번째 길목이 될 것이다."라고 했다. 류길재 전 장관은 축사에서 "농업협력이 통일 시대를 향한 발판이 되도록 하기 위하여, 우리는 반드시 명확한 방향과 목표를 정해야 한다."라며 "협력이 단지 물자 교류에 머물러서는 안 되며, 인적 교류, 지식과 기술의 교류 및 마음과 마음의 교류로 확대되어야 한다."라고 말했다.[7] 농업협력의 개발에서 가장 중요한 것은 프로젝트의 지속 가능성과 안정성을 확보하는 것이고, 조건을 만드는 것이 필요하다. 농업협력과 남북 당국 간의 정치와 군사적 관계가 서로 분리되도록 하여, 지속적으로 협력을 추진하고, 남북이 공동으로 농업 개발구 설립 등의 협력 방안을 제시해야 한다. 월드비전(World Vision International)[8]은 농업협력의 가장 모범적인 사례이다. 월

---

5) 邓聿文,《对于朝鲜问题, 韩国在担忧什么?》,《华尔街日报》中文网, 2014. 5. 23., http://cn.wsj.com/gb/20140523/OPN133337.asp

6) 《金正恩"肃清张"和韩半岛信任进程》, 2013. 12. 17., http://www.dailynk.com/chinese/read.php?num=13127&cataId=nk00201

7) 郑英教,《"积累韩朝居民互信, 农业合作是第一大关"》, 韩国《中央日报》中文网, 2014. 3. 7., http://chinese.joins.com/gb/article.do?method=detail&art_id=116564

8) 역자 주: 월드비전(World Vision International)은 1950년에 설립된 기독교 정신에 입각한

드비전은 병균에 감염되지 않는 감자 종자 생산에 집중하여 대단한 성공을 이루었고, '꽃이 만개한 마을'로 불리는 프로젝트의 종합 지역 개발 모델은 아직도 전개되고 있다.

(2) 민관(民官) 분리

정체되어 앞으로 나아가지 못하는 남북관계의 경색 국면을 깨뜨리기 위하여 남북 간의 정치 상황 혹은 북핵 문제와 무관한 영역을 분리하고 북한에 대한 정책을 추진해야 한다. 남북은 우선 학술과 문화예술 및 체육 영역의 민간 교류를 우선 고려해야 한다. 한반도의 남북 간에 '민관분리'의 2.0 트랙 외교를 실행하고, 비무장지대(Demilitarized Zone, DMZ)에 세계평화공원을 세우고, 인문 교류와 남북 적십자회담, 이산가족 정기 상봉 및 금강산 여행 재개 등의 민간 교류와 협력을 확대해야 한다. 반관반민(半官半民)의 1.5트랙 대화를 빈번하게 개최하여, 정책 결정자와 기타 전문가들을 참여시키고, 북한이 개혁개방으로 향하도록 유도하며, 책임 있는 국제사회의 일원으로서 '접촉을 통한 북한의 변화'라는 전략적 목표를 실현해야 한다.

한국전쟁의 지정학적 충돌은 한반도의 이산가족이 만나지 못하게 하는 비극을 조성했다. 만약 남북이 정치적 화해와 외교적 타협을 이루지 못하여, 이산가족의 상봉이 여전히 요원할 경우, 아무런 가치도 없이

구호 및 개발원조 단체. 긴급구호, 교육, 건강, 경제발전, 정의 추구 등을 통해 커뮤니티를 도우며, 아동과 특히 고아들에 대한 활동을 중요시함. 출처: 네이버 지식백과, 검색일: 2017. 7. 31., http://terms.naver.com/entry.nhn?docId=2272783&cid=51299&categoryId=51300

그냥 그렇게 지내다가 죽게 될 것이다.[9] 남북 간 이산가족의 상봉은 단지 100여 가정이 만났고, 매번 상봉의 시간도 일반적으로 하루를 채우지 못하였을 뿐 아니라, 해마다 상봉의 기회가 있는 것도 아니었다. 그들은 정말 함께한 시간은 짧고, 떨어져 있는 시간은 많았다.

최근에 남북이 이산가족 상봉을 포함하여 고위층 회담을 진행하면서, 북한은 이산가족 상봉에 동의하였지만, 한미 연합훈련 기간에는 안 된다고 주장했다. 한국은 이산가족 상봉과 한미 연합훈련을 연결시키는 것은 인도주의 문제와 군사 문제를 서로 연결시키지 않는다는 원칙을 위반하는 것이라고 주장했다. 이른바 "자기가 하기 싫은 것을 남에게 강요하지 말아야 한다."라는 것이다. 한국은 한국에 대한 북한의 어떤 군사적 도발로 인해 북한에 대한 인도주의적 원조를 중단해서는 안 된다. 남북은 군사문제의 구속에서 벗어나야 하고, 제도적 설계를 통해 남북 이산가족 상봉 문제를 한 번에 해결해야 한다.

2014년 2월 14일, 판문점 남쪽의 평화의 집에서 남북은 2월 20-25일 정기적인 남북 이산가족 상봉을 결정했다. 상호 간 비방과 중상모략을 중단하며, 양측이 관심 있는 화제로 계속해서 협상하고, 나아가 남북관계를 적극적으로 개선하며, 적당한 시기에 정상회담을 진행하기로 하였다. 이것은 양쪽의 가장 높은 기구인 '청와대'·'국방위'의 첫 가동이었다. 이것은 이명박 정부로부터 박근혜 정부의 집권 1년 차까지 6년 동안 줄곧 교착상태에 빠져 있던 남북관계의 일대 돌파구였고, 한반도 신뢰프로세스의 첫발을 내디딘 것이었다. 박 전 대통령은 이산가족 상봉이 "남북관계 정상화의 첫걸음"이라고 강조했다.

남북 이산가족 상봉의 역사를 회고하면, 이산가족 상봉은 2000년

---

9) 肖郎平,《朝韩离散家庭悲歌》,《世界博览》, 2014년 제4기, p. 21.

부터 시작되어 2010년까지 모두 18차례 이루어졌다. 매번 상봉 활동이 정기적으로 거행되는 활동이 될 것을 바랐지만, 냉엄한 현실에서 인도주의는 언제나 정치와 군사적 문제의 부가적 변수가 되었다. 북한이 군사적 도발을 할 때, 이산가족의 상봉은 생각도 할 수 없는 일이 되었다. 정치권도 줄곧 상봉 활동을 '일회성 사건'으로 남북관계의 국면 개선을 위한 카드로 여겼다. 비통한 것은 북한의 가족과 상봉을 신청한 129,287명의 이산가족 중에서 이미 57,784명이 사망했다는 점이다. 현대경제연구원은 2003년 이후 매년 3,800여 명의 이산가족이 사망하며, 20년 내 대부분의 이산가족이 모두 사망할 것으로 발표했다. 따라서 동독과 서독처럼, 나이가 많은 사람들의 왕래는 허용하자고 누군가 제안했다.[10)]

(3) 인도주의적 협력과 군사문제의 분리

과거 한국의 북한 원조에서의 반복된 경험을 기초로, 한국 정부와 사회는 과거의 소극적인 방법을 바꾸어야 한다. 북한 주민에게 통일에 대한 정보를 제공하고, 북한에 대한 원조와 교류를 회복하고 강화하여 인도적 지원을 지속해야 한다. 최선을 다해 한국군 포로와 탈북자 문제를 해결해야 하며, 원조를 매개로 대규모 남북 교류를 진행하여 북한 주민들이 한국에 대해 선의를 느끼게 해야 한다. 그들로 하여금 통일이 그들에게 유리하다는 것을 알게 하며, 김정은에 대한 북한군의 충성을 서서히 변화시켜야 한다. 대화를 통해 한국에 대해 부정적 시각을 없애도록 해야 한다.

---

10) 郑园烨,《必须早日实现视频见面和书信来往》, 韩国《中央日报》中文网, 2014. 2. 25., http://chinese.joins.com/gb/article.do?method=detail&art_id=116070

한국 정부는 북한에 대한 농업 원조와 영유아 등의 연약한 집단에 대한 인도주의적 원조를 가장 최우선으로 계획하고 있다. 제19기 국회의원 중에서 대북 인도주의적 원조에 동의하는 비율이 72%에 달한다. 그들은 민간의 인도주의적 대북 지원과 정치 상황을 분리해야 하며, 영유아에 대한 지원 금지를 제거하고, 일관성 있는 진행을 추진해야 한다고 인식하고 있다. 이것은 한국의 국내 53개 대북 인도주의 지원단체 협의서로서, 대북협력민간단체협의회(약칭 북민협)과 민족화해협력범국민협의회(약칭 민화협)이 제19기 국회의원에게 실시한 설문조사의 결과이다. '국제개발협력기본법'의 명확한 규정을 참고하여 대북 원조의 목표에 대해 '대북인도지원법'을 제정함과 동시에 북한 식량 상황에 대해 명확한 평가를 진행하여 분배 시스템에 대해 냉철한 분석을 진행해야 한다.[11)]

(4) 전통 및 비전통 안보문제의 분리

남북은 신기능주의(neofunctionalism)[12)]의 전이(spillover)이론[13)]을 협력해서

---

11) 李圆珍,《72%的国会议员"对朝支援问题应坚持一贯性"》, 韩国《中央日报》中文网, 2012. 8. 30., http://chinese.joins.com/gb/article.do?method=detail&art_id=91487

12) 역자 주: 기능주의와 신기능주의의 차이점은 두 가지이다. 첫째, 기능주의는 국민 전체가 기능적 협력의 주체가 되었고, 신기능주의는 엘리트층에게 초점이 맞추어져 이들의 의식 변화와 특히 충성심이 국가에서 지역 공동체로 이동하는 과정이 중시되었다. 둘째, 기능주의는 기능적 협력의 범위가 자동적으로 확대된다고 가정하였으나, 신기능주의는 비논쟁적 활동 영역(경제)에서 논쟁적 활동 영역(정치)으로의 이행이 자동적이지 않아 복잡한 정치화 과정(politicization)의 경험을 하게 되었다. 신기능주의는 국가 간 기능적 협력의 제도적 측면은 물론 정치적 측면이 중시되었다. 출처: 네이버 지식백과, 검색일: 2017. 7. 31., http://terms.naver.com/entry.nhn?docId=728396&cid=42140&categoryId=42140

13) 역자 주: 전이이론은 복수의 주권국가가 자발적으로 주권의 일부를 포기 혹은 통합하여 지역 공동체를 형성하는 통합현상이다. 유럽석탄철강공동체(ECSC)나 유럽원자력공동체(EURATOM) 등으로, 국가 간의 기능적 협력관계는 그 대상 영역을 다른 영역으로 파

운용해야 한다. (경제, 사회, 문화와 같은) 하부 정치영역과 비전통 안보영역의 협력으로부터 (정치, 외교 등의) 상부 정치영역과 전통 안보영역으로 파급시켜야 한다. 즉 공동으로 기후 변화와 환경, 재난 구조, 핵발전 안전 등의 비정치적 업무부터 시작하여, 협력을 통해 신뢰를 더욱 깊이 쌓아야 한다. 만약 피차 협력하게 되면 곱셈효과, 즉 승수효과가 발생된다. 이후 한반도 신뢰 프로세스의 제도화 실현이 필요하고, 창의적인 균형 추진을 위한 대북 정책은 반드시 이미 몇십 년 동안 제정되었던 '한민족공동체통일방안'을 현실에 맞도록 변화시켜야 한다. 남북 간 정상적인 대화 채널을 수립하여 효율적인 남북관계의 위기관리를 위해 '남북위기관리공동위원회'(가칭) 조직을 설립하여 토론해야 한다. 한반도 신뢰 프로세스는 북한으로 하여금 정확한 판단을 하도록 제정된 유인정책이다. 설령 한반도 정세가 좋아졌다 나빠졌다 부침이 있어도, 신뢰 프로세스는 중단하지 말아야 한다.[14)]

(5) 정상적 무역과 보상성 무역의 분리

김정은은 정권 기초를 안정시킨 이후, 한국의 지원을 통해 경제 활성화가 절박하게 필요했다. 장성택 처형 이전에 중국 기업과 체결한 많은 개발 프로젝트가 모두 중단되었고, 중국으로부터의 지원도 기대할 수 없었다. 미국의 오바마 정부는 여전히 북한을 거들떠보지도 않는 '전

급(spillover)시키고자 하는 다이나미즘(확대 재생산의 매커니즘)을 내재화시키고 있다. 참고: 네이버 지식백과, 검색일: 2017. 7. 31., http://terms.naver.com/entry.nhn?docId=728346&cid=42140&categoryId=42140

14) 安熙昌,《"通过和朝核无关的民间交流打破韩朝关系僵局"》, 韩国《中央日报》中文网, 2013. 10. 30., http://chinese.joins.com/gb/article.do?method=detail&art_id=111066

략적 인내' 정책을 펼쳤다. 남북 양쪽은 시장 중심의 상업적 무역과 전략적 안보 지향적인 경제원조와 같은 보상적 무역이라는 '이원제' 무역 모델을 수립하여야 한다. 한편으로는 '형제의 정'을 발휘하여 한국은 북한의 발전을 추진해야 한다. 한국은 북한과 계획적인 맞춤형 상호 이익 공유와 투명하고 공정한 정상적 무역을 전개해야 한다. 새로운 투자를 금지한 '5 · 24조치'를 폐지하고, 누가 주도하느냐에 대한 문제도 버려야 한다.

다른 한편으로는 북한과 단계별로 국가가 보조하는 불공정 무역을 전개하여, 무상원조와 무역을 통해 북한에 대해 '수혈'을 하고, 발전원조와 투자원조를 통해 북한에 '조혈'해야 한다. 중국과 북한의 경제개발 프로젝트에 적극적인 참여와 실무를 추진하고, 환황해 지역 경제협력을 강화하여 공동으로 '북황해 경제지대'를 조성해야 한다.

3) 결론: 한반도 통일의 꿈

결론적으로 한반도 남북관계는 이미 어려운 시기와 침수기에 진입했다. 유용한이익 구조가 깨지는 중요한 시점에서 서로 뜻대로 되지 않는 상황이 나타나고 있다. 회담을 통해 남북은 상대방이 양보가 가능한 이익과 양보할 수 없는 핵심이익이 무엇인지를 확정해야 한다. 한국은 현 상황에 이끌려 갈 것인지, 아니면 스스로의 노력으로 현 상황을 타개할 것인지에 대해 한국의 의지로 선택해야 한다. 돌파구는 현실적으로 한반도의 평화와 안정을 개선시킬 수 있어야 한다. 나아가 통일의 양쪽 당사자가 실현하는 것으로, 남북관계에서 변화를 모색해야 한다. 이산가족의 정기적인 상봉과 금강산 관광, 대화의 등급을 높임과 동시에, 대화의 정기화 추진을 통해 국제정세의 변화에 능동적으로 대응해야 한다. 그러나 만약 핵 문제에서 진전을 얻지 못할 경우, 남북관계 개선의 정도는 한계성을 가질 수밖에 없다.

미래의 전망에 있어서, 남북의 평화통일은 반드시 새로운 한반도 역사의 결정적인 정세이자 동북아의 새로운 정세로 향해야 한다. 남북통일에는 세 가지 가능한 형식이 존재한다. 첫째는 통일을 위한 단일 국가 형식이 있다. 둘째는 상품과 자본 시장이 서로 융합하지만 노동 시장은 서로 분리된 연방제 형식이 있다. 셋째는 북한을 특별행정구로 하여, '일국양제(一国两制)', 즉 '하나의 국가, 두 체제'의 통일 형식을 실시하는 것이다. 남북통일 방식과 경제효과의 분석 결과를 보면, 만약 한국이 일국양제(특별행정구)의 형식으로 통일한다면 따라오는 경제적 효과와 정부 부담의 감소 측면에서 가장 좋은 선택이라는 것이다. 단일 국가 형식과 비교하자면, 북한 지역의 경제 성장률은 1.5배까지 증가할 것이고, 실업률은 1/22로 하락할 것이라고 한다.[15)]

비록 남북이 모두 한반도의 자주 평화통일을 실현하려고 하지만, 한반도 국가가 주도권을 가진 적이 없기 때문에, 국제사회의 현실이 한반도 통일 문제를 결정한다. 한반도의 운명은 대국의 경쟁으로 이루어지기 때문에, 대국 사이에 낀 한국은 변화를 주도할 힘이 없다. 미중 간에 있어서, 한국은 사실 누구도 믿지 않지만 누구에게도 미움을 사지 않으려 한다. 중국이 북한의 핵 보유를 싫어한다는 것은 물론이고, 중국 주변에 미국의 군대가 주둔하는 것을 중국이 더 싫어한다는 것도 한국은 알고 있다. 미국이 진심으로 한국의 통일을 도우려는 것이 아니라, 사실

---

15) 《"韩朝如一国两制完成统一, 将有利于经济发展"》, 韩国《中央日报》中文网, 2012. 7. 16., http://chinese.joins.com/gb/article.do?method=detail&art_id=88890

은 미국이 북한의 핵 무기 보유와 한반도 분열을 바라고 있다는 것도 한국은 알고 있다. 또한 이렇게 되어야 미국이 한국과 일본을 통제할 이유가 생기게 된다는 점은 물론이고, 미국이 한국을 '붙잡고' 가지 못하게 하려는 것도 한국은 알고 있다. 따라서 한국은 어느 한쪽에 쏠리지 않으려 할 것이고, '양다리'를 걸치고 순조롭게 처리하기를 바랄 것이다.

8. 새로운 동북아 평화의 길: 공공외교로 재출발

장리리(姜黎黎)
번역: 김상순

지정학적인 영향이나 역사적인 뿌리, 혹은 오늘날 이익구조와 요구 등이 갈수록 다원적인 변화를 보이기 때문에, 동북아 지역의 안정과 발전은 동북아 및 세계의 안보와 문명에도 중요한 의제가 되었다. 또한 동북아에서 중국의 책임이 크기 때문에, 중국은 이성적이고 건설적인 역할로 지역 발전에 공헌했다. 다극 세계로 진입한 글로벌 시대 이후, 중국은 2003년 관련국들에게 '6자회담'을 제창했는데, 이것은 시대의 흐름에 대처하는 지혜를 선보인 것이며, 민주적 가치인 협의를 포함한 체제 설계는 중국 등 관련 국가의 구조와 전략을 충분히 구현했다. 6차 다자회담과 이후의 다자회견은 모두 중요한 성과와 역할을 남겼다.

21세기 두 번째 10년에 진입한 지금은 더욱 복잡한 국면을 맞이하였으며, 동북아 평화와 안보의 협상체계 구축도 시대에 따라 변했다. 필자는 공공외교(public diplomacy)라고 하는 '새로운 협상의 길'을 제안한다.

공공외교가 처음 출현한 것은 1965년이다. 미국 터프츠(Tufts) 대학의 에드먼드 걸리온(Edmund Gullion) 교수는 "공공외교란 타국의 국민들이 타국 정부의 외교정책에 대한 형성과 실행에 영향을 주도록 하는 것이다. 이것은 전통외교의 국제관계 영역을 초월하는 것을 포함한다. 즉 정부가 다른 국가의 여론을 조성한다거나, 한 국가의 사적인 이익집단이 다른 국가와 교류한다거나, 외교 사절과 외국 기자와 연락하는 것을 포함한다. 공공외교의 중심은 정보와 관점의 소통이다."라고 정의했다. 당시, 공공외교는 국제방송을 포함하는 정보활동이나 교육문화활동으로서, 주로 미국공보처(United States Information Agency, USIA)의 비전통적 외교활동을 일컫는 말이었다.[1]

2009년 7월, 당시 중국 지도자인 후진타오(胡锦涛) 주석이 처음으로 중국도 공공외교를 전개해야 한다고 했고, 이에 따라 공공외교가 정식으로 정부의 의사일정에 포함되었다. 2010년 3월, 양제츠(杨洁篪) 외교부장관이 처음으로 공공외교에 대해 공개적으로 논의했다.

국무원 신문판공실(新闻办公室) 주임을 역임했던 자오치정(赵启正)은 "공공외교는 한 국가의 정부가 문화 교류나 정보과제 등의 형식으로 타국의 상황을 이해하고 알게 되어 타국 국민들에게 영향을 미치도록 하는 것이다. 본국의 국가 이미지와 국제 영향력을 높임은 물론, 더 나아가 본국의 국가이익을 증진시키는 외교 방식이다. 비정부조직(Non-Governmental Organizations, NGO)과 그 네트워크의 발달은 새로운 공공외교의 굴기를 상징한다. 새로운 공공외교는 쌍방향 대화를 강조하며, 대중을 의미의 공동 창조자이자 정보의 공동 전달자로 보아 스마트 파워의 무기고와 같은 중요한 도구로 여긴다."라고 서술했다.[2]

---

1) 百度百科, http://baike.baidu.com/item/%E5%85%AC%E5%85%B1%E5%A4%96%E4%BA%A4

2) 百度百科, http://baike.baidu.com/item/%E5%85%AC%E5%85%B1%E5%A4%96%E4%BA%A4

공공외교와 일반적 의미의 민간외교는 다르다. 공공외교는 시효성과 어떤 외교문제의 초점을 강조한다. 따라서 "공공외교의 첫 번째 특징은 정부 배경이고, 둘째는 주로 비정부의 힘으로 참여하며, 셋째는 국가정책을 선전하기 위한 선명한 색채를 띤다는 것이다."[3)]

공공외교와 전통외교의 가장 큰 차이는 다차원적이고, 일상적이며, 한 방울씩 떨어지는 낙수 효과가 있다는 점이다. 공공외교의 이상적인 성과는 천수관음처럼 접촉 범위가 광범위하고, 최소 투자로 최대 효과를 내며, 주도 면밀함에 있다. 성과를 높이려면 다차원적으로 광범위하게, 다방면으로 깊게, 영향력은 멀리 퍼지도록 해야 한다.

왜 공공외교가 이러한 효과를 낼 수 있을까? 이것은 공공외교의 주요 참여 주체가 비정부조직(NGO)이기 때문이다. NGO는 제3부문으로서, 제1부문인 정부나 제2부문인 시장과 병행하거나 경쟁하는데, 성숙한 시민사회와 서로 인과관계에 있다. 20세기 60년대 이래, NGO는 전세계적으로 대규모로 발전하기 시작했고, '사회혁명'을 이루었다. 유엔, 변호사 협회, 자연보호협회, 브루킹스(Brookings) 연구소 및 Narada 기금회는 모두 NGO이다. 국제든 국내든 NGO는 이미 우리의 생활에서 없는 곳이 없고, 이미 사회생활의 모든 부분에 스며들어 있다.

NGO는 민주 법치사회를 촉진하고 강화하는 중요한 힘이 있고, 사회 관계에 있어서 중요한 조력자이자 이익 충돌의 중요한 완충 기능이 있으며, 사회 자본을 증진시키는 동력이다.

중국의 NGO 발전 과정이 비록 선진국보다 느리지만, 빠르게 뒤따르고 있고, 뒷심도 충분하다. 중국 민정부(民政部) 홈페이지에 따르면, 중국의 사회조직은 2015년 말에 이미 66.2만 개에 이른다. 이 중에서 32.9

3) 吴白乙, 公共外交—中国外交变革的重要一环,《国际政治研究》, 2010년 제3기.

만 개의 사회단체, 4,784개 기금회 등이 서비스, 과학기술, 교육, 위생, 사회서비스, 문화, 체육, 생태환경, 법률 등 다양한 형태로 퍼져 있다. 중국의 NGO 수가 거대하고 광범위한 영역을 포함하여 중국이 공공외교를 전개하기 위한 충분한 기초를 제공한다.

자오치정(赵启正)은 공공외교의 정의에서 특히, "공공외교와 전통의 대외 선전 및 문화외교의 가장 큰 차이점은 그 행위 주체가 비록 정부 외교 부문을 포함하지만, 민간 단체나 대학, 연구기구, 미디어, 종교 조직 및 국내외 유력 인사와 같은 NGO가 대부분이라는 점이다."라고 NGO와 그 네트워크의 중요한 의미를 제시했다.[4]

공공외교의 정의와 특징이 단지 세계의 포스트모더니즘(postmodernism)적 추세에 호응할 뿐 아니라, 동요와 조정의 새로운 시기로 진입한 동북아 주변 안보 환경에 대해서도 소프트 파워와 스마트 파워로 대표되는 공공외교가 NGO라는 행위주체와 상호 매개체로서 복잡한 국면에서 갈수록 더욱 중요한 역할을 발휘해야 한다. 동시에 6자회담이나 장관급 회담 등으로 대표되는 전통 외교 방식을 대체하고 발전시켜야 한다. 특히 중국의 특수한 정치 구조에 부합한 공공외교는 정부 배경하의 NGO 공공외교 전개라는 천혜의 장점이 있다.

최근 몇 년에 중국은 이미 동북아에 몇 가지의 공공외교 활동을 전개했다.

첫째, 중한 미래 포럼이다. 이 포럼은 중한 양국의 NGO가 20여 회나 주최하였다. 양국 정부 공무원과 국회의원 및 대사는 물론이고, 대부분은 이름 있는 대학이나 영향력 있는 중요한 싱크탱크의 학자와 전문가들이 참여하며, 경제 무역, 중한 관계, 한반도 등이 의제이다.

---

4) 赵启正, 由民间外交到公共外交,《外交评论》, 2009년 제5기, p. 2.

둘째, 중한일 협력이다. 1999년, 당시 중국 국무원 주룽지(朱镕基) 총리, 한국의 김대중 대통령, 일본의 오부치 게이조(小渊惠三) 총리는 필리핀에서 거행된 아세안과 중한일(10+3) 정상회의 기간 중에 '10+3'의 틀 내에서 3국 협력을 가동했다. 2008년, 3국은 '10+3'과는 별도로 중한일 정상회의의 진행을 시작했다. 외교부 장관 회의는 2007년에 설립되었고, 현재 이미 18개 장관급 회의 체제와 50여 개 실무급 협력 교류 플랫폼이 있다. 2009년에는 중한일 3국 협력 사무국이 설립되었다. 2013년 이래, 중국은 중한일 싱크탱크 설립을 적극 추진하여 외교대학원과 중한일협력연구센터, 난카이(南开) 대학 중한일협력연구센터, 다롄(大连) 외국어대학 중한일협력연구센터 및 지린성(吉林省) 중한일협력연구센터를 설립했다. 2015년 제2차 '중한일 인문 교류포럼' 및 '중한일 싱크탱크 네트워크' 출범식이 중국에서 거행되어 3국 간 상호 정치 신뢰 강화, 미디어 협력 촉진, 인문 교류 심화의 3대 의제로 토론했다. 중한일 싱크탱크 네트워크는 3국의 싱크탱크 간의 대화 협력을 강화하고, 3국이 협력하여 공동 이익의 기초와 우선 영역, 당면한 기회와 도전에 대해 공동으로 연구했다. 2016년, 일본이 주관한 국제관계포럼의 중한일 싱크탱크 네트워크 제1차 국가협력위원회의 및 중한일 대화가 동경에서 있었다. 중한일 협력의 발전 과정을 종합해서 보자면, 전통 외교로 설립되었으나, 풍부한 공공외교라고 할 수 있다.

셋째, 2016년 첫 중한일 공공외교포럼 및 2016년 중한일 협력 국제포럼이 북경에서 개막되었다. 이 포럼의 주관은 중국 공공외교협회인데, 2012년에 설립된 NGO로서 외교부 장관을 했었던 리자오싱(李肇星)이 회장이었다. 협회의 홈페이지에는 "사회 각계의 자원을 총괄하여, 민간 통로의 역할을 발휘하고, 중국 공공외교 사업의 발전을 추진하며, 중국 인민과 세계 각국 인민 간의 상호 이해와 우의를 증진시킨다."라는 명확한 취지가 소개되어 있다.

또한, 중국과 한국 및 일본의 NGO가 2005년부터 설립하여 매년 활동하는 '중한일 문화 교류포럼'이 있다. 2008년부터 시작한 '중한일 민간 교류포럼'은 대학교 위주의 학술 교류 활동이다. 2012년에는 '상생'이라는 '한중청년리더십포럼'이 서울에서 개최되었다. 2주 동안의 교류에는 전문가와 대화하는 학술토론회, 사회문제에 대한 학술토론 활동 및 한국 생활 체험과 한국 문화유산 현장 답사 등의 활동이 포함되었다. 이 행사를 주최한 한국 고등교육재단 역시 NGO이다.

전통 외교 이외에, 동북아의 공공외교는 이미 각종 NGO가 주체가 되어 탐구하고 실행하고 있다. 전체적인 특징은 갈수록 명백해지는 공공외교 이론과 전략, 갈수록 풍부해지는 공공외교가 포괄하는 교류 영역, 갈수록 중요시되는 관련국 청년들의 교류와 대학 및 싱크탱크 NGO의 역할이다. 풍부한 영역과 다양한 의제는 더욱 많은 비전통 외교 인력들에게 협상과 소통을 통해, 직접적인 상호 이해의 증진은 물론, 풍문이나 혹은 각종 번역의 오해를 소멸시킨다.

공공외교는 전통외교의 기초 위에서의 창조와 교체이며, NGO의 주체적 역할의 발휘이지만, 이와 동시에, 절대로 소홀히 여길 수 없는 기존 동북아 외교의 체계나 체제 또한 더욱 잘 이용하여야 한다.

푸단(复旦) 대학의 치화이가오(祁怀高)는 "21세기 두 번째 10년에서, 중국의 동북아 외교는 다음과 같은 조치를 취해야 한다. 첫째, 중국의 동북아 외교는 지정학적인 경제협력을 착안점으로 지정학적인 정치의 긍정적인 방향으로 발전해야 한다. 둘째, 중국은 6자회담 체계화를 기초로 동북아 안보체계의 구축을 추진해야 한다. 미래 6자회담 체계화는 체제 조직, 구성원 조직 및 징계 체계 등의 측면에서 새로운 사고가 필요하다. 마지막으로, 중국은 중국이 제창하는 다자 제도와 미국이 주도하는 양

자동맹의 동북아 공존을 추진해야 한다."라고 제시했다.[5)]

치화이가오(祁怀高)의 체계적인 생각에 착안하여, 필자는 NGO가 더 많은 체계성과 유연성 및 다양성 보유와 역할을 담당해야 한다고 생각한다.

첫째, 풍부한 6자회담의 운용 체계이다. 전통과 비공개 회담의 건의 이외에, 대학과 싱크탱크 등의 NGO가 주체가 되는 다자 교류와 토론을 증설하고, 다자의 다양한 참여와 이해를 증진시키기 위해서 다양한 관찰과 제의를 받아들여야 한다.

둘째, 중한일 협력의 기존 체계 내에서 NGO가 참여할 영역과 부분을 증설하여, 더 많은 '동정적 이해'와 적극적인 건의를 받아들여야 한다. 여기에서는 각 업종의 협회 등 산업형 NGO를 역점을 두고 제시하는데, 이들의 참여는 중요한 의미를 갖는다. 우선, 관련 부문에 가장 이해하기 쉽고 가장 대표적인 각 산업의 업종 현황과 수요에 대한 1차적인 정보를 제공할 수 있다. 둘째, 업종 조직의 지위로 동북아의 협력과 기회를 찾을 수 있다. 셋째, 정보 수집은 관련 산업에 보답하고, 상호 간 원만한 정보 교환 작용을 한다. 끝으로, 업종 협회의 능력 정리와 관련 보고서 발급, 문서 형식의 건의와 의견은 업종을 위해 설명을 제공하고, 정부를 위해 데이터를 제공한다.

셋째, 동북아, 특히 중한일의 각종 기존 대학 협력 프로젝트 중에서 (방문연수나 방문학자 같은) 교환 과정을 강화할 필요가 있다. 여기에서의 교환은 전통적 의미상의 대학 재학생 적령기의 범위를 벗어나서, NGO 이사장이나 부이사장 및 사무처장과 같은 일반인에 근거한 교환을 강조하

5) 祁怀高, 21世纪第二个十年东北亚安全环境与中国东北亚外交,《国际安全研究》, 2013년 제2기.

는 것이다. NGO는 각종 업계와 유형이 있고, 이 중에서 출중한 인물은 모두 각 영역의 오피니언 리더와 업계의 인재들이다. 우수한 NGO 관리층으로 하여금 상호 교류 강화와 실질적인 참관과 직접 체험을 통해 더욱 이성적이고 건설적인 판단과 건의를 갖추도록 하는 것이 중요하다. 이렇게 하는 것이 비로소 이러한 오피니언 리더나 업계의 인재들이 전문적인 영역에서 더욱더 국가 간의 가치 전달과 상호 이해 증진을 발휘할 수 있게 한다.

넷째, NGO가 참여하는 체계는 반드시 비교적 규범에 맞아야 하고, 한 프로젝트의 참여 시간은 3-5년이 가장 적당하다. 체계 규범은 관련 NGO의 명확한 목표와 뚜렷한 임무에 유리하고, 리더 프로젝트 형성과 센터의 발전에 있어서 더욱 광범위하고 깊이 있는 확장에 유리하다. 3-5년의 참여 기간은 각종 '사회 원가'를 낮추거나 여러 팀 간의 인식과 숙지 및 협력의 과정에 있어서 더욱 깊은 토론과 교류를 할 수 있게 한다. 또한 팀 스스로 참여 프로젝트의 지속적인 전개나 깊이가 더해지는 연구에 도움이 되며, 오랜 시간 넓고 깊은 사고의 연속적인 연구 성과를 만들 수 있다.

다섯째, 공공외교에 참여한 NGO를 잘 지도하는 것이다. 복잡한 동북아 정세에 대해 우선 공공외교적 시각이 있어야 하고 체계에 진입하는 것은 반드시 지명도와 능력을 고루 갖춘 NGO이어야 한다. 그러나 필자가 보기에 이것은 단지 시작일 뿐이며, 공공외교의 전부가 아니다. 공공외교는 원래 매우 강한 외교 민주적 색채를 가지고 있다. 선택한 우수한 NGO를 공공외교의 가속기 혹은 인큐베이터로 활용해서, 이 NGO들에게 아직도 능력이 부족한 NGO나 개인(각 업종의 오피니언 리더, 동북아 관련 기자, 공공외교에 관심 있는 대학생 및 동북아 국가의 작가 등)들에게 공공외교를 전달하고, 배양하며, 육성하는 임무를 부여하여 진정으로 공공외교를 공공화하고 중국의 사회 진보 과정을 촉진하게 하는 것도 무방하다.

특히 사람들의 관심을 끄는 것은, 북한이 2017년 4월 11일 개최한 제13기 최고인민회의 제5차 회의에서 '최고인민회의 외교위원회'를 다시 설립한 것으로, 이수용이 위원장이며, 김규관 등이 위원을 담당했다. 북한의 외교위원회는 사실 1989년 동유럽의 급변 이후 즉시 설립되었으나, 1998년에 폐지되어 19년 동안 열리지 않았다. 하지만, 이번 조치는 외부의 여론 분석과 현재의 외교적 고립 상태를 탈피하려는 것이다. 인원의 배치를 보자면, 이수용은 이미 세 차례나 서방 국가의 대사 및 북한 외교부 장관을 역임했고, 김규관은 미국과의 협상 전문가이자 외교부 제1 차관이다. 이 위원 구성은 북한 조국평화통일위원회 이선권 위원장, 대외경제부 이용남 장관 등이 포함되어 있다. 기구의 인원 배치를 보면 미국, 한국, 대외 경제무역 등을 향한 다목적인 총괄외교에 집중되어 있음을 쉽게 알 수 있다. 이번 결의를 자세히 살펴보면, 북한 청년조직, 노조조직, 여성조직 등의 관련 인사들이 최고인민회의 외교위원회에 포함되었다는 점에 주의해야 한다. 이러한 인원의 유입은 곧 북한이 전통의 정부외교 이외에도 민간 외교의 새로운 운영 통로에도 힘을 써서 공공외교에 있어서 더욱 많은 가능성과 풍부한 아이디어를 제공하려 한다는 것이다. 이것은 외교 강화의 신호를 보낸 것이고, 가능성을 보자면 5월 한반도 정세의 상대적인 완화라든지, 북한의 유연한 외교 수단 전환으로 앞으로 더욱 많은 외교력과 국제공간 확보를 추구할 확률이 높아졌다. 만약 그렇다면, 이것은 앞으로 동북아 평화 안정과 한반도 정세에 또 한 번의 새로운 계기가 될 것이며, 여기에 공공외교 또한 빠질 수 없다.

동북아 각국은 서로 국경을 맞대고 있고, 상호 의존과 문명 공유, 역사를 함께 만들고 있어서 실제로는 너와 나를 서로 뗄 수 없는 '운명

공동체'이다. 비록 다양하고 복잡한 요구와 정세에 직면해 있지만, 그래도 변할 수 없는 중요한 의미는 동북아 인민의 공동 이익과 복지이며, 안보와 평화는 영원히 모든 인류가 우선 바라는 공동의 이익이자 복지이다. 세계화와 정보화 시대를 맞이하여, 시민사회가 세계적으로 발전함에 따라, 국가의 대외 교류와 국제 협력에 있어서 민간부문과 NGO의 힘이 갈수록 중요한 역할을 하기 시작했다. 국내의 민간 및 사회로부터 오는 소리와 요구를 접한 NGO는 공공외교를 통해 다시 민간에게 국제적인 입장과 이해를 전달한다. 따라서 NGO가 참여 주체가 되는 공공외교는 국가 간 상호 이해를 증진시키는 중요한 제도이므로, 국가와 인민 간의 이해와 상호 신뢰 촉진과 국제사회의 평화적인 발전 추진에 적합하다.

9. 동북아시아 평화의 길을 위하여

이상기

먹구름이 몰려오는 듯, 최근 한반도를 둘러싼 동북아시아 정세의 흐름이 심상치 않다. 한국은 날로 실제적인 위협이 되고 있는 북한 핵 실험과 장거리 미사일 발사 문제로 미국과의 군사동맹 강화 차원에서 사드(THAAD, 고고도미사일방어체계) 배치를 결단했지만, 이는 한 · 중 간 새로운 갈등을 유발했다. 북한은 갈 데까지 가 보자는 심산으로 마구잡이식 미사일 도발로 맞서고 있고, 동시에 끊임없는 핵미사일 능력 고도화를 통해 핵무기 보유국 목표를 추진하고 있다. 또한 북한은 지정학적인 위치를 최대한 이용하여 한반도 전략상황을 더욱 복잡한 구도로 몰고 가고 있다. 미국은 북한을 미국의 직접적인 위협으로 규정하면서도 북한과의 전쟁은 '재앙'이라고 경고하고 있다. 중국은 조심스럽게 북핵 당사국들의 조속한 협상테이블 복귀를 조율하고 있고, 일본은 이 위기를 자국의 군사대국화 명분으로 삼고자 하고 있다.

힘을 앞세운 미 · 중 양국 지도자가 추구하는 '미국 우선주의'와 '중국 굴기' 정책은 한반도에서 맞부딪칠 가능성이 매우 크다. 때문에 동북아 초미의 관심사는 미 · 중 관계가 갈등과 협조의 두 갈래 길목에서 어느 쪽으로 가닥을 잡느냐에 주목하고 있다. 한미동맹은 갈수록 발전하는 미일동맹의 하위 파트너로 전락하였고, 동북아는 한 · 미 · 일 대 북 · 중 · 러의 냉전 구도로 재편되고 있다. 북한 핵과 장거리미사일 위협에 대응하기 위한 사드 배치는 한반도에서 강대국 간의 힘겨루기와 동북아시아의 역학관계 재편을 예고하는 촉진재가 될 것으로 보인다. 미중 지도자를 포함해 '정상국가'를 추구하는 아베 일본 총리와 '강한 러시아' 정책의 푸틴 러시아 대통령 등 4명의 치열한 각축전이 전개되고 있다.

아베 신조 정권은 대북정책의 '전면 재검토' 국면에 들어갔다. 구체적으로는 미군과 자위대와의 연계 강화와 합동임무 확대, 북한 미사일에 대한 일본 내 방어태세 강화, 한반도 유사시 자국민 보호책 강구 등이다. 중국 또한 북한 김정은 정권과 결코 좋은 관계라고 할 수는 없지만, 기존의 대북정책인 ① 한반도 비핵화, ② 대화와 협상에 의한 해결, ③ 지역의 평화와 안정이라는 '세 가지 원칙'을 고수하여 왔다. 하지만 트럼프 정부가 이러한 전통적인 대북 유화책으로 해결할 수 없는 난제를 중국에 강요함에 따라 중국은 부득불 강경 대북정책으로 외교방침을 변경했다.

새로 출범한 문재인 정부의 대북정책은 이전 정권과 확연히 달라져, 햇볕정책(Sunshine Policy)을 계승한 달빛정책(Moonshine Policy) 추진으로 동북아 외교정세가 크게 뒤흔들릴 가능성이 존재한다. 이처럼 한반도를 중심으로 동북아시아에서 일고 있는 주변 4대 강국 간의 격랑은 우리를 전례 없이 험난한 외교안보 환경으로 몰아넣고 있다.

1) 중국의 실질적인 부상과 중 · 미 관계

우리는 관성적으로 중국을 자기 내부에 갇힌 대륙 제국으로만 보려는 경향이 있다. 그러나 역사적으로 그 어느 제국이든 해외 팽창을 시도하지 않고 오로지 내부에만 갇힌 경우는 없었다. 오늘날 중국은 항공모함을 건조하고 대양 해군을 건설하여 원래의 해양강국 면모를 되찾으려 부단히 노력하고 있다. 제해권 확대를 위해서라면 한반도를 비롯해 일본 · 베트남 · 필리핀과 충돌을 피하지 않는다. 경제력 상승으로 자신감을 얻은 중국은 일대일로(一帶一路) 구상을 현실화하고 있고 이는 곧 미국의 아시아 재균형 전략과 대결하는 국면으로 전개될 것이다.

미국의 격월간 외교전문지인 『포린폴리시(Foreign Policy)』는 "미국이 중국에 아시아를 잃고 있다"라는 제목의 기사에서, 시진핑 주석이 야심차게 추진하는 일대일로 계획에 대해 미국의 리더십이 위험에 빠져 있다는 것을 인식하는 계기로 삼아야 한다고 지적한 바 있다. 또한 미국이 아시아 패권을 강화하는 데는 군비 증강만으로 불충분하며, 향후 아시아에 대한 영향력은 경제 분야를 누가 좌우하느냐에 달려 있다고 분석했다.

실제로 아시아 각국은 안보보다 경제적 실익에 따라 움직이는 분위기가 역력하다. 미국이 TPP(환태평양경제동반자협정)를 등한시하는 것은 큰 실책이 될 수 있다. 이 자리를 중국 주도 RCEP(역내포괄적경제동반자협정)가 채우면서 아시아 경제 주도권을 가져가는 데 유리한 입지를 다지고 있기 때문이다. 지금까지 통상 분야에서 미국의 TPP와 중국의 RCEP가 맞섰으나 트럼프 행정부가 TPP 탈퇴를 선언함에 따라 이제 미국의 아시아 재균형 정책이 약화되고 대륙에 대한 중국의 주도권을 인정하는 쪽으로 나아가는 흐름이다. 중국은 미국과 대등한 '신형대국관계'를 상정하고 독자 전략을 강화하고 있다.

동북아시아에서 미 · 중 간 권력의 제로섬 게임은 이미 시작되었다. 최소한 트럼프 행정부 동안 미국의 패권적 영향력은 점진적으로 하락할 것이다. 경제적 불평등, 정치적 양극화, 인종적 갈등 등이 트럼프 대통령을 당선시켰으나, 트럼프의 당선은 이런 국내 모순을 다시 부채질하며 대외관계에 투영되고 있다. 트럼프 행정부는 의도했든 의도하지 않았든 점차 고립주의로 향하고 있다. 유럽뿐 아니라 아시아에서도 판이 크게 흔들릴 조짐을 보인다.

핵심 축은 미국과 중국의 관계다. "다음 50년 동안 중국과 공존하는 방법을 찾고 싶다"라는 렉스 틸러슨 미국 국무장관의 말은, 상호 핵심이익에 대한 보장을 통해 미중 간 평화적 공존이 가능하다고 주장하는 중국의 '신형대국 관계론'을 닮아 있다. 한반도 위기설이 대두되자 중국은 북한에 '자제'를 촉구하고 미국의 '인내'를 칭찬하는 등 한반도 문제 '관리자' 역할을 자처하고 나섰다.

북한이 추가 핵실험을 하면 한층 강화된 유엔 안전보장이사회 결의안이 채택될 가능성을 지적하면서 "북한의 정책결정자들은 안보리 결의를 잘못 읽었다. 결의는 체제나 지도부의 문제를 겨냥한 게 아니라 핵 · 미사일에 관한 것"이라며 자제를 촉구했다. 북한에 대해서는 '상황 재평가'를, 미국에 대해서는 '자제의 유지'를 요구하며 적극적인 중재자 구실을 자임하겠다는 의지를 보였다. 중국은 '신형대국 관계' 측면에서 미국과 중국 사이에 대륙과 해양이 만나는 한반도에서 대결하기보다는 관리 · 합의를 통해 문제를 푼다는 입장을 견지해 왔다.

핵 문제에 관련해서 미중은 여전한 시각 차를 나타내고 있는데 미국은 중국의 '적극적인 역할론'을, 중국은 미국의 '공동책임론'을 강조하고 있다. 미국은 '군사옵션'도 여전히 살아 있는 카드라는 점을 강조하면서 무역을 중국에 양보하는 대신 중국이 북핵 문제를 해결하도록 강한 압박을 가하고 있다. 워싱턴 외교가에서는 중국은 북한에 대해 대북 원유공급망 차단, 중국 자체적으로 세컨더리보이콧에 준하는 대북제재 실시, 중국 내 북한 노동자 고용 금지 방안 등 충분한 '실효성 있는 대북 압박 카드'를 보유하고 있다고 판단하고 있다.

2) 냉전체제 회귀 VS '각자도생(各自圖生)'의 밑그림

1990년대 초 동북아의 안보 환경은 한국의 북방외교를 시작으로 급격하게 변화했다. 한미일 남방 3각과 북중러 북방 3각 사이의 냉전의 장벽을 허무는 것이었다. 그러나 4반세기가 지난 지금, 북한의 중단 없는 핵 개발과 장거리 미사일 위협에 대비한 사드 배치로 인해 남북관계를 비롯한 동북아 환경이 과거의 냉전 상태로 다시 회귀하는 듯하다. 한편으로는 각자도생의 밑그림도 염두에 두고 움직이고 있다.

북한은 지역패권을 추구하지 않지만 국제질서에 의존하지 않기 때문에 가장 큰 충돌을 불러올 수 있다. '통미봉남(通美封南)'으로 미국과 연결고리를 유지하면서 한국을 배척하고자 한다. 북한은 핵 위력 강화 및 장거리 미사일 사거리 제고로 미국을 협상테이블로 이끌어 내는 것이 지상목표다. 경제대국으로 부상한 중국은 주변국과의 충돌에 대해서는 매우 소극적이지만 '통미배남(通美排南)'으로 한국을 배제(무시)하고 미국과 직접 소통하여 자신의 G2 지위를 강화하기 위해 노력하고 있다. 일본은 '통미제중(通美制中)'으로 미국을 통해 중국을 견제함으로써 동아시아에서 자신의 세력을 유지하고자 한다. 미국은 '통남제중(通南制中)'으로 한국을 통해서 중국을 견제하여 중국에 대한 패권 우위를 확보하겠다는 속셈이다.

중국은 사드가 자국을 겨냥한 미국 미사일 방어망 구축의 출발점이 되며, 장기적으로는 한 · 미 · 일이 구축하는 미사일방어망 체계의 기틀이 될 것으로 여기고 있다. 또한 미국이 이를 통해 미중 간의 전략적 핵 균형을 파괴하고 중국의 핵 보복 능력을 무력화시킬 것이라고 진단하고 있다.

중국은 2015년 미국과 일본이 신방위지침에 따라 일본의 군사 팽창주의를 무제한 허용하는 데 합의한 상황에서 한일군사정보보호협정도 유사시 일본 자위대의 한반도 진출을 합법화하는 매우 위험한 조치로 평가하고 있다. 따라서 일본의 한반도 진출을 정당화하고 남북 군사대결 위험을 가중시키는 한일군사정보보호협정은 즉시 폐기되어야 한다고 주장하고 있다. 미일의 동북아 정책을 맹종해 한미일 군사동맹을 강화하는 것은 곧바로 북중러를 연결하는 동북아 냉전 3각 구도를 고착화시켜 전쟁의 위협만 고조시키게 된다고 여기고 있다.

주목해야 할 점은 과거에는 상상할 수 없을 정도로 달라진 안보환경으로 크게 세 가지를 들 수 있다. 첫째, 과거에는 국제적으로 미국 유일 패권의 단극체제(Unipolar)였다면, 2008년 이후에는 중국이 G2 국가로 부상하면서 양극체제(Bipolar)가 형성되었다. 특히 트럼프 행정부가 출범하면서 동아시아의 지정학적 구도가 바뀌고 있고, 미중의 두 거대한 강대국가 간 갈등이 격화되는 상황을 맞고 있다. 둘째, 한국의 경제적 · 군사적 위상도 변모했다. 한국은 1980년대 GDP 순위가 전 세계 20위권에도 들지 못했지만 2016년 세계 10위 국가로 올라섰으며, 군사력 또한 세계 11위를 기록하여 25위의 북한을 가볍게 제쳤다. 셋째, 한중수교 이후 급격한 교류협력으로 특히 경제 분야에서 서로에 대한 결속력이 커져 왔다. 현재 한국의 대중 수출의존도는 25.1%로 미국의 두 배에 달하고 실제적인 경제의존도는 더 심화되었다.

열거한 위 세 가지 이유로 한국은 안보는 미국과, 경제는 중국과의 협력을 추구하는 정경분리적인 접근법을 추구하여 왔다. 그러나 사드 배치가 한국이 미국의 아시아 전략, 즉 중국에 대한 견제에 동참하는 것으로 인식되고, 중국의 안보이익에 반하는 행위로 여겨져 중국은 한국에 대해 경제 보복조치를 가했다. 이미 동북아 경제를 주도하는 중국은 안보를 위해 경제를 수단으로 활용하고 있기에 중국의 입장에서 동아시아 경제는 동아시아 안보의 하위개념에 불과하다. 실제로 한국 경제는 중화 경제권에 편입된 상황이라 어려운 국면이 전개되고 있다.

미국은 한국의 어떤 정부가 들어서든 간에 한미 양국은 '철갑동맹(Ironclad Ally)'임을 강조해 왔다. 미국은 동시에 한국이 일본과의 관계를 정상화시키기를 원하고 있다. 미국 입장에서는 한미일 3각 동맹이 정상화되어야 북한 핵 문제 해결이 용이하다고 판단하기 때문이다. 트럼프 대통령은 당장 시급한 문제인 북한 핵 문제가 해결되면 자신이 더욱 중요한 문제로 인식해 온 '중국 문제'를 해결하고자 할 것이다.

이미 트럼프 행정부는 중국을 미국의 5대 안보 위협 중 하나라고 선언했다. 한미일을 한 틀에 넣으려는 게 워싱턴의 생각이며, 사드 갈등도 이 같은 맥락에서 봐야 한다. 당연히 중국은 긴장할 수밖에 없다. 미국은 한국이 미국의 세계전략인 대중국 견제정책에 동조해 주기를 원하고 있다. 고립주의와 더불어 미국 제일주의의 기치를 내건 미국은 중국을 잘 견제할 수 있느냐의 여부로 한반도의 가치를 판단한다. 중국이 강해지는 한, 그래서 미국이 중국을 강하게 봉쇄할 필요가 있는 한 미국은 한반도를 소중하게 여긴다.

일본의 역대 정권은 계속하여 북한과 중국을 '억지'해야 한다고 판단하고 있다. 엄밀히 따지면 대중 억지가 핵심이다. 일본이 한일 안보 협력이나 한미일 공조를 강조하는 까닭도 여기에 있다. 일본은 대중억지 전략을 수행하기 위한 집단적 자위권 행사 용인 및 미일동맹의 강화로써 중국에 대한 무력 행사를 비롯한 다방면에 걸친 현상변경 시도를 도모하고 있다.

일본은 중국을 전략적 경쟁 상대로 보고 있으며, 중국의 부상에 대한 경계심이 강하다. 미일동맹 강화도 중국을 견제하기 위해서 추진되는 것이며, 일본과 중국의 경쟁과 대립은 변수가 아니라 상수라고 보고 있다. 아베 신조 일본 정부는 미일동맹 강화와 자체 군사력 강화라는 이중의 전략을 취해 왔다. 미국의 구심력 약화는 중일 관계의 변화를 초래할 수도 있다.

한일의 트럼프 행정부에 대한 불신이 커질수록, 한미일 동맹의 테두리를 서서히 벗어나는 쪽으로 이동할 수 있다는 점을 미국은 우려하고 있다. 이러한 우려를 불식시키고자 한미일 국방장관은 6월 3일 싱가포르에서 열린 아시아안보회의(샹그릴라 대화)에서 북한의 핵 · 미사일 위협에 대응해 정보 공유와 연합훈련 등 군사적 공조를 강화하기로 합의했다. 한미일 3국이 발표한 공동 언론 보도문에 따르면, 3국 국방장관은 정보 공유 증진, 활발한 3자 연습 시행, 상호 운용성 발전 및 효과적 대응을 위한 3국 군(軍) 간 실질적 협조 증진 등 북한의 핵 · 미사일 위협 대응 능력 강화를 위해 필요한 조치를 하기로 했다.

3) 미국 트럼프 정부의 대북정책

도널드 트럼프 미국 행정부는 북핵 문제와 관련해 '최고의 압박과 개입(Maximum pressure and engagement)'을 골자로 한 대북 원칙을 수립했다. 트럼프 정부는 이런 원칙에 따라 중국과 협력해 핵실험과 미사일 도발을 이어 가고 있는 북한에 대한 제재와 압박을 한층 강화한다는 전략을 펼치기로 했다. 북한을 "크고 큰 문제(big big problem)"로 규정한 트럼프는 북한 문제에 "매우 강력하게(very strongly)" 대처할 것임을 천명했다. 미국과 북한 간 고도의 긴장은 북한이 핵을 폐기하지 않는 한 지속될 것이다. 미국과 북한 사이의 긴장은 궁극적으로 한편이 무릎을 꿇어야 종결될 수 있다는 점에서 "천천히 진행되는 쿠바 미사일 위기(Cuban Missile Crisis in Slow Motion)"라고도 불린다.

트럼프 행정부의 대한반도 정책의 목표는 북한의 비핵화(非核化)다. 지금 당장 트럼프가 가장 크게 의존하고 있는 방안은 중국의 힘을 빌려서 북핵 문제를 해결하는 것이다. 트럼프는 "중국은 북한의 생명줄이다. 중국이 원한다면 북한 문제를 해결할 수 있을 것이다."라고 말하며 중국을 압박하고 있다.

트럼프 정부는 북핵 문제에 적극적으로 개입하되, 선제공격을 비롯한 군사 행동은 일단 후순위로 미루고 당장은 제재와 압박을 통해 북핵을 저지한다는 방침이다. 북한을 핵 보유국으로 인정하지 않고, 모든 대북제재와 압박을 가하며, 북한의 정권 교체를 추진하지 않고, 최종적으로는 대화로 문제를 해결한다는 대북정책 기조를 공개했다. 또한 중국에 북중 무역을 고리로 대북 압박을 배가할 것을 지속해서 요구하고 있다.

이에 대해 북한은 군사적 옵션을 뺀 미국의 대북정책 기조이든, 경제적 · 군사적 압박이든 일관되게 비난으로 맞서고 있다. 북한 아태평화위는 미국의 대북제재와 압박강화를 '궁여지책'이라고 평가절하하면서 "그 어떤 제재와 압박도 통하지 않는다."라고 맞섰다. 이 같은 북한의 태도는 자신들을 핵보유국으로 인정하고, 미국이 먼저 대북 적대정책을 포기해야 한다는 기존의 주장을 계속 고집함으로써 향후 북미 대화 국면에서 협상력을 끌어올리기 위한 것이다.

미국은 북한 핵 문제 해결을 위해 군사력을 쓸 수도 있지만 우선적으로는 외교 · 경제적 노력을 기울이겠다고 밝혔다. 미국이 모든 수단을 동원해 북핵 문제 해결을 위해 노력하고 있으며, 중국과도 협력하고 있다고 강조했으나 트럼프 대통령은 미중관계나 북미관계를 순전히 '거래 차원'에서 다룰 가능성이 크다. 미국이 동맹의 가치를 중시하지 않고 거래로만 본다면 미국의 입김은 동북아에서 점차 약화될 가능성이 있다.

4) 점차 벌어지는 북중 관계

중국과 북한의 관계는 한국전쟁을 거치며 '혈맹', '순망치한(脣亡齒寒)' 등으로 묘사된다. 한국전쟁 당시 심각한 의견 대립과 갈등이 있었음에도 마오쩌둥이 김일성에 대해 지속적으로 포용하고 북한의 지원은 반드시 수용하면서 북중관계는 우호적으로 유지됐다. 그러나 1970년대 후반부터 이런 특수관계는 점차 사라졌다. 중국과 미국의 관계가 정상화되면서 북한과 중국의 외교전략에 괴리가 생겼고 중국의 개혁개방은 북중 경제관계가 하강하는 계기가 됐다. 특히 한국과 중국이 수교하면서 북중동맹의 정치적 기초가 완전히 허물어졌다. 결론적으로 중국과 북한 간 역사적 관계는 정상적 국가관계라 할 수 없고 현대적 의미에서는 성숙하지 못한 국가관계라고 평가할 수 있다.

현재 북한과 중국의 양국 관계를 지칭하는 공식적인 표현은 전통적 우호협력관계이다. 북중관계가 혈맹관계에서 이렇게 바뀐 것은 한중수교(1992)와 김일성 사망 이후부터다. 이 관계는 상당한 모호성을 안고 있다. 북중이 이러한 모호한 표현을 선택한 것은 동맹 이상으로 친밀한 관계를 과시할 필요가 있고 때로는 동맹국가들 사이에서는 찾아 보기 힘든 전략적인 마찰이 상존하여 오고 있기 때문이다. 특히 중국이 미국과 갈등을 겪거나 남북관계가 악화될 때 북중은 동맹적인 우의를 과시하여 왔다.

그러나 북한 핵개발과 장거리 미사일 발사 측면에서는 심각한 전략적인 마찰을 보여 주고 있다. 중국이 북한의 핵실험과 장거리 미사일 발사에 대하여 유엔의 권위를 존중하는 차원에서 국제사회의 책임 있는 국가로서 국제사회의 대북제재에 동조하고 있는 점에, 북한이 강력하게 반발하면서 북중관계가 악화 일로에 접어들고 있다.

북한이 지난 5월 3일 관영 매체를 통해 중국을 직접 겨냥해 고강도 비난을 쏟아붓자 중국도 관영 매체들을 총동원해 연일 비판의 강도를 높이고 있다. 중국 정부는 대외적인 외교 관계를 고려해 북한에 대한 비판의 톤을 조절하고 있으나 관영 매체들은 북한이 가장 숭배하는 김일성까지 대놓고 비난하는 등 북한에 대한 불만을 쏟아내고 있다.

공산당 기관지 『인민일보(人民日報)』의 해외판 소셜미디어 매체인 '협객도(俠客島)'는 지난 5월 4일 "북한이 북중 관계가 악화했다고 생각하는 것은 맞다."라면서 "비이성적인 인간처럼 핵을 반대하면 적이고 지지하면 벗이라고 하는데 이런 시각에서 보면 북한은 이미 벗이 하나도 없고 전 세계가 다 북한의 적이다."라고 지적했다. 또한 중국의 중재가 없으면 북미 갈등은 더 심해질 것이며 심지어 미국이 무력을 통해 북핵을 해결할 가능성도 있다고 경고했다. 북한이 끊임없이 핵 · 미사일 시험을 감행하는 것은 한반도 정세를 임계점으로 몰아가고 있으며, 미국의 강력한 군사력에 직면한 북한은 중국의 중재 외교 덕분에 일정 부분 외교 공간이 생겼으니 북한이야말로 중국에 감사해야 한다고 밝혔다.

중국이 미국과 대북제재 공조에 나서자 북한이 노골적으로 불만을 표출하면서 '혈맹'을 자랑하던 북중관계가 크게 흔들리고 있다. 가장 크게 요동치고 있는 것은 양국 간 군사동맹 체제를 규정한 '조중 우호협력 상호원조조약'이다. 양국 관계의 '금도'에 해당하던 이 조약을 두고 최근 중국 내에서 거침없이 무효론 또는 폐기론까지 거론되고 있으며, 이에 맞서 북한도 북중 우호관계를 먼저 훼손한 당사국이 중국이라며 불만을 토로하고 있다.

1961년 7월 11일 베이징에서 체결된 이 조약은 북한 김일성 주석과 당시 저우언라이(周恩來) 중국 총리가 양국 전권 대표로 서명했다. 지난 1981년과 2001년에 2차례에 걸쳐 자동 연장됐고 앞으로 유효기한은 2021년이다. 양국은 이 조약의 서문에 "조선민주주의인민공화국과 중화인민공화국 간의 형제적 우호, 협조 및 호상 원조관계를 가일층 강화 발전시킨다."라며 양국관계를 사실상의 '혈맹'으로 규정했다. 모두 7조로 돼 있는 조약 가운데 자동군사 개입을 규정한 제2조가 핵심이다. 즉 어느 일방이 타국의 공격을 받게 되면 이를 막기 위한 모든 조치를 공동으로 취하고 무력침공을 당해 전쟁 상태에 처하게 되면 모든 힘을 다해 지체 없이 군사 및 기타 원조를 제공토록 한 것이다.

그러나 최근 들어 중국 내에서는 이미 북한이 조약을 위배한 만큼 자동 군사 개입이 필요 없다는 목소리가 커지고 있다. 중국 관영 『환구시보』는 이 조약의 취지는 양국의 우호협력과 지역 평화, 안전을 위한 것이라며 북한의 핵개발은 이런 취지에 어긋난다고 밝혔다. 북한 핵시설에 대한 미국의 '외과수술식' 공격이 이뤄지더라도 중국이 군사적으로 개입하지는 않을 것이라며 사실상의 2조 조항의 파기 가능성도 시사했다.

지난해 7월 시진핑(習近平) 국가주석과 김정은 노동당 위원장 간에 축전을 교환하고도 중국 관영매체들이 이를 전혀 보도하지 않고 냉정한 반응을 보인 것에서 변화된 중국의 시각이 읽힌다. 문화대혁명 종료 후 양국관계는 정상화됐지만 중국의 개혁·개방 추진과 한중수교 과정에서 북한은 중국이 추진하는 노선에 불신을 품게 됐다. 중국이 시진핑 체제 들어 핵개발에 나선 북한과의 관계를 당 대 당의 특수관계에서 정상국가 간 관계로 전환하려 시도하는 것에 대해서도 북한은 불만을 품고 있다. 조약 연장 기한인 2021년을 4년 앞두고 북한의 핵·미사일 도발을 둘러싼 미국의 강력한 대응과 중국의 공조 정책으로 조약의 실효성이 또다시 시험대에 오르게 됐다.

『홍콩경제일보(香港經濟日報)』는 정치란 원래 이익에 따라 움직이며 중국의 입장 변화는 이익은 있지만 손실은 없다며 중국이 김정은 정권 압박을 지지하는 이유인 '3대 이익'을 소개했다. 먼저 국제사회에 중국의 리더십을 보여 줄 수 있기 때문이다. 북한은 끊임없이 미사일을 시험발사하고 핵실험을 실시해 이미 국제사회로부터 '깡패국가'라는 인식이 박혀 있으며 만약 중국이 이번에도 김정은 정권을 비호한다면 세계 가치관의 큰 흐름과는 대척되는 지점에 서게 된다.

시진핑(習近平) 중국 국가주석은 항상 "아시아는 아시아인의 아시아"라는 말을 해 왔다. 만약 시 주석이 북핵 문제 해결에서 구체적이면서도 아시아와 세계 이익을 해결하는 방안을 제시하고 이를 세계에 증명한다면 중국은 세계 지도자가 될 수 있다. 미국은 사실 지난 몇 년간 북한 문제를 해결하지 못했다. 한반도 비핵화라는 목표를 달성하기 위해 남·북한, 미국, 일본, 러시아로 구성된 6자회담 틀에서는 '대화와 협상'을 강조하고 있다. 하지만 대화 기제는 거의 진전이 없는 형편이다. 이번에 중국이 개입해 곧바로 성과가 나온다면 중국의 국제적 지위는 두각을 나타낼 수 있다.

중국이 얻을 수 있는 두번째 이익은 경제적 이익이다. 도널드 트럼프 미국 대통령은 중국이 북한 문제 해결을 지원하면 고마움과 함께 무역협정에서 최대한 보답할 수 있을 것이라고 약속했다. 실제로 미국은 중국이 대북제재 의사를 표시한 이후 중국의 환율조작국 지정을 유보했다. 반면 북한은 이미 중국의 채무국이다.

세번째 이익은 일대일로(一帶一路, 육상 · 해상 실크로드) 전략의 순항이다. 중국은 지난 5월 14일부터 이틀간 베이징에서 28개국 정상들이 참석한 가운데 일대일로 국제협력 정상포럼을 처음으로 개최했다. 중국이 이번 북한 문제 해결에 참여하면 한반도 위기를 관리할 수 있는 것은 물론 일대일로 정상포럼의 순항을 기대할 수 있다.

이러한 상황을 종합하여 볼 때 북중관계는 상대방의 전략적 가치를 부정할 수 없으나, 점차 북한이 국제사회의 요구에 반하는 무책임한 행동을 계속할 시에는 점진적으로 '전통적 우호협력관계'에서 "정상적인 국가관계'로 전환하려는 움직임을 보일 것으로 전망된다.

5) 6월 말 한미 정상회담의 의미

문재인 정부와 트럼프 정부는 모두 북핵 문제 해결에 대한 의지가 강하다. 트럼프 정부는 오바마 정부의 '전략적 인내'와 달리 북핵 문제를 미국 안보의 최우선 위협 대상으로 설정했다. 문재인 정부도 이전 정부의 북한의 핵포기를 전제로 설정한 대북정책과 달리 제재와 대화를 포함하여 주도적인 대응의지를 표방했다. 대응 방식도 현재는 두 정부가 동일하게 대북 협상카드를 꺼내지 않고 대북 제재조치에 주력하면서, 최종적으로 협상을 통한 북핵 문제 해결 의지를 표방하고 있다. 문재인 · 트럼프 조합은 김영삼 · 클린턴, 노무현 · 부시 정부 시기보다 북핵 문제 해소에 우호적인 조건이라고 볼 수 있다.

트럼프 정부는 5월 26일 대북정책 기조를 선언했다. 그것은 앞서 언급한 바, 북한의 핵보유국 불인정, 모든 대북제재와 압박 동원, 북한의 체제 변화 비추진, 최종적으로 대화로 해결 등 네 가지이다. 그 이전 틸러슨 국무장관은 북한이 비핵화에 나설 경우 정권 교체, 정권 붕괴, 한반도 통일 가속화, 38선 이북 진격 등을 하지 않겠다는 입장을 표명한 바 있다. 트럼프 대통령은 북한과의 대화는 북한의 핵·미사일 실험 중단 등의 일정한 조건이 필요하며, 지금은 대북제재와 압박 시점이라는 입장이지만, 트럼프 정부는 이미 노르웨이에서 반관반민 형식의 대북접촉을 가졌다.

청와대는 이번 한미정상회담의 목적을 양국 정상의 긴밀한 우의와 신뢰관계 구축, 한미동맹 확대 및 발전, 북핵 문제 해결 등 크게 세 가지에 맞췄다. 사드는 정면에 내세우지 않았다. 문재인 대통령은 "전 정부의 사드 배치 결정을 존중한다."라면서도 "배치의 필요성과 달리 절차적 문제, 민주적 정당성, 투명성이 결여됐기 때문에 많은 국민이 의혹을 갖고 있어 이를 해소해 줘야 한다."라고 입장을 밝힌 바 있다. 정부 안팎에서는 사드 문제와 별개로 양국 정상 사이에 대북정책 기조에 대한 보다 심도 있는 대화가 오갈 것이라는 관측이 나오고 있다. 트럼프 행정부는 '최대 압박과 관여'라는 대북기조를, 한국 정부는 '제재와 대화의 병행'이라는 방침을 제시했다.

문재인, 트럼프 정부의 대북정책 기조는 비슷하지만, 분명한 차이점은 북한과의 대화 조건으로 보인다. 대북협상은 트럼프 정부에게 조건이 충족된 상황에서 가능한 최종 수단이고, 대북제재는 문재인 정부에게 북한을 협상으로 조속히 이끌어 내기 위한 압력 수단이다. 다시 말해 트럼프 대통령은 북한과의 긴장을 최대한 고조시켜 유리한 조건을 확보하는 데에 관심이 있는 반면, 한국은 긴장 고조 그 자체에 대한 부담이 큰 만큼 문재인 정부는 한반도 긴장을 관리하며 남북 간 직접 대화의 물꼬를 열어야 한다고 보고 있다.

6) 동북아시아 평화의 길을 위하여

트럼프 행정부의 동북아시아 정책은 중국 견제, 일본 중시, 북한 압박이 핵심이다. 처음에는 직접적인 군사적 압박을, 그다음에 최대한 중국을 통하여 이런 비군사적인 수단(외교적 고립 및 총체적인 경제제재 등)을 동원해서 압박하되 최종 출구는 대화로 해결한다는 것이다. 한편 중국, 러시아 정부 모두 대화를 통한 북핵 문제 해결을 주장하고 있어, 조건 없는 일방적인 대북 제재에 반대 입장을 갖고 있다.

북한은 중단 없는 핵미사일 능력 제고를 통하여 남측을 배제하고 미국을 직접 겨냥해서 담판을 지으려는 전략을 구사하면서, 미국 측에 대해서는 대북 적대시 정책을 포기하라고 강요하고 있다. 미국이 대북 적대시 정책을 포기하지 않기 때문에 자위권 차원에서 핵과 미사일을 개발한다는 논리를 피력하여 왔다. 북한 김정은 정권이 북미 간 전격적인 합의를 통하여 평화적으로 넘어갈 수 있는 가능성도 배제할 수 없으나, 일단 북한은 벼랑 끝 전술로 미국을 계속 자극하고 있다. 이것이 전략적 인내를 해 왔던 오바마 정권에서는 이득을 취할 수 있었지만, 트럼프 정부에서는 독약과도 같은 전략이 될 가능성이 크다.

트럼프 정부는 그 성격상 명분 따위는 무시하고 순수한 미국의 국익 차원에서 판단하여 신속하게 북미 간 빅딜을 통해 일괄 타결하거나, 신속한 군사행동을 취할 개연성이 있다. 한반도 불안정의 지속성은 역사적 · 구조적 문제이자 행위자들의 문제이기 때문에 근본적인 해결책을 모색하지 않으면 전쟁으로 빨려 들어갈 위험성을 상시 내포하고 있다. 따라서 동북아의 복잡한 관계와 지형은 미중관계, 남북관계, 북중관계, 북미관계, 한일관계 등 모든 국가 간 관계가 입체적이고 복합적으로 작용하는 것은 사실이지만, 가장 중요한 것은 미중관계가 타협과 갈등 사이에서 어떠한 선택을 하느냐이다. 그에 따라서 선순환구조가 될 수도 있고 악순환구조가 될 수도 있다.

과거에도 미중관계가 좋을 경우 중국을 지렛대로 삼아서 북한을 압박하는 형태를 보였고, 반면 미중관계가 나빠지면 중국은 북한을 끌어안았다. 이런 패턴은 1993년도 1차 북핵위기 이후에 주가 흐름표처럼 고점으로 갔다가 저점으로 가는 연속적인 패턴을 보였다.

그러나 최근 북한의 핵과 미사일 기술 수준이 높아져, 실험 그 자체로 실질적 위협이 되고 있다. 관계국들의 반응도 민감해지고 있으며, 국제적인 대북 제재조치가 강화되고 있다. 북한의 핵과 미사일 위협에 대해 국제사회의 대북제재가 한층 강화되고 이에 대해 북한이 군사적인 행동으로 대응할 경우, 북핵 문제는 통제 불능의 상태로 빠질 가능성이 있다.

그러기에 북핵 문제는 주변 4강 차원에서 통제 불능의 위기로 치닫기 전에 평화적으로 관리되어야 한다. 평화적 관리는 북핵 문제의 평화적 해소를 위한 것이지만, 우선 북한의 핵과 미사일 실험 도발, 미국의 과잉예방, 그리고 오인이나 관리 부실로 인한 사고를 막아야 한다.

트럼프 행정부는 푸틴(러시아), 시진핑(중국), 모디(인도) 등 유라시아 지역 강대국 지도자들의 영향력을 인정하면서 이들과 조정 및 타협을 추구하는 외교 방식을 택할 것으로 보인다. 즉 트럼프 행정부 정책 방향은 헨리 키신저 전 미 국무장관이 주장해 온 '전략적 책임(strategic responsibility) 외교'로, 지도자 개인의 감정이나 관료적 요소를 극복하고 역내 강대국을 중심으로 국제 정세를 관리하는 것이다. 예를 들어 북한 문제는 중국에, 시리아 문제는 러시아에 맡기는 방식이다. 트럼프 대통령은 중국에 대한 경제적 불만에 대한 대응조치를 북핵대응 협조를 이유로 유예시켰다.

한국의 새 정부 등장 후 남북관계 개선 조짐을 위한 자체적인 노력도 필요하지만 한국의 대북접촉은 중국의 대북조치 진전과 한미 간 사전 조율에 의해 보조를 맞출 필요가 있다. 사드 배치 및 운용도 중미 간 조율을 통해서 신중하게 추진될 필요가 있다. 또한 트럼프 대통령은 유럽에 대해 거부감을 표출하는 데 반해 상대적으로 러시아에 대해 우호적이며, 푸틴 대통령 또한 대북특사 파견 의사를 표명하는 등 북핵 문제 해소에 대한 참여 의지가 분명하다는 점도 참고되어야 한다. 즉 대북 문제는 협력과 갈등이 반복되는 패턴을 보이고 있는데, 현재 상황은 협력적인 미중관계를 유지한다면 트럼프 대통령이 이야기했듯이 북한이 핵 및 장거리 미사일 개발을 중단하고 대화의 장으로 나오게끔 할 수 있다고 판단된다.

결국 미국의 동아시아 정책의 최대 대상과 종점은 북한이 아니라 중국이다. 한반도 비핵화를 일관되게 주장해 온 중국과 협력을 최우선으로 두고 있다. 이와 관련, 무엇보다도 중요한 것은 동북아 평화를 위하여 한반도 비핵화를 바탕으로 동북아 비핵지대조약 체결로 나아가야 한다는 점이다.

이는 한반도 비핵평화체제를 공고히 하고 동북아를 비핵 지대로 만들며 전 세계 비핵화의 기대를 높이는 의미를 가질 것이다. 동북아 비핵화는 동북아에서 군사적 대결 구도를 해소하고 분쟁을 예방하고 평화적으로 관리하기 위한 동북아 집단공영체제 수립을 의미한다. 미국보다도 오히려 실질적인 영향력을 가진 중국의 입장과 전략이 어떤 내용과 방향으로 전개되느냐에 따라 결정된다는 사실을 간과하여서는 안 된다. 중국이 개방된 시장경제체제를 통한 발전전략을 견지하고 대중의 욕구를 반영하는 정치개혁을 지속적으로 시도하면서 동아시아 공동체의 전진에 앞장선다면 미 · 중 관계는 냉전을 넘어 공동 번영의 세계사적 전기를 마련할 수 있을 것이다.

10. 소결론: 정치외교 분야 원탁토론

토론 참여자: 김상순, 왕셩(王生), 량야빈(梁亚滨),
왕리원(王利文), 리쟈청(李家成)
토론 일시: 2017. 4. 9. 20:00–22:40
번역: 김상순

주제 1 **트럼프 정부의 대중국 정책과 동북아 지역에 대한 영향**

김상순 아태 지역에서 미중 간에는 동북아 지역으로부터 북핵 문제, 사드 문제, 동지나해 문제, 양안 문제, 남지나해 문제, 그리고 미중관계라는 6대 문제가 있다. 보도에 따르면, 올해 '시진핑 · 트럼프 정상회담'에서의 주요 의제가 북핵 문제와 미중 무역불균형 문제이고, 다른 부분에 대해서는 뉴스가 없다. 그러나 나는 실제로 이번 미중 정상회담에서 이 여섯 가지 문제를 다 논의했을 것이며, 단지 비교적 이상적인 결과가 없어서 발표를 하지 않았을 뿐이라고 본다. 이번 정상회담의 중요한 의미는 양국 정상이 처음 정식으로 만나서 대화 체제를 수립하기 시작했다는 것이다. 시 주석은 트럼프의 중국 방문을 요청했고, 조만간 다시 미중 정상회담이 열리게 된다. 이는 앞으로 미중 양국의 거리를 축소시키고 더 많은 이해와 성과를 만들 것이다. 트럼프가 아직 중국 및 동북아 정책을 완성하기 이전이기 때문에, 중국이 주도적으로 신흥대국 관계와 같은 중국의 방안을 제기하여 미중관계의 평형을 이루는 것이 필요하다.

량야빈 방금 끝난 '중미 정상회담'은 외부에게 매우 적극적인 신호를 보냈다. 즉 중미가 계속해서 협력의 길을 간다는 것이다. 트럼프 대통령은 중국과의 관계가 이미 커다란 진보(Tremendous Progress)를 이루었다고 했다. 따라서, 미래의 중미관계는 지금의 판을 뒤엎는 변화가 발생되지는 않을 것이라고 우리는 기대할 수 있다. 동북아 지역에 대해 말하자면, 분명히 매우 적극적인 신호이다. 미국의 아태정책을 보면, 현재 여전히 세세한 부분이 부족하지만, 그러나 현재 미국 정부의 관료들의 표현을 보자면 실마리를 엿볼 수 있다. 3월 15일, 미국 국무부 차관보 대행 수전 손턴(Susan Thornton)이 트럼프 정부의 아태정책을 말할 때, 오바마 시대의 '아태 재평형' 전략은 이미 정식으로 끝났다고 했으며, "현 정부는 자신의 방식이 있음을 기대해도 된다."라고 했다. 또한 미국의 새 정부는 중국과 '결과 위주'의 관계로 발전하도록 힘쓸 것이며, 중국이 국제규칙을 준수할 것을 촉구한다고 했다. 그러나, 미국의 신임 국방부 장관인 매티스(James Norman Mattis)의 첫 해외 방문이 일본과 한국이라는 점과, 또한 미일 안보조약에 센카쿠 열도(중국명 댜오위다오, 钓鱼岛)의 적용이나, 한국 정부에게 신속한 '사드' 배치를 촉구하는 태도를 보이는 점으로 보아 미래의 중미관계의 전략적 경쟁은 여전히 비교적 심각할 것이다. 따라서 나는 미국 새 정부의 동아시아 정책은 공격적 자세로 전개될 것이라고 본다. '중미 정상회담'에서 '외교안보대화체제'를 거론했는데, 이것은 미래의 중미 간 상호 교류가 일종의 체제화 추세가 될 것임을 나타내는 것이다. 즉 제도와 기술적 수단을 통해서 전략적 오판과 위기 발생을 피하자는 것이다. 현재 동북아 정세는 끊임없이 긴장의 상황으로 가고 있는데, 이러한 체제화 건설은 매우 긍정적인 의미를 갖는다고 생각한다.

왕셩 아태 지역의 미래 구조는 주로 중미관계의 발전에 달려 있다. 만약 중미가 협력을 선택한다면, 동북아 지역이 미래의 전략적 지향을 평화 협력으로 향할 것이고, 아태 지역 국가는 외교적으로 '줄서기'를 해야 하는 (중미 선택) 딜레마를 피할 수 있을 것이다. 만약 중미 간 대립이 가중된다면, 동북아 지역은 신냉전으로 향하고, 아태 지역 국가는 외교적으로 난제에 부딪치게 될 것이다. 이번 정상회담이 특히 북핵 문제와 무역 문제에서 비록 "마작의 패를 만져 보는" 정도이지만, 그러나 좋은 시작이라고 하겠다.

김상순 량야빈 교수에게 묻겠는데, 미국 새 정부의 동아시아 정책이 공격적 성향으로 발전할 것이라고 했는데, 이럴 때 중국은 어떻게 대응해야 하나?

량야빈 개인적으로 볼 때, 중국은 현재 대항적인 방식을 취하는 것은 적당치 않다. 따라서 중국은 일정한 방어적 자세를 취할 것이다. 즉 국제법이나 관련 유엔 결의에 따라 중국의 행위 방식을 규정하고 전략적 신념을 유지해야 한다. 동시에 각종 현존하는 교류 체제를 이용하여 미국과 원활한 소통을 유지하고, 안보 딜레마에 빠지는 것을 피해야 하며, 미국과의 군비경쟁을 피해야 한다. 정상회담에서 네 가지 대화 체제를 토론했는데, 이것이 바로 이런 노선의 표현이다.

김상순 왕셩 교수에게 묻겠는데, 시주석이 이번에 트럼프에게 '신형대국 관계'를 제시했을 것 같다. 비록 이번에 미국의 반응이 없었지만, 그러나 트럼프가 중국을 방문할 때에 이 문제에 대한 미국의 입장을 가지고 오지 않을까?

왕셩 내 생각에는 트럼프가 단기간 내에 이 문제에 대한 입장을 밝히지 않을 것 같다. 왜냐하면 그가 동아시아의 실정과 중국의 전략적 의도를 이해하기 위해서는 적어도 반년 이상이 걸릴 것이고, 지금은 취임한 지 겨우 3개월에 불과하다. 쌍방은 서로 다른 단계의 통로를 통해서 소통이 필요하고 상호 신뢰 체계를 수립할 필요가 있다.

김상순 그렇다. 따라서 중국이 이번 네 가지 대화체제를 최대한 이용하여 '신형대국 관계'의 실현을 시도해야 하지 않을까라는 것이다. 중국이 과거의 방어적 성격에서 주도적이고 심지어는 공격적인 성향으로의 전환을 해야 할까, 말아야 할까? 미국과 협력 혹은 협상? 내가 지금 두 분에게 물었던 질문의 핵심이 이것이다.

량야빈 내 생각에는, 중국의 입장에 대해 말하자면, '신형대국관계'라는 이 개념은 별로 중요하지 않고, 중요한 것은 성격이다. 즉 "충돌하지 않고, 대항하지 않고, 상호 존중하여, 협력 공생하자."라고 하는 의미가 중요하다. 제도적이고 기술적인 수단을 통해 중미 간의 전략적 경쟁을 약속하고 규범하여, 전략적 오판과 위기 발생을 피하는 것이다. 만약 이렇게 할 수 있다면, 내 생각에는 신형대국 관계가 실현된 것이라 할 수 있다.

김상순 그렇다. 내가 말하고자 하는 신형대국 관계는 량 교수가 말한 의미가 포함되어 있다. 내 질문의 핵심은 이후 중국의 능동성 발휘 여부이다.

왕셩 내 생각에는 중미 간에 아태 지역의 주도권 경쟁은 피할 수 없다.

중미관계는 단지 투쟁을 통한 단결 방식이 존재할 뿐이며, 이상적인 것은 불가능하므로, 중국은 심리적인 준비를 해야만 한다.

량야빈 나는 중국이 공격적 태도로 전환했다고 생각하지 않는다. 오래전에 중국은 혁명 국가였고, 목적은 서방 주도의 국제정치경제 질서에 도전하는 것으로, "국제정치경제의 새로운 질서를 수립하자."라는 것이었다. 이것은 일찍이 다년간 공산당의 중요한 목표였다. 그러나 중국 공산당 17대를 시작으로 우리는 세계 질서에 대한 태도를 "국제정치경제 질서의 더욱 공정하고 합리적인 방향으로의 발전을 추진하자."로 변경했다. 시 주석은 2015년의 미국 방문 기간에 "중국은 현존하는 국제체제의 참여자이고, 공헌자이자 수혜자이다."라고 했다. 따라서 중국은 지역 문제에 있어서 주도적인 자세를 취할 필요가 있지만, 내 생각에는 여전히 참여적이고 건설적인 동작이어야 하지, 대항적이거나 공격적인 행위는 아니라고 생각한다.

왕리원 왕셩 교수의 말에 동의한다. 신흥대국이 굴기하는 것과 기존 대국이 지키려는 것의 모순은 구조적인 것이다. 따라서 각각의 측면에서의 경쟁은 피할 수 없다. 어떤 의제는 협력이 투쟁보다 많고, 어떤 의제는 투쟁이 협력보다 많을 수 있다. 어쨌든 경쟁은 피할 수 없다.

왕셩 미국은 유럽과 중동 지역에서 전략적 축소를 할 가능성이 있지만, 그러나 아태 지역에서는 공격적 현실주의의 방법을 선택하여 중국을 압박할 것이다. 따라서, "나무는 가만히 있으려 하나, 바람이 계속해서 흔들어 대는 것"이므로, 중국은 응대를 해야 한다.

김상순 그래서 나는 시 주석에 대해 중국의 3.0 시대를 열었다고 평가하는 것이다. 그러나 중국의 다른 부문 혹은 학자 등의 측면에서는 아직도 명확하게 주도적인 입장을 밝히지 않고 있으며 단지 대항적인 태도를 보일 뿐이다.

왕리원 중미관계에 대해 지나치게 이상적으로 해석하는 것은 쉽게 국면의 전략적 오판을 가져오고, 이로써 정책 결정에 부정적 영향을 준다. 미래의 어떤 시점으로 보자면, 비록 태평양이 충분히 크지만, 그러나 중미 간의 전략적 경쟁은 계속해서 전개될 것이다.

량야빈 전임 중앙정치국 위원이자 국무원 부총리였던 첸치천(钱其琛)의 말을 빌려 미국에 대한 중국의 태도를 말하자면, "지혜를 다투고, 용기로 다투되, 성질로 다투지 마라."라는 것이다. 미국은 초강대국이고, 중국은 미국과의 우호적인 활동 과정을 통해 많은 이익을 얻을 수 있으며, 판을 뒤집을 전복성 착오를 할 필요도 없고 해서도 안 된다.

왕셩 그래서 '일대일로'는 좋은 대책이다. 예봉을 피해서 미국이 (중국이 있는) 동쪽을 향하면, 중국은 (미국의 반대편인) 서쪽을 향해야 한다. 세계는 크고 중미 양국을 받아들이기에 충분하다.

량야빈 시 주석은 "중국이 중미관계를 좋게 해야만 하는 천여 개의 이유가 있지만, 중미관계를 나쁘게 해야 하는 이유는 하나도 없다."라고 말했다. 시 주석의 표현은 진솔하고 지혜롭다.

김상순 그렇다. 그러나 나는 중국이 지금 주도적으로 자신의 목소리를 제시하고 미국과 타협하여, 중국의 평화발전 노선을 더 발휘하고 전개할 수 있기를 제의한다.

왕리원 시 주석이 제시한 '일대일로' 국가전략은 육지와 바다를 총괄하는 대전략이다. 그러나 우리는 전술적 측면도 점차 전개할 필요가 있고, 구체적인 측면을 실현해야 한다. 이것은 중국의 외교에 매우 커다란 도전을 제시할 것이고 중국 외교의 전환과 향상의 새로운 요구를 제시하는 것이다.

량야빈 중국 정부는 줄곧 하고 있다. 따라서 내가 보기에 이번 중미 정상회담의 의미는 크다. 미국의 새로운 정보가 막 수립되고 두 달여 만에 중미 양국의 원수가 만났고, 이것은 역사상 없었던 일이다. 이번 회담에 대한 양국 정부와 국민의 기대는 이런 방식으로 강렬한 신호를 보냈고, 중미 간의 판을 뒤집을 정도의 전복성 변화가 발생하지 않는다면, 협력은 여전히 중요한 기조가 될 것이다.

김상순 내가 오늘 줄곧 주장하고 건의하는 것은, '일대일로'와 같은 공공재처럼, 중국이 현재 새로운 아태 평화체제를 수립함에 주도적 역할을 발휘해야 한다는 것이다. 내가 중국의 여러 친구들에게 하는 질문은 "지금이 (중국이 역할을 할) 시기에 도달하지 않았는가?"이다.

왕셩 핵심이익의 마지노선을 고수하여 건들지 않고, 최대한 정면 충돌을 피하는 것이 바로 이익 극대화이다.

김상순 신형대국 관계가 비록 이번에 미국의 회답을 얻지 못했지만, 네 가지 대화 기제가 생겼기 때문에 일종의 종합적인 새로운 플랫폼을 얻은 것이 아니겠는가? 따라서 중국은 능동적일 수 있고, 이 기회를 잡아서 미국과 주변 국가들에게 공개적으로 중국식 글로벌 거버넌스(governance)를 표현하여야 한다.

량야빈 중국은 한 가지 바람이 있지만, 아직은 충분한 실력이 없다. 6자회담은 중국이 추진하는 한 가지 시도이지만, 아쉽게도 북한과 미국 모두 협력하지 않는다.

왕리원 아태 평화체제를 만드는 것은 확실히 우리가 당면한 중요한 과제이다. 그러나 특정한 지정학적 환경과 역사적 요소의 영향으로, 중국이 현재 전력으로 아태 평화체제를 만드는 것은 미국과 일본 등의 요인이 존재하기 때문에 어려움이 매우 크다.

량야빈 그렇다. 어려움이 매우 크다. 중국으로 보면, 우선 임무는 중미 관계의 안정이다.

김상순 동북아 평화의 길에 있어서, 이번 중미 정상회담이 네 개의 대화체제를 만들었는데, 이것이 역사적인 전환점이 되길 바란다. 현재 주변 국가 모두 중미 간의 100일 계획과 이 네 가지 대화체제 플랫폼을 바라보고 있다.

왕리원 중미 정상회담의 실현은 상징적인 의미가 실질적인 의미보다 크다. 내가 이해하는 주요 역할은 소통과 교류의 플랫폼을 설립하고 정상급에서 우호적인 개인적 우의를 수립한 것이다. 우리가 이번 회담의 의미를 과대평가할 필요는 없다. 왜냐하면 트럼프가 중국에 대해 매우 관심을 갖는 문제는 매우 적극적인 회신이 거의 없었기 때문이다.

김상순 현재 한국의 역량이 부족하고, 일본과 러시아는 근본적으로 이러한 자격이나 배짱이 없다. 현재 중국이 가능하다.

왕리원 중미 정상회담에서 우리는 자신의 주장과 바람을 더 많이 설명했지만, 유감스럽게도 우리는 시진핑에 대한 트럼프의 우호적인 태도만 보았을 뿐이지 미국이 중국의 주장을 인정하는 것을 보지 못했다.

량야빈 내 생각에는 실질적인 의미는 그래도 크고, 특히 그 100일 계획이 그렇다. 비록 구체적인 내용이 나오지는 않았지만, 반드시 내포한 의미가 있을 것이라고 나는 믿는다.

김상순 그러나, 이런 새로운 플랫폼이 생겼으니, 중국은 이를 이용할 수 있고, 나아가 평화공존 같은 동양 철학에 부합하는 새로운 글로벌 거버넌스를 시도할 수 있다.

왕리원 내 생각에는 트럼프가 아직은 어떻게 중국과의 관계를 발전시킬 것인가에 대해 생각을 마무리하지 않은 것 같다. 우리는 트럼프가 중국을 방문할 때에는 많은 문제를 잘 생각하기를 바라며, 그때의 정상회담에서는 더 많은 실질적인 내용의 협의가 이루어지기를 기대한다.

왕성 30년이나 50년 이내에 중미 충돌을 피하고 평화적인 발전을 추구해야 한다. 미래에 해결할 것은 1921년의 '워싱턴 체제(Washington System)'[1] 문제인데, 그때는 북경에서 '아태 회의'를 열고 아태 국가가 어떻게 아태 지역의 국제사무를 통제관리할 것인가를 통해 새로운 아태 체제를 수립해야 한다. 오늘 나는 (학교의) 강의에서 1648년의 '베스트팔렌 체제(Westfalen System)'[2]에서부터 워싱턴 체제까지 강의하면서 이 문제를 생각했다.

리자청 내가 보기에는 트럼프 신정부의 중국정책이 점차 안정화되고 있다. 이전에 타이완 문제에서 제멋대로 중국에 도전하였지만, 이번 중미 정상회담에서는 도전적이지 않았고, 중국의 핵심이익을 존중했다. 이번 중미 정상회담은 트럼프 시대의 중미관계에서 좋은 개막을 다졌다.

김상순 첫 번째 문제에 대한 의견에 동의한다. 따라서 중국은 이번 네 종류의 대화 플랫폼을 잘 이용해야 한다.

왕리원 반드시 그래야 한다. (오늘 토론하는 동아시아평화연구원 소속의) 우리는 2.0 트랙인데, 이론적으로는 매우 큰 역할을 할 수 있다.

김상순 찬성한다. 또한 나는 계속해서 한중, 한미중이 '사드'딜레마의 출구를 찾아야 한다고 주장해 왔다.

---

1) 역자 주: 워싱턴 체제(Washington System)는 1921년 미국이 워싱턴에서 소집한 해군 군비 축소 회의이다. 1918년 제1차 세계대전이 끝나고, 전후 처리 과정에서 미국은 태평양 질서의 재편과 특히 중국에 대한 열강들의 경쟁 제한을 목적으로 이 회의를 소집했다. 미국이 이 체제를 통해 일본의 중국 진출과 독점적 지위를 제한했고, 제1차 대전의 승전국인 일본이 패전국인 독일로부터 양도받은 산둥성(山东省)의 이권도 중국에 반환되었는데, 왕셩 교수가 이 체제를 언급한 것은 이런 이유 때문일 것이다.

2) 역자 주: 1618-1648년에 일어난 유럽 전쟁을 종결시킨 조약

리자청 북한은 핵무기가 있고, 시리아는 없다. 미국이 시리아를 공격하는 것은 북한의 핵 보유 의지를 굳힐 것이다.

김상순 리자청의 말에도 일리가 있다. 그러나 북한은 어떤 국제환경의 변화가 있다 해도, 그들은 우선 핵 보유 지위를 완성하려 할 것이다. 시리아의 사례가 그들에게 아무런 영향을 주지 못할 것이다.

김상순 이참에 여러 교수님들에게 물어보자. 미국 국가안전보장회의(National Security Council, NSC)에서 트럼프에게 제안하기를 주한미군에 다시 핵무기를 배치하자고 했다. 미국의 NBC 방송이 7일 여러 명의 정보기관 및 군 고위층으로부터 얻은 소식에 따라, 미국 NSC에서 트럼프 대통령에게 주한미군에 핵무기를 다시 배치할 것을 제안했다는 것이다. 보도에 따르면, 만약 다시 핵무기를 배치한다면 그 선택 지점은 한국의 서울 이남의 오산 공군기지가 될 수 있다고 한다. 이 문제에 대해 어떻게들 보는가?

리자청 지난 달에 미 항모 칼 빈슨이 왔지만, 별일이 없었다. 한국의 핵무기 보유는 북한 핵 문제의 해결을 더욱 어렵게 할 것이며, 북한에게 핵 포기를 요구할 이유가 없어진다.

김상순 트럼프가 단독 행동을 하면서 중국에게 압력을 주고 있다. 중국이 적극적으로 대북 제재에 참여하도록 하면서, 동시에 북한에 대해서는 제6차 핵실험이나 미사일 실험을 용인하지 않겠다고 경고하고 있다. 이것은 중미 정상회담에서 미중 간에 북핵 문제에 대한 의견 차이가 있자, 트럼프가 중국에 대해 불만을 표시한 것으로 보인다. 미국이 이렇게 생각하지 않았을까?

왕리원 미국 NSC의 이러한 제의가 만약 트럼프의 허가를 얻는다면, 지역의 전략적 안보태세는 중대한 충격이 된다. 북한의 입장에서 보면, 지금 받고 있는 안보 위협이 심각하게 가중되는 것으로, 북한은 핵 보유의 결심을 더욱 견고하게 하여, 남북한 핵 위협의 평형을 확보하려 할 것이다. 중국과 러시아는 반드시 미국의 이러한 방법에 대해 미국을 향해 반격을 할 것이고, 지역의 긴장 국면이 매우 가중되어, 동북아 평화는 엄중한 위협에 직면하게 될 것이다.

김상순 따라서 중미 간에 현재 더욱 긴밀한 소통이 필요하고, 이번 중미 정상회담에서 네 가지 대화체제에 동의한 것은 앞으로 매우 유용한 역할을 하지 않겠나?

왕리원 북한 핵실험을 핑계로 한국에 다시 핵무기를 배치하는 것은 이유도 불충분하고, 단지 중국과 러시아의 불만만 증가시킬 것이다. 이렇게 되면, 미국이 중국과 러시아와 협력하여 북한에게 핵무기 포기를 위한 제재를 하기가 더욱 불가능해질 것이다.

김상순 그러나 이것이 한중 양국 간에 인식의 차이가 있는 부분이다. 한국은 핵 보유로 북한과 평형을 이루길 원하거나 혹은 미국의 전략 및 전술 핵무기를 배치하려고 한다.

왕리원 단지 최고 정책의 전략 방침이 변하지 않으면, 대화 체제가 발휘할 역할의 공간은 크지 않고, 단지 각자의 말을 할 뿐이다. 미국 핵무기의 한국 배치 여부는 모두 미국의 북한에 대한 핵 보복 실행과는 영향이 없다. 왜냐하면 미국은 매우 짧은 시간 내에 핵무기를 한국에 가져올 수 있기 때문이다.

김상순 따라서 동북아의 평화를 원한다면, 단지 한 나라의 이익만 생각할 수 없다. 이러한 국면에서 중미 정상회담이 대화 체제를 제시한 것은 매우 중요한 의의가 있다.

왕리원 그렇다. 아마도 대화 체제가 중요한 작용을 할 것이다.

김상순 그렇다. 그래서 우리가 이번에 이 책을 출판하는 것이다. 비록 우리의 역량은 부족하지만, 특히 북경과 서울 및 도쿄에서 출판하는 것은 좋은 역할을 할 것이다.

주제 2 북핵 문제 딜레마와 출구, 그리고 중미 양국의 역할은?

김상순 북핵 문제 해결의 필요성에 대해, 비록 중미 정상회담에서 의견 일치가 있었지만, 그러나 구체적인 방법에서는 의견 차이가 있었다. 예를 들면, 트럼프는 무력 수단의 사용이 필요함을 강조했고, 시 주석은 대화와 협상으로 문제를 해결해야 한다는 기본 입장을 표명했다. 김정은의 핵 계획이 언제 완성될 것인가와 그의 전략적 의도를 포함하여, 미중 양국이 보는 관점은 아마도 서로 다를 수 있다. 그러나 북핵 기술의 진보가 매우 신속한 점과 동북아 정세가 갈수록 악화 단계에 접어들었다는 점에 대해서 쌍방의 의견은 일치되었다. 북한은 조만간 핵무기 개발 단계를 완성할 것이고, 한미일은 북한의 핵무기 공격을 받을 것이다. 비록 중국이 북한의 핵무기 공격 대상이 되지 않을 수 있지만, 그러나 한반도에 전쟁이 발생할 경우 생기는 재난에 직면할 것이다. 트럼프는 오바마보다 더 북핵 문제를 중요시하고 있고, 이번 미중 정상회담에서 양국이 반드시 협력하여 북핵 문제를 해결할 것을 제시했는데, 이는 실제로 동북아가 직면한 가장 큰 도전이며, 아마도 우리 모두가 한반도에 다시 전쟁이 일어날 수 있다는 심리적 준비를 해야 한다.

중국은 일관되게 6자회담의 회복을 주장하는데, 아마도 이 6자회담이 중국이 처음 세계를 향해 제시한 '안보 영역'의 공공재이기 때문인 듯 하다. 작년부터 나는 계속해서 한반도에는 '사드 문제'와 '북핵 문제' 및 '북한 문제'라는 세 가지 종류의 딜레마가 있다고 주장했다.

만약 6자회담 체제를 회복하려면 한반도의 3대 문제를 아래와 같이 동시에 진행할 필요가 있다. 첫째, '사드'딜레마는 '한 · 미 · 중'의 '3자회담'이 필요하다. 둘째, 북핵 문제는 '한 · 미 · 중 · 북'의 '4자회담'이 필요하다. 셋째, 민생 문제를 포함하는 북한 문제는 북한의 종합적인 안보 문제라고 할 수 있는데, '한 · 미 · 중 · 북 · 일 · 러'의 '6자회담'이 필요하다. 그러나 이 세 종류의 회담은 조를 나누어 동시에 진행해야만 한다. 이렇게 해야 한반도를 포함한 동북아 평화체제를 만들 수 있고, 이 세 가지 딜레마는 분리하여 단독으로 생각해서는 안 된다. 한반도의 전쟁을 피하기 위해서는 미국이 단독으로 북한을 공격하는 것을 막아야 한다. 나는 여전히 빠른 기간 내에 한중이 안보 대화를 진행하여 어떤 형식의 전쟁도 최대한 피해야 한다고 주장한다. 나는 일단 여기까지 말하겠다.

량야빈 북핵 문제의 주요 딜레마는 북한이 핵무기를 포기하지 않을 거라는 점이고, 미국도 북한이 결국 미국 본토를 공격할 수 있는 핵 타격

능력을 가지도록 좌시하지 않을 거라는 점이다. 이것은 분명히 상대적인 모순이다. 만약 양쪽 모두 완강하게 양보하지 않는다면, 결과는 반드시 전쟁이다. 상호 신뢰가 결여된 상황하에 북미 간의 적대관계는 이데올로기 측면에서 신속히 실전적 측면으로 접근하고 있다. 출구를 찾으려면, 협상을 통해 평화적으로 이 문제를 해결해야 하는데, 어느 시기에도 우선적인 선택이다. 따라서 북한의 경제제재는 현재 계속해서 고수해야 하고, 심지어는 좀 더 크게 할 필요도 있다. 왜냐하면 북한이 여전히 국제사회의 반대에도 계속해서 미사일 발사 실험을 하고 있기 때문이다. 그러나, 만약 최종 협상과 제재가 모두 효과가 없다면 군사적 해결 가능성도 배제할 수 없지만, 가급적 우리는 이런 결과를 보길 원치 않는다. 이 과정에서 중국은 자국의 국가이익에 의해 '비핵화, 혼란 발생 금지, 평화적 수단'이라는 세 가지 원칙을 고수하고, 유엔의 관련 결의를 적극적으로 지지 및 관철할 것이다. 동시에 최대한의 성의로 미국과 북한이 현재의 안보 딜레마 상황을 종결시킬 것과 화해의 가능성을 찾을 것을 설득할 것이다. 만약 북핵 문제를 해결할 두 개의 열쇠가 있다고 한다면, 하나는 북한의 수중에, 다른 하나는 의심할 바 없이 미국의 수중에 있다. 미국에 대해 말하자면, 북핵 문제의 해결은 몽둥이를 드는 정책에 의존할 수 없다. 관건은 북한의 국가 안보 요구를 어떻게 만족시키는가이다. 그러나 미국이 오랜 시간 북한과 교류했던 경험으로 미국 정부는 이미 북한에 대한 믿음을 잃은 것이 분명하고, 현재는 단지 위협을 키울 뿐이다. 북미는 모두 '주변정책'을 취해야 한다. 즉 끊임없는 악화 국면을 통해 상대방이 먼저 양보하는 정책으로 더욱더 동북아 안보 딜레마를 악화시키는 것을 피해야 한다.

왕리원 북한의 핵실험과 '사드' 배치는 양면의 동전과 같고, 이 두 가지는 서로를 강화시키며, 서로 자신의 행위가 합리적임을 증명하려 한다. 한편으로는, 미국과 한국은 북한의 핵 보유 위협 때문에 자신의 안전을 위해 '사드'를 배치하지만, 북한의 강렬한 반발을 유발한다. 다른 한편으로는, 북한은 '사드' 미사일 요격 시스템이 자신의 안전을 해친다는 이유로 계속해서 핵 보유 전략을 실행하고, 제5차 핵실험을 진행하고, 핵 보유 노선으로 점점 더 멀어져 갔다. 단기적으로 볼 때, 북한이 핵실험을 포기할 가능성은 거의 존재하지 않는다. 충분한 억제가 부족한 상황이라면, 북한이 문제 해결의 각종 체제나 플랫폼에 나오지 않을 것이다.

왕셩 나는 북핵 문제의 근원과 본질이 한반도의 냉전 요소가 아직도 제거되지 않았기 때문이며, 한반도 평화체제의 수립이 북핵 문제를 해결하는 기본적인 전제라고 생각한다. 이것은 6자회담 재개 여부의 핵심이기도 하다. 강한 자가 먼저 한 발 양보해야 한다. 미국은 북한을 핵 보유의 길로 몰아가면 안 된다. 국제사회는 북한에게 핵 포기의 장점을 볼 수 있는 사례를 보여 줄 필요가 있다.

김상순 그렇기 때문에 나는 '사드'는 3자회담, 북핵 문제는 4자회담, 북한 민생 문제를 포함하는 동북아 종합 안보문제는 6자회담으로, 그러나 이 세 가지 회담은 '조별로 동시에 진행'이라는 점을 계속해서 주장했다.

왕리원 왕셩 교수의 말에 동의한다. 북핵 문제의 해결은 북한의 안보문제를 충족시켜 주는 것이 관건이다. 북한의 안전 요구를 충족시키려면 북한에 대해 강력한 위협이 되는 측에서 주도적으로 일보 양보를 할 필요가 있다. 대국이 함께 북한의 안전을 보장하는 방식으로 북한이 협상 테이블에 나서게 해야 한다.

량야빈 설사 미국이 양보한다고 해서, 북한이 반드시 핵 계획을 포기할까?

김상순 미국과의 안보대화 체제에서 앞으로 '빅딜'의 가능성 유무는 어떨까?

량야빈 적어도 북한은 이에 대해 의사를 표현하지는 않았다.

왕리원 (위의 세 가지 회담의 조별 동시 진행에 관한) 김상순 원장의 제의는 매우 구체적이다. 구체적인 문제는 구체적으로 대화해야 이 문제를 쉽게 통제할 수 있는 상태가 된다. 조별로 동시에 대화를 진행하되, 또한 상호 소통하는 것은 쉽게 저항을 감소할 수 있다. 내가 본 전제조건 역시 구체적인 방식으로 북한이 협상테이블로 나오게 해야 한다는 것이다. 미국이 북한에 양보한다고 반드시 협상 테이블로 나오는 것은 아니다. 충분한 제재와 대국이 북한의 안전을 보장하는 것들을 제외할 수 없다. 제재가 충분히 크지 않으면, 북한이 협상테이블에 나오려 하지 않을 것이다. 안전이 보장받지 못하면, 핵 포기는 실현할 수 없고, 쉽게 반복될 것이다. 북한이 반복해서 핵 실험을 하는 것이 이런 점을 반영한 것이다.

김상순 북핵 문제와 관련된 네 국가 모두 다른 국가에 양보하지 않았기 때문에 대화 협상을 통해서 이익을 절충하고, 이익을 상호 교환해야 한다. 그러나 미국과 중국이 큰 방향을 조정할 필요가 있는데, 이렇게 해야 비로소 세부 사항을 조정할 수 있다.

리쟈청 북핵 문제에서 중국은 제재를 강화해야 하고, 미국에게도 간격을 좁힐 것을 요구해야 한다. 만약 북한이 제6차 핵실험을 진행할 경우, 중미는 공동으로 진일보한 대북제재를 강화해야 한다. 그러나 군사적 타격의 정책 선택은 배제해야 한다. 만약 한반도에 전쟁이 다시 일어난다면, 남북 모두 참혹한 손실이 예상되고 일본에게도 파급될 것이다.

주제 3 중한관계의 추세와 동아시아 평화에 대한 영향

김상순 한국의 새 정부는 우선 국내의 문제를 처리해야 하고, 헌법 개정, 정치 개혁, 제도 개혁, 경제 개혁, 사회 개혁 등의 각종 개혁을 추진해야 한다. 이 과정에서 한국의 새 정부는 반드시 각종 소통 방식으로 소통 체제를 수립해야 하며, 서로 다른 영역 간에 충분한 상호 교류를 해야 하고, 또한 주변 국가와도 대화로 소통하여 양자 혹은 다자 간 소통 체제를 수립해야 한다. 한국의 새 정부는 많은 문제에 직면해 있지만, 그러나 사실 이런 문제들은 비교적 간단하다. 핵심은 '소통'에 있다. 한중 관계도 바라건대 이러한 소통의 궤도로 되돌아와야 하고, 다시 새롭게 소통 체제를 수립하여야 한다. 동시에 한중은 미국, 북한, 러시아, 심지어는 일본과도 대화 소통 방식으로 긴장관계를 완화시키고 정상적인 협력관계가 회복되도록 촉진해야 한다.

량야빈 내가 보기에 동아시아 평화는 중한 양국이 가장 중요한 이익 관련국이고, 양국의 핵심이익인 국가안보와 관련이 있다. 미국은 역외 대국이고, 동아시아에서 미국의 이익은 동아시아 지정학의 평형 유지에 있다. 러시아의 정치와 경제 중심은 유럽이지 극동 지역이 아니다. 일본은 기본적으로 미국과 연계된 동일 선상의 전차 위에 있다. 내가 인정을 원하든 말든, 북한은 이미 지역문제를 만드는 국가이다. 따라서 중한 양국이 동아시아 평화를 유지하는 이익은 가장 일치한다. 그러나 유감스러운 것은, 북핵 위기가 계속해서 악화되고 있고, 한국이 한쪽으로 기울기를 강요당하여 '사드'를 도입하는 것은 중한관계를 급속히 악화시켰다. 동아시아 평화는 갈수록 냉전 대치의 형국으로 나타나고 있고, 중한 양국은 의심할 바 없이 최대의 피해자가 되었다. 따라서 나는 여전히 한국에 대해 기대를 가지는데, 중한관계가 원만하게 '사드' 해결 문제의 방법을 찾아서 양국의 우호관계가 계속해서 지속될 수 있기를 희망한다. 중한관계는 실제로 이미 동아시아 평화의 중요한 지표가 되었다. 만약 중한관계가 계속 악화된다면, 동아시아 평화는 거의 어떤 가능성도 없을 것이고, 냉전 시대로 돌아갈 것이다.

왕리원 중한관계는 동아시아에서 평화를 실현하는 중요한 고리이고, 특히 동북아 평화와 발전에 매우 중요하다. 현재 중한관계에 모순이 생겨서, 이미 동북아 정치와 안보관계의 긴장을 유발했다. 현재의 환경에서 중한관계는 '최순실 게이트'로 야기된 정국의 혼란과 직면한 어려움을 조정해야 한다. 새로 취임하는 대통령은 매우 많은 골치 아픈 문제에 직면해 있고, 특히 '사드' 배치 문제는 새 정부의 문제 처리 능력을 시험할 것이고, 중미 쌍방을 만족시킴과 동시에 한국 국민들을 만족시켜야 하는 아주 어려움이 큰 방안을 찾아야 한다. 한국이 어떻게 중국과 미국 사이에서 자국에 합당한 위치를 찾는가 하는 것은 중한관계에 있어서도 매우 중요하다.

리쟈청 나는 '사드'를 없애지 않으면 중한관계가 호전되기 어렵고, 동아시아 평화에도 영향력이 적다고 본다.

왕성 중한관계는 미래 동북아 지역이 평화로 갈지 새로운 냉전으로 갈지를 결정하는 중요한 고리이다. 미국의 입장에서는 새로운 냉전으로 가는 확률을 크게 볼 것이다.

왕리원 중한관계는 아직 어떻게 분열이 출현하기 이전으로 회복할 것인지와 전략적 상호 신뢰 회복의 중요한 과제에 직면해 있다. 전략적 상호 신뢰의 형성은 매우 긴 시간이 필요하고 하루아침에 완성될 수 있는 것이 아니다. 그러나 전략적 상호 신뢰는 쉽게 구체적인 사건으로 인하여 충격을 받는다. 북한의 핵실험과 '사드' 문제로 인해, 중한의 전략적 상호 신뢰는 이미 매우 손상되었다. 중한 양국의 정치가는 고도의 전략에서 출발하여 여론과 민중을 유도하여 다시 쌍방의 상호 신뢰를 재건해야 한다.

제2부
경제발전 분야

1. 한중일 경제 통합 가능성 탐색

우진훈
번역: 우진훈

1) 3국의 경제 통합 논의

2012년, 캄보디아에서 개최된 동아시아 역내국 간 정상회의 및 장관회의에서 한중일 3국의 FTA 및 역내 포괄적 경제동반자협정(RCEP)의 협상 개시에 대한 역사적 합의가 각각 이루어졌다. 특히 3국 간 FTA의 필요성을 공감한 3국 정부는 경제통상장관회의를 통해 3국 간 FTA 협상 개시를 선언하여 경제 통합을 위한 실천적 행동이 시작되었다. 21세기 들어 지역주의가 확산되면서 세계경제는 미주, 유럽, 동아시아의 삼각구도로 형성되고 있으나 동아시아 지역의 지역주의에 대한 진전은 여전히 답보 상태였고 특히 동북아 지역의 경제 통합은 그 필요성에 대한 인식이 확대되고 있음에도 별다른 성과를 거두지 못했다.

한중일 3국 중심의 동북아 지역은 3국 간의 정치외교적 갈등으로 지역 통합이 용이치 않을 뿐만 아니라 지역 통합에 대한 미국의 간섭과 미온적인 태도로 구체적인 논의가 방해받아 왔다. 동아시아 지역은 아세안이 오랫동안 지역경제 통합을 논의해 왔으나 정치경제적 역량이 부족하여 통합 논의가 지지부진하였다. 그러나 동북아 지역의 핵심 국가인 한중일 3국은 동아시아 지역 전체 경제발전을 선도해 왔으며 특히 중국의 경제발전과 국제적 위상 제고는 3국으로 하여금 주변국의 간섭과 논의와는 상관없이 독자적인 지역 통합 논의를 가능하게 만드는 여건을 마련해 주고 있다. 3국의 경제 통합이 동북아, 동아시아, 나아가 세계경제의 부흥과 평화에 기여할 수 있는 현실적 대안을 바탕으로 통합 논의가 본격적으로 시작된 것이다.

통합을 논하기 전에 우선 통합 지역의 범위, 주체를 규정하는 것도 중요하지만 지역공동체의 형성과 발전에 기초가 되는 요인은 바로 공동체에 대한 정체성을 규정하는 것이다. 일부 학자들이 동북아 지역은 이해관계를 바탕으로 미국, 러시아, 몽골, 아세안, 대만, 북한을 포함해야 한다고 주장하나 한중일 3국은 이들 국가와 지리적, 문화적 차이점이 분명하고 향후 북한은 한국과, 대만은 중국과 통일된다는 전제하에 동북아 공동체 건설의 핵심 국가는 여전히 한중일 3국이다. 3국은 세계의 다른 지역과 구분되는 문화 · 철학 · 종교에 대한 동질성을 가지고 있으며 역사적 경험도 많이 공유하고 있고 공동 이해관계도 많다. 이는 공동체 건설에 가장 중요한 요소 중의 하나다. 그러므로 향후 3국은 경제적 상호 의존과 발전, 역내의 평화와 안보라는 공동의 이해를 바탕으로 동북아의 정체성을 재정립하며 상호 이해와 인식의 격차를 좁혀 가는 것이 중요한 과제가 될 것이다.

최근 들어 3국 간에는 민족주의 발흥과 함께 자본주의와 산업화의 가속에 따른 핵가족화와 개인주의의 팽배로 갈등이 더욱 심해지고 있다. 이는 마치 유교문화의 한계를 드러내고 있는 것처럼 보이나, 지난 수천 년 동안 체제 안정과 공동체의 발전을 위한 상호 포용과 화합의 이념을 견지해 온 유교문화는 21세기에도 여전히 변치 않은 가치로 존재하고 있어, 향후 3국의 경제 통합을 이루기 위한 논의의 사상적 뼈대가 될 것임은 분명하다. 그러므로 동북아 경제협력 및 통합의 길을 논함에 있어 한중일 3국의 협력이 전제되지 않는 어떤 논의도 단순 구상에 불과하다. EU는 지역경제 통합에 있어 가장 선진적이고 성공적인 모델이다. EU 통합 과정에 대한 연구와 분석을 기반으로 3국의 경제 통합을 점진적으로 추진하고 유교 및 한자문화권을 기반으로 한 '동방 3국'의 문화 일체화의 길을 개척해야만 동북아 지역의 항구적인 평화와 발전을 이룰 수 있을 것이다.

2) 통합의 사례와 3국의 과제

유럽 통합의 사례를 그대로 동북아 경제 통합에 적용하기에는 무리지만 유럽 통합의 시도와 발전 동력을 이해함으로써 장기적으로 동북아 경제 통합을 위한 창조적 시사점을 얻을 수 있다. 유럽 통합은 애초에 목표를 정해 놓고 시작한 것이 아니라 하나의 과정으로 이해하고 점진적으로 추진되었다. 여러 가지 난관이 있었지만 2차 세계대전 후 지역 강대국이자 오랜 갈등의 주체였던 독일과 프랑스의 화해와 협력을 바탕으로 구조적인 전쟁 억제 방안 도출, 구소련에 대한 연합전선 구축 방안 논의와 함께 시장경제체제의 발전과 지역시장 통합에 대한 경제 실리적 논리를 강화해 나갔다. 여기에 민주주의와 시장경제체제 그리고 종교적 문화전통 등에 대한 동질성은 외부적 · 현실적 동력과 맞물림으로써 통합 논의의 어려움을 극복하고 목표를 향해 나아갔다.

결국 1950년 '슈망선언(Schuman Declaration)'으로 시작된 EU는 동 지역

에 반세기 이상의 평화를 가져다주었고 공동대외무역정책 실시와 유로(EURO)를 창출하였으며 안정적 지역시장은 정치 · 군사 및 사회 안정을 유지시키는 보호벽 역할을 해 왔다. 유럽이 2차 대전 후 전쟁 억제와 평화 열망을 바탕으로 공동의 부를 창출하자는 공감대가 형성되면서 통합의 동력을 마련한 것과 달리 3국은 각자 경제 회복과 성장에 전념하여 전쟁 억제를 위한 구조 확립의 필요성에 대한 인식이 상대적으로 약했다. 다만 최근 들어 북한 핵 위협에 따라 동북아 안보질서에 대한 필요성이 점증하고 있는 상황이다. 오히려 과거 유럽이 구소련이라는 공동의 적을 통합의 촉진 작용을 위해 활용한 것과는 달리 3국 간은 역내 상호 경쟁과 적대의식이 일부 존재하고 있어 지역 내부에서 충돌이 발생할 수 있는 위험이 내재하고 있는 실정이다.

유럽 통합과 또 다른 배경으로, 유럽은 공동체 형성 과정에서 미국의 적극적 지지를 받았으나 동북아 지역의 한국 및 일본과는 동맹관계를 유지하고 중국은 최대 경쟁 상대로 판단하는 미국이 자신을 배제한 동북아 통합을 용인하지 않을 것이라는 가정이 존재하고 있다. 그러므로 한중일 3국은 안보 분야에서는 6자회담을 위주로 미국이 참여하는 안보협력을 유지해 나가되 경제협력 분야에서는 미국과의 포괄적 협력을 통해 제도화 수준을 제고하며 경제협력공동체를 추진해 나가는 것이 옳은 방향일 것이다. 실리를 바탕으로 비갈등적 경제 통합의 제도화 건설에 주력하여 상호 신뢰를 구축한 후 지역안보 문제 영역까지 이해와 소통의 범위를 넓혀 가는 것이다. 중국과 일본은 과거 독일과 프랑스와는 달리 소통과 협력의 의지가 미약하며 심지어 영토분쟁과 과거 역사 청산이 안 된 상황하에 향후 패권경쟁이 더욱 심화될 가능성이 커, 이를 해소할 수 있는 북한 핵 문제의 조기 해결과 지역경제 통합의 진전은 더욱 절실한 과제가 되고 있다.

경제 분야의 공동이익에 대한 관심을 높여 3국 간의 갈등을 줄여 나가며 경제 통합을 모색해 나가는 것이다. 또한 3국이 통합을 위한 논의와 준비 과정을 거치면서 각자 구조조정에 힘을 쏟아 협상의 기초를 닦아 나가는 것도 중요하다. 비록 3국 모두 시장경제체제를 채택하고 있으나 유럽이나 미국에 비해 짧은 역사를 가지고 있고 그 이념과 형식도 다소 다르다. 또한 일본이 장기 침체를, 한국은 경제위기를 겪었고 중국 경제는 현재 전환기에 처해 있다. 각자 구조조정의 가속으로 시장 원리에 따른 이점을 흡수할 수 있는 제도적 기반을 마련하는 것이 중요하며, 선(先) 국내 구조조정과 후(後) 상호 협상의 순서를 밟는 것은 많은 비용과 시간을 절약해 줄 수 있다. 현 시점에서 경제적 필요성은 3국 경제 통합의 가능성을 추진할 수 있는 핵심 동력이며 그 구체적 수단은 3국의 FTA 체결이 될 것이다. 3국 간 무역투자의 확대와 함께 금융네트워크 구축, 기술표준 추진, 지역협력 사업 등을 공동으로 시행하며 실리적 통합의 학습을 해 나가는 것이다.

3국 간 FTA를 바탕으로 한 경제 통합을 추진해 나가기 위해서는 무엇보다 3국의 정부 간 협의와 함께 제도 통합의 주역인 3국의 엘리트들의 상호 이해와 의사 소통 수준을 과거 유럽 통합 단계 수준으로 끌어올리며 체제의 동질성을 확인하고 확대해 나가야 한다. 유럽이 전통문화의 동질성을 통합의 동력으로 활용했듯이 3국은 공히 유교 및 불교문화 그리고 한자(漢字)문화의 전통을 가지고 있다. 비록 3국이 2차 대전 후 상이한 정치체제와 사회문화를 추구해 왔지만 역사적으로 공유해 온 전통문화에서 지혜를 찾아내어 미래를 위한 3국 간 청소년 교류를 확대하고 지원해야 한다. 현재 역사 인식과 영토 분쟁으로 3국 간에 갈등을 겪고 있지만 3국의 정부 및 민간 조직(NGO)의 교류와 소통을 통해 지역의 영구적 평화와 번영에 대한 가치를 전파하고 이를 통해 지역정체성을 확보하여 경제 통합을 위한 동력으로 삼아야 한다.

3) 3국 간 협력 현황

통합을 위한 3국의 논의와 협력 방안을 도출함에 있어 3국 간 중앙정부 차원의 대화와 소통은 목표 달성을 위한 중요한 기초가 된다. 1999년 '아세안+3' 정상회의를 계기로 첫 번째 한중일 3국 간 정상회동이 이루어진 이래, 2005년을 제외하고 매년 3국 간 정상회의가 개최되었다. 특히 2008년 12월부터는 '아세안+3' 체제에서 벗어나 독립적으로 정상회의가 개최됨에 따라 3국의 협력체제가 더욱 강화되는 기반이 조성되었다. 제1차 정상회의 개최 당시 '환경장관회의' 하나뿐이던 3국 간 장관급회의는 2016년 말 현재 20개로 확대되었으며 이 중 경제 관련 장관급회의만 14개에 달한다. 분야별로도 외교, 경제통상, 환경, 재무, 문화, 과학기술, 농업, 보건, 교통, 관광, 관세, 특허 등 거의 모든 분야를 아우르고 있다. 이 밖에 50여 개의 정부 간 협의체, 100여 개의 협력사업이 논의되거나 진행되고 있다.

특히 3국은 2010년 3국 정상회의의 합의에 기초하여 2011년 9월 서울에서 '한중일 3국 협력 사무국(Trilateral Cooperation Secretariat, TCS)'을 정식으로 출범시켰다. 사무국은 3국 협력사업 평가 및 연간실적보고서 정리, 3국 협의체 운영 및 관리지원 등을 통해 3국 간 협력관계 심화에 기여하는 역할을 하고 있다. 그리고 동일한 참여를 바탕으로 3국 정부가 매년 사무국 운영예산의 1/3씩 부담하고 있다. 한편 중앙정부 차원의 교류협력 외에 지방자치단체 차원에서의 교류협력도 3자 간 혹은 양자 간에 활발히 이루어져 왔다. 지방자치단체의 교류협력은 경제적 측면의 직접적 성과보다는 인적 교류 등 상호 네트워크 구축 자체에 목적을 두고 추진되는 경향이 강하다.

이 밖에 정부(중앙 및 지방), 업계, 학계 등 다양한 주체가 공동으로 참여하는 혼합형 교류협력도 늘고 있다. 대부분 정부 차원에서 합의 및 추진되는 사업에 업계 또는 학계에서 참여하는 형태로 진행되고 있다. 3국 정부의 협력 중에서도 경제 통합을 위한 가장 현실적인 목표는 한중일 FTA 체결이라 할 수 있다. 현재 3국 중에서 한중 간의 FTA는 발효되었으나 한일과 중일 간의 FTA는 연구·검토 단계에 머물고 있고 한중일 FTA는 공식 협상 중에 있다. 3국의 FTA 협의가 지지부진한 이유는 북핵 문제, 남북한 관계, 중일 간의 영토 갈등, 과거사 청산 문제 등 주로 외교안보 현안들 때문이다. 한반도 사드 배치와 위안부 소녀상 등 다양한 이해관계가 얽힌 가운데 한중일 자유무역협정(FTA) 공식협상이 2017년 1월에 7개월 만에 다시 열렸으나, 3국은 FTA의 중요성은 공감했지만 구체적인 합의를 이루지는 못했다. 3국은 2013년부터 2016년까지 10차례나 협상테이블에 앉았지만 좀처럼 이견을 좁히지 못하고 있다.

전 세계적인 보호무역주의 확산에 공감하며 협상 재개에 합의했으나 한국의 사드(THAAD) 배치 계획과 일본군 위안부 소녀상 철거 요구, 한일 통화스와프 협상 중단 등 논란의 여지가 있는 3개국 간의 현안이 동시에 발생하여 3국 간 논의를 지속하자는 것에만 의견을 같이했다. 현재 3국의 FTA 논의가 정치외교적 문제로 답보 상태에 있지만 EU의 사례대로 논의 순서를 바꾸어 3국의 경제 통합 추진이라는 그림 속에서 정치적 문제에 대한 돌파구를 찾을 수도 있을 것이다. 가장 느슨한 시장 통합을 취지로 하는 FTA는 실리적 측면에서 민감한 외교적 현안을 가지고 있는 상대국의 주권에 대한 제약을 최소화할 수 있을 뿐만 아니라 상호 합의에 따라 협정에 담길 내용을 신축적으로 조정할 수 있다. 이는 통합의 길을 가는 데 있어 모두 시간이 필요한 3국이 채택할 수 있는 가장 현실적인 출발점이 될 수 있다.

3국이 '안정적 대(大)시장'의 형성을 통해 공동의 부를 창출해 나간다면 3국의 국민이 경제 통합에 대한 이성적인 판단을 하게 될 것이다. 3국의 경제 통합 추진은 지역 내 평화를 정착시키는 계기와 수단이 될 수 있으며 세계 경제질서에 대한 교섭력을 높여 국제 협상을 유리하게 이끌 수 있다. 예로, 중동 산유국들이 아시아 국가들에게 원유를 상대적으로 비싸게 파는 '아시아 프리미엄' 관행과 관련해 3국의 에너지장관들이 모여 상의할 수 있다. 2015년 미국을 제치고 세계 1위 원유 수입국으로 올라선 중국과 5대 원유 수입국에 들어 있는 한국과 일본이 공조해 기존의 불합리한 계약 조건 개선에 나설 필요가 있는 것이다. 재판매 금지 등 한중일 세 나라에 대해서만 유독 까다로운 원유 도입 계약 조건에 수정을 시도하고 또한 저유가에 따른 경제적 유불리만 따질 게 아니라 자원빈국인 3국이 장기적인 관점에서 저유가 국면을 어떻게 활용할 수 있을지 종합적인 방안을 토론할 필요도 있다.

향후 3국의 부단한 노력으로 FTA 협상을 타결할 수 있다면 3국은 NAFTA 및 EU와 함께 세계경제 발전을 이루는 3대 축이 될 것이며 경제통합이 이루어진다면 이제까지 양대 경제권에 의해 주도되던 세계경제는 3대 경제권으로 분립됨으로써 견제와 균형을 통해 기존의 질서를 재편하는 기회를 갖게 되는 것이다. 3국 간 FTA 체결로 3국 간의 경제협력이 강화되며 국제적 위상이 높아지고, 나아가 3국 국민의 부가 증가되면 3국 간 정치외교적 현안도 좀 더 포용력을 가지고 논의할 수 있는 정신적 자본을 축적하게 될 것이다. 한편 3국은 물론 동아시아 지역 금융리스크 예방을 위한 역내 금융협력 방안도 3국이 주도적으로 논의하고 있다. 유로(euro)화의 탄생과 사용은 역내 통화협력에 대한 선례를 열었고 이에 입각하여 아시아 각국은 '아시아 단일통화' 건립 구상을 제시하고 있는데 한중일 3국은 향후 통화협력에 관한 공동 연구를 강화해 나가고 있다.

EU 통화협력의 추진은 지불동맹 건립, 통화 및 환율정책 협력, 공동 통화단위 건립, 통화기금 설립 등을 거치며 역내 단일 통화를 탄생시켰다. 미래 아시아 통화 통합 실현 과정에서 3국도 이와 같은 통화협력 과정을 거칠 것이며 결정적 공헌도 하게 될 것이다. 특히 아시아 외환비축기금 건립은 3국 간 금융협력 의지에 대한 시금석이 될 것이다. 2008년 글로벌 금융위기는 아시아 외환비축기금 건립에 대한 목소리를 더욱 높이는 계기가 되었다. 2008년 5월, 아세안과 한중일은 '치앙마이 협의'에 따라 800억 달러 규모의 아시아 외환비축기금 건립에 의견의 일치를 보았다. 2009년 3월 1일, 제14차 아세안 정상회담에서는 기금의 규모는 800억 달러에서 1,200억 달러로 확대하고 기금 사용에 대한 독립적 관리감독 기구를 설립하기로 하였다. 국제통화기금(IMF)이 지원을 하지 않더라도 자체적 판단을 통해 회원국에게 지원하고 독립 기구가 꾸준히 기능을 발휘하게 되면 아시아의 IMF, 즉 '아시아통화기금(AMF)'이 되는 것이다.

외환비축기금 설립은 지역 금융시장의 안정을 도모하고 금융위기를 예방하여 미래에 탄생할 AMF의 전신이 될 수 있다. 장기적으로 볼 때 동아시아 통화금융 협력을 위한 안정된 메커니즘을 구축하는 시금석이 되는 것이다. 이 밖에 3국 간 관광객 증대와 함께 3국이 공동으로 이용할 수 있는 새로운 신용카드 공동 결제망 구축도 논의되고 있다. 3국이 공동으로 쓸 수 있는 카드 네트워크가 구축되면 3국 소비자들은 역내에서 카드를 결제할 때 별도의 수수료를 부담할 필요가 없어 기존 카드서비스에 획기적인 변화를 몰고 올 것이다. 특히 일방적인 수수료 인상으로 3국 소비자의 불만을 사고 있는 국제 카드 브랜드 비자(VISA)에 맞설 수 있을 뿐 아니라 아시아 중심의 새로운 글로벌 카드 브랜드 탄생으로 글로벌 금융시장에 신선한 충격을 가져올 것이다. 현재는 민간이 주축이 되어 3국 카드 결제망을 공동 활용하는 '카드 얼라이언스(동맹)' 구축 방안을 검토하고 있으나 구체적 방안이 마련되면 3국 간 정책 논의 때 신용카드망을 공동으로 활용하는 방안을 제시하고 3국 간 정부 차원의 지원 방안도 요청할 예정이다. 3국 간 카드 얼라이언스가 구축돼 해외결제 수수료를 대폭 낮추거나 아예 없앤 새로운 글로벌 네트워크 카드브랜드가 등장하면 3국 소비자의 해외카드 결제 수수료 부담이 줄어들고 이는 상호 방문 증가로 이어질 것이다.

3국의 협력은 문화 분야에서도 활성화되고 있는데 3국은 상호 문화 교류 활성화를 위해 2009년부터 매년 3국 간 문화장관 회의를 개최하고 있다. 특히 3국은 2018년 한국의 동계올림픽과 2020년 일본의 하계올림픽, 2022년 북경의 동계올림픽을 잇따라 개최한다. 이는 2018년부터 향후 7년간 '황금의 동북아 시대'가 열리는 것을 의미하며 3국의 위상을 전 세계에 과시할 수 있음은 물론 국제적 체육 축제를 통해 3국의 국민이 더욱 가까워질 수 있는 계기를 마련할 수 있게 된다. 이와 더불어 3국은 문화산업, 콘텐츠 교류 협력을 강화하기 위한 방안으로 기존의 '한중문화산업 포럼'을 3국의 주요 정부부처가 모두 참가하는 장관급 협의체로 격상시키고자 한다. 자연스럽게 남북 간의 문화예술, 스포츠 교류에 대한 의제도 논의될 것이며 중국과 일본의 지원을 바탕으로 남북한 관계 개선과 지역안정에도 중요한 역할을 하게 될 것이다.

과학기술 분야 협력 사례로, 2016년 3국은 북극 과학연구의 공동 추진을 위한 첫 고위급 대화를 한국에서 개최하였다. 제1차 '3국간 북극 협력대화'를 통해 국제 협력, 과학연구, 경제활동 등 자국의 북극 관련 정책을 소개하고, 3국 차원의 북극협력 발전 방향을 논의했다. 특히 3국은 과학연구를 가장 유력한 협력 분야 중의 하나로 장려하자는 데 의견을 모았으며, 창의적인 협력 사업을 지속적으로 발굴하기로 했다. 현재 3국은 연구선과 과학기지 등 과학적 자산을 활용해 북극에 대해 높은 수준의 과학적 지식을 생산하고 있으며 첫 대화를 통해 도전과 기회의 공간으로서 북극에 대한 협력을 진전시킬 방안을 모색하였다. 3국의 첫 번째 '북극협력회의'는 2015년 11월 '제6차 한일중 정상회의'의 합의 사항 중 하나로, 당시 3국 정상은 "북극 정책 공유, 협력사업 발굴, 북극협력 강화 방안 모색을 위해 3국 고위급 북극협력 대화를 개설할 것"이라고 밝힌 바 있다. 3국은 북극권 국가 협의체인 북극이사회에 지난 2013년에 옵서버로 동시 가입했으며, 각자 북극에 과학기지를 두고 북극 관련 활동 강화를 모색하고 있다. 3국은 이번 1차 회의의 논의 내용을 북극이사회에 보고할 계획이다.

4) 3국 간 경제 통합의 길

3국 간에 논의되고 있는 양자 및 다자 간 FTA 중에서 한중 양국은 2015년에 가장 먼저 FTA를 체결하였다. 한중 FTA는 양국은 물론 주변 국가와의 경제관계를 연결하는 교량 역할을 하게 되어 지역 경제협력을 추동하는 동력이 될 것이다. 또한 한중 양국의 외교관계를 개선하여 지역안보와 전략적 영역에서 지렛대 역할을 하여 지역의 전체 경쟁력을 제고하는 효과를 가져다줄 것이다. 또한 한중 FTA는 향후 한중일 3국 간의 FTA 협의에도 중요한 작용을 할 될 것이다. 현재 한중일 3국은 모두 세계의 경제강국으로 세계 총인구의 22%, GDP의 21%, 무역량의

17%, 외환보유고의 47%를 차지하고 있으며 동아시아 지역 범위에서는 GDP의 90% 이상을 차지하고 있는 가운데 15억 시장을 바탕으로 세계의 자본과 기술 그리고 인재를 끌어들이고 있다. 비록 한중일 3국 간의 교역 규모가 EU 및 NAFTA에 비해 턱없이 부족하나 3국 간의 무역투자를 증진하는 각종 제도적 기반이 갖추어지면 지역 내 교역은 비약적으로 증가될 것이다.

중국인민대학 경제연구소 보고서에 의하면 한중일 FTA가 체결되면 3국의 GDP는 각각 2.6-3%, 1-2.8%, 0.2-0.6% 증가되는 것으로 나타났다. 한중일 FTA 발효를 통해 3국의 경제 통합이 진전되면 부유한 경제는 3국 간의 우의를 증진시키고 점차 EU가 걸어간 길을 따라갈 수도 있을 것이다. 중국이 세계의 시장으로 커지는 가운데 지역 내 수요가 팽창하면 3국의 수출구조는 외부 수요(유럽 및 북미)에 대한 의존이 줄어들어 경제 체질이 강건해져 글로벌 경제 체제하에서 3국의 위상과 발언권도 높아질 것이다. 일부 연구기관은 2020년에 이르러 한중일 3국이 유럽과 북미를 넘어 세계에서 가장 큰 경제권과 자본시장으로 변모하여 아시아 지역에서 미국 달러가 퇴출되어 동북아 시대가 도래할 것임을 전망하고 있다.

그러므로 한중 FTA를 발판으로 삼아 다양한 동아시아 경제 통합에 대한 논의에서 한중 양국은 주도적 역할을 수행하여 지역 내 무역 및 투자 증진을 위한 공헌을 해 나가야 할 것이다. 하지만 국가의 시장 개입을 의미하는 모든 정책은 편익과 비용을 동시에 수반하게 된다. 중요한 것은 장기적인 국가 발전의 차원에서 기대되는 편익과 치러야 하는 비용에 대한 판단과 선택이다. 이 원리는 국가 간 경제 통합의 추진에서도 동일하게 적용되며 결국은 각국의 정치적인 결단에 의존하지 않을 수 없다. 3국 간 경제 통합을 추진하려면 3국 간의 정치적 합의가 전제되어야 한다. 통합의 성공 여부는 장기적인 발전전략 차원에서 지역의 공동 번영을 이룩하려는 3국 정부의 확고한 의지와 함께 꾸준하고도 의식적인 노력에 달렸다. 이를 위해 3국의 저명 인사로 구성된 '3국 간 경제 통합 자문위원회'를 통해 통합의 비전과 전략 그리고 구체적 실행계획을 토의하고 위원회 산하의 '외교안보협력팀'과 '사회문화협력팀'의 의견을 반영한 후 3국의 정상회의에 건의하는 기능을 수행할 필요가 있다.

특히 현재 3국 간 개최되고 있는 장관급회의가 3국의 정상회의를 더욱 효과적으로 지원할 수 있도록 의제 및 시간을 세부 조정하고 이를 통해 정상회의에서 합의된 과제를 보다 체계적으로 관리되고 이행될 수 있도록 해야 한다. 3국의 경험과 이해가 축적되면서 정상회의의 효과와 위상이 높아지고 제고된 정상회의의 위상은 정치적 리더십의 강화를 가져올 것이다. 3국 간에 이미 운영되고 있는 정상회의와 장관급회의를 바탕으로 3국의 정치적 의지만 있다면 '한중일(CJK) 경제 통합 위원회'를 설립할 수 있고 이를 3국의 국민들에게 홍보함으로써 차츰 경제 통합에 대한 공감대를 조성해 나갈 수 있을 것이다. 3국의 지속적인 번영과 안정을 보장해 줄 수 있는 소통의 지혜를 찾아내고 이를 제도화할 수 있는 용기와 실천이 필요한 시점이다.

2. 동아시아 공동체 구축의 당면 과제

히요시 히데마쓰(日吉秀松)
번역: 우진훈

최근 세계화와 지역화는 강력한 저항에 직면하고 있다. EU에는 불확실성 요인들이 나타나고 있는데 특히 중동 지역의 난민은 EU 지역에 그림자를 드리우고 있다. 비교적 일찍 통합의 길로 들어선 유럽의 일부 국가는 난민 유입에 따른 치안 불안을 이유로 우익 세력이 고개를 들기 시작했고 일부 극단적인 배척 풍조가 유럽과 미국에 만연하고 있다. 영국의 EU 탈퇴로 EU는 위기에 봉착하고 미국은 트럼프의 당선으로 양자주의, 심지어 고립주의로 나아가려 한다. 이와 같은 양자주의 혹은 고립주의는 무역보호주의로 체현될 가능성이 크다. 하지만 이와 같은 경향을 놓고 미국이 국제업무에 참여하지 않는다고 할 수는 없다. 국제업무를 통해야만 참여와 간섭을 계속할 수 있고 국제사회의 발언권을 유지하며 자신의 국익을 극대화할 수 있기 때문이다.

현재 종족주의의 발호에 유럽의 이성은 완강히 저항하고 있는데 오스트리아 대통령 선거에서 우파 후보자가 낙선한 것은 좋은 사례다. 유럽과 세계의 우익 종족주의 세력에 대해 이성적 판단과 경계를 하고 있는 것이다. 세계의 많은 업무가 묘사하고 있는 것은 국가이익을 부추기며 나타나는 충동이다. 하지만 하나의 지역과 세계평화를 위해 필요한 것은 상호 이익을 주고받는 협력과 교류다. 우리는 현 시대상의 변화에 우려하고 있으며 일국지상 혹은 종족지상에 대한 주장이 나타나는 것은 다원화된 인류 사회의 공동 발전과 서로 다른 문화의 평등한 교류에 불리한 것이다.

이와 같은 고립주의 혹은 반세계화 사조와는 다르게 2015년 12월, 아세안은 지역 통합을 위한 결정적인 일보를 내디뎠고 이는 향후 동아시아 지역 통합에도 한 줄기 빛을 비춰 준 사건이었다. 본 글은 '동아시아 공동체' 구축이 직면한 장애 요인을 분석하고 서로 다름을 인정하는 각도에서 '동아시아 공동체'를 위한 필요조건을 탐색한 것이다. 소위 대동(大同)이라 함은 서로 다른 의견을 상호 존중하고 공동의 이익을 탐구하는 것이다. 한편 정치적 원인으로 인해 현재 '동아시아 공동체'의 지리적 범위는 불확실하고 애매한 상황이다. 예로, 동 지역의 범위는 아세안과 일중한 3국 외에 미국, 러시아, 호주, 뉴질랜드, 인도 등의 국가도 포함하고 있다. 하지만 미국, 호주, 뉴질랜드는 아시아에 있지 않고 인도는 남아시아에 속한다. 러시아의 국토는 지리적으로 아시아에 속하나 유럽 국가다.

그러므로 지리적 개념으로 동아시아 공동체를 논할 때는 아세안 10개국과 일중한 3국이 포함된다. 순수 지리적 개념에서 미국 등 지역 외부 국가가 공동체의 성원이 된다는 것은 동아시아 공동체의 지리적 모호함을 배증하는 것으로, 이는 동아시아 공동체 구축에 불리한 것으로 작용된다. 그러면 동아시아 공동체 논의에서 지리적 개념의 혼란이 초래된 이유는 무엇인가? 이는 소위 '개방적 지역주의'와 연관된다. 미국은 '개방적 지역주의'라는 구호 아래 동아시아 공동체 구상에 참여하고 이를 통해 동아시아 지역 내 업무에 개입하려는 것이다. 본 글은 동아시아의 지리적 공간을 아세안과 동북아 국가(일중한 및 몽고 등)로 제한하고 이들 국가를 대상으로 '동아시아 공동체' 구축을 위한 필요조건을 탐색할 것이다.

1) 동아시아 지역 '공동의 가치관' 문제

지역 통합 조건을 논할 때 어떤 이는 '공동의 위협과 공동의 이익 그리고 공동의 가치관'을 언급한다.[1] 여기서 말하는 '공동의 위협'은 군사적 위협뿐만 아니라 세계화의 진전에 따른 경제적 압력도 포함한다. 즉 경제적 경쟁으로 파생되는 압력도 위협으로 보는 것이다. 경쟁 압력에 대응하여 지역조직을 구축하여 교섭력을 높이고 이해관계의 조정을 통해 '공동의 이익'을 추구하는 것이다. 하지만 공동의 이익이 반드시 '공동의 가치관'을 가지고 있어야 하는 것은 아니다. 바꿔 말해 '공동의 가치관'에 '공동의 이익'이 있어야만 되는 것도 아닌 것이다. 일본 외무성의 한 관료가 언급했듯 "일본과 미국 사이에는 공동의 가치관이 있다. 중국과는 비록 공동의 가치관은 없지만 공동의 경제이익은 있다."라는 것이다.[2]

여기서 말하는 '공동의 가치관'은 미국이 제창하는 민주주의, 시장주의, 인권주의 등 세 가지의 가치를 말한다. 일본과 중국 간에 '공동의 가치관'은 없지만 '공동의 이익'으로 불리는 상호 의존적 경제관계는 조

1) 進藤榮一, 『東アジア共同体をどうつくるか』, 筑摩書房, 2007, p. 15.
2) 谷口誠, 『東アジア共同体—経済統合の行方と日本—』, 岩波書店, 2006, p. 48.

성할 수 있다. 그러므로 '공동의 이익'을 유지하려는 각국의 정치적 의지는 각국이 협조 관계를 유지하는 견실한 기초가 된다. 어떤 국가의 행위는 사실 국가의 이익에 의해 좌우된다. 그러므로 '공동의 가치관'은 공동체를 형성하는 절대 조건은 아닌 것이다. 만약 과도하게 '공동의 가치관'을 주장한다면 동아시아 공동체 구축은 어렵다. 동 지역의 정치와 문화 그리고 경제 영역에는 많은 다양성이 존재하고 있기 때문이다.

우선 동아시아 각국의 정치체제의 다양성을 들 수 있다. 아세안 10개 국가와 일중한 3국에는 군주입헌제를 포함한 민주주의체제, 권위주의체제, 절대군주제, 사회주의체제 등이 있다. 정당제도 측면에서 일본, 한국, 말레이시아, 태국, 인도네시아, 필리핀, 캄보디아는 다당제를 채택하고 있고 미얀마는 민주화를 실현했으며 싱가포르은 패권정당제를, 중국은 공산당이 이끄는 다당협력제를, 베트남과 라오스는 일당제를, 브루나이는 군주제를 시행하고 있다. 그러나 민주제도를 시행하는 국가의 정세가 안정되어 있는 것만은 아니다. 예로 민주체제하의 태국은 최근 매 차례의 선거가 계속해서 사회 분열로 이어지고 있는 실정이다. 선거로 탄생한 정권이 반대파 지지자의 극렬한 시위로 와해되고 있거나 혹은 군사 쿠데타로 합법적인 민선 정권이 전복되는 등 민주제도가 곤경에 빠지고 있다. 동일한 정치제도를 시행하는 국가 간에도 대립과 충돌이 일어나고 있다. 예로 군주입헌제를 채택하고 있는 태국과 캄보디아는 영토분쟁으로 군사적 충돌이 자주 발생한다.

일본과 한국 간에도 독도 문제로 대립하고 있는 것은 주지의 사실이다. 일한은 정치제도가 같을 뿐만 아니라 모두 미국의 동맹국이다. 그럼에도 양국 관계가 원활하지 못한 실정이다. '가치관 외교'를 강조하는 아베 수상은 의도적으로 베트남과의 관계를 개선하려 하는데 이는 아베 자신이 주장하는 '가치관 외교' 정책을 위배하는 것이다. 물론 '가치관

외교' 정책은 중국에 초점을 맞춘 것이다. 이와 같이 놓고 볼 때 '공동의 가치관' 혹은 '가치관 외교'는 국가이익 앞에서 상호 모순성을 드러내고 있다. 다음으로, 동아시아 각국의 종교도 서로 다르다. 불교, 기독교, 천주교, 라마교, 이슬람교 등 종교의 다원화 색채를 띠고 있다. 또한 언어도 다양하여 중국어, 한국어, 일본어, 태국어, 크메르어, 미얀마어, 타갈로그어, 말레이어, 영어 등이 있다. 동아시아 지역이 문화 동질성을 중시한다면 아세안 10개국의 경제 통합도 불가능할 것이다. 그러므로 동질화를 강조하는 것은 일종의 근거 없는 오만과 편견에 불과한 것이다.

경제발전 수준으로 보면 일중한 3국 간의 차이뿐만 아니라 아세안 10개국 간의 차이도 매우 크다. 〈표 1〉에 나타난 바와 같이 2015년 싱가포르의 1인당 국민소득은 72,711달러, 말레이시아 34,079달러, 미얀마 1,096달러 등으로 구분된다. 아세안 국가 간의 경제발전 수준에도 매우 큰 격차가 존재하고 있는 것이다. 그럼에도 아세안 10개국은 2015년 12월 31일에 중요한 첫 발걸음을 시작했는데 바로 아세안 경제공동체가 출범한 것이다. 이는 동아시아 지역에서 힘들게 만들어 낸 성과로 서로 다른 의식 상태, 언어, 종교, 경제 수준 차이를 극복하며 '공동의 가치관'이라는 주장에 근거가 부족함을 증명했다.

〈표 1〉 2015년 아세안 각국의 1인당 GDP

단위: 미 달러

국명	1인당 GDP	국명	1인당 GDP
인도네시아	3,362	베트남	2,088
태국	5,742	캄보디아	1,144
싱가포르	72,711	라오스	1,786
말레이시아	34,079	미얀마	1,096
필리핀	2,862	브루나이	30,993

현재 탐색 단계인 '동아시아 공동체' 구상은 동 지역 내 국민들이 그 필요성을 인식하는 것과 동시에 공동체를 실현하려는 각국 정책 결정권자의 의지가 중요하다. 그러나 아직 형성도 안 된 '동아시아 공동체' 구상이 국내외로부터 영향을 받고 있다. 외부 영향은 바로 영국의 EU 탈퇴와 반세계화를 주창하는 트럼프 미국 대통령으로부터 비롯된 것으로 일부 인사는 동 지역의 통합에 대한 의구심을 갖기 시작했다. 내부 영향으로는 동아시아 지역, 특히 일중한 3국 간의 관계가 불안정한 상태에 있다는 점이다. 일중한 3국 간의 경제관계는 밀접하나 영토분쟁과 역사 문제가 내재하고 있다. 3국이 향후 손을 맞잡으려면 이 문제를 회피해서는 안 된다. 3국은 반드시 회담을 열어 가장 이성적인 방식으로 문제를 풀어 나가야 한다. 이뿐만 아니라 아세안 10개국과는 달리 일중한 3국 국민의 아시아에 대한 정체성 역시 큰 문제가 아닐 수 없다.

2) 아시아인에 대한 인식

동경대학의 조사에 의하면 동북아 지역(일중한)은 아시아의 정체성에 대한 인식도가 동남아 지역보다 훨씬 낮은 것으로 나타났다.[3] 캄보디아는 99.3%가 자신을 아시아인으로 인식하고 있으며 필리핀은 88.9%로 나타났다. 그러나 일본은 20%, 한국은 32%, 중국은 43% 정도로만 인식하고 있다. 경제대국과 정치대국의 국민은 자신이 아시아인이라는 것에 별 상관을 하지 않는 것이다. 아시아인의 정체성에 대한 인식이 높

---

3) 园田茂人, "東アジア共同体成立の心理的基盤を探る—アジア人意識への社会的アプロ_チ—", GIARI Working paper Vol. 3, Dec. 10, 2007, p. 2.

은 동남아 국가의 국민은 이에 대한 자부심도 대단한 것을 나타났다. 이와는 반대로 인식이 약한 동북아 국가의 국민은 이에 대한 자부심도 박약했다.[4)]

한편 2004년 일본인의 아시아인에 대한 정체성의 인식도는 26.9%였으며 2006년에는 19.6%로 나타났다.[5)] 2006년(20세-60세 연령대)의 조사 결과에 따르면 30-40세의 인식도는 25.1%, 기타 연령대의 인식도는 20%에도 못 미쳤다.[6)] 이와 같은 결과로 일본인은 자신이 아시아인이라는 인식이 상당히 약하다는 것을 알 수 있다. 일본이 '동아시아 공동체'를 주도하는 중임을 맡을 수 있을지 의심되는 부분이다. 그리고 '동아시아 공동체' 구상을 논의할 시 국민의 인식을 높일 수 있을지 여부는 중요한 과제가 될 수 있다. '동아시아 공동체'를 하나의 가정으로 본다면 이를 지키기 위한 가족의식이 절실한데 이를 높이지 못하면 그 가정은 무너지고 말 것이다.

그러므로 '동아시아 공동체'는 우선 동아시아 국가가 구축한 후 '개방적 지역주의'에 따라 타 지역 국가의 가입을 고려할 수 있을 것이다. 하지만 '동아시아 공동체' 논의를 시작도 하기 전에 많은 잡음이 나타나고 각종 압력과 영향을 받고 있는 실정이다. 현재로서는 '동아시아 공동체' 구상이 환영을 받지 못하고 있는 것이다. '동아시아 공동체' 구축을 위한 목표를 설정했음에도 아직까지 구체적 협의 단계로 진입하지 못하

---

4) 园田茂人, "東アジア共同体成立の心理的基盤を探る—アジア人意識への社会的アプロ_チ—", p. 6.

5) 园田茂人, "東アジア共同体成立の心理的基盤を探る—アジア人意識への社会的アプロ_チ—", p. 10.

6) 园田茂人, "東アジア共同体成立の心理的基盤を探る—アジア人意識への社会的アプロ_チ—", pp. 10-11.

는 것은 지역의 주요 국가의 인식이 낮은 이유도 있지만 '개방적 지역주의' 와도 관련 있다. 이를 주창하는 국가가 바로 슈퍼 대국인 미국이다.

3) 일중한 3국과 아세안의 경제관계

'동아시아 공동체' 구상과 관련된 시사점은 그나마 지역의 경제협력이 지속적으로 확장되고 있다는 것이다. 일중한 3국은 각각 아세안과 FTA 협상을 하고 있으며 일정 부분 성과를 내고 있다. 중국은 이미 아세안과 FTA 협상을 마무리한 후 정식 발효시켰다. 중국은 2004년부터 베트남 접경 지역인 광서 장족자치주(广西壮族自治区) 성도인 난닝(南宁)에서 자유무역과 지역협력을 촉진하는 '중국-아세안 박람회'를 개최하고 있는데 매년 박람회와 투자 상담회를 열고 있다. 아세안과의 경제 통합은 중국의 국정 목표로 최근 아세안에 대한 중국의 영향력은 갈수록 높아지고 있다. 중국과 아세안 국가 간의 교역량은 최근 10년간 지속적으로 증가되어 EU 및 NAFTA 지역에 버금가는 경제 통합이 이루어지고 있다.[7] 2006년 한국과 태국을 제외하고 모든 아세안 국가가 FTA 협정을 체결하였다. 일본도 아세안과 경제협력파트너십협정(EPA)을 체결하였다.

일중한 3국과 아세안의 경제협력은 계속해서 강화되고 있다. 비록 3국 간의 FTA 협상은 답보 상태이나 3국 간의 경제협력도 전례 없이 전개되고 있다. 중국이 미국을 제치고 일본과 한국의 최대 무역대상국이 되었고 일본과 한국은 각각 중국의 제2, 제3의 무역대상국이 되었다. 일본은 한국의 제2의 무역대상국이고 한국은 일본의 제3의 무역대상국이

7) 東アジア共同体評議会,『東アジア共同体白書2010』, たちばな出版社, 2010, p. 74.

다. 일중한 3국의 경제무역 관계는 상호 밀접하게 연관되어 이루어지고 있다. 비록 정치외교상의 어려움이 상존하고 있음에도 상호 간의 경제 의존도는 더욱 심화되고 있다. 이와 같이 일중한 3국과 아세안과의 경제 교류 및 협력이 가속되는 가운데 '동아시아 공동체' 구상을 추진할 수 있을 것이다. 동아시아의 경제발전은 지역의 '공동체' 형성에 좋은 기회를 제공하고 있다.

'아시아는 아시아인의 아시아' 라는 협의적 · 고립적 사고 방식에 의한 '동아시아 공동체'가 아니라 미래의 '동아시아 공동체'는 개방성과 포용성을 갖추어야 할 것이다. 이는 하나의 목표지만 '동아시아 공동체'의 기초하에 타 지역 국가의 조직도 받아들이는 구조가 되어야 할 것이다. 아직까지 '동아시아 공동체'는 구상 단계에 머물러 있고 신뢰를 축적하는 단계다. 향후 이 단계를 거치고 모순과 메커니즘을 조절하며 점차 성숙해질 것이다. 또한 이와 같은 노력을 경주해야만 '동아시아 공동체'는 비로소 그 모습을 드러낼 것이다. 실제로 과거 일본이 '공동체' 구상을 위해 노력한 적이 많았으나 매번 미국의 반대로 인해 연달아 실패했다.

4) 일본의 아시아 지역 협력에 대한 정책 변화와 미국의 간섭

(1) 공동체 구상 전의 상황

'동아시아 공동체'는 새로운 개념이 아니며 2차 세계 대전 전에 이미 '동아시아 협동체'라는 구상이 있었다. 이후 '대동아 공영권'이라는 개념으로 대체되었고 이는 일본 패전과 함께 소멸되었다. 이후 침략전쟁에 대한 반성과 함께 일본은 지역주의를 언급할 시 매우 신중한 자세를 보였다. 구상하는 지역주의는 전쟁 전과 같은 배타성을 배제하였고 미국의 냉전 전략의 제약을 받으면서 한편으로 미국을 통해 아시아와 연결되었다.[8] 1952년 4월 28일, 미국 샌프란시스코에서 체결된 평화 조약을 통해 일본은 독립국가 신분으로 국제사회에 복귀했다.

이후 일본은 아시아 외교를 중심으로, 특히 동남아 국가와의 외교 관계를 중시했다. 경제협력에 주력하여 일본 기업은 적극적인 투자와 함께 지사 및 공장을 설립하였다. 냉전 시기 동남아 국가들을 자유세계에 포함시키기 위해 1954년 요시다 수상과 1957년 기시 총리는 각각 '아시아 마샬 계획'과 '동남아 경제개발 기금' 설립을 구상하였다. 이 두 가지 구상은 미국이 출자하고 일본의 기술과 동남아의 자원을 이용하여 지역 경제를 개발하는 것으로 이는 일본과 동남아의 경제 통합은 물론 동남아 각국의 무역보완성 관계를 도모하는 것이었다.[9] 그러나 미국은 자금 부족을 이유로 두 가지 계획을 모두 거부하였다. 사실 미국은 일본의 외교 주도권이 제고되는 것을 우려하였고 미국의 패권이 일본으로 인해 침해될 것을 염려한 것이다.[10] 비록 구상은 실현되지 못했으나 일본이 동남아를 중시하고 경제 통합을 도모한 역사적 사실은 남았다.

기시 정부는 1957년에 'UN 중심'과 '자유주의 국가와의 협조' 그리고 '아시아의 일원'이라는 3대 외교원칙을 제정하여 일본이 아시아의 일원임을 명확히 하였고 이를 실천한 곳이 바로 동남아 지역이었다. 60년대 고도 경제성장을 이룩한 일본은 동남아 국가에게 정부개발원조(ODA)

8) 李炯喆, "東アジア共同体の構想―その歴史と展望―", 『県立長崎シーボルト大学国際情報学部紀要』, 2006, 제7호, p. 88.

9) 立川京一, "日本とアジアにおける初期の冷戦", 防衛省, 『戦史研究年報』(8), 2005. 3. 31., p. 152.

10) 立川京一, "日本とアジアにおける初期の冷戦", 防衛省, 『戦史研究年報』(8), p. 153.

외교를 실시하며 일본이 주도하는 일본-동남아 사이의 다변화 경제협력 기제를 구축하였다. 1962년, UN 극동위원회(the United Nation Economic Commission for Asia and the Far East, ECAFE. 1974년에 UN 아시아태평양 경제사회위원회로 개칭. Economic and Social Commisson for Asia and the Pacific, ESCAP)의 제18차 대회가 동경에서 개최되었다. 당시 대회에서 아시아 지역에 국한되는 무역협의체인 아시아 경제협력조직(Organization for Asian Economic cooperation, OAEC)이 탄생할 것으로 예측되었으나 일본은 이를 제기하지 않았다.

그 원인은 무엇이며 구상의 구체적인 내용은 무엇인가? 동 구상의 대략적 내용은 다음과 같다. ① 동 지역 내에 특혜관세를 적용하고 무역을 촉진한다. ② 각국의 무역수지 불균형을 보완하기 위해 지역성 다자결제기구를 설치한다. ③ 농산물 및 광산품 등 원자재 제품은 지역 내 국가들의 외환 보유를 위한 최적의 수단인바 이를 기초로 지역 내 선진국과 장기 계약을 체결하며 협력을 추진한다.[11] 동 조치는 1957년부터 일본이 주도한 것으로 '유럽 경제공동체' 출범에 영향을 받아 일본이 대표로 ECAFE 무역산업위원회에 제기하여 소집된 지역 내 무역촉진 회의에서 건의한 것이다. 하지만 아시아 각국의 지지를 이끌어 내지 못했다. 하지만 일본이 '아시아 공동체' 실현을 포함한 지역 내 경제협력 촉진 과정에서 보여 준 노력은 사실임에 분명하다.

ECAFE의 OAEC 구상은 이케다 수상이 인도에서 강조한 담화의 영향을 받은 산물이라고 단정할 수 있다. 1961년 11월, 이케다 수상이 인도를 방문한 후 인도 네루 수상에게 아시아 각국은 양자 간 경제협력으로는 부족하며 전체를 단위로 한 공동체 발전을 도모할 시기라고 강조

11) 保城广志, "1962年の'アジア共同体'OAEC構想と日本", 『アジア研究』 제53권, 제1호, 2007, pp. 1-3.

했다.[12] 하지만 일본 정부는 공개 장소에서 OAEC 구상에 반대를 표명했는데 사실 정부 내부에서는 적지 않은 이들이 지지했었다. 그렇다면 왜 이와 같은 이상한 일이 벌어진 것일까? 바로 미국 국무원의 극동국(極東局), 즉 미국 정부의 반대가 있었기 때문이다. 미국은 OAEC 설립이 적합하지 않다고 판단한 것이다. 미국이 반대한 이유는 OAEC 구상이 유럽경제공동체(EEC)의 요구인 '개방적 대서양'에 영향을 줄 수 있다고 우려한 것이다. 미국의 반대로 인해 일본 외무성은 입장을 바꿔 OAEC 창립을 반대한 것이다. 당시 일본 정부의 대장성과 농림성 역시 서로 다른 각도에서 반대했는데 전자는 일본의 부담 증가를, 후자는 일본 농산품에 대한 영향을 우려한 것이다. 물론 핵심은 미국의 반대로, 미국은 '개방적 지역주의' 미명하에 '유럽 경제공동체'와 '아시아 공동체' 구상을 요절시킨 것이다.

(2) 아시아 공동체에 대한 일본 정부의 행동과 구상

1967년 6월 29일, 사토 내각의 외교대신 미키 다케오는 동경의 외국인 특파원 협회에서 행한 연설을 통해 비록 아시아의 유럽 경제공동체가 거부되었음에도 '아시아-태평양 구상'을 또다시 제기하고 태평양 각국의 공동 운명과 아시아의 지역협력을 강조하였다. 하지만 일본의 동남아 경제외교에서 불협화음이 나타났고 동남아 각국의 반일 정서도 높아졌다. 1974년 다나카 수상은 동남아 방문 때 '동남아 5개 원칙'을 제시하고[13] 동남아 각국의 자립을 강조하며 기시 정권 시기의 동남아 외

12) 保城广志, "1962年の'アジア共同体'OAEC構想と日本", 『アジア研究』 제53권, 제1호, p. 13.

13) ① 선린우호, ② 상호 이해, ③ 동남아 각국의 자주성 존중, ④ 동남아 경제의 자립 유지,

교정책을 수정하였다. 1977년 후쿠다 수상이 동남아를 방문했을 때 필리핀 수도 마닐라에서 '후쿠다 선언'을 발표하고[14] 다나카 수상의 '동남아 5개 원칙'을 재확인함과 동시에 일본과 아세안 간의 평등관계를 유지하며 군사대국화를 추구하지 않겠다는 약속을 했다.

후쿠다 선언은 일본과 아세안 국가의 관계가 새로운 단계로 진입하는 계기가 되었다. 1980년 1월 10일, 당시 일본 수상이었던 오히라는 호주 캔버라에서 '환태평양 협력권' 구상을 발표하고 민간 학자와 경제계 인사 그리고 개인 신분으로 참가하는 관료조직으로 구성된 '태평양 경제협력회의(PECC)'를 설립하였다. 여기서 강조한 것은 누구의 구상이건 '개방적 지역주의'에 기초한 것이다. 물론 미국의 '개방적 대서양' 이념에 영향을 받은 결과다. 이후 약 20년 동안 '아시아-태평양 경제협력회의'에 참석한 것을 제외하고 일본 정부는 공동체 문제에 대해 새로운 방안 혹은 구상을 제기하지 않았다. 2002년 1월 14일, 아세안을 방문한 고이즈미 수상이 싱가포르에서 "동아시아의 일본과 아세안이 함께 솔직한 협력관계를 추구하자"라는 제목의 연설을 했다. 고이즈미 수상은 21세기에 이르러 일본과 아세안은 진솔한 파트너가 되어 함께 행동하고 함께 발전하며 이를 바탕으로 협력을 강화해 나가야 한다고 생각했다.[15]

공동체 구축과 지역의 안정 및 번영을 위해 더욱 광범위한 협력이 필요하다는 것을 제기한 것이다. 이는 고이즈미 정부가 공동체 추진에

---

⑤ 동남아 지역협력체계 존중. 일본 외무성 홈페이지, http://www.mofa.go.jp/mofaj/gaigo/biuebook/1974_1/s49-1-3-1.html

14) 후쿠다 선언의 개요: ① 일본은 군사대국화하지 않는다. ② 일본과 아세안 간 마음이 연결되는 관계를 구축한다. ③ 일본과 아세안은 대등한 파트너 관계다. 일본 외무성 홈페이지, http://www.mofa.go.jp/mofaj/press/pr/wakaru/topics/vo164

15) 일본 외무성 홈페이지, http://www.mofa.go.jp/mofaj/press/enzetsu/14/ekoi_0114.html

대한 신동향과 새로운 기대를 보여 준 것이다. 이듬해 개최된 일본과 아세안의 정상회담에서 통과된 '동경선언'은 '아세안+3' 조합이 동아시아 협력을 촉진하고 경제 통합 네크워크를 구축하는 주요 경로가 될 것임을 명확히 했다.[16] '동경선언'이 '동아시아 공동체'는 아세안과 일중한 3국의 협력을 기초로 하는 것임을 선언한 것과 같은 것이다. 2004년 9월 21일, 고이즈미는 제59차 UN 대회 참석 후 행한 연설에서 아세안+3을 기초로 하는 '동아시아 공동체' 구상을 재삼 강조하였다.[17] 아울러 동 기간은 일본이 UN 상임이사국이 되기 위해 노력하던 시기로 더욱 많은 UN 회원국의 지지가 필요했던 시점이다. '동아시아 공동체'의 지리적 범위를 아세안+3으로 제한한 것은 일본이 상임이사국이 되는 것을 반대하는 중국과 한국의 태도 변화를 기대한 것처럼 보였다. 결국 일본은 중한 양국의 태도를 변화시키지 못했고 아세안 국가의 지지도 얻지 못했다. 이는 아세안 국가가 일본에 대해 경제 영역 외에 정치적으로 굴기하는 것에 대해 우려하고 있음을 보여 준 것이다.[18]

실제 고이즈미가 발표한 '동아시아 공동체' 구상 전인 2004년 8월 13일, 미국 정부는 이미 반대 표시를 했었다. 당시 미국의 파월 국무장관은 워싱턴에서 아사히 신문의 인터뷰에 응하며 아세안+3 기제를 받아들일 수 없는 전제하의 '동아시아 공동체' 필요성을 얘기했다.[19] 일본이 UN 상임이사국이 되기 위한 목표를 두고 고이즈미 수상이 미국의 우려에도 불구하고 이를 언급한 것은 아세안과 중한 양국의 요인을 고려한 것이나 결과적으로 일본은 적극적인 호응을 얻지 못했을 뿐만 아

16) 수상 관저 홈페이지, http://www.kantei.go.jp/koizumispeech/2003/12/12sengen.html
17) 일본 외무성 홈페이지, http://www.mofa.go.jp/mofaj/press/enzetsu/16/ekoi_0921.html
18) 吉野文雄, 『東アジア共同体は本当に必要なのか』, 北星堂書店, 2006, p. 10.
19) 『朝日新聞』, 2004. 8. 13.

니라 '동아시아 공동체'를 구축할 수 있는 또 한 번의 기회마저 상실했다. 상황이 어떠하건 미국의 압력은 '동아시아 공동체' 구상이 늦어지는 주요 요인임은 분명하다. 미국이 제창하는 소위 개방적 지역주의는 일종의 이기주의 정책에 불과한 것이다. 미국의 반대로 인해 2005년 1월, 고이즈미 수상은 일본 국회에서 '개방적 동아시아 공동체에 의한 역량의 공헌'이라는 의견을 제시했다.[20] 이때의 고이즈미 연설은 미국의 압력에 굴복한 결과물인 것이다.

5) 미국의 '동아시아 일체화'에 대한 태도

미국은 동아시아 일체화 동향에 대한 경계심을 늦추지 않고 있다. 1990년 12월, 당시 말레이시아 마하티르 총리는 중국의 리펑(李鵬) 총리와 회담하고 '동아시아 경제권' 구성을 제시했다. 이에 대해 미국은 강력히 반대했고 그 이유는 아시아-태평양 지역을 분열시킨다는 것이었다. 동남아 국가와 밀접한 관계를 유지하던 일본은 진퇴양난에 빠졌다. 어쩔 수 없이 미국과 아세안 둘 중에서 선택해야 하는 궁지에 몰렸고 결국 미국 편에 섰다. 이는 일본이 다시 한 번 동아시아 일체화를 주도할 수 있는 기회를 놓쳤다는 것을 의미했다.

또한 일본 정부는 1997년 아시아 금융위기 때 '아시아 통화기금(AMF) 설립을 제기했으나 이 또한 IMF와 미국의 반대에 부딪쳤다. 일본 정부는 AMF가 IMF를 보조하는 기구라 주장하며 기금 규모를 1,000억 달러로 줄여 다시 한번 설립을 제안했으나 이 역시 미국과 IMF은 반대

---

20) 수상 관저 홈페이지, http://www.kantei.go.jp/jp/koizumispeech/2005/01/21sisei.html

했다. 뿐만 아니라 미국은 정부 요인을 파견하여 중국으로 하여금 일본의 제안을 반대하게끔 설득했다.[21] 이와 같은 사례를 볼 때 미국은 일관적으로 아시아 지역에서 국제기구가 출범하는 것을 원치 않는 것이다. 미국의 오바마 정부가 TPP를 통해 부분 아세안 국가의 가입을 종용하며 아세안을 분열시키고 중국을 배척하며 동아시아 공동체 구상이 발전하는 것을 방해했다. 비록 TPP가 트럼프 대통령에 의해 부결되었으나 미국은 다른 방식을 동원해 앞으로도 아시아 업무를 주도하려 할 것이며 이에 따라 '동아시아 공동체' 구상도 하나의 꿈으로 전락할 가능성이 있다.

6) '동아시아 공동체' 구상에 대한 건의

현재 '동아시아 공동체'는 여전히 구상 단계에 머물러 있다. 2007년 당시 아베 수상은 중국과의 정상회담에서 공동으로 동아시아 일체화를 추진할 것을 주장했으나 구체적인 언급은 하지 않았다. 2009년, 민주당(현 민진당)의 하토야마 수상은 일본과 중국이 주도하는 동아시아 공동체 구상을 제기하기도 하였다. 그러나 동아시아 일체화 과정에서 풍부한 지역조직 구축 경험을 갖고 있었던 아세안은 이미 2015년 12월에 아세안 경제공동체를 출범시켰고 향후 동아시아 지역에서 중요한 역할을 해나갈 것이다. 그러므로 하나의 방안으로, 아세안 경제공동체가 주도하는 '동아시아 공동체' 구상을 추진하는 것이다. 이는 대국 간의 각종 의심과 주도권 쟁탈전을 배제할 수 있을 것이다.

---

21) 進藤榮一,『東アジア共同体をどうつくるか』, p. 40.

'동아시아 공동체'를 진전시키는 과정에서 우선 아시아인의 '동아시아 공동체'에 대한 인식을 구축할 필요가 있다. 공동체의 아시아 지역 범위를 명확히 하고 동 범위 내에 있는 국가가 공동체의 성원국이 되어 국가 간의 경제 교류를 촉진하는 것이다. 양자 혹은 다자 간에 자유무역을 실현하여 민간 교류를 촉진하고, 아시아인의 의식을 고양하고 정체성을 확립하며, 가치관의 다양성을 존중하고 공생 · 공존을 도모하는 것이다. 이와 함께 '동아시아 공동체'가 문화공동체와 경제공동체로 발전하여 지역의 경제 및 문화 번영은 물론 지역의 정치 안정과 평화를 도모해야 할 것이다. 나아가 '동아시아 공동체'의 구축이 본궤도에 오르면 '개방적 지역주의'에 따라 미국을 포함한 기타 지역 혹은 국가도 참여할 수 있는 환경을 조성하는 것이 현실적인 방향이라 할 수 있다.

3. 동아시아 경제공동체 구축과 동아시아 평화 촉진

쟈오전(赵贞)
번역: 우진훈

2015년 중국 보아오 아시아 포럼에서 시진핑 주석은 주제강연을 통해 2020년 동아시아 경제공동체 건설 목표를 제시했다. 다른 지역에 비해 동아시아 경제구조의 특징과 정치적 관계는 복잡미묘하여 동아시아 평화와 안정은 세계 평화에도 영향을 미치고 있다. 동아시아 정치경제는 지역 내 대국의 경쟁 및 협력에 영향을 받고 있을 뿐만 아니라 지역 외 요인과 역사적 배경으로 인한 어려움도 겪고 있다. 2차 세계대전 이후 동아시아 정세 변화의 궤적을 보면 동아시아 지역 평화는 먼저 경제협력을 추구하고 정치적 신뢰를 축적한 뒤 안정을 도모하는 경로로 발전하는 것이 이상적이다. 이를 통해 동아시아 각국의 경제소통을 강화하고 경제공동체를 구축하여 경제 영역의 성과가 정치 영역으로 전이되면서 최종적으로 지역의 평화를 실현하는 것이 가능성과 함께 가장 현실적인 방안이 될 것이다.

중일한 3국은 지역 내 주요 국가로 3국 간에는 전통무역이든 신형 경제협력 방식이든 모두 강한 보완성을 가지고 있다. 동아시아 경제공동체 건설은 이미 발효된 중한 FTA를 참고하고 이를 바탕으로 중일한 FTA 협상을 가속하여 전면적인 지역경제협력을 실현하는 것이다. 그러나 중한 FTA와 중일한 FTA 그리고 미래의 전면적 지역경제협력 모두 불확실성 요인에 직면하고 있어 동아시아 경제공동체 건설 과정에서 어떻게 성과를 공고히 하고 새로운 협력 방식을 찾을 것인가는 각국 정부와 기업 그리고 싱크탱크 및 민간의 협력에 달렸다.

1) 중한 FTA의 발전 현황을 주목하고 제도설계를 개선하여 최대한 빨리 그리고 최대 한도로 양국 무역의 제도적 장애를 제거해야 한다

중한 FTA 협정은 2015년 12월 20일부터 정식 발효되었다. 당시 낙관적인 견해는 중한 FTA로 양국의 교역량이 3,000억 달러를 돌파하는데 촉진 역할을 하고 발효 후 5년 내에 한국의 GDP는 1.25% 증가된다는 것이었다. 하지만 중국해관총서의 통계에 의하면 2016년 상반기 5개월 동안 중한 수출입 총액은 전년 동기 대비 10.3% 하락하였고 이중 수출과 수입은 각각 8.7%, 11.3% 줄어든 것으로 나타났다. 반면에 2016년 3분기 동안 일대일로 관련국을 대상으로 한 중국의 수출은 증가 추세를 보였는데 이 중 파키스탄에 대한 수출은 14.9%, 대러시아 수출은 14%, 폴란드 11.7%, 방글라데시 및 인도는 각각 69%, 7.8% 증가하였다.

중한 무역량이 감소한 원인은 시장적 요소도 있지만 정치적 요인의 영향도 있다. 경제적으로는 글로벌 시장의 수요 위축과 상품가격 하락, 중한 양국의 경제 구조조정에 따른 단기 수요 변화 그리고 관련국의 환율 파동 등의 요인들이 중한 양국의 교역에 영향을 주었다. 여기에 양국의 정치관계 냉각, 특히 한국의 사드 배치로 인한 양국의 정치적 신뢰 악화가 양국 경제무역의 정상적 교류에 큰 영향을 미치고 있다. 국제사회의 기타 FTA 체결 경험으로 볼 때 경제 교류는 정치적 신뢰를 증가시키고 상호 정치적 신뢰의 지속성은 고효율의 경제 교류를 파생시킨다. 중한 FTA 발효, 특히 사드 배치 이후 양국은 경제를 우선할 것인가 아니면 정치를 우선할 것인가의 선택에 직면하고 있다. 지금으로 볼 때 양국은 주동적 혹은 피동적으로 정치를 우선하는 선택을 한 것으로 보이는데 이는 양국의 경제무역 발전에 모두 불리하게 작용하고 있다.

사실 중한 FTA는 정치요인의 영향으로 예상했던 성과를 얻지 못하고 있으며 이는 작금의 양국 교역 상황과도 연계되고 있다. 첫째, 비록 양국의 무역구조는 상호 보완적이나 양국의 무역의존도는 비교적 낮은 편이다. 통계에 의하면 양국의 산업구조는 강한 보완성을 갖고 있으나 상호 간의 무역의존도는 19.4%에 불과하여 이는 EU의 63.8%, NAFTA의 40.2%에 비해 훨씬 낮은 수준이다. 양국 간의 낮은 무역의존도는 양국의 경제관계가 더욱 쉽게 정치관계 변화에 따라 요동칠 수밖에 없음을 의미한다.

둘째, 양국 민간 교류의 이성적 수준 제고가 필요하다. 중한 교류는 두 가지 특징을 가지고 있다. 우선 정부가 민간 교류를 촉진하는 데 중요한 역할을 하고 있다는 것이다. 1992년 수교 이후 양국의 지도자는 상호 방문과 국제무대를 통해 비교적 잦은 만남을 가졌고 양자관계와 공통의 관심사에 대해 심도 있는 의견을 교환해 왔다. 또한 고위층의 교류를 통해 민간 교류를 촉진하여 양국관계의 건강한 발전을 유지하는 보장 역할을 했다. 하지만 또 다른 측면에서 민간 교류는 정치적 풍파의 영향을 받았고 양국 정치관계의 상황은 민간 교류에 직접적인 영향을 미쳤다. 민감한 이슈에 봉착하면 쌍방은 민족주의적 이해를 바탕으로 한 언행으로 불만을 표출했다.

부인할 수 없듯이 양국은 수교 이후, 특히 최근 들어 민간 교류가 급증했고 교류 범위와 내용도 다양해졌다. 하지만 교류 중에 과도한 민족주의적 정서를 보여 왔고 이성적 이해는 부족했다. 사드 배치 이후 중국의 한한령(限韩令)이든 중국 기업에 대한 한국의 제재조치든 모두 양국 민간 교류의 비이성적 정서를 반영하고 있다. 민족주의는 민족 생존의 사상적 기초지만 민족주의는 이성적 판단이 필요하다. 민족의 자존심과 자신감을 지키되 국가 간의 정치 교류에는 상대적 거리를 유지하는 것이 좋다. 중한 양국의 민간 교류는 정치관계 변화로 인해 변화되고 있어 이성적 판단과 이해가 안타까운 실정이다.

셋째, 중한 양국과 다른 국가의 무역대체 관계를 알 필요가 있다. 2015년 말 현재 EU와 미국 그리고 아세안은 중국의 3대 무역파트너다. 2011년 한국은 EU와 FTA를 체결했고 2012년에는 미국과 같은 협정을 맺었다. 한국과 세계의 양대 경제권과의 무역관계는 한국의 대외무역 체계의 중요한 구성 부분이다. 말하자면 중한 양국의 무역구조상에 상당한 보완성이 있지만 보완성이 교역 확대의 유일한 조건은 아니다. 다른 무역파트너는 중국이든 한국이든 모두 강한 무역대체 관계를 가지고 있다. 동아시아 지역의 특수성과 정치적 생태 환경은 지역 외부 요인의 영향으로 제약을 받고 있다. 미국의 동아시아 정책이 아직 변화되지 않는 가운데 동아시아 내부의 경제 교류를 통한 정치적 신뢰를 배가하여 지역에 불리한 외부 요인을 해소하는 것은 동아시아 평화에 매우 이롭다. 동아시아 주요국의 경제 교류에 기초하여 다음과 같은 무역성과를 거두어 나가야 할 것이다.

첫째, 경제를 우선하고 정치를 통해 안전을 도모하는 원칙을 지키고 중한 FTA 협정 내용을 실천하여 양국의 경제의존도를 강화해야 한다. FTA의 발전 경험을 본보기로 삼아 '중한 FTA협정'은 현재까지 중국이 체결한 협정 중에 국별 교역량이 가장 크고 협정 범위가 가장 전면적인 자유무역협정이다. 양국은 협정 조항을 이행하고 양국의 무역장벽을 철폐하여 지역 내 생산 요소의 자유 이동을 촉진하고 자원 배분과 이용을 더욱 합리적으로 배치해야 한다. 이를 통해 무역의존 관계를 더욱 강화하여 최종적으로 경제이익공동체를 구축하는 것이다.

둘째, 양국 정부는 교역이 활성화될 수 있도록 관련 플랫폼을 구축하고 서비스를 제공하는 직책을 수행해야 한다. 정부의 정책성 가이드는 자유무역지구 건설을 위한 핵심 조건이다. 정부가 장악하고 있는 자유무역지구 건설 관련 정보를 더욱 개선하고 미래 비전을 가지고 협력을 준비하는 것은 양국 정부의 책임이기도 하다. 구체적인 조치로는, 양국 기업에게 관련 정보를 제공하는 자문 플랫폼을 제공하고 양국 무역이 활발한 도시 및 지역에 해외지원센터를 건립해야 한다. 양국의 서로 다른 문화풍습을 연구하고 이를 바탕으로 투자유인 정책 방안을 제정할 필요가 있다. 또한 싱크탱크와 기업이 협력하여 각국의 시장환경을 조사하고 새로운 제품시장을 발굴하는 연구를 수행해야 한다. 양국이 관련 업무를 수행할 때는 상호 '윈윈'하는 협력 원칙하에 기업의 무역협력에 필요한 제도상의 장애 요인을 제거하여 양국 기업과 투자자로 하여금 FTA 협정 발효 후 비즈니스 기회를 창출하는 환경을 조성해야 한다. 이와 같은 조치가 순조롭게 진행되면 협상 내용은 신속하게 경제적 성과로 나타날 것이며 동시에 다른 양자 및 다자 간의 FTA 협상도 자극하는 역할을 하게 될 것이다.

셋째, 중한 FTA 협정 성과를 바탕으로 양국 도시에 경제개발구를 설치하고 정부는 관련 정책을 출시하여 기업으로 하여금 FTA 협정 내용을 우선 시도하고 수행할 수 있도록 도와야 한다. 이를 위해 정부의 정책 설계가 필요하며 본국의 비교우세를 활용하여 관련 산업정책을 제정하여 기업이 자발적으로 해외 기업과 협력할 수 있도록 격려해야 한다. 또 다른 측면에서 중한 FTA는 무역의 비용을 낮추고 투자를 촉진시켜 양국 기업, 특히 중소기업들이 많은 수혜를 입을 것이다. 이는 기업의 주도적인 역할이 필요함을 의미하는 것이며 기업은 자발적으로 중한 FTA 협정의 관련 내용을 숙지하고 각 조항을 이용하여 기업 자체의 발전 계획을 세워야 한다. 이를 통해 양측 기업이 FTA 협정을 이행하는 과정에서 부딪치는 문제 및 장애 요인을 사전에 해소해 나가는 것이다.

2) 동아시아 협력의 돌파구를 탐색하고 새로운 형식의 경제협력을 통한 우회 방식으로 중일한 FTA 협상을 추진해야 한다

중일한은 공히 세계의 중요한 경제대국으로 중국은 일본과 한국의 제1 무역파트너이며 일본과 한국은 각각 중국의 제2, 제3의 무역파트너다. 만약 3자가 빠른 시일 내에 FTA 협정을 맺을 수 있다면 3국 간의 무역확대는 물론 거대한 투자 기회와 경제이익을 도모할 수 있다. 하지만 주지하듯 중일한 3국의 산업구조가 강한 보완성을 가지고 있지만 3국의 FTA 협상은 중한 FTA와 유사한 문제 외에도 적지 않은 불확실성이 존재하고 있다. 현재 중일한 FTA 논의가 답보 상태인 데다 협상에 불리한 요인들이 계속해서 돌출되고 있다.

중일한 FTA 협상은 오랜 시간 지속하며 몇 차례 고비를 겪었는데 담판의 어려움은 네 가지에 근거하고 있다. 첫째는 국가 간의 발전 수준이 불균등하여 각자가 주목하는 이익구조가 서로 다르다는 것이다. 일본의 민감 분야는 농업, 철강, 에너지, 조선산업 등이고 한국은 농수산업, 에너지, 의류 및 섬유 등 가공 제조업 분야, 그리고 중국은 화공, 자동차, IT, 기계설비, 금융, 소매, 첨단제조 및 운송설비 등의 분야다. 이 중 농업 요인이 중일한 FTA 협상 중의 가장 민감한 분야다.

둘째, 중일한 FTA의 주도권 문제다. 아시아·태평양 지역은 현재까지도 확장 중이라 지역 내 경제 통합 과정에서 주도적 역할을 할 수 있는지 여부는 참가국의 국가이익과 직결된다. 중일한 3국의 경제발전이 불균등하나 각자의 특색이 있고 각자 모두 담판 과정에서 본국의 비교우세를 내세워 담판을 주도하려 할 것이다. 예로 관세 철폐 부문에서 당사국은 관세 비율을 점차 줄여 나가며 제로 관세를 실현한다는 것에 동의하고 있다. 하지만 일반 상품과 민간 품목의 관세를 어떻게 구분하고 아울러 관세 양보 비율과 향후 계획은 어떻게 할 것인가에 3국은 서로 다른 태도를 보이고 있어 관세 주도권 경쟁은 중일한 FTA 협상의 주요 이슈가 되었다.

셋째, 정치와 역사 요인이 있다. 미국의 아시아·태평양 재균형 전략은 동아시아 지역의 경제일체화 진전을 방해하고 있을 뿐만 아니라 동 지역의 정치적 신뢰와 전통적 안전 문제에 매우 큰 부정적 요인을 제공하고 있다. 일본과 한국은 모두 미국의 동맹국으로, 일한 양국은 자신의 전략적 사고가 미국의 아시아태평양 전략의 이익 구조에 묶여 있는 실정이라 미국의 정책이 양국의 전략적 이익 조정에 직접적 영향력을 행사하고 있다.

넷째, 동아시아 지역과 역외 경제체제의 협력관계는 중일한 FTA 협상에서 경쟁관계를 증가시키고 있다. 동아시아 무역구조는 EU와 NAFTA와는 다르다. 그들은 자신의 지역에서 경제공동체에 합의한 뒤 타 지역 경제권과 협상을 진행하여 내부 메커니즘 건설이 비교적 성숙되어 있어 경쟁적 담판의 영향을 받지 않는다. 반면에 동아시아 무역구조는 지역 내 경제일체화가 완성되지 않은 가운데 지역 협상과 타 지역 간의 담판이 동시에 시작되었다. 중국은 중일한 FTA 협상에 참여하고 있을 뿐만 아니라 RCEP(역내 포괄적 경제동반자협정)도 함께 추진하고 있다. 물론 동 협정에는 일본과 한국도 포함되어 있다. 한국은 이미 미국 및 EU와 FTA를 체결했으며 EU와 일본의 협상도 2013년에 시작되었다. 동아시아 경제권의 상호 의존 관계는 동아시아 경제권과 역외 경제와의 의존 관계보다 약한 편인데 이는 각국이 동아시아 경제일체화 구축 과정에서 더욱 경쟁적이게 될 수밖에 없음을 의미하는 것이다.

이상의 요인을 종합해 보면, 현재 중일한 FTA 협상은 많은 불확실성에 직면해 있다. 하지만 장기적으로 볼 때 동아시아 FTA는 각국의 이익에 부합하므로 중일한 FTA 협상을 진행함과 동시에 다른 방식을 통해 우회적으로 추진할 수도 있을 것이다. 3국은 농산품, 자동차, 섬유 등 전통무역 분야 외에도 신흥경제 분야에서도 협력의 공간이 매우 크다. 경제발전의 불균형과 에너지 구조의 영향으로 3국 간의 무역의존, 자원의존, 금융의존 상황을 단시일 내에 개선하기는 어렵다. 하지만 중일한 3국은 다른 분야의 협력을 통해 3국의 FTA 협상을 촉진하고 새로운 형식의 경제협력 방식을 돌파구로 삼아 중일한 FTA를 추동하는 것이다. 몇 가지 협력 분야를 소개하면 다음과 같은 것이 있을 수 있다.

첫째, 3국 간의 에너지 협력 강화다. 주지하듯 3국은 모두 에너지가 부족하면서도 에너지 고소비 국가들로 전통에너지를 놓고 상호 경쟁관계에 있다. 하지만 신에너지 방면에서 3국의 협력 공간은 경쟁성보다 훨씬 크다. 최근 중일한 3국의 산업정책은 모두 신에너지 산업 발전과 협력 문제를 강조하고 있다. 2007년 11월 12일, 중국의 과학기술부와 국가발전개혁위원회는 공동으로 "재생 가능 에너지원과 신에너지 분야에 대한 국제과학기술 협력 계획"을 발표하였고 이는 재생 에너지 및 신에너지 개발을 위한 국제협력의 지도성 문건이 되었다. 2008년 7월 17일, 중일한 3국은 북경에서 재생 에너지 및 신에너지 과학기술 협력에 대한 포럼을 개최하였고 2015년 9월에는 에너지 절감과 환경보호에 관한 포럼을 산동에서 개최하였다. 일본과 한국의 재생 에너지 및 신에너지 분야의 기술 영역과 에너지 절감 및 환경보호에 관한 연구 수준은 세계적으로, 견실한 연구기초를 구비하고 있다. 중국 또한 동 영역에 대한 연구 수준이 높아지고 있으며 동시에 중국은 거대한 시장을 가지고 있어 일본과 한국 투자자의 주목을 받고 있다. 3국이 신에너지 및 재생 에너지 기술협력을 바탕으로 관련 기술과 환경보호를 연결하는 전방위적 협력이 가능한 것이다.

둘째, 중일한 3국은 실버 및 건강산업에 대한 협력을 강화해야 한다. 현재 중국은 고령화 사회로 진입하고 있으나 중국의 실버산업은 이제 막 시작 단계에 불과하여 향후 30년 내에 비약적 발전을 이룰 것이다. 한국과 일본의 실버산업 발전은 상대적으로 성숙하여 3국의 건강한 실버산업 협력은 향후 3국 간 경제무역 협력의 새로운 성장점이 될 것이다. 최근 중국은 실버산업에 관한 국제포럼을 잇달아 개최하고 일부 지역은 일본 및 한국 기업과 협력을 전개하고 있다. 예로 중국 산동성의 연태(烟台)시가 한국 제주도의 도립 양로원과 교류협력에 관한 협정을 맺는 등 협력 경험을 축적해 나가고 있다.

실버산업 협력과 밀접하게 연관되는 것이 바로 건강산업에 대한 교류협력이다. 중국 정부의 '건강 중국' 이라는 구호는 이미 국가전략이 되었다. 중국 정부는 '13.5' 계획 기간 동안 건강, 위생, 의료 등 건강산업 관련 시장을 약 1,650조 규모로 키울 계획이다. 통계에 의하면 건강산업은 이미 세계적으로 가장 큰 신흥산업이 되고 있다. 일본 건강산업의

GDP 대비 비중은 이미 10%를 넘어섰으며 최근 한국의 의료건강산업도 급성장하여 세계적 규모로 올라섰다. 한국 정부의 목표는 2020년까지 세계 7대 의료보건 강국이 되는 것이다. 현재 중국 건강산업의 GDP 비중은 4-5%로 아직 발전 초기 단계에 머물러 있다. '건강 중국' 구호가 국가전략으로 변모한 가운데 수많은 투자와 개발이 뒤따를 전망이며 전체 의료위생 업종과 건강산업은 황금기로 접어들 것이다. 3국 기업이 의료기계, 약품, 의료서비스 등의 방면에서 연구하고 협력하는 것은 향후 3국 간 경제무역 협력의 중요한 형태가 될 것이다.

셋째, 3국은 문화산업의 교류협력을 더욱 확대해야 한다. 문화의 동질성과 차별성은 3국의 문화 교류 협력에 좋은 기초를 제공하고 있다. 3국은 유구한 역사와 사회가 서로 연결된 국가, 즉 유교문화의 영향을 깊이 받은 국가들로 동시에 각자의 특색도 보유하고 있다. 이와 같은 조건은 서로 간의 문화역사를 통해 밀접하게 교류하며 함께 '아시아 가치'를 만들 수 있는 태생적 토양을 제공하고 있다. 정부 간의 협상 메커니즘은 문화 교류상에 있어 없어서는 안 될 요인이며 동시에 정부 주도하에 추진되는 문화기업 간의 협력은 이 같은 메커니즘의 성과이기도 하다. 그러므로 중일한 3국의 문화부 장관 회의를 바탕으로 전략적 사고와 장기적 시각에서 3국의 문화 교류를 기획하고 발전시켜 글로벌 영향력을 확대하고 동아시아 문화의 발언권을 제고해야 한다.

이 밖에 3국의 문화아이디어 산업 포럼 혹은 박람회의 기능을 살리고 2020년 동경 하계올림픽이 제정한 문화예술입국의 이념을 계기로 삼아 각국 문화기업의 무역관계 협력을 추동해야 한다. 2012년 중일한 FTA 협상의 재개와 함께 3국의 문화아이디어 산업 박람회가 산동성 위해(威海)에서 개최되었고 27개 중점 문화산업 프로젝트가 체결되었다. 또한 2015년에는 중일한 문화 교류 포럼이 중국 절강성 온주(温州)에서 개최되어 3국 간의 영상문화, 패션소비, 관광서비스 등의 협력을 강화하기로 하였다. 그리고 2016년에 개최된 중일한 산업 박람회에서도 문화 아이디어 상품, 영화 및 애니메이션 제품, 디지털 신매체, 산업디자인, 예술 및 패션제품 디자인, 문화산업 프로젝트 등을 내용으로 하는 문화 아이디어 산업박람회가 성공적으로 개최되었다.

3) 중일한 FTA 협상의 기초하에 중국의 '일대일로' 전략과 인터넷경제를 활용하여 동아시아 지역의 포괄적 경제동반자 협정을 추진하고 최종적으로 동아시아 경제공동체를 구축해야 한다

첫째, 이를 위해 동아시아 국가와 러시아 및 몽고와의 무역관계를 적극 발전시킬 필요가 있다. 동아시아의 경제일체화든 중국의 일대일로 전략이든 모두 러시아와의 관계를 잘 처리해야 할 필요가 있다. 최근 러시아의 경제 회복이 빠르고 내수는 살아나고 있고 몽고 및 주변 국가와의 무역도 상승 추세인 가운데 중일한 3국과 러시아 및 몽고와의 무역관계는 보완성보다 경쟁성이 더욱 크다. 그러므로 동아시아 경제일체화 과정에서 러시아와 몽고의 지위를 인정하고 경제일체화 협상으로 끌어들여, 중일한 3국과 러시아 및 몽고와의 무역에서 발생하는 경쟁을 조절하는 것은 미래 동아시아 경제일체화 협상의 관건이라 할 수 있다.

러시아와 몽고는 자원이 풍부한 반면 한국과 일본 그리고 중국은 자원이 부족하므로 에너지 협력 강화도 경제일체화 협상의 돌파구가 될 수 있다. 중국의 시진핑 주석은 2015년 9월 26일, UN에서 행한 연설에서 글로벌 에너지 네트워크를 구축하고 청정 및 녹색 에너지를 통해 글로벌 전력 수요를 만족시키자고 제안하여 국제사회의 주목과 적극적 호응을 불러일으켰다. 2016년 9월, 글로벌 에너지 네트워크 발전협력조직의 주석이자 중국전력기업연합회 이사장인 류전야(刘振亚)는 한국과 일본을 방문하여, 동북아 전력망 연결은 지역 내 청정에너지 개발과 이용을 통해 각국이 공동으로 혜택을 입고 협력을 촉진할 수 있는바, 심도 있는 연구와 실천이 필요하다고 강조하였다. 중국의 일대일로 전략과 동아시아 지역의 에너지 보완성 우세를 활용하여 지역 내 에너지 협력을 전개하는 것은 동아시아 경제공동체 건설을 위한 중요한 일환이 될 수 있다.

둘째, 제1회 동북아 '인터넷 플러스' 기반 경제대회에서 취득한 성과를 활용하여 더욱 개선된 경제플랫폼을 건립하여, 동아시아 각국의 생산기업과 소비자를 흡수하고 경제플랫폼을 이용한 무역협력을 촉진할 필요가 있다. 빅데이터 시대에 산업자본과 금융자본의 융합은 이미 대세이며 빅데이터 정보서비스 플랫폼과 물류 네트웍 플랫폼, 그리고 혁신 플랫폼을 주요 방식으로 한 플랫폼 경제는 한정된 자원을 글로벌 범위 내에서 고효율적으로 배치할 수 있다. 작금의 가상 공간은 이미 협력의 주요 채널이 되고 있어 의심할 바 없이 미래에 더욱 큰 역할을 하게 될 것이다. 동아시아 각국의 과학기술 혁신과 인터넷금융 방면의 발전 수준이 서로 달라 플랫폼 경제를 이용한 국제무역의 전개 수준도 서로 다르겠지만, 동아시아 각국의 인터넷금융은 강한 보완성을 가지고 있어 시장 잠재력은 거대하다. 각국은 향후 플랫폼 경제의 제도적 환경을 더욱 개선하여 '인터넷 플러스'의 플랫폼 경제를 동 지역의 경제가 비약적으로 발전하는 동력으로 삼아야 할 것이다.

셋째, 북한은 동아시아 평화와 안전에 중요한 영향을 미치고 있어 북한을 제외하고서 동아시아 평화를 얘기하는 것은 비현실적이다. 현

형세 속에서 동아시아 각국은 UN 규정을 위반하지 않는 가운데 적절히 북한과의 경제협력을 위한 접촉을 확대해 나갈 필요가 있다. 이전의 개성공단은 일정한 협력 성과를 도출하기도 했다. 경제 교류 형식을 통해 북한의 경제 발전을 촉진하고 나아가 점차적으로 북한과 외부 세계가 통하는 채널을 만드는 것은 동아시아 평화를 실현하기 위한 일종의 탐색 경로가 될 수 있다.

4) 결론

국제무역의 확대와 산업 간 분업이 진전됨에 따라 '지역경제일체화'는 글로벌 경제 발전의 필연적 추세가 되고 있다. 경제구조상으로 보면 동아시아 지역은 전형적인 보완성 경제로 각국의 비교우세가 분명한 편이다. 시장구조로 보면 동아시아 지역은 인구가 많고 시장 잠재력은 거대하다. 에너지 구조는 지역 내 에너지 분포가 불균등하여 에너지 협력과 개발이용은 이미 협력의 대세가 되고 있다. 자본구조는 지역의 산업 및 금융자본이 융합하는 추세이고 플랫폼 경제는 인터넷 플러스 개념과 함께 장족의 발전을 거듭하고 있다. 문화구조 측면에서 동 지역은 유교문화의 영향을 받았으나 각국의 문화 차이도 많아 문화산업의 교류협력에 있어 매우 큰 발전 공간을 제공하고 있다. 동아시아 지역 내 국가의 경제무역 현황과 지정학적 정치구조로 볼 때 양자 FTA나 다자 혹은 전방위 지역경제협력 모두 그 일체화 과정은 반드시 우선 경제협력이 앞선 후 정치를 통한 안정을 담보하는 경로를 밟아야 한다. 이는 동아시아 지역의 경제협력은 정부가 주도하고 기업이 주체가 되는 것임을 의미한다.

동아시아 지역뿐만 아니라 다른 지역의 FTA 협상, 예로 EU와 NAFTA의 발전 경험을 놓고 볼 때도 정부의 역할은 핵심적이었으며 정부가 나서지 않으면 지역 일체화는 맹목적 공담이 될 가능성이 크다. 하지만 정부의 주도적 역할을 과도하게 강조하는 것은 동아시아 지역 내에서 불확실성 요인을 불러올 수도 있다. 즉 정치적 환경의 변화와 역외 요인으로 인한 영향을 받을 수도 있는 것이다. 반면에 기업이 주도하는 협력 방식은 상대적으로 안정적이라 최대한 정치적 요인에 따른 영향을 회피할 수 있어 그 역할이 상당히 중요한 것이다. 동아시아 경제 일체화는 정부 주도하에 기업이 선행하고 인프라 건설과 국제에너지 협력 등 기업 간의 협력을 통해 각국의 무역관계를 더욱 밀접하게 해 나가야 한다. 이를 바탕으로 정부 간에 이익공동체 협상을 촉진하는 것이 경제 일체화의 유효한 경로라 할 수 있다. 그러므로 동아시아 경제 일체화는 정부가 주도하고 기업이 주체가 되는 협력 사고가 필요하며, 전통무역과 신형 경제가 함께하는 협력 방식이 되어야 한다. 동아시아 지역의 평화는 지역경제협력을 시작으로 점차 정치적 안정을 도모하는 협력 원칙을 견지해 나가는 것이다.

4. 중국의 '일대일로' 전략과 해외경제이익 확장

취펑페이(曲鹏飞)
번역: 우진훈

중국 경제사회의 신속한 발전과 글로벌화가 심화되는 가운데 중국의 국가이익은 전통적 지리적 경계선을 돌파하여 신속하게 해외에 뻗어나가 확장되고 있다. 중국의 해외이익은 국가이익의 중요한 구성 요소가 되고 있으며 동시에 중국 해외경제이익의 핵심이 되고 있다. 중국의 해외경제이익은 중국의 자연인과 법인 혹은 국가가 소유하고 있는 것으로 중국의 주권관할지역 혹은 행정관할지역 이외에 존재하고 국제협약과 해당 지역의 법규 혹은 중국 국내 법규의 보호를 받는 경제이익을 말한다.[1)]

'일대일로' 전략의 실시 이후 중국과 연계선 상에 있는 각국은 정책소통을 강화하고 시설을 연동하며 무역을 확대하고 자금 조달과 민심연결을 하고 있다. 국내와 국제 시장을 종합적으로 운영하여 국내외 자원의 기능을 강화하는 것이다. 하지만 새로운 도전 역시 기회와 동시에

1) 李众敏,《中国海外经济利益保护战略刍论》,《世界经济与政治》, 2012년 제8기, p. 93.

찾아올 것이다. 중국은 도전에 대응하고 더욱 넓은 범위와 더 높은 수준 그리고 심도 있는 지역협력을 통해 함께 균형을 추구하며 상호 이익을 도모하는 지역경제협력의 기초를 마련해 나가야 한다.

1) '일대일로' 전략은 중국 해외경제이익의 새로운 기회

'일대일로' 전략에 대해 외부 세계는 중국의 향후 20-30년에 걸친 중장기 국가전략이라 칭한다. 그 본질은 인프라 건설을 통해 중국과 주변 국가를 연결하는 것이고, 최종 목표는 물류와 금융 그리고 인적자원의 자유 이동이 보장되는 유럽-아시아 경제권을 구축하는 것이다. '일대일로' 추진은 중국의 해외이익을 확장하여 장족의 발전을 득하고자 하는 것으로 그 이익은 주로 다음과 같이 체현될 것이다.

(1) 무역이익

대외무역은 중국의 경제성장을 이끄는 삼두마차 중의 하나다. 21세기 들어 중국 경제는 점진적으로 글로벌 경제성장을 이끄는 엔진이 되었고 글로벌 경제가 가장 침체했을 때인 2009년-2011년 사이에도 세계경제에 대한 중국의 기여도는 50%가 넘었다.[2] 2015년 이후 중국 경제가 '신창타이(新常态)'의 구조조정기에 접어들어 경제 성장이 7% 전후로 감소했음에도 글로벌 경제에 대한 공헌도는 기타 주요 경제권보다 훨씬

2) 甄炳禧,《国际体系变革中的世界经济走势》, 载刘古昌主编,《国际问题研究报告: 2015-2016》, 北京: 世界知识出版社, 2016, p. 33.

높아 세계 경제 성장을 이끄는 '기관차'로 불렸다. 이 중 대외무역은 중국 경제와 세계 경제를 견인하는 데 큰 역할을 했으며 '일대일로'의 주창자인 중국으로서는 현 단계의 무역이익이 중국 해외경제이익의 핵심이라 하겠다.

무역 방면에서 2016년 중국의 교역량 총액은 24조 3,386억 RMB, 이 중 '일대일로' 연선에 있는 국가와의 교역량은 6조 2,517억 RMB로 전년 대비 0.5% 증가했다. 이 중 수출이 0.5%, 수입이 0.4% 증가했다.[3] 국적별로는 베트남, 말레이시아, 태국, 싱가포르, 인도, 러시아가 '일대일로' 연선에 있는 주요 협력 파트너다. 〈표 1〉에 나타난 바와 같이 지역별로는 동남아가 중국 최대의 수출입 대상국이다. 2016년 중국과 동남아의 교역 총액은 4,554.4억 달러로 중국과 연선 국가 무역 총액의 47.8%를 차지했다.

이 중 동남아에 대한 수출이 2,591.6억 달러로 연선 국가에 대한 수출 총액의 44.1%를 차지했고 수입액은 1,962.8억 달러로 53.6%를 차지했다. 중동 지역(서아시아 각국과 북아프리카 이집트)은 중국의 제2대 무역파트너로 중국과 동 지역의 무역 총액은 2,152억 달러를 달성하여 중국과 연선 국가 무역 총액의 22.6%를 차지했다. 중국과 동유럽, 남아시아, 중앙아시아와의 무역량은 각각 1,368.2억 달러, 1,115억 달러, 300.5억 달러로 비중은 각각 14.3%, 11.7%, 3.2%를 차지했다. 특히 중국과 동유럽 지역 국가와의 무역 증가 속도는 가장 빠른 2.7%를 시현했다.[4]

---

3) 中华人民共和国国家统计局,《中华人民共和国2016年国民经济和社会发展统计公报》, http://www.stats.gov.cn/tjsj/zxfb./201702/t20170228_1467424.html. 검색일: 2017. 5. 7.

4) 국가정보센터 '一带一路' 빅데이터 센터,《"一带一路"贸易合作大数据报告(简版)》, p. 18.

〈표 1〉 2016년 중국과 '일대일로' 연선 국가와의 무역 현황

(단위: 억 달러)

순서	국가	지역	수입	수출	총액
1	베트남	동남아	371.8	615.0	986.8
2	말레이시아	동남아	492.2	383.2	875.4
3	태국	동남아	387.0	374.9	761.9
4	싱가포르	동남아	259.4	453.8	713.2
5	인도	남아시아	117.6	588.3	705.9
6	러시아	동유럽	322.0	374.9	696.9
7	인도네시아	동남아	213.7	324.6	538.3
8	필리핀	동남아	173.8	300.8	474.5
9	사우디아라비아	서아시아	236.1	191.3	427.5
10	아랍에미리트	서아시아	99.8	304.0	403.8
11	이란	서아시아	149.5	165.4	314.9
12	터키	서아시아	27.8	167.9	195.7
13	파키스탄	남아시아	19.1	174.4	193.5
14	이라크	서아시아	106.5	76.4	182.8
15	폴란드	동유럽	25.3	151.6	177.0
16	방글라데시	남아시아	8.7	144.4	153.0
17	오만	서아시아	120.1	21.7	141.8
18	하자크스탄	중앙아시아	48.0	82.5	130.5
19	미얀마	동남아	41.1	82.4	123.5
20	이스라엘	서아시아	31.8	82.5	114.3
21	이집트	북아프리카	5.5	105.6	111.1
22	체코	동유럽	29.5	80.7	110.1
23	쿠웨이트	서아시아	63.6	30.5	94.1
24	헝가리	동유럽	34.6	54.3	88.9
25	우크라이나	동유럽	24.7	42.4	67.1
26	투크만스탄	중앙아시아	55.6	3.4	59.0
27	키르키스스탄	중앙아시아	0.7	56.4	57.1
28	카타르	서아시아	40.0	15.4	55.4

순서	국가	지역	수입	수출	총액
29	슬로바키아	동유럽	24.1	28.6	52.7
30	루마니아	동유럽	14.4	34.6	49.0
31	캄보디아	동남아	8.3	39.6	47.9
32	스리랑카	남아시아	2.7	43.2	46.0
33	몽고	동아시아	36.0	9.9	45.9
34	우즈베키스탄	중앙아시아	16.1	20.4	36.4
35	요르단	서아시아	2.1	29.9	32.1
36	슬로베니아	동유럽	4.4	22.8	27.2
37	라오스	동남아	13.5	10.0	23.5
38	레바논	서아시아	0.2	21.4	21.6
39	예멘	서아시아	1.7	17.0	18.7
40	타지크스탄	중앙아시아	0.3	17.1	17.4
41	불가리아	동유럽	5.8	10.6	16.5
42	벨로루시	동유럽	4.4	10.9	15.3
43	리투아니아	동유럽	1.6	13.0	14.6
44	라트비아	동유럽	1.3	10.7	12.0
45	크로아티아	동유럽	1.6	10.2	11.8
46	에스토니아	동유럽	2.1	9.7	11.8
47	시리아	서아시아	0.0	9.4	9.4
48	네팔	남아시아	0.2	8.7	8.9
49	바레인	서아시아	0.6	8.0	8.7
50	그루지아	서아시아	0.5	7.5	8.0
51	아제르바이잔	서아시아	4.1	3.5	7.6
52	보르네오	동남아	2.1	5.5	7.6
53	알바니아	동유럽	1.3	5.1	6.4
54	세르비아	동유럽	1.6	4.3	6.0
55	아프가니스탄	남아시아	0.0	4.3	4.4
56	아르메니아	서아시아	2.8	1.1	3.9
57	몰디브	남아시아	0.0	3.3	3.3

순서	국가	지역	수입	수출	총액
58	동티모르	동남아	0.0	1.7	1.7
59	몬테네그로	동유럽	0.3	1.1	1.4
60	마케도니아	동유럽	0.5	0.9	1.4
61	보스니아	동유럽	0.4	0.6	1.1
62	몰도바	동유럽	0.2	0.8	1.0
63	팔레스타인	서아시아	0.0	0.6	0.6
64	부탄	남아시아	0.0	0.0	0.1
총계			3,661.1	5,874.8	9,535.9

자료: 국가정보센터 '일대일로' 빅데이터 센터, "일대일로 무역협력 빅데이터 보고서", p. 18.

(2) 금융협력

금융은 경제활동의 핵심으로 자본을 집적하고 자원을 배분하는 역할을 한다. 중국과 일대일로 연선 국가와의 무역거래는 금융을 통해 이루어지고 중국은 일대일로 플랫폼을 이용하여 적극적으로 해외금융이익을 확장하고 있다. 2016년 말 기준, 중국은 통화협력 측면에서 중국인민은행과 일대일로 연선의 20여 개 국가 및 지역의 중앙은행과 양자간 통화스와프 협정을 체결했고 7개 국가에 인민폐 청산은행을 설립했다.[5] 〈표 2〉에 나타난 바와 같이 양자 협정에 따라 2009년부터 2013년 6월까지 중국인민은행과 아세안의 인민폐 결산 규모는 1조 1,200억 RMB에 이르렀다. 2011년 중국인민은행은 "역외 직접투자 인민폐 결산 시범지역 관리 방법"을 발표하여 역외 무역결제를 투자결제 영역으로 전면 확대했다.

5) 陈四清,《完善"一带一路"金融服务体系》,《对外经贸》 2017년 4기, p. 10.

〈표 2〉 중국과 통화스와프 협정을 체결한 국가 및 지역

순서	협정 체결 연도	국가/지역	규모(억 RMB)	기간
1	2009. 3. 11.	벨로루시	200	3년
2	2009. 3. 23.	인도네시아	1,000	3년
3	2011. 4. 19.	우즈베키스탄	7	3년
4	2011. 6. 13.	하자크스탄	70	3년
5	2011. 10. 26.	한국	3,600	3년
6	2011. 11. 22.	중국 홍콩	4,000	3년
7	2011. 12. 22.	태국	700	3년
8	2011. 12. 23.	파키스탄	100	3년
9	2012. 1. 17.	아랍에미리트	350	3년
10	2012. 2. 21.	터키	100	3년
11	2012. 3. 20.	몽고	100	3년
12	2012. 3. 22.	호주	2,000	3년
13	2012. 6. 26.	우크라이나	150	3년
14	2013. 3. 7.	싱가포르	3,000	3년
15	2013. 3. 26.	브라질	1,900	3년
16	2013. 6. 22.	영국	200	3년
17	2013. 9. 9.	헝가리	100	3년
18	2013. 9. 12.	알바니아	20	3년
19	2013. 10. 9.	유럽 중앙은행	3,500	3년
20	2014. 9. 16.	스리랑카	100	3년
21	2014. 7. 21.	스위스	1,500	3년
22	2014. 10. 13.	러시아	1,500	3년
23	2015. 3. 18.	수리남	10	3년
24	2015. 3. 25.	아르메니아	10	3년
25	2015. 4. 10.	남아프리카공화국	300	3년
26	2015. 9. 7.	타지크스탄	30	3년
27	2016. 5. 11.	모로코	100	3년
28	2016. 6. 17.	세르비아	15	3년
29	2016. 12. 6.	이집트	180	3년

자료: 중국인민은행 홈페이지 자료 정리

융자협력 방면에서 국가개발은행과 수출입은행 등 정책은행의 대출 규모는 약 2,000억 달러에 이르고 있다. 중국 수출보험공사는 관련 기업들에게 수출신용보험과 해외투자보험을 제공하였다. 이와 함께 국가개발은행과 아시아투자은행을 대표로 하는 다자 금융기구와 실크로드 기금 그리고 중국-중·동유럽 투자협력 기금 등이 설립되고 운영에 들어갔다. 약 10개의 상업은행이 일대일로 연선에 있는 30여 개 국가 및 지역에 지사를 설치하였고 이 중 중국은행은 이미 20개 연선 국가에 지사를 설립했다.

2016년 말 기준, 중국은행은 '일대일로' 연선 국가의 역외 중점 프로젝트 420개에 대해 600억 달러를 지원했다.[6] 2014년에 중국은 실크로드 기금을 설립했고 아시아 지역 21개 국가와 함께 북경에서 아시아인프라투자은행(AIIB)을 창립했다. 실크로드 기금과 아시아인프라투자은행 그리고 브릭스 국가개발은행을 통해 연선 국가를 대상으로 경제발전에 필요한 자금을 제공하고 동시에 중국의 금융 분야에 대한 경험 축적과 위안화 국제화 촉진을 위한 중요한 플랫폼을 구축했다.

(3) 직접투자

투자 방면에서, 2014-2016년 중국 기업의 '일대일로' 연선 국가에 대한 직접투자 규모는 500억 달러를 초월했고 연선 국가가 새로 체결한 외주 프로젝트 계약 규모는 3,049억 달러에 이르렀다. 이 외에 중국 기업은 연선 상의 20개국에 56개의 역외 경제무역 협력공단을 설립했고 현재까지 누계 투자액은 185억 달러가 넘어 주도국인 중국에게 11억 달

---

6) 陈四清,《完善"一带一路"金融服务体系》,《对外经贸》2017년 4기, p. 10.

러 이상의 세수 및 18만 개의 일자리를 안겨 주었다.[7]

2016년 중국이 유치한 외국인 직접투자(은행, 증권, 보험 제외)로 설립된 기업은 27,900개에 이르러 전년 대비 5% 증가했다. 또한 실행 기준 FDI는 1,260억 달러로 4.1% 증가했다. 이 중 '일대일로' 연선 국가의 대중국 FDI를 통해 설립된 기업은 2,905개로 34.1% 증가했고 FDI 규모는 71억 달러에 이르렀다.[8] 2016년 중국의 해외 직접투자(은행, 증권, 보험 제외) 규모는 1,701억 달러로 전년 대비 44.1% 증가했고 이 중 '일대일로' 연선 국가에 대한 투자는 145억 달러에 달했다.[9]

2) 중국의 일대일로 전략과 해외경제이익에 대한 리스크 분석

'일대일로' 플랫폼 구축은 중국이 해외경제이익을 보호하기 위한 역사적 기회를 제공하고 있다. 그러나 자신의 조건과 국제정세의 구속을 받는 가운데 중국은 해외경제이익의 실현과 확장 과정에서 일련의 도전에 직면하고 있는 것도 사실이다. 우선 국내 요인을 보면 중국은 해외경제이익을 실현하기 위한 능력을 제고할 필요가 있다. 중국 경제는 현재 30여 년간의 고속성장 후 성장의 전환기 단계에 진입하였고 산업의 구조조정에 따른 진통기와 이전에 실시했던 경기부양 정책의 소화기

7) 《一带一路 · 合作共赢》,《人民日报》2017. 5. 11., 1면.

8) 中华人民共和国国家统计局,《中华人民共和国2016年国民经济和社会发展统计公报》, http://www.stats.gov.cn/tjsj/zxfb./201702/t20170228_1467424.html, 검색일: 2017. 5. 7.

9) 中华人民共和国国家统计局,《中华人民共和国2016年国民经济和社会发展统计公报》, http://www.stats.gov.cn/tjsj/zxfb./201702/t20170228_1467424.html, 검색일: 2017. 5. 7.

에 처해 있다. 이와 같은 '3중고'의 압력하에 2015년 2분기부터 중국 경제의 성장세가 떨어지는 '뉴노멀' 단계에 진입했다. 구체적으로 중국 경제 성장이 직면한 어려움의 국내 요인은 다음 몇 가지가 있다.

(1) 인구의 고령화

개혁개방 이후 중국 경제사회의 급성장에 따라 중국인의 생활수준과 의료위생보건 사업은 획기적으로 개선되었다. 동시에 인구 출생률은 낮은 수준을 유지해 왔고 인구의 고령화는 가속되어 왔다. 20세기 말, 중국은 세계에서 첫 번째로 노인 인구가 1억 명을 초과한 국가가 되어 피할 수 없는 고령화 사회에 진입했다. 2010년 11월에 실시한 제6차 전국인구조사 결과에 따르면 2010년 말 기준, 중국 인구는 약 13억 4천만 명으로 이 중 60세 이상이 전체 인구에서 차지하는 비중은 13.26%에 이르러, 2000년에 실시했던 인구조사 때보다 2.93%p 증가했다. 65세 이상의 비중은 8.87%로 2000년 조사 때보다 1.91%p증가했다.[10] 2014년 말 기준, 중국의 60세 이상의 노인 인구는 2.12억 명에 근접하였고 전체 인구 대비 비중도 15.5% 증가했다. 전문가 예측에 의하면 60세 이상의 노인 인구 비중은 2025년에 20%, 2050년에는 35%까지 증가될 전망이다. 반면에 생산 가능 인구(15-59세)의 비중은 2000년의 65%에서 2025년에 62%, 2050년에는 53%까지 감소될 전망이다.[11]

중국의 인구구조 변화는 '인구보너스'가 점차 사라지고 있음을 의

10) 马建堂, "第六次全国人口普查主要数据发布", 2011. 4. 28., http://www.stats.gov.cn/ztjc/zdtjgz/zgrkpc/dlcrkpc/dcrkpcyw/201104/t20110428_69407.htm, 검색일: 2017. 5. 7.

11) 汪伟, "人口老龄化、生育政策调整与中国经济增长",《经济学(季刊)》2017년 1기, p. 68.

미하는 것으로, 중국 경제의 성장은 자본 및 노동력 투입 의존 방식에서 총요소생산성 제고를 통한 성장 방식으로 전환이 필요하다.[12] 하지만 성장 방식은 갑자기 이루어지는 것이 아니라 상당한 시간이 소요될 것이다. 고령화로 인한 노동력 부족은 노동력 가격 상승을 불러와 중국은 더 이상 저임금을 통해 국제경쟁력을 유지하는 것이 어려워지고, 노동력의 비교우위는 계속 떨어질 것이다.

(2) 산업구조의 불합리

개혁개방 이후 중국의 산업 발전은 과도하게 노동력과 토지 그리고 자원 등 일반 생산 요소에 의지해 왔고, 노동집약형 산업이 주도적인 역할을 하며 경제 성장 목표를 달성하였고 중국을 세계의 공장으로 만들었다. 그러나 이와 같은 조방식 성장은 대가를 치르게 된다. 중국의 철강산업을 예로 들면 철강기업은 여전히 저수준의 조악한 제품만 생산해오다가 과잉 생산에 직면하였고 고부가가치의 특수강재는 여전히 수입에 의존하고 있다. 2001-2016년 중국의 조강 생산량은 1.2억 톤에서 98.08억 톤으로 급증하여 세계 생산량의 50% 이상을 차지했다. 전 세계 수요를 모두 만족시킬 수 있는 규모인 것이다.[13]

(3) 시장주체의 능력 부족

1999년 이래 중국 정부는 기업의 해외 진출을 적극 장려했다. 최초

---

12) 蔡昉, “人口转变、人口红利与刘易斯转折点”,《经济研究》2010년 4기, p. 12.

13) 于燕玲、朱一博、李轩宾, “中国钢铁产业产能过剩化解与结构升级问题研究: 基于‘一带一路’国际产能机制的分析”,《现代商贸工业》2017년 6기, p. 9.

에 해외시장 투자는 빈곤 국가의 자원 개발 프로젝트에 집중되었다.[14] 최근에는 기업의 능력이 제고되며 해외 투자 규모가 처음으로 중국에 유입되는 외국인 투자 규모를 초월했고, 투자 대상도 넓어져 선진국과 개발도상국 모두 중국 기업의 투자 대상이 되었다. 하지만 중국 기업이 해외 현지에서 뿌리내리지 못하는 현상이 다발하여 많은 기업들이 손실을 보고 있는 실정이다.

(4) 중국 정부의 해외경제이익 유지 능력의 박약

경제대국인 중국은 해외경제이익을 유지하는 능력 측면에서 상대적으로 취약한 모습을 보이고 있다. '일대일로' 추진 과정에서 해외경제이익을 보장하기 위해서는 반드시 각 부문 간의 통합 능력이 있어야만 더욱 이상적으로 외교 능력을 정부의 공공서비스 능력에 대한 확장으로 변모시킬 수 있다. 이 밖에 중국 기업은 경영과 관련된 법규와 제도 건설에서 적지 않은 제약을 받고 있다. 그 예로 심사, 투명성, 융자 체계 등의 방면에서 더욱 개선된 제도적 뒷받침이 필요하다. 또한 중국 기업의 해외 진출 과정에서 정보의 부족, 안전 문제, 보험제도, 대출제도 등의 문제도 상존하고 있다. 이와 같은 취약한 시스템이 개선되지 않으면 중국의 해외경제이익의 실현이 방해받고 지역협력의 효율성도 떨어질 것이다.

국제 요인으로는 아직까지 중국이 해외경제이익을 실현하기 위한 국제적 환경이 이상적이지 못하다. '일대일로' 연선에 있는 많은 국가와 지역은 모두 전략적 중요성을 가지고 있다. 동남아 지역은 아시아의 동남부에 위치하고 태평양과 인도양에 인접해 있어 아시아와 대양주 그리

---

14) 赵杨子,《"一带一路"战略的意义机遇与挑战》,《经济日报》2015. 4. 2., 第3版。

고 인도양과 태평양이 교차하는 입구에 위치하고 있다. 동 지역은 해상 교통의 요지로 그 지리적 위치는 매우 중요하다. 또한 냉전 이후 중앙아시아 지역은 저명 국제관계학 학자인 브레진스키가 강조했듯 '지정학적 정치의 축'으로 국제정치 게임의 중심 지역이다. 서아시아는 유라시아 대륙과 연결되는 지역이자 세계에서 에너지가 가장 풍부한 지역으로 그 전략적 지위는 말할 필요가 없을 것이다.

일대일로 전략을 상술 지역에서 전개하기 위해서는 종합적 사고와 각종 국제 세력의 게임이론을 이해해야 한다. 사소한 것이 대세에 큰 영향을 미칠 수도 있기 때문이다. 우선 일대일로 추진은 연선에 위치하고 있는 대국들의 방해를 받을 수도 있다. 일대일로를 추진하는 지역은 역사적으로 대국들이 주목하던 지역으로 쟁탈 전쟁이 많았고 아울러 각 대국은 모두 이들 지역에 대한 개발 구상을 가지고 있었다. 그러므로 일대일로 전략은 연선 상 대국의 국가이익 및 국가전략과 충돌할 수 있는 것이다. 우선 주시해야 할 것은 미국의 압력이다. 비록 국내의 반대 세력으로 인해 미국이 2009년부터 주장해 온 TPP 협상이 좌초되어 있으나 트럼프는 재균형 전략을 쉽게 포기하지 않을 것이다. 아시아·태평양 지역 동맹국과의 양자 관계를 강화하여 아시아태평양 지역의 정치, 군사, 외교, 경제 등 다방면의 이익을 확대하고 초강대국 지위를 이용하여 중국 주변국에 대한 중국의 영향력을 감퇴시키려 노력할 것이다.

다음으로 러시아의 전략적 의심에 관한 문제다. 지정학적 정치로 볼 때 현 단계의 러시아는 독립국가 연합체 지역에 대한 영향력을 확대하려 한다. 비록 현재 중국과 러시아는 각 방면에서 밀접한 협력관계를 유지하고 있으나 러시아의 유라시아 경제연맹 구상과 중국의 일대일로 전략은 지역협력 범위든지 아니면 내용상에서 일정한 동질성을 갖고 있다. 장기적으로 볼 때 중국과 러시아 사이에는 이익 충돌 요인이 잠재하고 있는 것이다.

또 다른 문제는 연선 국가의 경영환경에 내재된 리스크다. '일대일로'는 60여 개국과 연계되어 있고 각국은 의식 상태와 경제 발전 단계 그리고 사회문화 등에서 많은 차이점를 갖고 있다. 일대일로 연선 국가에서 사업을 추진하는 데 있어서는 많은 리스크가 따를 수밖에 없다. 우선 관련 국가들이 일대일로 건설에 대해 모순된 심리를 보이고 있다.[15] 이들 국가는 중국으로부터 많은 자금과 기술 그리고 무상원조를 기대하고 있으며 동시에 중국의 방대한 소비시장을 이용하여 자신의 제품을 중국에 수출하기를 희망하고 있다. 동시에 유럽과 미국과의 관계처럼 과도한 경제의존 현상이 발생하지 않기를 원하고 있다. 그러므로 협력의 깊이와 집행의 추진 과정에서 종종 보류적인 태도를 보이고 있으며 각종 형식의 국가주의와 무역보호주의가 나타나 중국의 해외경제이익 실현에 영향을 주고 있다.

한편 중국과 연선 국가 간의 영토분쟁은 일대일로의 전면적 추진에 큰 장애 요인이 되고 있다. 동남아 지역을 보면 밀접한 경제무역 교류가 있음에도 남중국해 쟁의에 의한 중국과 아세안의 긴장관계는 감출 수가 없다. 아세안 일부 국가의 대외관계는 경제적으로는 중국에, 안보 측면에서는 갈수록 미국에 의지하는 경향을 보이고 있어 아세안에서 추진 중인 일대일로의 최대 장애 요인이 되고 있다. 이 밖에 1962년 중국과 인도의 국경전쟁 이후 중국과 인도는 수시로 변경 지역에서 격렬한 대치 국면을 조성하고 있다. 현안인 중국과 인도의 국경 분쟁은 양국 경제협력에 최대 위협이 되고 있는 것이다.

---

15) 何茂春等, "一带一路战略面临的障碍与对策",《新疆师范大学学报(哲学社会科学版)》 2015년 3기, pp. 36-45.

마지막으로 테러리즘과 종교적 극단주의 그리고 분리주의 문제가 중국과 연선 국가들과의 협력에 영향을 줄 가능성이 크다. 연선에 있는 적지 않은 국가는 계속해서 국제 테러주의의 자생지가 되고 있고 국제 테러주의자들은 수시로 이들 국가를 대상으로 테러를 자행하고 있어, 중국의 투자 재산을 날리고 해외 인력의 생명과 안전이 위협받을 가능성이 있다. 파키스탄을 예로 들면 비록 중국과 파키스탄의 경제회랑이 일대일로 추진의 대표적 성공 사례로 주목받고 있으나 현재 파키스탄의 정세가 불안하여 정부가 각 파벌의 무장조직을 통제하지 못하고 있는 실정이다. 일단 파키스탄 정부와 무장 세력의 관계가 악화되면 이들 세력은 양국 경제협력 프로젝트에 대한 공격으로 파키스탄 정부를 압박하게 될 것인바, 중국과 파키스탄의 경제회랑 건설은 거대한 안전 위협에 직면하는 것이다.

3) 중국의 일대일로 전략과 해외경제이익 실현 방식에 대한 사고

경제이익은 해외이익의 중요한 일부분으로 이는 정치와 군사 그리고 외교 등의 각종 수단의 협조가 필요한바, 정부와 기업 간의 통합적인 협력이 필요하다. 정부는 공공서비스를 제공하는 주체로 기업들이 플랫폼을 구축할 수 있는 보장 역할을 해야 한다. 기업은 시장주체로 기술 및 에너지에 대한 우세를 발휘하여 정부와 시장의 협조를 받아 일대일로의 전략적 플랫폼의 역할을 발휘하며 중국의 해외이익을 실현해야 한다.

(1) 정부의 책임

지난 20세기 90년대 이후, 중국은 어떤 국가와도 동맹관계를 맺지 않는다는 원칙하에 폭넓은 대외관계를 유지하며 글로벌 파트너 관계 네트워크를 구축하였다. 2016년 말 기준, 중국은 72개 국가 및 조직기구와 파트너 관계를 맺고 있다. 〈표 3〉과 같이 파트너 관계는 함의에 따라 협력파트너, 건설적 협력파트너, 전면적 협력파트너, 전략적 파트너, 전략적 협력파트너, 전면적 전력협력파트너 등 서로 다른 유형으로 나뉜다. 일대일로 추진은 직접 수혜를 보는 중국의 글로벌 파트너 관계 네트워크를 바탕으로 해외이익을 확대하는 것이다. 경제협력을 핵심으로 인프라 건설을 매개체로 하여 인문 및 사회 등 다방면의 협력을 추진하고 연선 국가들과 함께 이익공동체와 운명공동체를 구축하여 관여 국가들이 자발적으로 일대일로에 참여하는 것을 유도하는 것이다.[16]

향후 중국 정부는 다음 몇 가지에 대한 개선 노력을 통해 중국의 해외경제이익이 지속적으로 확장될 수 있는 유리한 조건을 만들어 나가야 한다. 우선 제도 방면에서, 정부의 공공서비스 플랫폼을 구축하여 정책법규 체계를 개선하고 기업 행위의 규범이 되는 관련 제도를 만들어야 한다. 국가 차원에서 해외이익을 보호할 수 있는 메커니즘을 구축하고 각 정부 부문 간의 분업과 협조에 대한 효율을 제고하여 중앙정부, 지방정부, 해외 영사관 및 대사관, 기업, 개인 등이 모두 연동되는 업무 네트워크를 통해 중국의 해외이익을 보호하는 종합안전망을 구축해야 한다.

---

16) 曹云华, "新型的中国一东盟关系:利益共同体与命运共同体", 《当代世界》 2015년 3기, p. 27.

〈표 3〉 중국과 일대일로 연선 국가와 수립한 파트너 관계

파트너 관계	해당 국가
전면적 전략협조파트너 관계	러시아
전천후 전략협력파트너 관계	파키스탄
전면적 전력협력파트너 관계	베트남, 태국, 미얀마, 캄보디아, 라오스
전면적 전략파트너 관계	이탈리아, 페루, 말레이시아, 스페인, 덴마크, 남아프리카공화국, 포르투갈, 인도네시아, 멕시코, 영국, 몽고, 아르헨티나, 베네수엘라, 브라질, 프랑스, 알제리, 벨로루시, 하자크스탄, 그리스, 호주, 뉴질랜드, 이집트
전방위 전략파트너 관계	독일
전략적 협력파트너 관계	한국, 인도, 스리랑카, 아프가니스탄
전략파트너 관계	투르크메니스탄, 나이지리아, 캐나다, 우즈베키스탄, 타지크스탄, 키르기스스탄, 아일랜드, 폴란드, 우크라이나, 세르비아, 앙골라, 칠레, 아랍에미리트, 카타르
전방위 협력파트너 관계	벨기에
전면적 협력파트너 관계	크로아티아, 네팔, 방글라데시, 루마니아, 네덜란드, 동티모르, 에티오피아, 탄자니아, 콩고, 몰디브

자료: 외교부 홈페이지 내용 정리

정보 방면에서는 시장정보 검색 확대와 정보의 투명성을 제고하여 중국 기업의 시장정보에 대한 접근성을 확대하는 정보서비스를 제공해야 한다. 이를 통해 기업으로 하여금 해외투자 리스크를 이해하고 리스크 회피 차원에서 사전 예방 조치를 강구하여 해외이익의 손실을 최대한 줄이도록 노력하게 해야 한다.[17]

홍보 방면에서는 '일대일로' 지역협력 플랫폼 건설 과정 중에 매체를 통해 중국을 홍보하도록 노력해야 한다. 정부는 공공외교 의식과 능력을 제고하고 '운명공동체' 이념과 호혜공영 원칙을 적극적으로 선전

17) 《总体国家安全观干部读本》编委会, 《总体国家安全观干部读本》, 人民出版社, 2016, p. 196.

할 필요가 있다. 돌발 사태가 발생할 시 부정적인 보도에 대해 즉시 분명한 사실을 밝혀 기업이 현지에서 장기적으로 발전할 수 있도록 우호적인 환경을 조성해야 한다.[18]

(2) 기업의 책임

'일대일로' 건설은 정부가 주도하고 기업이 나서야만 시장기능이 발휘되어 중국의 해외경제이익을 확장할 수 있다. 중국 기업은 해외이익을 확장하는 과정에서 다음 몇 가지에 유의해야 한다.

① 구조조정 강화

지난 수십 년 동안 중국 기업은 성장을 거듭해 왔으나 주로 중국의 노동력 비용 우세에 의지한 조방식 성장 위주였다. 중국의 인구보너스가 사라지는 가운데 노동집약적 산업은 국제시장에서 점차 그 경쟁력을 잃어 가고 있다. 기업이 글로벌 경쟁력을 갖추려면 반드시 기술집약적 산업으로 전환해야 한다. 그러므로 글로벌 시장의 경쟁력 부족 상황에 대처하기 위해 기술개발을 강화하고 인재를 육성하여 기업이 기술집약형 산업으로 발전할 수 있는 구조조정을 서둘러야 한다.

② 양호한 기업 이미지 구축

양호한 기업 이미지는 기업의 가장 중요한 연성 파워 자원으로 기업의 생존과 발전에 중요한 요소다. 중국 기업의 사회적 책임에 대한 중시 여부는 진출국 현지의 법률적 압력과 관련되고 있는데 중국 기업은

18) 위의 책, p. 197.

아직까지 기업 이미지 제고에 관한 자각성이 매우 부족한 실정이다. 일부 전문가는 중국 기업이 외국 사회와 호응하는 과정에서 세 가지 부족한 점을 지적하고 있다. 즉 정부 관료와의 관계는 양호한 편이나 현지 국민들과의 관계 형성은 소홀히 하고, 인정적 원칙에는 익숙하나 법률 수단 사용은 미흡하며, 기업이익만 추구하고 기업의 사회적 책임 활동은 적은 편이다.[19]

중국 기업이 국제경쟁력을 높이려면 전략적 차원에서 기업 이미지를 구축하고 책임의식을 제고하고 의무를 다하며 규칙을 준수해야 한다. 또한 스스로 선택한 불량 행위에 대한 책임도 져야 한다.[20] 기업 경영 과정에서 기업은 진출 지역 국가의 종교 신앙 및 풍속은 물론, 노동자의 합법적 권익과 환경을 자발적으로 존중해야 한다. 이렇게 해야만 기업 경영의 리스크를 줄일 수 있기 때문이다.[21]

③ 리스크 예방 의식과 능력 배양

'일대일로' 전략의 추진에 따라 갈수록 많은 중국 기업이 국제무대에 진출하고 있어 해외경제 리스크에 맞닥뜨릴 가능성도 높아지고 있다. 서방 기업의 성숙한 운영기법과는 달리 대다수 중국 기업의 리스크 관리 능력은 매우 부실하다. 구체적으로 두 가지 측면이 있는데 하나는 전략적 계획이 충분치 못하다는 것이다. 대부분 중국 기업은 리스크에 직면하고 나서야 해결 방안을 모색하고 있어 전형적인 피동형 리스크

---

19) 郭兵云、胡宗山,《"一带一路"背景下中国企业的社交风险与规避: 基于"差序格局"视角》,《理论月刊》2017년 4기, p. 162.

20) 周勇,《论责任、企业责任与企业社会责任》,《武汉科技大学学报(社会科学版)》2003년 12기, pp. 29-33.

21) 马昀,《"一带一路"建设中的风险管控问题》,《政治经济学评论》2015년 제4기, 第25-34页。

관리 행태를 보이고 있다. 통계에 의하면 중국의 해외 M&A안건 중에서 60-70%가 목적한 바를 이루지 못해 많은 해외경영 프로젝트가 이익을 창출하지 못하고 있는 실정이다.[22)]

다른 하나는 전문 리스크 관리 인재가 부족하다는 것이다. 중국 기업이 해외로 진출할 시에는 진출 지역에 대한 정치, 법률, 사회문화 등에 관한 전반적인 조사분석이 필요한데 이때 전문 인재조직이 필요한 것이다. 이와 같은 작업이 미흡한 가운데 진출하게 되면 해외시장을 이해하지 못해 큰 손실을 입을 수 있다. 하지만 현재 중국 기업은 리스크 관리 인재에 대해 별로 주목하지 않고 있으며 보수·대우 측면에서도 유연함이 부족해 경험이 풍부한 많은 인재가 유실되고 있다. 심지어 많은 해외 프로젝트 기획을 경험 없는 직원이 맡고 있어 사업 리스크가 더욱 커질 수밖에 없는 구조다.[23)]

4) 결론

'일대일로' 전략은 중국이 국내외 환경에 적응하며 새로운 지역경제협력을 탐색하는 플랫폼이다. 일대일로 추진 이후 중국은 무역, 투자, 금융 등 3개 영역에서 연선 국가들과 협력을 강화하며 해외경제이익을 확장하고 있다. 하지만 일대일로 건설 과정에서 많은 예상치 못한 문제에 봉착하기도 한다. 국내 요인 측면에서 보면 중국의 인구보너스 효과가 소실되고 있는 가운데 산업구조는 비효율적이고 시장주체의 능력은

22) 于军、程春华,《中国的海外利益》, 人民出版社, 2015, p. 117.
23) 韩立群,《维护和拓展我国海外利益面临的严峻挑战》,《世界知识》2014년 12기.

제한적이며 정부의 해외이익 보호를 위한 메커니즘은 미흡하여 전반적인 내재적 동력이 부족한 실정이다. 국제적 측면에서는 역내 혹은 역외에서 대국의 견제에 직면하고, 연선 국가의 사업환경 리스크 확대 등 외부 압력이 높아지고 있다. 일대일로 건설 과정에서 중국은 어려움을 극복하고 장애 요인을 줄여 각종 도전을 적절하게 처리해 나가야만 되는 상황에 처해 있다.

이에 대해 정부와 기업은 명확한 각자의 책임 의식을 가질 필요가 있다. 거시적 측면에서 정부는 연선 국가들과의 소통을 강화하여 의제 선정에 대한 능력과 공공제품 공급 능력을 제고해 나가야 한다. 또한 정부의 법규 체계와 정보의 투명성을 제고함과 동시에 각 지방정부는 지역의 우세를 명확히 인식하여 중복 건설이 재발하지 않도록 유의해야 한다. 미지적 측면에서 기업은 기술을 통해 산업 구조조정을 실현하고 중국 기업의 양호한 해외 이미지를 수립하며 리스크 예방에 대한 인식을 제고해야 한다. 정부와 기업은 상호 협력을 통해 중국이 해외경제이익을 보호하고 확장할 수 있도록 노력해야 한다.

5. 중한 유라시아 협력 구상과 동북아 경제 협력

진샹단(金香丹) · 왕샤오커(王簫軻)
번역: 우진훈

최근 유라시아 대륙 중심 지역의 경제 발전이 점차 글로벌 사회의 주목을 받고 있다. 중국, 한국, 러시아는 차례로 유라시아 경제 협력 구상을 제기했다. 몽골도 중국 및 러시아와 긴밀한 경제무역 협력을 추진하고 3국의 경제회랑 건설에 동참하며 대초원 개발의 '열기'를 몰고 왔다. 이와 같이 동북아는 점차 유라시아 대륙을 횡으로 연결하는 동력엔진이 되고 있으며 국가 간 전략적 대화는 비껴갈 수 없는 중점 사안이 되었다. 이와 같은 배경하에 중국과 한국의 유라시아 대륙 협력 구상을 놓고 객관적이며 전면적인 연구를 실시하여 두 가지 구상의 연결점을 찾아 가는 것은 중국으로 하여금 '일대일로' 건설을 안정적으로 추진하고 동북아 지역 경제 협력을 촉진하는 데 중요한 의미가 있다.

1) 중한 유라시아 협력 구상: '일대일로'와 '유라시아 이니셔티브'

2008년 글로벌 금융위기 이후 세계경제는 저성장과 수요 부진이 계속되었다. 이후 중국과 한국의 경제는 복구되었지만 전체적으로는 성장 활력이 부족한 상태에 빠졌고 세계 각국은 '단결하는 태도'를 보이기 시작했다. 환태평양 경제동반자협정, 지역경제동반자협정 등 대형 자유무역협정이 계속해서 추진되고 지역 간 국제경제협력은 점차 세계경제의 발전 주류가 되었다. 신세기 세계경제의 발전 · 변화에 부응하고자 2013년에 중국과 한국은 유라시아 대륙 중심 지역을 겨냥한 경제 협력 이니셔티브를 제기하였다. 자국과 중앙아시아 및 서아시아 각국 간의 경제무역 관계를 구축하고 유라시아 대륙 횡단 통로를 조성하여 자국의 새로운 경제 성장점을 개척하기 시작했다.

국내외의 관심 속에 2010년부터 중국의 유라시아 대륙 중심 지역에 대한 관심도 커졌다. 중국의 시진핑 주석은 2013년 9월과 10월에 각각 '뉴 실크로드 경제벨트'와 '21세기 해상 실크로드' 구상을 연달아 제기하였다. 정부와 학계의 토론을 거쳐 2015년 3월, 중국 국가발전개혁위원회는 외교부와 상무부 공동으로 '실크로드 경제벨트와 21세기 해상 실크로드를 추진하기 위한 공동건설의 비전과 행동'이라는 방안을 발표하고 신세기 중국의 대외 개방을 위한 구체적인 방향을 제시했다. '일대일로' 구상은 중국에서 출발하여 각각 대륙 및 해상 통로를 거쳐 중앙아시아, 동남아, 남아시아, 서아시아를 차례로 연결한 후 유럽에까지 아우르는 방대한 국가 대전략이다. 저력과 활력이 넘치는 동아시아 경제권과 유럽 경제권을 연결하는 전략과 함께 일대일로 구상 범위에 속하는 연선에는 44억의 인구가 있고 글로벌 경제의 29%를 차지하는 엄청난 시장이 잠재하고 있다.

관련 계획은 상호 협의하는 정책, 횡적으로 연결하는 인프라 시설, 원활한 자유무역, 자금 융자 서비스, 해당 지역과의 민심 소통을 주요 과제로 채택하고 있다. '일대일로' 전략을 안정적으로 추진하기 위해 중국은 아시아인프라투자은행(AIIB) 창립을 제안하여 다수 국가의 적극적인 동참을 이끌었고 출범 시 회원국은 한국을 포함해 57개국에 달했다. 동시에 중국은 1차 실크로드 자금 100억 불을 조성하여 '일대일로' 연선 국가의 인프라 시설 건설에 필요한 자금을 효과적으로 융자했다.

중국이 '일대일로' 구상을 제기한 것과 비슷한 시기에 한국도 자국 경제의 포괄적 발전 방향에 대한 판단을 근거로 유라시아 대륙 배후지 개발에 참여하는 '유라시아 이니셔티브'를 제창했다. 이는 한국과 유라시아 대륙의 경제무역 협력을 강화하고 경제 성장을 추진하며 한반도 평화를 실현하는 것을 목적으로 한다. 동 제의의 골자는 '단결의 대륙, 창조의 대륙, 평화의 대륙'을 목표로 러시아, 중국, 북한, 몽골 그리고 유라시아 국가들과의 전략적 협력 강화를 통해 유라시아 대륙의 '소통, 개방, 창조, 융합'을 실현한다는 것이다. 좀 더 구체적으로 '유라시아 이니셔티브'는 아래 몇 가지 핵심 의제를 포함하고 있다.

첫째, '실크로드 익스프레스(SRX)'를 구축하고 유라시아 육로교통의 지름길을 조성한다. 한반도 종단철도(TKR), 시베리아 철도(TSR), 몽골 횡단철도(TMGR), 유라시아 횡단철도(TCR), 만주 횡단철도(TMR)를 연결시켜 한반도, 러시아, 중국, 중앙아시아를 관통하고 유럽에 도달할 수 있는 물류 네트워크를 구축한다. 둘째, 북극항로 이용 방안을 탐색하고 글로벌 기후 온난화 영향을 활용하여 한국이 북극으로 진출하여 유럽과 연결되는 가능성을 탐색한다. 셋째, 유라시아 대륙 경제협력을 추진하며 북한이 문호를 개방하도록 유도하고 한반도 평화를 실현한다. 넷째, 광역 두만강 개발계획(GTI) 등 한국, 중국, 러시아, 몽골 간의 다자 협력에 적극 참여한다.

동 구상을 추진하기 위해 한국의 박근혜 정부는 여러 가지 노력을 경주했다. 그중 대표적인 것으로 러시아-북한-한국의 물류 협력을 들 수 있다. 2013년 한국은 '나진-하산 물류 협력' 사업 추진을 위해 포항제철, 현대상선, 한국철도공사가 공동으로 2,100억 원을 출자하여 러시아와 북한이 공동으로 운영하는 'Rasonkontrans'사의 일부 지분을 인수하며 프로젝트에 참여했다. 2014년 11월에는 '나진-하산' 간 철도 화물이 성공적으로 시험운행에 투입되었다. 4만 톤의 러시아 석탄이 '하산-나진' 철도를 통과하여 나진항에서 환적한 후 한국으로 수송되어 3국의 경제무역은 중요한 국면을 맞이하기도 했다. 해당 프로젝트는 한국이 유라시아 이니셔티브를 추진하는 중요한 일환 중의 하나일 뿐만 아니라 광역 두만강 개발 협력을 효과적으로 추진하여 동북아 지역의 국부지역 협력을 위한 모범적인 사례가 되었다. 이후 한반도 정세의 급변으로 전면 중단되었지만 동북아 지역 경제 협력을 위한 실천 가능 협력 모델을 제시했다는 점에서 중요한 의미를 갖는다.

중국과 한국의 두 가지 이니셔티브를 비교하면 '일대일로'와 '유라시아 이니셔티브'는 모두 유라시아 대륙을 배경으로 하고 인프라 시설의 상호 연계가 중요한 실천 방식이며 이를 통해 경제무역 협력을 강화하고 경제 성장을 촉진한다는 것을 목표로 삼고 있어 내용상 유사점이 아주 많다. 그러므로 '일대일로' 건설과 '유라시아 이니셔티브' 구상의 상호 연계는 중한 양국의 공통적 수요 창출에 부합된다 하겠다. 또한 두 전략의 공통점을 바탕으로 양국 모두 이익을 얻을 수 있는 분야에서 협력을 추진한다면 '일대일로' 전략은 물론 양국관계의 심층적 발전을 위해서도 새로운 기회가 될 수 있다.

2) 중한 유라시아 협력 구상의 연결 수요 및 도전

지난 세계 역사를 살펴보면 유라시아 대륙의 중심 지역을 개발하고 지역 비즈니스 기회를 선점한 경우는 중국과 한국이 최초로 시도한 것이 아니다. 20세기 90년대, 일본은 '실크로드 외교 구상'을 제기하고 중앙아시아 각국과 소통하며 정부 차원의 개발 지원을 제공하였다. 현지의 도로, 철도, 전력 등 인프라 시설을 개선시키며 일본이 대륙 깊숙이 진출할 수 있는 발판을 마련하기도 했다. 미국의 오바마 정부는 글로벌 전략 중심이 동쪽으로 이동하는 과정에서 대륙의 중심 지역과의 연계를 강화하며 미국과 중앙아시아 각국의 교류가 정치와 군사 영역의 범위에만 국한되어 있던 국면을 타개하려 노력했다. 2011년 힐러리 국무장관이 '뉴 실크로드' 계획을 처음으로 제기하며 미국이 대륙의 배후 지역에 영향을 미칠 수 있는 새로운 접점을 찾기도 했다.

하지만 전통적인 해양강국이 대륙과의 경제 협력에 참여하기에는 지연(地緣)적 영향으로 제한을 받을 수밖에 없다. 지역 간 협력은 종종 낮은 수준에 그쳤고 전략적 의미가 있는 자원 통합을 근본적으로 추진할 수가 없었다. 반면에 중한 양국은 모두 동북아 지역 대륙 국가로, 유라시아 지역이 아직까지 경제 수준은 미흡하나 자원 및 잠재적 시장이 방대하여 큰 기대를 걸고 있다. 유라시아 대륙의 중심 지역에 대한 경제 협력을 추구하는 중한 양국은 비록 서로의 길은 다르지만 목표와 목적지는 동일한 것이다.

우선 양국이 유라시아 대륙의 중심 지역과 경제 협력을 강화하는 것은 일정한 절박성을 갖고 있어 전략적 중심이 겹치는 부분은 양국의 긴밀한 협력을 통해 직면할지도 모를 경쟁적 요소를 통제할 필요가 있다. 중국의 경우 국내 경제가 이미 '뉴노멀화' 단계로 진입하여 생산 능력 과잉이 심각하며 미국의 환태평양 경제동반자협정 등 대형 자유무역 협정으로 인한 압력으로 신흥시장의 개발 필요성이 더욱 대두되었다. 이와 같은 배경하에 유라시아 대륙의 중심 지역은 인구가 급증하여 인프라 시설에 대한 수요가 왕성하며 유럽과 통하는 교통 요지에 위치하고 있어 중국의 해외 수출 수요를 보완하는 데 적합하다. 한국의 경우는 유라시아 대륙 양단의 최대 시장인 중국과 EU와 이미 FTA 협정을 맺어 유라시아 대륙의 중심부는 글로벌 무역 구도를 통합할 수 있는 중요한 공간이 되었다.

중한 양국은 관련 지역의 투자와 무역을 촉진함에 있어 불가피하게 여러 가지 경쟁요소를 만나게 될 것인바, 이를 실제적으로 잘 통제하지 못하면 경쟁이 악화되어 제3자의 협상 지위만 높여 주어 관련 계획을 추진하는 데 불리한 효과가 나타날 수 있다. 그러므로 중한 지역 협력에서 주요 지역이 겹치는 것은 양국 건설 계획의 연결을 위한 전략적 기반을 다져 주는 역할을 하고 있는 셈이다.

둘째, '일대일로'와 '유라시아 이니셔티브'는 상호 보완성을 갖고 있어 전략적인 사안에서 중첩되는 부분은 두 나라가 공동으로 협력하여 자원의 중복 투자를 사전에 예방할 수 있다. '실크로드 경제벨트'의 중점은 중국이 자국의 동북 · 서북 지역과 인접한 유라시아 각국의 지연적 우세를 충분히 활용하여 중국의 대외 무역과 대외 협력 채널을 확장하는 데 있다. '유라시아 이니셔티브'의 중점은 러시아, 북한, 중국의 동북 3성과 상호 연계하며 관련 사업을 추진하는 데 있다. 유라시아 대륙의 협력 대상국은 대부분 인구밀도가 낮아 중한 양국이 계획과 실천 차원에서 사전 소통이 부족할 경우 중복 건설 문제 혹은 인프라 시설이 완공된 후 이용률이 낮은 문제 등이 나타날 수 있어 중복 프로젝트를 규명하고 정리하는 것은 양국의 전략적 자원을 절감하는 데 중요한 사안이다.

셋째, 정치환경이 복잡한 유라시아 대륙에서 중한 양국은 반드시 소통하며 현지 부족들과의 마찰과 오해 발생의 가능성을 줄여야 한다. 타 지역과는 달리 유라시아 대륙의 내부는 각종 민족 및 교파들의 모순이 뒤엉켜 있고 세계 대국의 이익 충돌이 빈번한 지역이다. 중국은 카자흐스탄, 키르키스스탄, 타지키스탄과 인접하고 우즈베키스탄, 투르크메니스탄과는 지척에서 마주 보고 있다. 중국은 이들 국가의 주체 민족과 언어가 통하는 소수 민족을 다수 보유하고 있고 경제무역이 긴밀하여 한국 프로젝트의 원활한 추진을 위한 도움을 줄 수 있다. 새로이 굴기하는 중간국가(Middle power)인 한국은 중앙아시아 및 러시아가 한국의 유라시아 중심 지역에서 경제무역을 확장하는 것에 대해 민감도가 낮은 편이다. 또한 한국은 중국에 비해 연성파워가 탄탄한 편이라 주변 대국의 반감을 줄이는 데 입장이 편하다. 그러므로 중한 양국은 소프트 파워와 하드 파워의 상호 보완성이 뛰어나 효과적인 협력 메커니즘을 구축할 수 있으며, 해당 지역의 정치적 리스크를 통제하는 데 있어 상호 이익을 볼 수 있다.

넷째, 유라시아 대륙의 중심 지역은 오랫동안 계획경제를 실시한 지역으로 무역투자 환경 개선 여지가 커 양국의 협력은 해당 지역 국가와의 소통을 통해 시대가 부여한 기회를 선점하는 데 유리하다. 20세기 후반기에 동아시아 경제는 열도-반도-연해-대륙의 순서로 깊이 들어가며 발전하는 태세를 보여 주었는데 유라시아 대륙 중심 지역 역시 향후 큰 발전 잠재력을 보여 줄 것이라 미루어 판단할 수 있다. 2014년 우즈베키스탄, 카자흐스탄, 몽골의 경제 성장률은 각각 8.1%, 4.3%, 7.8%로 급성장세를 보여 주었다. 이런 측면에서 중한 양국이 협력을 강화하는 것은 양국 경제 발전 모델의 업그레이드와 구조조정에도 이롭다. 즉 현대화 추진의 승계자에서 추진자로 신분을 전환하고 진출 지역의 발전을 선도하며 본국의 발전을 위한 선행 기회를 창조할 수 있는 것이다.

하지만 해당 지역이 장기적으로 계획경제의 영향을 받아 왔기에 무역투자에 대한 우호적인 분위기 제고가 필요하다. 이를 통해 지역 국가들이 다른 경쟁자에 비해 중한 양국이 제시한 투자 및 무역 환경 개선에 대한 요구 사항을 보다 적극적으로 검토할 것이며 나아가 다자 협력 체제의 안정도 보장할 수 있을 것이다. 그러나 한반도가 강국들의 이해관계에 복잡하게 뒤얽힌 곳에 위치한 사실도 무시할 수 없는 사실이다. 주변 강대국의 치열한 게임은 중한 양국이 경제 협력을 강화하는 데 있어 많은 불확실성 요인을 제공하고 있다. 한반도 통일, 대북 제재, 한미동맹 등의 문제에 대한 양국의 서로 다른 관점은 전방위적 협력에 영향을 미치고 협력의 진척과 심도에 간접적인 제한 요소가 된다.

사드 문제는 이미 양국 협력에 걸림돌이 되었다. 이로 인해 양국의 상호 신뢰 역시 급락하고 협력의 의지도 냉각된 상태다. 단기적으로 한국은 북핵 문제의 격화와 국내 경제문제 그리고 정권 교체 등으로 유라시아 이니셔티브를 추진할 여력이 없는 상태다. 양국이 현안을 두고 합의를 이루었다 하더라도 두 가지 구상을 연결시키기에는 여전히 난제가 많다. 구체적으로 양국의 전략은 목표 범위가 넓고 '일대일로'와 '유라시아 이니셔티브'가 중점 추진하는 지역에도 차이가 있다. 예로 '일대일로'의 전략적 중심은 중앙아시아와 동남아 등지로 유라시아 대륙 중심 지역의 교통을 원활히 하고 산업단지를 구축하는 것이 주요 내용이다. 반면에 '유라시아 이니셔티브'는 한국 역대 정부의 '북방정책'의 연장이자 확장으로, 계획의 중점은 한반도 평화를 전제로 러시아와 중국과의 협력을 통해 북한의 개방을 유도하는 것이다. 그러므로 양국은 구상의 전략과 구체적 내용을 더욱 세분화할 필요가 있는 것이다.

그럼에도 불구하고 '일대일로' 건설과 '유라시아 이니셔티브' 연결에 내포된 전략적 가치를 소홀히 해서는 안 된다. 중국은 탄탄한 자금력을, 한국은 경쟁력 있는 기술력을, 유라시아 대륙은 풍부한 자원을 갖고 있어 3자가 결합한다면 충분히 호혜와 상생이 가능하다. 중한 양국은 상호 협력에 직면하는 문제에도 적극 대응하며 거시적 협력 국면을 유지하는 것이 중요하다. 양국은 목표를 위해 타당성 있는 조치를 취하고 협력의 길에 존재하는 어려움을 극복하여 '협력을 원동력으로, 이익을 매개체로' 하는 심층적인 조화의 길을 대담하게 개척해야 한다. '일대일로'와 '유라시아 이니셔티브' 구상이 서로 만나는 곳은 러시아 극동 지역과 중국 동북 지역인데 이 두 곳은 동북아 지역 협력의 중요 지역이다. 중한 양국은 쌍방의 전략적 접점을 바탕으로 러시아와 소통을 확대하여 '일대일로', '유라시아 이니셔티브', '2025년 극동과 바이칼 지역 경제사회 발전전략', '유라시아 경제연합' 등 3국 간 전략의 상호 작용과 촉진을 도모해야 한다.

3) 중한 유라시아 협력 구상과 동북아 경제협력

중국과 한국 그리고 러시아가 순차적으로 유라시아 협력 구상을 제기한 가운데 동북아 지역 국가들은 유라시아 대륙 경제 통합을 추진하는 주요한 동력으로 부상하고 있다. 최근 동북아 지역 국가들은 상호 협력에 대한 의지가 강화되고 있으며 유라시아 대륙 경제 통합이라는 동일한 목표하에 각국의 경제 발전 전략은 동북아 지역에서 공감대를 형성할 수 있는 가능성이 보인다. 하지만 동북아 지역은 유럽 및 북미 등 주요 경제권과 비교해 볼 때 각국의 고위급 협력 체계가 뒤처져 있는 실정이다. 이는 중일한 3국이 모두 무역입국형 국가로 자체 시장의 수요 부족은 3국 제품의 생산과 소비의 역내 순환을 실현할 수 없어 유럽과 미국 시장에 대한 의존도가 높아 협력을 추진하는 동력이 부족하기 때문이다.

비록 중국 경제구조의 업그레이드로 소비가 국민경제에서 차지하는 비중이 높아지고 있지만 아직은 시간이 필요하다. 단기적으로 역내 주요 국가들에게 협력의 동기를 부여하기 힘든 것이다. 중한 양국은 동북아 지역 외에서 협력을 통한 경험과 신뢰를 쌓아 경제 통합의 방향이 엇갈리는 것을 피해야 한다. 이런 측면에서 양국이 유라시아 대륙을 대상으로 협력을 추진하는 것은 다음과 같은 전략적 의미를 갖고 있다.

첫째, 양국의 구상은 인프라 시설 건설을 통해 상호 연계하는 물류 네트워크와 동북아 교통운수 체계를 구축하는 것에서 연결된다. 낙후된 인프라 시설과 도로는 동북아 경제 발전을 제약하는 주요 병목 문제다. 양국이 '실크로드 경제벨트'와 '실크로드 익스프레스(SRX)'를 조성하는 가운데 역내 각국은 인프라투자은행과 실크로드 기금 융자 플랫폼을 이용하여 지역 내 철도, 도로, 항만, 항구의 상호 연결을 가속하고 동북아 지역 국제운수 대통로를 구축할 수 있다. '일대일로'와 '유라시아 이니셔티브' 연결과 관련하여 중국은 이미 일부분 '중국-유럽' 철도를 개통했다. 예로 '영구(营口)-만주-유럽' 열차[1]는 2007년부터 운행하기 시작했으며 중국의 영구항에서 만주리를 거쳐 모스크바, 바르샤바, 도브라 등으로 연결되는 중국-유럽 직행열차다. 동 열차 노선의 개통은 중국과 유럽 간의 무역을 위한 새로운 운수통로를 개척했고 한국을 포함한 동북아 국가의 대유럽 무역을 위한 지름길을 제공했다. 2014년 '영구-만

1) 영구-만주리-유럽 열차는 2007년에 개통되었다. 중국 요령성 영구 항구에서 출발하여, 만주리 항구를 거쳐 러시아, 벨로루시, 폴란드, 체코를 경과하여 함부르크에 이르는 노선으로 총연장은 14,000km에 달한다.

주리-유럽' 열차의 컨테이너 물동량은 21,678 표준 컨테이너에 달했고, 이 중 한국의 통과운송 화물의 비중은 약 37.7%에 달했다.

또 다른 시각에서 보면 한국은 이미 어느 정도 '일대일로' 건설에 참여한 것으로 '일대일로' 전략의 이점을 이미 누리고 있다고 볼 수 있다. 물론 열차 운행에 적지 않은 문제점이 상존하는데 특히 유럽에서 돌아오는 화물이 적어 중국-유럽 열차의 원가가 지나치게 높아 중국 정부의 보조금에 의존하여 운행될 수밖에 없는 상황이다. 이는 중국-유럽 열차와 유라시아 운수 회랑의 지속 발전에 불리한 것이다. 향후 중일한 3국이 협력을 강화하고 왕복 화물 공급원을 늘린다면 화물 수송 원가를 대폭 낮추어 '중국-유럽 열차'의 지속적인 운행을 보장할 수 있을 것이다. 이는 3국의 상품이 유럽에서 경쟁력을 확보하는 데 중요한 의미가 있다. 그러므로 한국과 일본이 '일대일로'에 동참하고 공동으로 건설하는 것은 매우 특수한 경제적 가치가 있는 것이다.

둘째, 동북아 에너지시장 일체화를 추진하고 에너지 인프라 시설의 상호 연결을 촉진할 필요가 있다. 중국은 에너지 소비 대국으로 경제의 빠르고 안정된 성장 그리고 친환경 표준 제고 추세와 함께 에너지 수입 수요가 날로 증가될 것이다. 동북아 지역의 러시아와 몽골은 석유, 천연가스, 석탄 등의 자원이 풍부하여 역내 국가의 에너지 수요와 상호 보완적인 효과를 거둘 수 있다. 기타 분야와는 달리 에너지 협력은 국가 간의 마찰이 적고 경제적 효율이 크며 에너지 인프라 시설의 상호 연결과 시장 일체화는 역내 국가의 공동이익에 부합하여 동북아 경제 일체화를 가속하는 중요한 추진력이 될 수 있다. 2015년 중국-러시아 천연가스 동쪽 파이프 라인 공사가 착공되었는데 이는 흑룡강성 흑하에서 출발하여 7개 성을 통과한 후 상해에 이른다. 서쪽 파이프 라인 건설도 현재 협상 중에 있다. 러시아에서 시작하고 북한을 거쳐 한국에 이르는 천연가스 파이프 라인 프로젝트도 현재 추진 중에 있다. 이는 동북아 지역 천연가스망의 상호 연결을 최대한으로 확장하는 과정이다.

석유무역과 관련하여 중국은 국제유가가 하락하는 유리한 상황을 이용하고 거대 시장의 우세를 발휘하여 중국, 러시아, 한국, 일본의 에너지 협력 메커니즘을 구축할 필요가 있다. 에너지 분야 협력을 강화하여 과열 경쟁을 피하고 동시에 안정된 에너지 공급과 가격 조절 체계를 구축해야 한다. 이 밖에 중국은 몽골의 바람 에너지, 태양 에너지 분야에 대한 연구 개발과 투자를 강화하여 중국과 몽골 간의 전력이 상호 연결되는 것을 검토해 볼 필요가 있다. 그리고 중한 양국은 재생에너지, 신에너지, 친환경기술 등의 분야에 대한 협력을 강화하고 이를 '일대일로'와 '유라시아 이니셔티브'를 연결하는 시범 프로젝트로 삼아 동북아 에너지 시장 일체화 추진을 함께 도모해 나가야 한다.

셋째, 각국의 비교우위를 발휘하여 동북아 지역 생산 능력에 대한 협력을 추진해 나갈 필요가 있다. 현재 러시아 극동 지역과 북한 및 몽골의 인프라 시설은 노화 정도가 심각하여 철도, 도로, 항만, 철도, 전력 등 관련 인프라 시설의 업그레이드 수요는 거대하다. 특히 러시아가 극동 지역을 적극 개발하는 것은 중국이 국제 생산 능력 분야에 대한 협력을 추진하고 장비를 수출하는 데 양호한 기회를 제공하고 있다. 동북아 지역은 시장, 자원, 노동력, 기술, 자본 등 다중의 생산 요소 우세가 집결되어 있고 각국의 비교우위를 통합하여 협력을 추진하는 것은 러시아와 한국 그리고 몽골이 중국의 발전을 통해 이익을 얻을 수 있을 뿐만 아니라 중국 또한 과잉생산 능력을 소화하고 국내 산업의 업그레이드를 가속하는 데 유리하다.

중국이 동북아 지역 생산 능력 협력을 추진하는 것은 동북 3성 장비 제조업의 우세와 지역적 우세를 결합하여 러시아 극동과 북한을 주요 협력 대상으로 철도, 부동산, 선박, 자동차, 통신, 항공, 기계 등의 분야에 대한 협력에 기대를 걸고 있기 때문이다. 중국 장비제조업의 선도 지역인 동북아 지역은 국제 생산 능력 협력 붐에 적극 가담해야 한다. 대련조선, 심양 공작기계, 중국 제1중형기계, 장춘 궤도 객차 등 대기업 역량을 발휘하여 '제조+서비스' 모델을 통해 산업 체인의 상하 자원을 통합하고 기관차, 선박, 공정기계 등의 우세산업과 전통산업의 '해외 진출'을 촉진할 필요가 있다. 이와 함께 로봇, 석유화학, 의약, 농산물 가공 등 동북 지역의 우세산업 발전을 적극 추진하고 일본과 한국과의 기술 협력을 강화해야 한다. 그리고 기타 전통 제조업의 이전과 낙후된 생산 능력을 점차적으로 도태 및 감소시키고 '외자 유치'와 '해외 진출'의 동반 출구 전략을 통해 동북 지역 산업구조의 업그레이드를 추동해야 한다.

동북아 지역은 북핵, 역사인식, 영토분쟁 등 각종 문제가 복잡하게 얽혀 있어 지역 경제 협력이 어려움에 봉착해 있다. 하지만 중국과 한국 그리고 러시아를 선도로 하는 유라시아 경제 통합 추세는 동북아 지역 경제 발전을 위한 밝은 전망과 투자 기회를 제공하고 있다. 각국은 정치적 장애를 극복하고 협력을 통해 신뢰를 다지며 공동의 이익을 도모해 나가야 한다.

참고문헌

[1] 뉴린제(牛林杰), "'유라시아 이니셔티브'+'일대일로': 한중 협력의 새로운 기회를 심층발전", 『세계지식』, 2015(5).

[2] 이재영, "한국의 새로운 북방정책과 러시아 극동지역과 시베리아개발", 『러시아 연구』, 2015(3).

[3] 황웨이핑(黄卫平), "뉴실크로드 경제벨트와 중국-유럽 경제무역구도의 새로운 발전", 『중국유통경제』, 2015(1).

[4] 스웬화(石源华), "'중국-북한-한국경제회랑'을 창의하여 포괄적인 주변 협력을 실현", 『세계지식』, 2015(3).

[5] 중국사회과학원 수량경제와 기술경제연구소, "'일대일로' 전략: 상호연결 공통발전", 『국제석유경제』, 2015(8).

[6] 왕야리(王雅莉) 외, "동북아 경제지원벨트의 공간전략 사고", 『도시발전연구』, 2014(4).

[7] [한]강명구, "러시아 극동지역 개발시각하의 유라시아 이니셔티브 추진방안", KDB산업은행, 2015.

[8] [한]나희성, "한국-북한-유라시아 철도 협력의 의미와 과제", 『한국개발연구원 조선경제평론』, 2014(2).

6. 뉴노멀화 시기 중 · 한 교역조건 영향 요인과 고도화 연구

리동신(李冬新)
번역: 우진훈

1) 중한 무역의 현황과 문제점

중한 수교 이후 양국 무역은 급성장을 거듭했다. 1992년의 97.2억 달러에서 2015년의 2,273.8억 달러까지 22년 동안 양국의 무역 총액은 약 30배 성장을 기록했다. 〈표 1〉은 2008년 글로벌 금융위기 영향으로 중국의 대한국 교역량이 2009년에 다소 주춤했으나 전체적으로 상승세를 유지하고 있음을 보여 준다. 이와 함께 중국의 대한국 수출입 격차도 지속적으로 확대되어 양국 무역에서 중국은 계속해서 무역적자를 보고 있다.

〈표 1〉의 데이터에 의하면 2005-2015년 중국의 무역적자는 전반적으로 상승세를 보여 왔다. 무역 불균형은 향후 양국의 지속적인 협력을 저해할 수 있을 것이다. 특히 중국은 한국과의 양자무역에서 장기적으로 피동적인 위치에 처해 있다. 한편 2008년 이후 중국의 GDP 성장률은 전체적으로 하락세를 보였고 2015년에 성장세는 역대 최저치에

〈표 1〉 2005-2015 중국의 대한국 교역 현황

(단위: 억 달러)

연도	수입	수출	수출입 총액	무역적자
2005	768.2	351.8	1,119.28	417.12
2006	897.24	445.22	1,342.46	452.02
2007	1,037.52	564.32	1,601.84	473.2
2008	1,121	739.32	1,860.32	381.68
2009	1,025.52	536.8	1,562.32	488.72
2010	1,383.39	687.66	2,071.05	695.73
2011	1,627.17	829.2	2,456.37	797.97
2012	1,687.28	876.74	2564.02	810.54
2013	1,830.73	911.65	2,742.38	919.08
2014	1,901.05	1003.35	2,904.4	897.7
2015	1,371.4	902.4	2,273.8	469.0

자료: UN 홈페이지 Comtrade DB, http://comtrade.un.org/db/dqBasicQuery.aspx

이르렀다. 중국 경제는 과거의 조방형 고속 성장에서 전면적 구조조정을 실시하는 뉴노멀화 단계로 진입했다. 경제의 뉴노멀화는 중국 경제가 이전의 생산 요소에 의존하고 투자를 원동력으로 하던 빠른 성장 시대에 종지부를 찍고 창의성을 바탕으로 안정된 성장 국면에 들어섰음을 의미한다.

중국 경제가 뉴노멀화에 적응하려면 경제 성장 방식의 전환과 산업 구조조정 및 업그레이드 등 일련의 개혁이 불가피하다. 이와 같은 배경 하에 중한 양국은 2015년 6월 1일, FTA를 체결했고 이는 양국의 자유무역에 대한 제도적 토대를 구축한 것임을 선언한 것이다. '중한 FTA 협정'은 2015년 12월 20일부터 정식 발효되어 본격적인 실시 단계에 들어섰다. 중한 교역조건에 영향을 미치는 요소를 심층 분석하고 교역조건을 개선하는 대응 조치를 제기하는 것은 양국 무역을 더욱 발전시키기 위함이다.

2) 중한 교역조건의 데이터 기초와 계산 방법

교역조건은 일정한 시기 동안 수입 대비 수출의 이익 창출 능력과 무역이익의 국제무역 상황 지표로 주로 가격 교역조건과 수익 교역조건 그리고 요소 교역조건으로 나뉜다. 중한 무역 상품의 노동생산성 지수를 확정하기 어렵고 관련 데이터 수집이 힘들어 본 글의 중한 교역조건 연구는 가격 및 수익 교역조건에 대해 한정한다.

(1) 중한 교역조건의 데이터 기초

본 글은 유엔 SITC 분류 표준(1차 제품 STIC0-4, 공산품 STIC5-8, 미분류 제품 STIC 9)을 따르고 UN 통계 홈페이지인 Comtrade 데이터 베이스를 근거로 했다. 2002-2012년, 중국의 대한국 수출입 제품의 금액 및 수량 그리고 최대 대표성 원칙에 따라 153가지 주요 수입 제품과 174가지 주요 수출 상품을 최종 선택했다.

〈표 2〉는 선택된 샘플 데이터가 차지하는 비중이 50% 이상을 차지하고 최대 대표성 원칙을 만족하여 이로부터 산출된 교역조건은 정확도와 대표성을 갖는다고 볼 수 있다.

〈표 2〉 각 연도별 샘플 비중 통계

(단위: %)

연도	초급 제품 수입	초급 제품 수출	공산품 수입	공산품 수출	전체 수입	전체 수출
2002	71.0	72.4	50.0	51.2	55.2	57.2
2003	64.5	70.8	49.1	50.9	53.1	56.7
2004	59.8	69.2	47.9	51.4	51.2	56.7
2005	69.0	69.2	49.3	51.2	54.3	56.5
2006	71.0	70.8	49.8	50.5	55.0	56.3
2007	68.1	69.2	49.5	49.8	54.3	55.4
2008	64.5	73.3	50.2	51.4	54.1	57.6
2009	66.2	75.0	50.5	51.2	54.6	57.8
2010	66.2	75.9	49.5	50.5	53.9	57.4
2011	68.1	72.4	50.2	51.6	54.8	57.6
2012	67.1	76.8	50.2	51.6	54.6	58.6

자료: 마웨이웨이(**马维维**), "중한 교역조건 변동 및 영향요소 분석", 칭다오 과기대학, 2014.

(2) 중한 교역조건 계산 방법

① 중국 실정에 따라 수출입 물가 지수는 파세(paasche) 지수를 적용한다. 즉 보고 기간의 수량 가중치로 가격 지수를 산출하고 공식은 다음과 같다.

$$P = (\sum Pit^{*}Qit)/(\sum Pi0^{*}Qit) \quad \text{(공식 2-1)}$$

② 수출입 상품의 양적 변동의 가격 지수에 대한 작용을 연구하기 위해 라스파이레스(laspeyres) 지수로 수출 수량 지수를 산출했다. 공식은 다음과 같다.

$$Q = (\sum Pi0^{*}Qit)/(\sum Pi0^{*}Qi0) \quad \text{(공식 2-2)}$$

이상 두 개의 공식에서 P는 가격 지수를, Q는 수량 지수를 표시하며, P_{i0}은 제i가지 상품의 기준 기간 평균 가격이고, P_{it}는 제i가지 상품의 보고 기간 평균 가격이며, Q_{i0}은 제i가지 상품의 기준 기간 수량, Q_{it}는 제i가지 상품의 보고 기간 수량이다.

(3) 중한 교역조건의 변동

공식 2-1에 따라 관측 기간 동안 중국의 대한국 수출가격 지수와 수입가격 지수를 산출한다. 공식 2-2에 따라 중국의 대한국 수출수량 지수를 산출하고 마지막에 관련 교역조건 공식에 따라 중한 교역조건을 산출한 것은 〈표 3〉과 같다.

〈표 3〉 2002–2012년 중한 전체 교역조건 지수

연도	수입가격 지수	수출가격 지수	가격 교역조건 지수	수출수량 지수	수익 교역조건 지수
2002	1	1	100	1	100
2003	1.13	1.05	93.74	1.25	116.82
2004	1.38	1.33	96.45	1.43	138.08
2005	1.59	1.50	94.40	1.70	160.39
2006	1.53	1.57	102.56	2.06	210.97
2007	2.00	1.63	81.38	2.51	204.30
2008	2.23	1.81	80.93	3.14	253.85
2009	1.77	1.59	90.19	2.02	182.10
2010	2.02	1.59	78.73	2.70	212.22
2011	2.04	1.60	78.27	3.40	265.65
2012	1.82	1.56	85.64	3.34	286.08

자료: 마웨이웨이(马维维), "중한 교역조건 변동 및 영향요소 분석", 칭다오과기대학, 2014.

〈표 3〉의 데이터에 따라 가격 지수와 교역조건 지수를 분리시키고 그래프를 만들어 다음과 같이 비교했다.

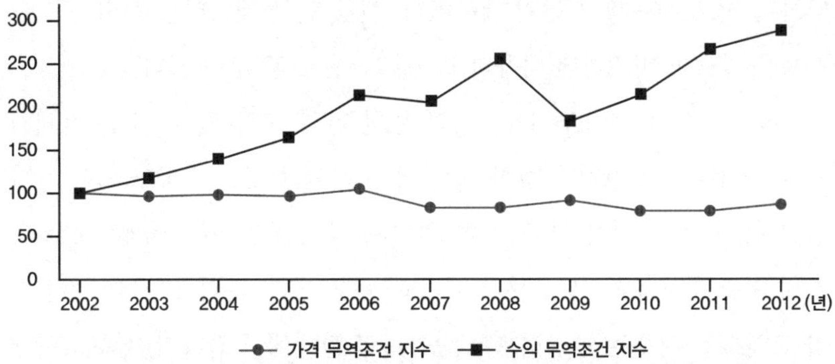

〈그림 1〉 2002-2012년 중한 전체 가격교역조건과 수익교역조건 변화도

〈그림 1〉에 의하면, 중국의 가격 교역조건은 전체적으로 완만한 하락세를 보이고 있다. 단, 최근 들어 변동이 적고 악화되는 정도가 안정되고 있다. 수익 교역조건은 2009년에 금융위기의 영향을 받고 하락한 것을 제외하고 전체적으로 대폭 상승하고 있다.

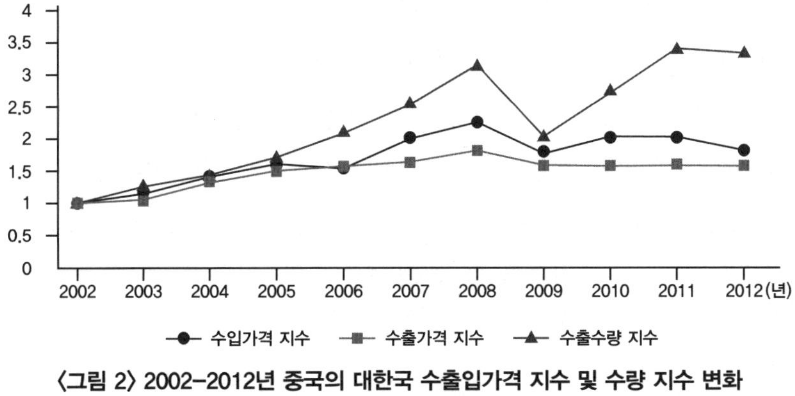

〈그림 2〉 2002-2012년 중국의 대한국 수출입가격 지수 및 수량 지수 변화

〈그림 2〉에서 가격 교역조건 지수가 하락한 원인은 중국의 대한국 수입가격 지수가 수출가격 지수보다 높은 데 있다. 수익 교역조건 지수가 상승세를 보인 원인은 수출수량 지수의 증가 폭이 가격 교역조건이 악화된 정도보다 훨씬 높기 때문이다. 선행 연구 데이터를 정리하고 그래프를 만들어 비교하면 다음과 같은 결론을 도출할 수 있다.

첫째, 2002-2012년 11년 동안 중한 가격 교역조건 지수는 전체적으로 하락세를 보였지만 하락 폭은 작은 편이고 기간 변동도 매우 작아 상대적으로 안정되어 있다. 중한 수익 교역조건 지수는 전체적으로 증가세를 보였고 증가 폭이 큰 편이며 변동도 크다. 특히 2009년 중한 수익 교역조건 지수는 안정적으로 증가하던 단계에서 갑자기 대폭 하락했고 동시에 중한 가격 교역조건 지수는 소폭 상승했다. 그 원인은 2008년 글로벌 금융위기 영향을 받아 세계 경기가 하락하고 환율이 대폭 평가절하되어 수입가격 지수가 하락하였으나 인민폐의 강세가 유지되어 중한 가격 교역조건이 다소 개선되었기 때문이다. 하지만 환율 변동으로 구매력이 하락하여 중국 상품의 수출이 대폭 줄어들어 중한 수익 교역조건 지수는 대폭 하락하였다.

둘째, 11년 동안 중국의 대한국 수입가격 지수는 줄곧 수출가격 지수를 웃돌았고 이는 중한 가격 교역조건이 악화된 주요 원인이다. 수익 교역조건은 실질적으로 가격 교역조건을 바탕으로 하지만 중한 수익 교역조건은 대폭으로 개선되었다. 그 원인은 수출 상품의 수량적 급증으로 보인다. 중국은 자연자원이 풍부하고 노동력이 저렴하며 규모의 경제 효과와 중국이 실시하는 수출주도형 전략 등의 요인으로 인해 수출제품의 제조원가와 가격이 저렴하기 때문이다.

3) 중한 교역조건 영향요인 연구

수익 교역조건 지수는 가격 교역조건 지수를 바탕으로 산출된 것이며 가격 교역조건을 결정하는 직접적인 원인은 수출입가격 지수다. 그러므로 기타 요소가 일정한 조건에서 경제 성장과 FDI 그리고 중국의 대한국 수출 상품 구조 등 상품의 공급과 수요 변화를 가져오는 요소는 상품 가격의 변동을 가져온다. 공급과 수요가 일정한 조건에서 환율과 관세 그리고 비관세 장벽도 어느 정도 중국의 대한국 수출입 상품 가격에 영향을 미친다. 본 글은 경제 성장, FDI, 대한국 수출 상품 구조, 환율, 관세 및 비관세 장벽, 기술 파급효과와 내부 이전가격 결정 전략 등이 중한 교역조건에 미치는 영향을 연구한 것이다.

(1) 경제성장의 교역 조건에 대한 영향

무역대국의 경제 성장은 국제시장의 일부 상품의 공급 및 수요 변화에 영향을 미치고 수출입 상품의 구조와 수량을 변화시킨다. 또한 수출입 상품 가격에 영향을 주고 수출입 상품 가격 지수의 비율에 변화가 생기며 교역조건 변화에 영향을 미친다. 주지하듯 중국은 무역대국으로 경제 성장 시에는 항상 두 가지 효과가 나타나는데 바로 소비효과와 생산효과다.

소비효과는 중국의 경제 성장이 주민 소득수준의 향상을 가져오고 소득의 향상은 한국의 수입 상품에 대한 수요를 증가시켜 중한 교역조건은 악화된다. 생산효과는 주민 소득수준의 제고로 수요가 증가하면 국내 기업이 유사 수입상품에 대한 공급을 늘리고 수입을 줄여 중한 교역조건을 개선한다.

경제성장의 원인은 주로 부존자원의 증가와 기술의 진보다.

첫째, 부존자원의 증가는 국가경제의 성장을 가져다줄 수 있다. 기타 요소의 불변 상태에서 특정 요소가 증가되고 중국의 대한국 수출상품에 해당 요소가 대량으로 사용되면 수출상품의 원가가 낮아지고 가격 역시 하락해 무역조건을 악화시키게 된다. 중국이 한국으로부터 수입하는 상품에 해당 요소가 대량 포함되어 있으면 중국 국내에서 수입상품에 대한 생산·공급이 증가하고 수입상품의 가격이 떨어져 가격 교역조건을 개선하게 된다.

둘째, 중국의 대한국 수출상품 관련 산업에서 해당 제품 수출에 기술적 진보가 이루어지면 대한국 수출상품의 가격이 하락되게 될 것이며 중한 가격 교역조건은 악화되게 된다. 중국이 한국에서 수입하는 상품의 관련 산업에서 해당 제품에 대한 기술적 진보가 촉진되면 수입상품의 가격이 떨어져 중한 가격 교역조건은 개선된다.

중국은 주로 한국에 노동집약형 상품을 수출하고 한국으로부터 기술집약형 제품을 수입한다. 노동집약형 상품에 대한 기술진보가 이루어지면 수출상품의 생산원가가 낮아져 수출제품 공급량이 증가하게 된다. 하지만 외국의 수출제품에 대한 수요는 기본적으로 변하지 않아 중국이 수출상품 가격을 낮출 수밖에 없게 되어 중국의 대한국 가격 교역조건을 악화시키게 된다. 만약 노동집약형 상품에 대한 기술진보가 중국이 수입하는 제품과 관련된 산업에서 발생할 시, 중국 내에서 수입제품의 공급량이 증가하게 되고 국내 소비자가 수입상품에 대한 수요를 줄이고 한국이 수출상품의 가격을 낮추어 중국 시장 점유율을 유지하면 중국의 대한국 가격 교역조건은 개선된다.

(2) FDI가 교역조건에 미치는 영향

글로벌 무역일체화의 추세 속에서 외자 유치는 중국의 경제무역 발전을 촉진하는 중요한 요소다. 〈표 4〉는 한국의 대중국 직접투자 규모가 꾸준히 10위권 안에 있음을 보여 준다.

〈표 4〉 한국의 대중국 실행투자 규모 및 순위

연도	실행투자 규모(억 달러)	순위
2005	25.81	4
2006	38.95	4
2007	36.78	3
2008	31.35	6
2009	27.03	6
2010	26.93	6
2011	25.51	6
2012	30.66	6
2013	30.59	6
2014	39.7	5
2015	40.4	4

자료: 중국 상무부 홈페이지, http://www.mofcom.gov.cn/

〈그림 3〉에 나타난 바와 같이, 2006년 한국의 대중국 투자는 38억 9천 5백만 달러에 이른 후 연속 하락세를 보였고 2011년에 최저치를 시현했다. 이후 한국의 대중국 투자는 또다시 지속적으로 증가하여 2015년에 49억 4천만 달러에 이르렀는데 이는 중한 FTA 체결과 긴밀한 관련이 있다. 중한 FTA 발효와 함께 한국 기업은 중국 시장에 큰 관심을 보였고 양국 무역은 새로운 단계에 들어섰다. 그러므로 FDI의 무역조건에 대한 영향을 연구하는 것은 중요한 의미가 있다.

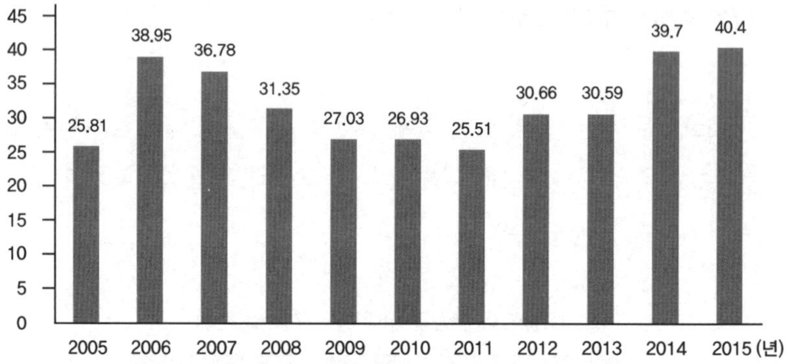

〈그림 3〉 한국의 대중국 실행투자 규모액

(3) 대한국 수출상품 구조가 교역조건에 미치는 영향

프레비쉬-싱거(Prebisch-Singer) 가설에 의하면 초급상품 수출을 위주로 하는 국가는 가격 교역조건이 장기적으로 악화되고 공산품 수출을 위주로 하는 국가의 경우에는 무역조건이 개선된다. UN SITC 분류 기준은 초급제품(STIC0: 식품 및 식용으로 공급되는 동생물 / STIC1: 음료 및 담배 / STIC2: 비식용원료 / STIC3: 광물연료, 윤활유 및 관련 원료 / STIC4: 동식물 유지 및 왁스), 공산품(STIC5: 화학제품 및 관련 제품 / STIC6: 재료로 분류된 완제품 / STIC7: 기계 및 스포츠 설비 / STIC8: 기타 항목 제품), 미분류제품(STIC9) 등으로 나뉜다.

〈표 5〉와 같이 2005-2014년 중국의 대한국 수출제품 중에서 공산품 수출이 전체 수출에서 차지하는 비중은 점차 증가되고 있고 초급제품의 수출 비중은 하락하고 있다. 이는 중국의 대한국 수출상품 구조가 이미 개선되었음을 설명한다. 프레비쉬 싱거 가설을 바탕으로 중한 가격 교역조건은 개선되어야 정상이나 실제는 이와 달랐다. 〈그림 4〉에 나타난 바와 같이 중국의 대한국 수출상품 구조는 비록 개선되고 있으나 중국의 대한국 가격 교역조건은 완만한 하락세를 보이고 있다. 그 주요

〈표 5〉 2005-2014년 중국의 대한국 수출상품 구조

연도	수출 총액 (억 달러)	초급제품 수출액 (억 달러)	초급제품 수출 비중(%)	공산품 수출 총액(억 달러)	공산품 수출 비중(%)
2005	351.8	57.53	16.35	293.42	83.41
2006	445.22	57.13	12.83	388.03	87.15
2007	564.32	69.2	12.26	495.02	87.72
2008	739.32	75.23	10.18	663.98	89.81
2009	536.8	54.07	10.07	482.65	89.91
2010	687.66	61.91	9	625.69	90.99
2011	829.2	73.92	8.91	755.01	91.05
2012	876.74	70.73	8.07	805.42	91.87
2013	911.65	70.42	7.72	841	92.25
2014	1,003.35	76.56	7.63	926.67	92.36

자료: UN 통계 홈페이지 Comtrade DB 데이터로 산출

원인은 다음 두 가지다.

첫째, 한국으로 수출되는 공산품에는 노동·자원집약형 제품이 거의 절반을 차지한다. 〈표 6〉과 같이 2005-2008년 노동·자원집약형 제품 비중은 50% 전후다. 2009-2014년 그 비중은 하락하였지만 여전히 40%에 이른다. 해당 제품은 부가가치가 낮아 중국은 작은 가공비만 벌 수 있을 뿐이다. 동시에 해당 부류의 제품은 기술적 요구가 낮아 수출 증가를 목적으로 가격경쟁이 쉽게 발생하며 이는 또다시 제품의 수출가격을 낮춘다. 이와 같은 제품의 경우는 사실상 한국으로 수출하는 초급제품과 유사한 것이다.

〈표 6〉 2005-2014년 중국의 대한국 수출 공산품의 유형별 비중

연도	공산품 총액 (억 달러)	노동 혹은 자원집약형 제품 총액 (억 달러)	노동 혹은 자원집약형 제품총액의 비중(%)	자본 혹은 기술집약형 제품 총액 (억 달러)	자본 혹은 기술집약형 제품 총액의 비중(%)
2005	293.42	144.99	49.41	148.43	50.59
2006	388.03	200.52	51.68	187.51	48.32
2007	495.02	249.56	50.41	245.46	49.59
2008	663.98	324.33	48.85	339.65	51.15
2009	482.65	181.94	37.7	300.71	62.3
2010	625.69	250.74	40.07	374.95	59.93
2011	755.01	327.08	43.32	427.93	56.68
2012	805.42	316.08	39.24	489.34	60.76
2013	841	310.11	36.87	530.89	63.13
2014	926.67	365.78	39.47	560.89	60.53

자료: UN 통계 홈페이지 Comtrade DB 데이터에서 도출

설명: 노동 혹은 자원집약형 제품에는 STIC6과 STIC8이 포함/기술 혹은 자본 집약형 제품은 STIC5와 STIC7을 포함.

둘째, 〈표 6〉과 같이 2005-2014년 동안 자본·기술집약형 제품의 수출이 공산품 총액에서 차지하는 비중은 50-60%다. 하지만 중국은 로컬 브랜드가 적고 세계 브랜드 대비 핵심경쟁력이 미흡하기 때문에 대한국 자본·기술집약형 제품은 가공무역 혹은 'OEM' 방식으로 생산한다. 중국의 대 한국 자본·기술집약형 제품은 여전히 부가가치가 낮고 수출상품의 가격결정에 주도권을 확보하지 못해 중국이 무역에서도 높은 수익을 기대하기 어렵다.

중국의 대 한국 수출상품의 구조 개선은 중국의 가격교역조건을 근본적으로 개선시키지는 못했지만 어느 정도 가격교역조건의 악화 추세는 완화시켰다. 〈그림 4〉와 같이 최근 수년간 중국의 가격교역조건의 악화는 개선되기 시작했다.

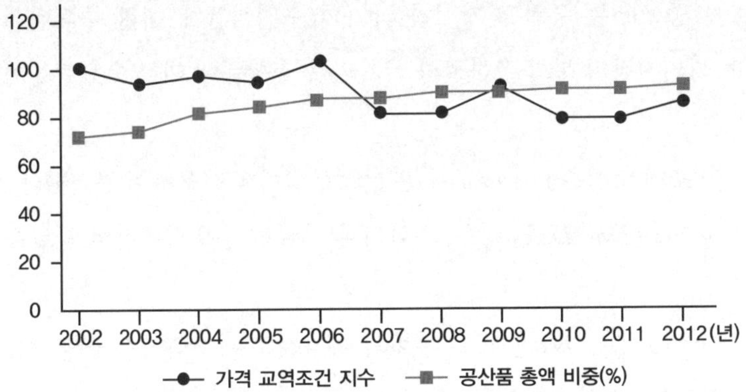

〈그림 4〉 2002-2012년 중국의 대한국 수출상품 구조와 가격 교역조건 지수 변화도

(4) 환율이 교역조건에 미치는 영향

일반적으로 통화가 평가절하되면 수출상품 가격이 낮아지고 수출상품에 대한 해외 수요가 급증하여 평가절하된 국가의 상품 수출에 유리하다. 일각에서는 위안화의 평가절하로 말미암아 중국의 대한국 수출상품의 가격이 하락하고 한국에서 수입되는 상품 가격이 높아지며 양국의 가격 교역조건이 악화되었다고 보는데 이는 편파적 추론으로 정확하지 않다. 위안화의 평가절하가 중국의 대한국 무역조건을 개선하는지 여부는 양국 간 수출입의 가격탄성에 달려 있다.

① 마셜 러너 조건(Marshall-Lerner condition) **분석**

$Dm+Dx>1$인 경우, 통화의 평가절하는 무역조건을 개선한다.

$Dm+Dx<1$인 경우, 통화의 평가절하는 무역조건을 악화시킨다.

$Dm+Dx=1$인 경우, 통화의 평가절하는 무역조건에 영향을 미치지 않는다.

이 중 *Dm*는 통화 평가절하 국가의 수입상품에 대한 수요탄성을, *Dx*는 해외시장의 통화 평하절하 국가의 수출상품에 대한 수요탄성이다.

② 조앤 로빈슨(Joan Robinson)은 탄성분석법을 이용하여 분석했다

$Sm*Sx>Dm*Dx$인 경우, 통화의 평가절하는 무역조건의 악화를 가져온다.

$Sm*Sx=Dm*Dx$인 경우, 통화의 평가절하는 무역조건에 영향을 미치지 않는다.

$Sm*Sx<Dm*Dx$인 경우, 통화의 평가절하는 무역조건을 개선한다.

이 중, Sm, Sx는 각각 수입, 수출의 공급탄성을, Dm, Dx는 각각 수입, 수출의 수요탄성을 표시한다.

본위 통화의 평가절하가 일국의 무역조건에 대해 영향을 주는지 여부를 판단할 시 수출입 상품의 탄성과 결합시켜 구체적 상황을 바탕으로 분석해야 한다. 이 밖에 탄성 분석은 단지 부분균형 분석에 지나지 않고 기타 요소(금리, 통화정책, 주민 소득수준, 수출입 상품 구조 등)는 변하지 않는다. 더욱 일반적인 균형 상황에 대한 분석을 진행할 때 문제는 복잡해지고 무역조건에 대한 영향을 더욱 확정하기 어렵다.

(5) 관세 및 비관세 장벽이 교역조건에 미치는 영향

중국은 한국에서 수입되는 상품을 대상으로 관세를 물리기 때문에 수입상품의 가격은 높아지고 중국 내에서 수입상품에 대한 수요가 감소되며 한국의 공급업체는 해당 상품의 중국 내 시장 점유율을 유지하기 위해 어쩔 수 없이 가격을 낮추게 되는데, 중국은 이를 통해 가격교역조건을 개선한다. 이 밖에 중국은 수출상품을 대상으로 세금환급 정책을 실시하여 기업의 이익공간을 확대하고 기업은 수출상품에 대한 공급량을 증가시키는데 수출량의 증가는 어느 정도 중국의 수익 교역조건을 개선하게 된다.

한편 양국 무역의 빠른 발전과 함께 양국 간의 무역마찰도 점증하고 있다. 한국은 무역보호 관념이 강하며 특히 수입 농산물의 가격 충격을 받지 않기 위해 수입 농산물을 상대로 높은 관세율을 적용하거나 혹은 녹색무역장벽을 설치하여 중국 농산물이 한국에 수출되는 것을 막고 있다. 관세 및 비관세 장벽을 적용하는 것은 어느 정도 가격 교역조건을 개선하지만 동시에 양국 교역에 부작용을 낳고 심지어 상호 보복성 관세를 메길 수도 있어 양국의 이익을 저해하고 수익 교역조건을 악화시킨다.

(6) 기타 요인이 교역조건에 미치는 영향

① 기술파급 효과와 무역조건

한국의 다국적기업은 대중국 투자에서 기술 혹은 특허 양도 방식으로 보다 선진적인 생산기술을 중국에 도입하고 기술파급 효과를 가져왔다. 즉 중국의 동일 산업의 기업 및 해당 지역 기타 기업의 기술 진보를 촉진한 것이다. 한국의 다국적기업은 중국의 풍부한 자원과 저렴한 노동력에 유인되어 중국에 공장을 짓고 중국의 저가 노동력을 활용하여 제조원가를 낮추거나 혹은 기술 및 특허 양도를 통해 중국 공장에서 위탁 가공을 진행해 왔다. 이와 같은 방식으로 한국은 기술파급 효과를 거둔 것이다. 한국에서 보다 선진적인 산업이 점차 중국으로 이전하면서 중국 기업의 전통기술을 개선시켰고 R&D 능력을 향상시켰으며 기술혁신을 촉진하여 중국 내 수입제품에 대한 공급을 늘리고 수입을 줄여 전반적인 무역조건이 개선되었다.

② 내부 이전가격 전략과 무역조건

한국의 다국적기업은 보다 많은 이익 확보를 위해 내부 이전가격 전략으로 상대 국가의 세금을 회피했다. 즉 본사 혹은 수입 원자재 가격을 높이는 방법으로 중국에서 수출되는 완성품 가격을 낮추는데 이는 중국의 대한국 가격 교역조건을 악화시키는 작용을 한다. 기타 중한 무역조건에 영향을 미치는 요소는 영향이 미미하여 언급하지 않는다.

4) 중한 교역조건 고도화 연구

중한 양자무역은 상응하는 조치를 통해 중국의 '뉴노멀 시기'에 적응해야 지속적으로 발전할 수 있다. 상기와 같이 중한 교역조건 요인의 분석과 연구를 바탕으로 다음과 같은 몇 가지 정책을 제시한다.

(1) 과학기술 수준 향상을 통한 경제 성장 주도

중국은 한국에서 자본과 기술집약형 제품을 수입하고 한국에 노동집약형 제품을 수출한다. 노동절약형 기술 진보가 중국의 수출 영역에서 이루어진다면 중국의 가격 교역조건은 악화된다. 자본집약형 기술 혹은 중간 기술의 진보가 중국의 수입 영역에서 발생하면 중국의 가격 교역조건은 개선된다. 중국은 아직까지 개도국으로 수입 부문에서 자본집약형 기술을 적극 개발해야 하며 경제 성장에 따른 생산 효과를 소비 효과보다 높여 중국의 대한국 가격 교역조건을 개선시켜야 한다.

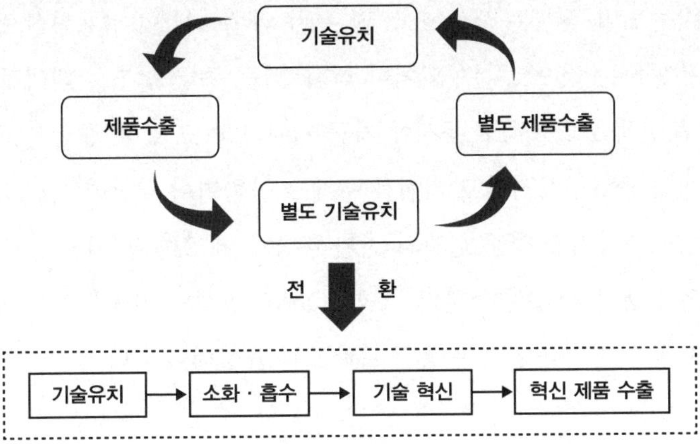

〈그림 5〉 모델의 전환

중국이 해외에서 도입한 기술만 가지고 자본 절약형 기술을 촉진하는 것은 어렵다. 자본을 통해 해외에서 도입한 기술은 대부분 선진국에서 이미 도태된 기술이다. 이와 같은 기술은 중국의 기술 수준을 근본적으로 향상시킬 수 없어 선진국을 따라잡을 수 없다. 그러므로 중국의 과학기술 수준을 업그레이드하려면 다음의 두 가지 사항부터 고려해야 한다.

① 모델의 전환

중한 무역에서 '기술 도입-제품 수출'의 순환 모델을 바꾸려면 한국에서 도입된 기술을 소화 · 흡수하고 중국의 전통기술을 업그레이드하여 중국의 대한국 수출제품의 부가가치를 향상시켜야 한다. 또한 한국에 수출되는 기술집약형 제품이 전체 제품에서 차지하는 비중을 높여 양자 무역에서 후발우세를 가지도록 노력해야 한다.

② 중국의 독자적인 R&D 혁신 능력과 과학기술 수준 제고

중국 정부가 2014년 12월에 개최한 '중앙경제실무회의'에서 강조했듯이 뉴노멀 경제는 생산 요소 및 투자 의존에서 벗어나 혁신으로 발전을 추동하는 것으로 전환되어야 한다. 최근 중국 정부는 대대적인 혁신 고무 정책을 발표하고 동시에 자금 지원도 하고 있다. 중국은 독자적인 혁신능력을 향상시키고 기업을 주체로 산학연이 결합된 혁신 체제를 구축하여 과학기술 연구 성과의 전환 비중을 제고한 후 기술 진보를 통해 산업경쟁력을 높여야 한다. 또한 'OEM' 방식의 가공무역을 지양하고 국제적 인지도를 가지는 독립 브랜드를 육성해야 한다.

(2) 한국 기업의 투자 흐름을 합리적으로 유도하고 무역 발전 방식을 전환

이전 한국 자본이 중국에 흘러든 것은 중국의 양호한 투자환경과 저렴하고 풍부한 노동력의 요인이 컸기 때문이다. 이로 인해 한국의 대중국 투자는 대다수 노동 혹은 자원집약형 산업에 집중되어 있다. 중국 경제의 급성장과 함께 노동력 비용이 증가함에 따라 일부 국가의 기업은 중국 내 제조공장을 닫고 노동력이 보다 저렴한 지역으로 발길을 돌리고 있다. 이와 같은 상황하에 향후 중국 정부는 외국 자본이 중국의 신속한 발전에 필요한 산업 부문으로 흘러 들어가도록 유도해야 한다. 예로 생산기술 혹은 자본집약형 제품의 독자 브랜드 육성과 핵심 경쟁력을 제고하고 수입을 줄여 중한 양국의 가격 교역조건을 개선해야 한다.

한국은 중국에서 주로 가공무역 방식을 통해 발전해 왔고 중국은 수입제품에 대한 간단한 가공과 조립 그리고 조합 등 기술적 함량이 낮은 일을 주로 하고 완성품의 부가가치도 높지 못했다. 이와 같은 방식은 수출제품의 가격 인상이 어려워 가격 교역조건을 악화시켰다. 중국은 한국과의 교역에서 가공무역 방식을 일반무역으로 전환하고 저부가가치 제품이 과도하게 성장하는 것을 통제할 필요가 있다. 그리고 에너지 과소비와 오염 발생이 심한 제품 및 자원형 제품의 수출을 제한하고 부가가치와 기술자본가치가 높은 제품의 수출을 촉진해야 한다. 이와 함께 국내 수출 기업의 과도한 경쟁을 통제하여 가격 하락이 초래되는 것을 방지해야 한다. 이 밖에 중국은 한국 다국적기업에 대한 감독관리를 강화하고 한국이 내부 이전 가격을 이용하여 중국의 무역이익에 손해를 입히는 것을 감독해야 한다.

(3) 비교우세를 경쟁우세로 전환하고 산업을 구조조정

한국과는 달리 노동·자원집약형 산업은 중국의 전통산업이다. 이는 중국의 대한국 수출제품이 노동·자원집약형 제품 위주로 되는 것을 결정했다. 이와 같은 제품은 부가가치와 자본기술 함량이 낮고 국제적으로 수요 탄성이 부족하여 가격의 영향을 많이 받기 때문에 중국의 대한국 가격 교역조건을 개선하는 데 불리하다.

〈그림 6〉의 스마일 커브와 같이 상류는 R&D 단계이고 하류는 마

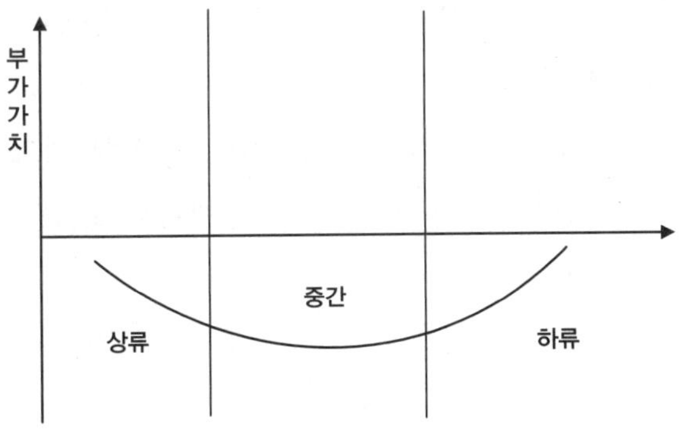

〈그림 6〉 스마일 커브

케팅 A/S 단계이다. 두 가지 단계의 부가가치는 모두 크다. 중간은 생산제조 단계인데 규모의 효과 존재로 생산제조 원가가 대폭 낮아졌고 부가가치도 매우 낮다. 중국에서 한국으로 수출되는 대다수 상품은 모두 중간 단계에 속한 것들이다.

경제의 뉴노멀화 시기, 중국의 자원 상황을 감안하면 다음과 같은 노력을 시도할 수 있을 것이다. 우선 산업의 구조조정을 통해 중국의 전통산업이 양국 무역에서 경쟁우세를 갖도록 노력함은 물론, 대한국 수출상품 구조를 노동 · 자원집약형 상품 위주에서 기술 · 자본집약형 위주로 전환하여 양국의 가격 교역조건을 개선하고 중국이 양자 무역에서 장기적인 이익을 도모할 수 있도록 해야 한다. 이 밖에 주문자상표부착생산(OEM: Original Equipment Manufacturer) 방식에서 자체상표 생산(OBM: Original Brand Manufacturer)과 제조사설계 생산(ODM: Original Design Manufacturer) 방식으로 전환하여 제품의 부가가치를 증가시켜야 한다.

첫째, 산업사슬을 확장하고 산업사슬에서 고부가가치를 발생시킬 수 있는 단계를 중점적으로 육성해야 한다.

둘째, 전통산업의 기술을 개선 혹은 혁신하고 중국산 제품의 부가가치와 국제경쟁력을 제고해야 한다. 응용기술과 새로운 설비 그리고 새로운 공예기술로 전자통신과 화학공업 그리고 조선 등의 분야에 대한 경쟁우위를 확보해야 한다.

셋째, 수출상품에 대한 국내의 경쟁질서를 규범화하고 국내 산업부서의 수출상품에 대한 업무 중점을 가격경쟁에서 품질경쟁에 두어야 한다.

(4) 관세 구조를 개선하고 대한국 관세율을 합리적으로 조정

중한 양국의 무역에서 관세 및 비관세 장벽은 이미 조정 단계에 들어섰다. 2015년 '중한 FTA'가 발효되면서 1차 관세 인하가 시작되었다. '중한 FTA'의 관세 철폐 규정에 따라 양국 대부분의 수출입 상품은 순차적으로 제로 관세를 적용하게 된다. 제로 관세의 실행은 양국 수출입 기업의 원가를 낮추어 제품의 수출입 규모를 확대하고 나아가 양국 산업의 상호 보완을 실현하여 중국 전통산업의 구조조정과 업그레이드를 촉진할 수 있다. 중한 FTA는 개방 수준이 높지만 민감산업에 대한 보호 역시 뚜렷하다. 특히 중국의 자동차 산업은 아직 발전 단계에 머물러 있어 양허 대상에서 제외되었다.

결론적으로 기술 진보는 경제 성장을 이끈다. 관련 정책을 제정하고 한국 기업의 투자가 중국에서 발전이 시급한 분야에서 실행될 수 있도록 유도할 필요가 있다. 전통산업의 구조조정과 함께 양국의 무역 방식을 기존의 가공무역 방식에서 일반무역 방식으로 전환하는 일련의 조치를 통해 중한 양국은 가격 교역조건을 개선해 나갈 수 있을 것이다. 세계 중진국의 대표 주자인 한국이 제기하는 개선 대책은 중국이 기타 중진국과의 무역조건 협상에 적용할 수 있고 나아가 중국이 국제무역 체제하의 무역지위를 향상시키는 데 도움이 될 것이다.

참고문헌

[1] Ramaa Vasudevan, Terms of trade, Competitive Advantage, and Trade Patters[J]. *Review of Political Economy*, 2012, Vol. 24(2), pp. 183-202.

[2] Alessandro Nicita, Exchange Rates, International Trade and Trade Polices[J], *International Economies*, 2013, Vol. 135-136.

[3] 리수이잉(李树英), "中国贸易条件变动与影响因素研究", 수도경제무역대학, 2014. 5.

[4] 마오옌화(毛艳华), 리징쯔(李敬子), "贸易自由化是否改善了中国的贸易平衡", 『중산대학학보(中山大学学报)』, 2015, (5): 195-208.

[5] 마창어(马常娥), "1995-2006年我国贸易条件变动研究", 남경사범대학, 2008.

[6] 우단타오(吴丹涛), 천핑(陈平), "测算价格贸易条件指数的困境及出路", 국제경제무역탐구(国际经贸探究), 2005, (4): 58-62.

[7] 황만잉(黄满盈), "中国同韩国贸易条件变化和波动情况的经验分析", 국제경제무역(国际经贸), 2009, (8): 7-10.

[8] 마웨이웨이(马维维), "中韩贸易条件变动及其影响因素分析", 청도과기대학, 2014.

[9] 주팅쥔(朱廷珺), 위빈(于宾), "外国直接投资对东道国贸易条件的影响研究", 국제경제협력(国际经济合作), 2007, (1): 27-32.

[10] 궈페이(郭飞), "韩国在华直接投资对中国经济增长效应的理论与实证分析", 대외경제무역대학, 2006.

7. 소결론: 경제발전 분야 원탁토론

토론자: 왕샤오커(王箫柯), 히요시 히데마쓰(日吉秀松), 취펑페이(曲鹏飞)
토론 시간: 2017. 4. 13. 19:00-21:00
정리: 장리리(姜黎黎)
번역: 우진훈

왕샤오커 첫 번째 토론 제목은 중국의 일대일로와 한중일 협력에 관한 것이다. 중국의 일대일로 계획 중에서 동북 지역은 가장 취약한 구간이다. 한국은 유라시아 이니셔티브를 일대일로와 호응하는 계획을 세웠으나 국내정치 상황의 급변과 북핵 문제로 당초 계획의 실현 가능성이 어려워 보인다.

히요시 히데마쓰 중국의 일대일로는 미국의 TPP에 대응하기 위한 것으로 일대일로 전략을 보조하는 AIIB는 미국의 동맹국을 분화시켰고 TPP는 동아시아 공동체 형성을 방해하는 작용을 하였다.

왕샤오커 객관적으로 볼 때 일대일로는 TPP에 대응하는 역할을 하고 있으나 국내적 시각으로 보면 중국 경제구조의 전환에 따른 산업자원의 재배치와 과거 10여 년에 걸친 외교전략에 따라 진행하는 연장선이라 볼 수 있다.

히요시 히데마쓰 미국은 자신이 참여하지 않는 동아시아 공동체의 출현을 원치 않고 있으며 '적극적 지역개방주의'라는 명분으로 혼란을 획책하고 있다. 일본이 주도하든 아니면 중국이 주도하든 미국은 방관자가 되길 원치 않는 가운데 나는 엄격한 지리적 개념 구축을 주장하고 있다.

왕샤오커 대전략 측면에서 놓고 보면 동북아 안정을 바탕으로 남진과 서쪽으로의 이동은 중국의 정치경제가 추진하는 예정된 절차이나 동북아 지역의 화해와 협력은 나아지지 않고 오히려 퇴보하고 있는 상황이다.

히요시 히데마쓰 아직까지 구상 단계에 머물러 있는 동아시아 공동체 추진에서 지역 외 국가가 포함되는 것은 현실적이지 못하다.

왕샤오커 고도로 일체화된 동아시아는 미국에게 도전이 될 것이며 특히 경제 영역에서는 더욱 그렇다. EU의 과도한 확장 또한 현재 EU가 직면하고 있는 문제의 중요한 원인 중의 하나다.

히요시 히데마쓰 그렇다. 지역일체화는 기초를 잘 다진 후 새로운 파트너를 받아들여야지 그러지 못하면 복잡한 문제가 생길 수 있다. 동북아 지역은 비록 국가 수는 적지만 상호 신뢰에 대한 기초가 박약하여 서로 간에 시기하고 궁지에 빠트리는 일들이 계속해서 발생하고 있다. 아베의 외교정책이 이와 같은 경향을 띠고 있다.

왕샤오커 중일한 협력이든 동아시아 공동체든 혹은 일대일로와 유라시아 이니셔티브의 호응이든 작금의 가장 큰 문제는 거시적 구상과 장기로드맵이 부족하여 실질적 집행이 어렵다는 것이다. 끊임없는 정치적 분쟁이 각종 협력 메커니즘을 가로막고 있거나 중단시키고 있다. 현재 동북아 지역 경제협력 기제로 볼 때 일체화 수준을 한 단계 올리기는 어려운 상황이나 여전히 밀접한 상호 의존 관계를 유지하고 있다.

히요시 히데마쓰 일중한 3국의 정상회담이 중단되어 지역일체화와 경제 협력 문제에 대해 토론하는 정상회담이 정치적 관계를 회복하는 플랫폼이 되어 버렸습니다. 지난 몇 년간 중국과 일본의 상황이 이렇다.

왕샤오커 사실 정치적 관계가 냉담할수록 기업은 더욱 중요한 역할을 해야 한다고 본다.

히요시 히데마쓰 하지만 매체의 단편적 보도 혹은 과장된 보도는 사실을 잘 이해하지 못하는 기업 입장에서 보기만 해도 두려워할 수 있다.

왕샤오커 이는 매우 중요한 문제다. 특히 신 매체인 위챗, 블로그는 유언비어가 자생하는 온상이 되고 있다. 매체는 물론 일부 매체 종사자와 전문가의 책임지지 않는 언행이 문제다.

히요시 히데마쓰 일본 매체의 한편으로 쏠리는 경향은 매우 심해 객관성이 부족하다.

왕샤오커 이는 한국 매체에도 존재하고 중국도 예외가 아니다.

히요시 히데마쓰 맞다. 일부 전문가가 정부 입장을 대변하는 대변인으로 변모해 외국을 비판하는 권력을 즐기고 있다.

왕샤오커 국제문제가 사람들의 주목을 받기 시작한 가운데 언행에 대한 규제가 너무 허술해 누구나 한 마디씩 하고 있다.

히요시 히데마쓰 미국 앞에서는 고개도 들지 못하고 의심도 없으며 비판도 하지 않는다. 일부 지식인 언사의 최저 기준이 어디인지 모르겠다.

왕샤오커 맞다. 동아시아 공동체 논제로 돌아오면, 현재 이를 추진하기 위한 불리한 환경이 조성되고 있는데 이는 바로 글로벌 무역보호주의와 고립주의가 고개를 들고 있다는 것이다. 이와 같은 상황 속에서도 중일한 3국이 현재의 경제 협력을 유지하고 있다는 것은 대단한 것이다. 중국은 거대한 내수시장을 보유하고 있는 가운데 동북아 진흥, 서부 개발, 중부 굴기 등의 내수 확장 정책을 추진하고 있다. 동아시아 국가들이 지속적으로 경제 협력을 추진할 수 있다면 상호 이익이 될 것임은 분명하다.

히요시 히데마쓰 일중한 3국은 공동체에 관한 협상을 계속해야 한다. 일체화 구상에 대한 로드맵을 다시 설계해야 할 것이다.

왕샤오커 이전에 박근혜 대통령이 중국을 방문하고 서안을 참관한 후 한국 기업의 중서부 이전 논의가 있었는데 이는 향후 양국의 협력 공간이 충분함을 보여 주는 것이다. 중일한 3국 간의 경제 협력과 문화 교류 등을 지속적으로 추진하고 동아시아 공동체에 관해 설사 낮은 단계의 협상이라도 계속해야 한다고 본다.

히요시 히데마쓰 허심탄회하게 대화를 이어 가야 한다. 대화를 지속하며 감정적 심리와 시기하는 태도를 다루어야 할 것이다.

왕샤오커 맞다. 허심탄회하고 신중하게 그리고 교만함과 성급함을 경계하며 대화를 이어 가야 한다.

히요시 히데마쓰 왕 교수님의 문화 교류 제안에 동의한다.

왕샤오커 현재 중일한 3국 간의 문화 교류에는 문제점이 있다. 3국 간에 문화 공통성과 유교문화권을 강조해 왔으나 문화의 차이점은 무시해 왔다. 이와 같은 차이점이 바로 상호 이해를 증진하는 기초가 되는 것이다.

히요시 히데마쓰 3국 간의 각종 교류 분야에는 엄청난 공간이 내재하고 있으나 상호 존중과 인식이 전제되어야만 교류를 확대할 수 있다.

왕샤오커 최근 중한 관계가 경색된 후 한국에서 유학하는 많은 중국 학생들은 SNS를 통해 주동적으로 진상을 밝히고 정확한 정보를 전달하고 있는데 이는 문화 교류의 긍정적인 역할로 정치 교류 및 경제 협력에 적극적인 작용을 하고 있다.

히요시 히데마쓰 한국 기업인 롯데가 중국에서 '러티엔(乐天)'이라 불리는데 일본의 한 기업도 '乐天'이라 칭하고 있다. 중국의 신문 매체가 사실을 정확히 확인하지 않아 상황을 명확히 파악하지 못하고 있는 것 같다.

왕샤오커 작금의 매체는 독자의 주목을 받는 데만 급급하여 전문성과 신중함이 부족하다.

히요시 히데마쓰 일부 매체가 중국을 보도할 때도 고의성을 가지고 있는 것 같다. 상대적으로 개방된 여론 환경하에서도 폐단이 존재하고 있다.

왕샤오커 당신의 글을 보니 당신은 개방적 지역주의를 주장하기 전에 봉쇄적 지역주의를 따라야 한다고 했다.

히요시 히데마쓰 내 관점은 구체적 형태가 생기기 전에 또 다른 파생적인 문제가 생기지 말아야 한다는 것이다.

왕샤오커 동의한다. 참여자가 많을수록 조정하기가 쉽지 않다. EU 협상을 막 시작했을 때도 이와 같았다. 무한대의 확장은 많은 문제에 봉착할 수밖에 없을 것이다. 한국 대선 이후 중한 관계가 개선되면 한중일 협상을 다시 시작하는 계기를 만들 수도 있을 것이다.

히요시 히데마쓰 EU는 비교적 긴 통합 과정을 걸어왔다. 반면에 동아시아 지역에서는 일체화가 제기되는 순간 개방주의에 쓸려 나가 버렸다.

왕샤오커 현 중국의 경제력과 지도자의 풍격으로 볼 때 주도권을 포기하기는 쉽지 않을 것이다. 한미동맹과 미일동맹은 모두 구조적 상호 의존 관계로 중국과 일본은 개방적 지역주의를 거부하는 것이 쉽지 않을 것이다.

히요시 히데마쓰 하토야마 전 수상이 제기한 '일중 선도'가 주도권 쟁탈전을 완화시킬 수 있다.

왕샤오커 중국의 지도자도 중일 양국이 공동으로 리딩하는 것을 받아들일 수 있을 것이다. 시간이 지남에 따라 주도권에 대한 공동 인식을 도출할 수 있을 것이다. 하지만 중일한 3국의 경제구조의 경쟁구도가 심화되면 서로 간의 산업분업과 무역협력에 대한 어려움도 증가될 것이다.

히요시 히데마쓰 이 문제는 향후 설립될 공동체 추진 위원회를 통해 협의하면 될 것이다. 제 구상은 하나의 공동체 위원회에 경제 · 문화 · 정치 센터를 각각 설치하고 일중한 3국이 각자 하나의 센터를 책임지고 운영하는 것이다.

왕샤오커 예전에 드골 대통령이 유럽인의 EU 창건을 주장했을 때 유럽의 화해와 경제공동체 구축이 시작되었다. 동아시아 지도자 중에서도 언젠가는 이와 같은 선언을 할 수 있는 지도자가 나오겠지만 언급한 3개 센터 운영의 귀속 문제는 쉽지 않을 이슈다.

히요시 히데마쓰 일중한 3국은 누구의 말도 듣지 않을 것이다. 각자의 입장에서 국가 권력에 대한 욕구를 만족하려 들 것이다. 3국 모두 아시아인이라는 동질감이 우선 되어야 할 것이다.

왕샤오커 관건은 EU 창건에 미국이 간섭하지 않았다는 점이다. 근대 이후 쇠락한 동아시아의 자신감을 회복하는 것이 급선무이나 이는 향후 오랜 시간을 필요로 할 것이다.

히요시 히데마쓰 국가가 변모하듯 정치적 인물의 깨달음도 중요하다. 아시아 공동체 구상의 성공 여부는 일중한 3국 지도자의 생각에 달렸다. 일본의 경우에는 현재 동 이슈에 대한 관심도가 급격히 하락한 상태다.

왕샤오커 중국과 한국 역시 마찬가지다.

취펑페이 이전엔 정치적 냉각이 경제문제에 영향을 주지 않는다고 했으나 사드 사태 이후 상황은 달라졌다. 동아시아 일체화는 우선 정치적 상호 신뢰가 필수다.

왕샤오커 경제 협력을 통한 정치적 신뢰를 도모하는 것은 매우 어렵다. 정치는 아주 쉽게 경제에 영향을 미치고 있다.

취펑페이 사실 동아시아 경제 통합을 위한 논의 채널은 이미 적지 않다. 중국은 두만강 유역 공동 개발에 대한 협력을 포기하지 않고 중국-북한-한국-러시아-일본이 공동 협력하는 프레임을 시도하고 있다. 하지만 관여국의 정치적 신뢰 부족으로 아직까지 구성 단계에 머물러 있다.

왕샤오커 이전에 훈춘을 방문했을 때 한국 기업인을 포함한 많은 기업들이 좋은 아이디어를 가지고 있다. 이 역시 정치적 문제로 인한 관여국 정부의 무관심으로 진행이 중단되어 있는 상태다.

취펑페이 북한의 김정은 정부가 출범한 뒤 중국은 나산 및 신의주 특구를 통해 북한과 경제 협력을 추진하고 북한의 개방을 도모하며 양국관계 개선을 시도하였다. 하지만 북한 내부의 정치 변동으로 경제 협력 구상은 유산되었다. 러시아도 극동 개발을 위해, 동아시아 국가들에게 무비자 입국을 허용한 한국 제주도의 조치를 참고하여 연구하고 있다.

취핑페이 아시아 지역 국가들의 관계가 갑자기 개선되는 계기는 나타날 것이다.

히요시 히데마쓰 러시아는 북방 네 개 섬을 통해 일본으로부터 적지 않은 이점을 챙기고 있다.

취핑페이 러시아의 극동 지역은 지리적 위치와 자원 그리고 인접한 중일한 3국의 경제적 우세성을 활용하여 개발할 수 있는 잠재력이 매우 크다. 냉전 시기 극동은 하나의 전선으로 장기적으로 개발이 지연되었으나 현재 상황은 완전히 달라졌다.

히요시 히데마쓰 러시아가 일본을 활용하는 것은 서방 국가의 제재를 돌파하기 위함이다.

제3부
사회문화 분야

1. 중국문화의 세계화 전략 탐색

장궈빈(张国斌)
번역: 우진훈

중국 문화의 전파는 장기적이고 거대한 공정이다. 영국문화위원회는 70여 년의 시간을 들여 200개 이상의 해외 지부를 설치했다. 독일의 괴테학원은 50년 이상 동안 전 세계에 144개의 지부를 만들었다. 중국의 문화 보급 또한 단시일 내에 효과를 볼 수 있는 것이 아니므로 문화 상품의 품질과 보급 기구의 역할 그리고 하드웨어 시설 및 인력의 보강 등을 통해 점진적으로 개선해 나가야 한다. 관련 부문은 문화 보급을 위한 자금과 인력 그리고 물자의 투입을 확대하고 체계적인 보급 전략을 수립하여 단계별 · 순차별로 추진해야 한다.

1) 화교 민간사절 재교육과 2세대 교육을 통한 지구전 전개

현재 중국은 세계 2위의 경제대국으로 올라섰고 국력과 국제적 지위도 급상승하고 있어 연성파워(soft-power) 건설에 대한 국제사회의 주목을 받고 있다. 물론 이 과정에서 화교는 중요한 자원과 역량이 되고 있다. 국무원이 발표한 『국가 교민업무 발전요강(2011-2015)』은 화교의 역할을 발휘하고 국가의 연성파워를 배가하기 위해 학술적 측면에서 교민업무를 어떻게 '조화세계' 전략의 일환으로 포함시킬 것인가를 연구하고 나아가 해외 화교로 하여금 중국의 연성파워에 대한 역할을 발휘하여 교민 업무의 이론상의 혁신은 물론 공공 외교 이론에 대해서도 공헌할 것을 요청하고 있다.

연성파워 구축에 있어 가장 중요한 것은 내재된 실력을 강화하고 자신의 문화와 사회 제도 그리고 생활 방식을 건설한 후 이를 바탕으로 화교 후손과 비화교 후손들이 자각적으로 중국어와 중국 문화를 학습할 수 있도록 화교에 대한 문화 재교육을 실시하는 것이다.

2) 문화 교육 강화로 중국인의 문화 소양을 제고하고 문화전파 인재를 육성

중국 문화를 전파하는 주력군은 영원히 중화 민족이다. 미국 학자가 강조했듯이 외국인이 중국의 문헌에 정통하고 체험한 후 깨달음과 이해를 득해도 중국인처럼 깊고 세심할 수 없다. 중국 문화의 정수를 보유한 중국인, 특히 젊은 층이 성장하여 해외로 나가 세계에 중국 문화를 알리는 것은 연성파워를 높이는 전제 조건이 된다. 문화 교육을 강화하기 위해 많은 사람들로 하여금 전통문화를 근접 거리에서 체험하도록 해야 하며 아울러 전체 사회가 학습하는 분위기로 변모시켜야 한다. 또한 전체 민족의 전통문화 소양을 제고함과 동시에 문화 전파를 위한 전문 인재 육성도 매우 중요하다.

3) 전통문화 재개발과 중국 특색의 문화 요소 전달

공자가 말하길, "군자는 타인과 조화를 이루되 자신만의 견해가 있으나 소인은 타인의 의견을 따르되 조화를 이루지 못한다."라고 했다. 다양한 세계문화 속에서 중국 문화가 세계에서 영향력을 발휘하려면 반드시 전통문화 자원에 대한 재개발이 필요하며 이를 통해 외래문화와 충돌하고 교류하고 융합하는 과정에서 더욱 다양한 특색과 함의를 가지게 되어 시대 흐름에 부합하는 새로운 중국문화를 창조해 낼 수 있다.

현 단계에서 중국이 수출하는 문화상품 중에는 중국 특색을 보유한 상품이 부족하여 50% 이상이 게임과 오락 그리고 체육설비 및 기자재들이다. 동일 영역에서 중국의 현 수준은 선진국에 비해 턱없이 떨어지고 무역수지 적자를 보고 있는 실정이다. 중국이 자신의 전통문화 자원을 개발하지 않으면 자신만의 특색을 가진 산업을 가지지 못해 다른 국가의 개발에 이용당하고 외국에서 중국 문화 상품을 수입하는 일이 벌어질 것이다.

몇 년 전 미국은 중국에서 유명한 "목란(木兰)의 참전(參戰) 이야기"를 바탕으로 제작한 애니메이션 영화 〈뮬란(Mulan)〉[1]을 상영했다. 할리우드에서 많은 수입을 올린 것은 물론 중국 현지에서도 오랫동안 상영되었는데 중국인이 동 영화를 관람하며 어떤 생각과 아쉬움을 가졌는지 모르겠다. 그러므로 전통문화에 대한 재개발은 물론 더욱 많은 중국 특색과 문화적 함의를 전파하는 것은 매우 필요한 조치다.

1) 중국어판 제목은 〈화목란(花木兰)〉이다.

4) 풍부한 문화상품 및 보급 수단과 이념의 혁신 그리고 국제문화 교류와 협력 강화

문화보급은 국제문화와의 교류 및 협력과 밀접한 관계가 있으나 '혁신이념과 행동'은 아직까지 중국에서 주목받지 못하고 있는 실정이다. '중국-프랑스 문화 교류의 해'를 예로 들면 '프랑스 문화의 해' 이벤트를 시작하기 전에 프랑스 측 담당자는 이번 행사를 통해 최대의 관람자를 접촉하여 새롭고 풍부하고 창조적인 프랑스전을 선보이겠다고 했다. 그리고 이벤트에 삽입한 각종 프로그램은 '창조성'을 충분히 발휘하였다. 하지만 '중국 문화의 해' 행사에 참관했던 다수의 프랑스 사람들은 이벤트의 활력과 창의성이 부족했고 현대 중국인의 삶을 보지 못했다고 아쉬워했다.

실제로 중국 문화를 전파하는 상품과 수단은 단조롭게 중복되어 일찌감치 세계 문화시장의 수요를 만족시키지 못하고 있다. 오랫동안 대외문화 교류 과정에서 연출, 전람, 이벤트 등 동태적인 전시 방식에만 치중했고 출판 혹은 매체 협력 등 정태적인 전파 수단은 아직 미흡한 실정이다. 창의성 지상주의 시대에 정보의 전파 수단은 날이 갈수록 새로워지고 있어 문화보급도 시대에 순응해야 한다. 사고를 넓히고 이념을 혁신하여 매번 개최하는 문화보급 행사와 문화상품이 전파되는 과정에서 생명력을 제고하고 영향력을 확대해야 한다.

5) 문화보급의 산업화와 '문화판매'를 강화하여 더욱 많은 문화상품이 시장을 통해 해외로 진출해야

중화 문화의 해외 진출을 촉진하는 것은 하나의 복잡한 시스템 공정으로 각 부문 공동의 노력이 필요하다. 그러므로 문화산업화를 추진하고 '문화판매'를 강화하여 더욱 많은 문화상품이 시장을 통해 해외로 진출하는 것은 가장 유효한 중국 문화의 세계화 전략 중의 하나다. 중국 선전부 류치바오(刘奇葆) 부장은 "중화 문화의 세계화 추진"이라는 주제의 글을 통해, "정부가 주도하고 기업이 주체가 되어 시장을 확대하고 사회구성원이 참가하는 가운데 국내외 자원을 결합하여 문화 교류와 전파 그리고 문화교역이라는 세 가지 방식을 활용해야 한다. 정부 · 기업 · 사회 · 개인 등 네 가지 역량을 응집하여 전방위적, 다층적, 광범위적으로 문화의 해외 진출을 도모하여 중화 문화의 국제 영향력을 높여야 한다."라고 강조했다.

중화 문화의 해외 진출을 추진하는 것은 쉽지 않은 임무이나 미래는 밝다. 중국인은 책임의식을 가지고 의무적 공헌을 통해 중국 문화의 세계화를 촉진하는 데 이바지해야 할 것이다. 세계문화의 중요한 구성요소인 중국 문화는 21세기 글로벌 무대에서 더욱 빛을 발하게 될 것이다. 중국은 신념을 가지고 역할을 해야 하며 사회주의 문화강국을 건설하여 '두 개의 100년' 목표 실현과 민족 중흥을 달성하는 '중국의 꿈'을 실현하기 위해 더욱 노력해야 한다.

2. 동북아시아 평화의 길: 한중일 삼국 간의 각국의 역사인식

구자원
번역: 구자원

세계적으로 역사가 유구한 지역은 비교적 많은데, 그중에서도 동북아시아에서는 한자(유교)를 중심으로 문화권이 형성되었다. 이 한자문화권은 중화 문명의 형성과 발전을 바탕으로 이루어졌으며 한국, 중국, 일본 등 삼국에서 모두 부인하지 못하고, 인정하고 있는 사실이다. 이 한자문화권에 대해 여러 다양한 문제와 관점이 존재하고 있지만, 본문에서는 아래의 두 가지 방면을 중심으로 살펴보고자 한다. 첫째, 한자문화권은 언제 형성되었는가? 그리고 한자문화권에서 한중일 삼국은 어떻게 발전하였는가? 둘째, 한중일 삼국은 고대로부터 근현대 시기까지의 발전과 변화는 비슷한 양상을 가지고 있는가? 이러한 두 가지에 대한 관점을 통해 우리는 한중일 삼국이 각각 자국의 역사, 그리고 각기 다른 두 국가에 대해서는 어떠한 관점을 가지고 있는가를 살펴보고자 한다.

1) 한자문화권의 형성, 교류 및 발전

한자문화권의 개념은 1950년대 일본의 역사학계에서 지역을 중심으로 하는 역사연구 과정을 통해 처음으로 나타나게 되었다. 그렇다면, 고대 시기의 중국과 한국에서는 이와 비슷한 관념이 있었는가? 중국은 이미 '중화(中華)' 사상을 가지고 있었는데, 이 중화는 지역, 정치, 경제, 문화 등을 포괄하는 '천하(天下)' 사상에서 비롯된 것이다. 본래 천하 사상은 고대 중국 왕조에서 군주가 하늘로부터 천명(天命)을 받았다는 이른바 왕권의 정통성을 강조하는 의미에서 시작되었고, 점차 경제, 문화, 지역 등 여러 분야로 확대되면서 중화 사상을 형성하게 되었다. 중화 사상의 지역적 범위에 대해 중국인들은 모든 세상이라고 하지만, 실제로는 고대 중국에서 지역관념의 한계성으로 인해 최초에는 현재의 중국의 중원 지역(하남성을 중심으로 산동성 서부, 산서성 남부, 섬서성 동부 지역)을 가리키고 있었다. 고대 중국의 영토와 영향력이 확장되면서 중국인들의 지리적인 관념이 역시 확대되었고, 이에 중화의 범위는 더욱 커져 가게 된다. 따라서 중화는 대체적으로 동아시아 전체를 가리킨다고 하지만, 중앙아시아까지 확대하여 보는 시각도 존재하고 있다. 실제로 중화의 지역적 범위를 동북아시아로 본다면, 현대에서 언급되고 있는 한자문화권의 영역과 거의 겹치고 있다고 할 수도 있다.

고대 한국에서는 중국의 중화 사상의 영향을 많이 받았고, 이를 기반으로 정치적, 사회적, 문화적으로 상당한 자부심을 가지고 있었다. 특히 명나라가 멸망하고 청나라의 만주족이 중국 대륙을 지배하게 되자, 당시 조선에서는 중화의 문명은 사라지게 되었다고 여기면서 조선이 중화를 계승한다는 '소중화(小中華)' 사상이 나타나게 되었다. 실제로 고대 한국에서 소중화 사상이 출현하기 이전부터 사상적, 문화적인 자부심이 강하였고, 중국 왕조에서 비롯된 것들만 선별적으로 존중할 뿐이었다. 따라서 고대 한국은 다른 나라들과의 관계가 상당히 존재하였지만, 조선 시대에 들어와서는 오히려 축소되는 경향이 나타나게 된다. 그러나 문화적인 입장에서 중국에 버금가거나 중국과 비슷하다는 사상이 대외 관계에도 깊은 영향을 미치게 된다. 결국, 소중화 사상이 출현하면서 조선의 많은 정치가와 학자들은 중국에서 시작된 문화, 문명의 핵심인 중화는 계승자가 바로 조선이라는 사회적, 사상적 풍조가 강하였고, 만주족의 청나라와 섬나라인 일본에 대해 현실을 인정하지 않으면서, 오히려 문화적 우월감을 가지고 있었다.

그렇다면 한자문화권은 언제 형성되었는가? 만약 한자문화권이 지역문화에 속하게 된다면, 다른 지역문화와는 다른 점이 존재하게 될 것이고, 그중에서 비교적 중요한 것은 바로 언어와 문자 사이에 관련되는 문제이다. 현재 세계적으로는 몇 개의 문화지역이 존재하고 있다. 예를 들어 동남아시아 지역, 중동 지역, 유럽 지역 등은 역사와 문화가 유구한 지역이다. 이들 지역에 속하는 국가들은 언어와 문자가 비록 완전히 같지는 않지만, 비슷한 점은 상당히 많은 편이다. 따라서 만약 이런 지역의 어떤 국가의 언어를 배우게 된다면, 그 지역의 이웃 국가의 언어를 배울 때는 상대적으로 쉽다고 한다. 그러나 동북아시아 지역은 앞에서 언급한 지역(동남아시아, 중동, 유럽)과는 다른 편이다. 동북아시아 지역은 중국을 중심으로 한자문화권의 영향에서 형성되어 발전하게 된 지역이다. 그러나 언어적인 관점에서 보자면, 한국어와 일본어는 언어학적으로 비슷한 점이 많은 편이지만, 중국어와는 다른 점이 많다. 즉 한국어와 일본어는 기본적으로 '목적어+서술어'의 언어구조이지만, 중국어는 '서술어+목적어'의 언어구조를 가지고 있다. 이렇게 다른 언어를 사용하는 국가로 형성된 문화권에서 가장 중요한 것은 바로 문자, 즉 '한자'를 공통으로 사용한다는 것이다. 즉 고대 시기의 한국과 일본은 중국에서 전래된 한자를 사용하였는데, 이는 단순하게 문자의 역할로만 사용하였던 것이 아니라 그 속에 담겨 있는 중국의 선진적인 문화와 문명을 받아들였던 것이었다. 결국 한자를 더 많이 사용하게 됨으로써 한자문화권을 형성하게 되었다.

"한자는 언제 형성되었고, 또 언제 한국과 일본에 전해지게 되었는가?"라는 문제는 한자문화권의 형성 과정에서 중요한 문제 중의 하나이다. 한자의 출현에 관하여 많은 주장과 관점이 있지만, 그중에서 중국의 고대 시기 문헌에는 전설 시대에 창힐(倉頡)이 한자를 발명하였다는 이야기가 기록되어 있다. 이 이야기는 비록 전설에 속하지만, 고대 중국에서는 이를 믿는 사람들이 많았다. 현재 많은 학자들은 한자의 기원이 상나라의 갑골문(甲骨文)과 관련이 있다고 믿고 있다. 갑골문 이후에 고대 중국에서는 청동명문(青銅銘文), 석고문(石鼓文) 등의 문자가 사용되었고, 이러한 문자의 발전과 변화로 인해 한자가 만들어지게 되었다.

다시 정리하자면, 황하 문명에서 어떠한 부호가 출현하여 무엇인가를 의미하고 전달하는 원시 문자의 역할을 하게 되었고, 이러한 부호 중에서 일부는 점차 고대 문자의 기원이 되었고, 문화, 문명, 사회의 계속적인 발전에 따라 새로운 문자(한자)가 만들어지면서, 한자의 수량은 지속적으로 증가하게 되었다. 한자와 관련해서 가장 어려운 문제 중의 하나가 바로 "한자는 모두 몇 글자인가?"이다. 이 문제에 대해 현재까지 완전히 정확한 답은 아직 없다(21세기 이후 대체적으로 한자는 10만 자 정도로 추산하고 있다. 북경국안자신설비공사(北京國安咨訊設備公司)의 한자 데이터에는 91,251자가 수록되어 있다). 예를 들어 중국에서 가장 오래된 한자사전은 전한(前漢) 시기의 『설문해자(說文解字)』인데, 이 『설문해자』에는 1만 자 정도가 기재되어 있다(『설문해자』에 기재된 한자는 9,353자이지만, 다른 판본을 종합한 결과 모두 10,516자가 있는 것으로 밝혀졌다). 고대 중국의 한자사전 중에서 가장 저명한 것은 바로 청나라 시기에 만들어진 『강희자전(康熙字典)』으로, 이 『강희자전』에는 47,035자가 기재되어 있다. 한자 수량의 증가는 고대 시기에 중국 문화와 사회가 지속적으로 발전하고 있었다는 근거가 되고, 이로 인해 고대 시기 중국의 선진적인 문화가 주변 국가인 한국과 일본의 발전에 영향을 미치는 과정에서 한자가 중요한 역할을 하였다는 것을 알 수 있다.

그렇다면, 한자는 언제 한국과 일본에 전해지게 되었는가? 한자가 한국에 전래된 시기에 관해서는 한국의 학계에서 여러 주장이 있는데, 그중에서 대표적인 두 가지 관점은 다음과 같다. 첫째는 전국 시기(戰國時期)에 위만(衛滿)이 연(燕)나라를 떠나 한반도에서 위만 조선을 건국하였는데, 이 시기에 중국에서 한자가 전래되었다는 주장이다. 둘째는 한나라 무제(武帝)가 고조선을 멸망시키고 한사군(漢四郡)을 설치하면서 한자가 전래되었다는 주장이다. 이 두 주장을 종합하면, 한자가 한국에 전래된 시기는 대략 기원전 2세기경으로 추정할 수 있는데, 당시 중국은 전국 시대에 해당하는 시기로 여러 국가들이 대외적으로 확장정책을 진행하고 있었다. 『사기(史記)』의 기록에 의하면 연나라와 조선(고조선) 사이에 전쟁이 있었는데, 이는 지리적으로 인접하였기에 가능하였고, 전쟁 외에도 위만이 조선으로 갔다는 사실에서 여러 형태의 교류가 있었을 것으로 추정된다. 즉 비록 명확한 근거는 없지만, 고대 시기의 한국은 중국과 여러 형태로 교류를 하고 있었고, 그 과정에서 한자가 자연스럽게 유입되었을 가능성이 큰 것으로 보인다. 한국의 『삼국사기(三國史記)』의 기록에 의하면, 372년 이전에 한자는 이미 사용되고 있었다고 볼 수 있다. 즉 고구려 소수림왕 시기에 태학(太學)을 건립하였는데, 이 태학에서 사용되는 주요 교재가 바로 『논어(論語)』와 『효경(孝經)』이었던 것이다. 이는 4세기 이전에 고대 한국에서 한자를 이미 사용하였다는 중요한 근거이다.

일본에 대한 한자 전래에 대해서는 한자가 중국에서 일본으로 직접적으로 전해졌을 가능성은 그리 크지 않다고 할 수 있다. 이에 관련된 문헌 자료의 직접적인 내용은 없지만, 한자의 전래에 관한 내용으로 일본의 고대 역사 사료인 『일본서기(日本書紀)』와 『고사기(古事記)』에 405년 백제의 오경박사(五經博士) 왕인(王仁)이 『논어』와 『천자문(千字文)』을 가지고 일본으로 왔고, 왕인은 일본 태자의 스승이 되었다는 기록이 남아 있다. 따라서 이로 볼 때, 일본은 왕인이 일본에 도착한 이후부터 한자를 사용하였다고 할 수 있다.

한국은 4세기, 일본은 5세기 이후 보편적으로 한자를 사용하였는데, 따라서 한자문화권은 대략 5세기 이후에 형성되었다고 할 수 있지만, 이 시기는 한자문화권이 시작되는 초기 단계이고, 정식적으로 형성된 것은 8세기 이후(일본의 국명이 확립된 이후)라고 할 수 있다. 즉 한자문화권의 형성은 한자의 사용이 전제조건인 것이 아니라 한중일 삼국이 한자를 통해 문화 교류의 기반이 만들어진 것을 의미한다. 8세기 이전의 문화 교류에서는 대체적으로 당시 선진적인 중국 문화가 한국으로 전해졌고, 그 후에 한국을 경유하여 일본으로 전해지게 되었다. 그러나 8세기 이후에는 일본에서 중국으로 인원을 파견하는 견당사(遣唐使)가 출현하게 된다. 견당사는 원래 신라와 당나라 사이의 교류를 상징하는 중요한 역할을 하고 있었는데, 일본 역시 당나라와 교류를 하기 위해 견당사를 파견하려 하였다. 그러나 당시 일본의 항해기술이 발달하지 못하였기에 일본이 파견하는 견당사는 거의 전부가 한반도를 거쳐서 중국으로 가게 되었다. 이러한 견당사에서 가장 대표적인 인물이 바로 일본의 승려인 엔닌(圓仁)이었다. 엔닌은 원래 일본에서 출발하여 직접 당나라에 도착하려고 하였지만, 당시의 항해 수준 때문에 두 번이나 실패하였고,

결국 세 번째에 성공하게 되었다. 그러나 엔닌이 일본으로 귀국할 때에는 직접 일본으로 향하는 것이 아니라 먼저 한반도의 통일신라를 거쳐서 일본으로 돌아오게 되었다. 이로 볼 때, 8세기에 한자문화권이 본격적으로 형성되는 시기에 중국은 선진적인 사회문화를 가지고 있었고, 한국은 이런 중국 문화를 받아들이는 동시에 일본에 전파하였다. 일본은 당시 지리적, 교통적인 한계로 인해 한반도를 경유하였던 중국 문화를 받아들이게 되었다. 특히 이 시기에 중요한 것은 당나라의 율령(律令) 체제였다. 이 율령 체제는 고대 중국의 국가 발전을 상징할 뿐만 아니라 한국과 일본 고대 국가가 발전하는 데 중요한 역할을 하였다.

한자문화권이 발전하는 시기는 대략 9-11세기로, 이 시기에 가장 중요한 특징은 일본의 항해기술이 발달하게 되었다는 점이다. 이전의 일본은 항해기술의 문제로 인해 견당사는 우선적으로 한반도로 향했고, 그 후에 비로소 중국에 도착할 수 있었다. 그러나 9세기 항해기술의 발전으로 일본의 선박은 직접 중국에 도달하는 데 성공하였다. 따라서 이 시기에 한중, 한일, 중일 등 두 나라 사이의 독립적인 교류가 시작되었다. 이러한 교류활동에 가장 많이 참여하는 사람들은 주로 유학생과 학승(學僧: 배움을 청하는 승려)이었다. 이들은 주로 중국으로 가서 그들이 목표로 하는 바를 배우고 난 후에 귀국하였는데, 이들이 귀국하면서 가지고 온 중국 문화는 그들의 모국(통일신라와 일본)이 발전함에 있어 중대한 역할을 하였다. 즉, 고대 시기의 한국과 일본은 중국의 당(唐)나라와 송(宋)나라 문화의 영향을 많이 받았고, 현재에 이르러서도 한국과 일본에는 여전히 중국의 당나라, 송나라 문화의 흔적이 많이 남아 있다.

12세기에 이르면 한중일 삼국의 한자문화권이 붕괴되는 상황이 발생하게 된다. 그 중요한 원인으로는 한중일 삼국 모두 국가 내부적으로 혼란한 국면이 나타나게 되었기 때문이었다. 예를 들어 중국의 왕조(송,

요, 금, 원)는 통일된 국가이기보다는 남북, 혹은 지역적으로 분열되어 지속되었고, 한국은 고려에서 무신 정권이 등장하여 군주권이 약화되었으며, 일본에서는 막부 정권이 일본 국왕의 권력보다 더 강하게 나타나는 등의 여러 문제들이 이 한중일 삼국의 내부에 정치적, 경제적, 사회적 문제로 작용하였고, 이로 인해 각국 간의 교류가 정체되는 상황이 발생하게 된다. 즉, 한중일 삼국 사이에는 비록 교류가 진행되고 있었지만, 전 시대와 비교하면 그 교류의 빈도와 횟수가 상당히 감소하였다. 특히 13세기 이래, 왜구의 약탈은 한국과 중국에 있어서 사회와 국가에 심각한 문제가 되었고, 더구나 16세기 이후에 명나라의 해금정책은 한자문화권을 붕괴시키는 시작이 되었다. 즉, 이 16세기 이후에도 한국과 중국 사이에는 여전히 교류가 지속되고 있었지만, 한국과 일본 사이에는 교류가 감소하고 있었으며, 중국과 일본 사이에 교류는 기본적으로 거행되지 않았다. 이에 일본은 네덜란드와의 무역관계를 통해 다른 지역(유럽, 동남아시아)과 새롭게 교류를 진행하면서 한국, 중국과의 국가적인 교류는 거의 단절되었다고 할 수 있다. 근대 이후, 특히 메이지 유신 이후의 일본은 스스로가 아시아 국가가 아니라고 주장하면서 한국과 중국에 대한 침략을 시도하는데, 이는 한자문화권의 완전한 붕괴를 의미하는 것이다.

2) 한중일 삼국의 상대국 관계에 대한 관점

한국, 중국, 일본의 관점에서 고대로부터 현대까지의 한중일 삼국 간의 국가관계를 살펴보고자 한다. 첫째, 고대 시기에 한국과 중국은 지리적으로 인접해 있었기에 두 나라 사이에는 교류가 많았다. 한국의 『삼국사기』에서 중국과 관련된 가장 오래된 기록은 바로 한사군에 대한 내용이다. 『삼국사기』에는 고조선에 대한 내용은 없고, 고구려, 백제, 신라 삼국의 역사를 기록한 문헌이다. 따라서 한사군이 언제, 어떻게 설치되었는지에 관한 내용은 없고, 단지 한사군 중에서 낙랑군(樂浪郡)이 고구려, 백제, 신라 등과 전쟁이 있었다는 기록만 찾아 볼 수 있다. 그래도 『삼국사기』는 고대 한중 관계를 연구함에 있어 가장 중요한 사료 중의 하나이다.

대체적으로 고구려는 전한(前漢) 시기(기원전 206년-기원후 8년)부터 북중국과 전쟁, 교류(고구려는 북방의 위(魏)나라와의 문제 때문에 정치적, 군사적인 이유로 남쪽의 오(吳)나라와 동맹관계를 맺기도 하였다) 등이 이루어졌다. 백제는 대체적으로 남중국과 관련이 많았다. 역사 문헌의 내용에 의하면 남중국의 불교가 백제로 전래되었고(384년), 그들과 외교가 성립되었다는 기록도 찾아 볼 수 있다. 신라는 지리적인 위치로 인해 6세기 이후에 중국(수나라, 당나라)과의 교류가 비로소 시작되었다. 신라는 당나라와 군사동맹을 맺어 결성된 나당 연합군이 660년에 백제를, 668년에 고구려를 멸망시키면서 통일국가를 이루게 되었다. 그리고 670-676년에 신라와 당나라 사이에 전쟁이 발생하였지만, 이후 한국과 중국의 국가적인 전쟁이 발생하지 않았고(북방 유목민족의 국가인 거란족의 요나라, 몽골족의 원나라, 만주족의 청나라와는 각각 전쟁이 있었다), 정치, 경제, 문화 등에서 교류는 더욱 확대되었다. 특히 통일신라와 고려 시기에는 많은 학생들과 승려들이 중국(당나라, 송나라)으로 가서 중국의 선진문화를 배웠고, 그들이 귀국한 후에는 통일신라와 고려 왕조의 사회, 문화 발전에 중요한 역할을 하였다.

이 밖에 한중 양국은 두 번에 걸쳐 군사동맹을 체결하여 공동으로 일본과 전쟁을 하였다. 첫 번째 한중 군사동맹은 나당 연합군으로, 백제가 멸망한 후에 백제의 유민과 왜국(倭國) 군대가 연합하여 신라를 공격하였는데, 이들을 격파하고 승리를 거두었다. 두 번째 한중 군사 동맹은 조명 연합군으로, 1592년 임진왜란이 발생하여 일본이 조선을 침략하자 명나라가 군대를 파견하여 일본군에게 승리하였다.

17세기 이후 고대 한국(조선)은 중국 왕조에 대한 관념에 변화가 발생하게 되는데, 즉 1644년 명나라가 멸망한 후에 조선의 일부 정치가와 유학자(儒學者)들은 스스로 중화(中華)를 계승한다고 하여 '소중화' 사상이 나타나게 되었다. 이에 조선은 존경과 선망의 대상이었던 중국을 더 이상 존경의 대상으로 여기지 않게 되었고, 더구나 청일전쟁에서의 청나라의 패배로 중국에 대해 다시 판단하는 계기, 즉 중국에 대한 신랄한 비판이 발생하면서 이에 따른 오해와 편견이 나타나게 된다. 이러한 중국에 대한 일부 잘못된 인식은 현재까지 지속되면서 중국에 대한 오해와 편견이 한국 사회에 여전히 존재하고 있다.

한국에서 일본에 대한 인식은 기본적으로 한국인들이 우월감을 가지고 있다는 점이 있다. 고대 시기에 한국은 일본을 왜(倭)라고 불렀는데, 야만 국가로 보았기에 백제의 오경박사 왕인이 『논어』와 『천자문』을 가지고 간 후에야 비로소 일본에서 국가적인 기반이 생겼다고 여겼었다. 그리고 일본이라는 국명이 출현한 후에도 한국에서는 여전히 변하지 않는 태도를 가지고 있었고, 더욱이 13-14세기에 왜구의 무수한 약탈은 한국이 일본을 정상적인 국가로 여기지 않게 하였으며, 기본적으로 일본을 얕잡아 보는 풍조가 만연하였다. 1592년 임진왜란이 발생한 후에 조선의 대부분의 국토는 일본의 침략으로 파괴되었으나, 일본에 대한 생각은 근본적으로 바뀌지 않았는데, 예를 들어 당시 조선에서는 일본의 국토가 조선보다 작았으며, 학술적 수준은 거의 없었다고 여기면서 일본의 실제적인 사실과 발전한 현실을 받아들이지 않았다. 이러한 관점은 조선이 일본의 식민지로 전락하게 한 원인이 되기도 하였다. 그리고 현재에 이르러서도 한국 사회에서는 여전히 일본에 대한 우월감과 혐오감이 동시에 존재하고 있으며, 또한 역사 문제는 아직 해결되지 않은 것이 많다.

둘째, 고대 시기 중국의 한국에 대한 관련 자료를 보면, 선진(先秦) 시기 이래로부터 자료의 분량은 조금씩 증가하고 있지만, 그러나 이는 중국의 입장에서 외국의 자료에 속하기 때문에 그 내용이 상대적으로 간단할 수밖에 없다. 한국과 관련한 자료 중에서 중요한 것은 바로 『삼국지(三國志)』에 기재된 내용이다. 물론 중국 왕조의 순서에 따르면 『후한서(後漢書)』가 시대적으로 먼저이지만, 『후한서』는 『삼국지』보다 오히려 늦게 완성되었고, 그 내용 역시 대체적으로 비슷하다. 바꿔 말하면, 선진 시기의 『관자(管子)』, 『사기(史記)』 "조선열전(朝鮮列傳)", 『한서(漢書)』 "서남이양월조선전(西南夷兩粵朝鮮傳)" 등에 기재된 내용은 한국의 역사적 자료에 없는 것이기에 한국 고대사 연구에 있어 중요한 역할을 하고 있다. 그러나 내용적으로 역사적 가치가 있는 것은 『삼국지』가 가장 대표적이다. 이러한 역사적 자료의 내용을 대체적으로 정리해 보면, 한(漢)나라부터 당나라 초기까지(대략 기원전 2-7세기까지) 한국과 중국 간에는 전쟁과 교류가 모두 있었다. 한중 양국 사이를 전쟁의 관점에서 보면, 고조선은 한나라와의 전쟁의 결과로 멸망되었고(기원전 108년), 또한 고구려와 한나라 사이에 몇 번의 전쟁이 있었다. 이후 고구려는 위(魏)나라와 전쟁이 있었는데, 고구려가 거의 전 국토를 상실할 위기까지 발생하였다. 고구려는 계속해서 중국의 위진 남북조 시대에 북조(北朝)의 왕조, 특히 후연(後燕)과 요동을 두고 전쟁을 벌였다. 그리고 고구려는 수나라의 3차례 침략이 있었지만 모두 방어에 성공하였고, 이 전쟁의 결과로 수나라는 멸망하게 된다. 그리고 고구려는 당나라의 침략에 방어를 성공하였으나 이후 나당 연합군에 의해 멸망되었다(668년). 이 밖에 백제는 북조의 동위(東魏)와 전쟁을 벌였고, 나당 연합군에 의해 백제는 멸망하였다(660년).

신라는 당나라와 나당 연합군을 결성하여 백제, 고구려를 멸망시켰고, 그 후에 신라와 당나라는 전쟁을 벌였는데 신라가 승리하였다(670-676).

한중 양국의 교류적인 관점에서 보면, 고구려는 한나라의 선진적인 철기문화를 받아들였고, 중국의 삼국 시대에는 오나라와 군사적 관계를 맺어 위나라에 공동으로 대응하였다. 또한 4세기(중국의 남북조 시대) 이후에 고구려는 전진(前秦)으로부터 불교를 받아들였고, 태학을 설립하여 국가 발전에 도움이 되게 하였다. 백제는 주로 위진 남북조 시대에 남조와 교류가 많았는데, 그 과정에서 불교가 전래되었다. 신라는 수나라, 당나라와 우호관계를 가지고 있었고, 특히 두 차례 나당 연합군이 결성되기도 하였다. 1차 나당 연합군은 백제와 고구려를 멸망시켰고, 2차 나당 연합군은 발해(渤海)의 산동 진출에 공동으로 대응하였다. 특히 7세기 이후(신라와 당나라 사이에 전쟁이 끝난 676년 이후)에 한국과 중국 사이의 교류는 계속 발전하였는데, 예를 들면, 신라-당나라, 고려-송나라, 조선-명나라 등은 활발하게 교류가 진행되었다. 근현대 시기에 이르러서도 한중 양국의 우호관계는 여전히 지속되었는데, 예를 들어 20세기 초에 중국 국민당과 공산당은 한국 독립운동을 물심양면으로 지원하였다. 1992년 한중 양국이 외교관계를 수립하면서 두 나라의 관계는 발전하였고, 21세기에 이르러서도 한중 양국은 경제와 문화를 중심으로 협력하는 부분이 점차 확대되고 있다.

중국에서 일본에 대한 인식은 당나라 이전에 일본을 '왜(倭)'라고 불렀는데, 이 명칭은 『산해경(山海經)』과 『한서(漢書)』 "지리지(地理志)"에서 보인다. 중일 교류에 관한 자료로 『후한서』 "동이전(東夷傳)"과 『삼국지』 "동이전"에 왜(倭)에 관한 기록이 남아 있지만 그다지 상세하지는 않다. 그 후 중일 교류관계는 비록 존재하였지만, 그 내용이 그다지 많지는 않다. 그러나 8세기 이후 일본에서 견당사를 중국(당나라, 송나라)으로 보내면서 중일 교류는 본격적으로 발전하기 시작한다. 그러나 중국의 일본에 대한 관념은 여전히 크게 변하지는 않았다. 13-16세기에 일본의 왜구는 자주 중국의 동남 연해 지역을 약탈하였고, 이는 당시 명나라의 사회와 경제에 있어서 심각한 국가문제가 되었다. 1592년 임진왜란이 발발하자 조선은 명나라와 연합하여 공동으로 일본의 침략을 방어하였다. 이후 중국과 일본의 교류는 국가적으로 중단되었다(민간에서는 작은 규모의 교류가 일부 진행되기도 하였다). 근대에 이르면 조선의 동학혁명으로 청나라 군대와 일본 군대가 파견되었고, 조선에서 이 두 나라의 전쟁, 즉 청일전쟁이 발생하였는데, 일본은 청나라를 패배시키고, 동아시아에서 패권을 가지게 되었다. 20세기에 들어오면서 일본은 조선을 식민지로 삼고(1910년) 그 후에 중국을 침략하면서 1937년 중일 전쟁이 발생하게 되었다. 1945년 2차 세계대전에서 일본이 패배하기 전까지 동아시아는 일본이 주장하는 '대동아 공영권'에 속하게 되었고, 그 과정에서 한국과 중국은 막대한 물질적, 정신적 피해를 당하게 되었다. 1972년 중국과 일본은 외교관계를 맺으며 교류가 다시 진행되었지만, 21세기에 들어와서도 중국과 일본 사이에는 여전히 역사 문제(특히 난징 대학살 문제)와 댜오위다오(釣魚島) 문제는 해결되고 있지 않다.

셋째, 일본은 스스로 천조대신(天照大神)의 후예인 신무(神武)가 나라를 건국하였다고 믿고 있다. 그러나 이 주장은 전설에 속할 뿐이고, 실제적으로 일본에서 나라가 출현하는 과정에서 고대 한국의 영향이 가장 크며 중요하다고 할 수 있다. 특히 4세기경에 일본에서는 아스카 문화가 발전하였는데, 고구려와 백제의 승려와 학자들이 많은 역할을 하였다. 일본은 국가가 출현한 후에 부단히 발전하였지만, 군주권이 상대적으로 그다지 강하지 않았고, 지방 영주의 세력이 좀 더 강하였다. 8-12세기는 한자문화권이 발전하는 시기라고 할 수 있는데, 따라서 일본 역시 국가 발전에서 속도가 빨라지게 되었고, 문화와 사회적 수준도 상당히 높아졌다. 13세기 이후 한자문화권의 발전 속도가 하락하는 동시에 일본에서도 혼란한 정세가 나타나게 된다. 이러한 혼란한 상황은 16세기 중반까지 이어지다가 도요토미 히데요시가 일본 전국을 통일하고 중국을 정벌하고자 하였다. 이에 우선, 1592년 조선을 공격하였고, 거의 조선을 정복할 즈음에 조선의 의병들과 조명 연합군이 반격하면서 일본군은 철수하게 되었고, 이로써 한자문화권은 붕괴되었다고도 할 수 있다.

16세기 이후 일본은 네덜란드와 무역을 진행하면서 서양의 문물을 받아들이게 되었고, 사회문화적으로 안정되면서 발전하게 된다. 1853년 미국은 일본을 강제로 개항하게 하였고, 이에 서양의 문화를 본격적으로 받아들이게 된 일본에는 한국을 정벌하겠다는 '정한론(征韓論)'이 대두되었다. 결국 19세기 말에 조선을 자신들의 영향하에 두기 위해 청나라, 러시아와의 전쟁에서도 승리하면서 결국 1910년 조선을 식민지로 삼았다. 그 후로 '대동아 공영권'을 주장하면서 중국을 본격적으로 침략, 지배하기 시작하였는데, 2차 세계대전의 결과로 일본은 패배하여 한국은 식민지에서 해방되었고, 중국은 자국의 영토를 되찾을 수 있었다. 즉 동북아시아에 평화가 도래한 것이다. 바꿔 말하자면, 고대 시기 일본은 먼저 한국으로 전해진 중국 문화를 받아들이면서 발전의 기초가 만들어졌고, 견당사를 중국으로 보내면서 직접 중국 문화를 배우게 되었는데, 이는 한자문화권의 형성, 발전과 관련이 있다. 한자문화권이 붕괴된 후에 일본은 스스로 아시아의 국가가 아니라고 여기면서 이에 한국과 중국을 침략하기 시작하였다. 현재, 한국-일본, 중국-일본 등의 사이에는 비록 전쟁은 없고, 국가 간의 교류가 빈번히 진행되고 있지만, 그러나 여전히 해결되지 않은 문제가 존재하고 있다.

한중일 삼국은 이미 고대 시기에 한자문화권을 만들면서 국가 발전과 번영의 역사적 경험을 가지고 있지만, 그러나 한자문화권이 붕괴된 후에 동북아시아 지역의 안정적인 국면에도 영향이 있었다. 한중일 삼국은 모두 유구한 역사를 가지고 있는 나라들로, 고대 시기로부터 한국과 일본이 중화 문명의 영향을 받은 사실은 부인할 수 없다. 그러나 한중일 삼국 모두 국가가 발전하는 과정에서 생긴 다른 나라들에 대한 오해와 편견은 여전히 존재하고 있다. 즉, 한국은 중국과 일본, 중국은 한국과 일본, 일본은 한국과 중국 등에 있어서 표면적으로는 교류가 진행되고 있지만, 사회적, 문화적으로 상대 국가에 대한 선입견, 오해, 편견 등이 여전히 해결되고 있지 않다. 그중에서도 역사문제는 가장 심각한 문제 중의 하나이다. 2차 세계대전의 전범국이었던 독일은 어떻게 EU에서 중심적인 리더가 될 수 있었는가? 이는 독일이 2차 세계대전의 패배 이후 많은 일을 하였지만, 그중에서도 특히 나치에 대한 역사적, 도덕적, 사회적 반성을 통해 자신의 잘못을 철저히 인정하고, 동시에 이러한 문제에 적극적으로 사과하며 대처했기 때문이었다. 그렇다면 동북아시아는 어떠한가? 한중일 삼국은 비록 정치, 경제, 사회 및 문화 등에서 교류하고 있지만, 어긋나는 것이 여전히 존재하고 있는데, 그중에서 역사문제가 가장 심각하다. 즉, 한중, 한일, 중일 사이의 역사적 문제는 결코 쉽게 해결될 수 있는 것이 아니기에 한중일 삼국은 먼저 서로를 인정하고, 오해와 편견을 해결하기 위해 더욱 노력해야 할 것이다. 이것이 바로 동북아시아 평화의 진정한 시작일 것이고, 이를 기반으로 한중일 삼국의 공동 발전과 번영의 결과는 실현될 수 있을 것이다.

3. 한중 양국의 쌍방관계에 대한 문화 교류의 영향 연구

우펑(武鵬) · 펑위안(馮媛)
번역: 구자원

1992년 8월 24일, 중국과 한국은 쌍방이 외교관을 파견하여 주재하는 정식적인 외교관계를 수립하여 2차 세계대전의 종결(특히 한국전쟁) 이후 두 나라 사이의 상호 불신과 단절의 역사를 끝내게 되었다. 그러나 2,000여 년의 한중 관계사의 관점에서 문화 교류는 한중 양국의 관계 발전에 중심을 차지하고 있다. 한반도에서는 상나라 시기 이래 기자(箕子) 조선부터 고구려, 백제, 신라의 삼국 시대를 거쳐 조선 시대에 이르기까지 중국을 중심으로 하는 '동아시아 책봉과 조공 체계'에 속해 있었다. 즉 고대 시기 선진적인 중화 문명은 한반도의 국가에게 정치, 제도, 사회, 문화 등 여러 방면에 있어서 많은 영향을 미쳤다.

1910년, 한국은 일본에게 강제 병합을 당하여 국가를 빼앗기게 되었고, 수많은 한국의 애국지사들은 외국(주로 중국)으로 망명하여 대규모의 항일독립운동을 시작하였다. 이러한 역사적 배경에서 한중 양국의 사이는 더욱 가까워졌다. 대한민국 임시정부는 일본 제국주의의 침략으로 인해 여러 지방으로 옮기게 되었으며, 결국 1939년에 중경(重慶)으로 천도하여 2차 세계대전이 끝나는 1945년까지 항일 독립운동을 지휘하는 중심적인 역할을 하였다. 즉, 20세기 이래로 한중 양국 관계가 더욱 긴밀하게 되는 역사적 기반을 이루게 된 것이다. 이와 같이 역사적 특수성을 가지고 있는 대한민국 임시정부 유적은 역사적 유물로 보존되었고, 중경시 인민정부가 1992년에 중요 보호문화재로 지정하였는데, 이는 한중 양국관계의 문화 교류를 증진시키면서 아울러 한중 양국관계를 발전시키는 중요한 역할을 하고 있다.

1) 중경 대한민국 임시정부 유적의 역사적 지위

대한민국 임시정부는 한중 양국의 문화 교류에서 역사적인 작용을 하고 있었고, 그 발전 과정은 장기적이면서도 체계성을 갖추고 있어 중국의 민족해방운동과 함께하면서 역사적인 의의는 물론이고, 현실적으로도 중요한 의미를 가지고 있다. 대한민국 임시정부는 1919년 상하이에서 건립되어 1945년 말에 중경에서 해산되었는데, 중국 대륙의 동쪽에서 서쪽으로 여러 지역을 천도하면서 27년 동안 항일운동을 지휘하는 핵심적인 역할을 하였다(〈표 1〉과 같음). 특히, 1939년부터 1945년까지 대한민국 임시정부는 중경에 있는 기간 동안 끝까지 항일 활동을 활발하게 거행하였다.[1] 예를 들면, 이 시기에 대한민국 임시정부는 항일독립운동에 참여하던 여러 정당과 단체의 협력을 이루어 냈을 뿐만 아니라, 광복군을 결성하여 2차 세계대전이 끝나는 1945년에 승리의 감격을 맞이

1) 石建國, 『中國境內韓國反日獨立復國運動』[M], 杭州, 浙江大學出版社, 2014, pp. 142-149.

하면서 귀국을 하였다.

(1) 중경으로 천도한 대한민국 임시정부의 정부기관 보장 조건 형성

1940년 9월, 대한민국 임시정부는 중경으로 천도하였는데, 이 중경은 한국의 애국지사들이 항일운동을 거행하던 중요한 지역이 되었다. 1932년, 윤봉길 의사는 상하이 홍커우(虹口) 공원의 일본군의 전승 축하 기념식장에서 폭탄 투척의 의거를 거행하여 일본 제국주의의 침략 의도를 좌절시켰다. 그러나 이 의거로 인해 일본은 상하이와 인근 지역에서 항일운동을 하던 독립지사들을 수색, 체포하였고, 수많은 항일독립 투사들은 잔혹한 일본의 핍박을 당하게 되었다. 이러한 백색 테러가 진행되던 상황에서 대한민국 임시정부는 상하이를 떠나 항저우(杭州), 자싱(嘉興), 전장(鎭江), 난징(南京), 창사(長沙), 광저우(廣州), 류저우(柳州) 등을 거쳐 1939년 5월에 치장(綦江)으로 옮기게 되었다. 대한민국 임시정부는 처음부터 공개적인 활동을 거행할 수 없어서 단지 '한국국민당(韓國國民黨)'의 명의로 대외문서를 작성하고, '조공관(曹公館)'의 명의로만 대외업무를 거행할 수밖에 없었다.[2] 이러한 급박한 상황에서도 대한민국 임시정부는 상대적으로 안정적인 국면을 맞이하게 되면서 한국 독립운동의 통일적인 활동을 여러 차례 진행하였다. 그 과정에서 조직의 개편, 정돈, 내부 정리 등을 거쳐 1939년 10월 치장(綦江)에서 제31회 의회를 거행하여 제14회 대한민국 임시정부를 결성하였고, 1940년 중경으로 천도할 수 있는 기반을 마련하였다.

---

2) 楊耀健, "韓國臨時政府在重慶"[J], 『文史精華』, 1996년 제12호, pp. 42, 43, 45.

(2) 여러 정당의 협력은 대한민국 임시정부의 정치적 기초조건 실현

중경에서 활동하던 기간 동안 한국 독립운동의 현실적인 역량은 통일되었고, 따라서 대한민국 임시정부의 정치적인 기반이 마련되었다. 실제로 대한민국 임시정부가 중경으로 천도할 당시에 내부에서 여러 의견들이 있어 각 정당의 분쟁은 끊이지 않았다. 그중에서 실력이 가장 강했던 두 정당은 김구를 중심으로 한 '한국독립당'과 김약산(金若山)을 중심으로 한 '민족혁명당'이었다. 정권의 분열은 이미 항일독립운동의 과정에서 매우 극심한 영향을 미쳤기에 임시정부 내부에서의 통일은 무엇보다 긴급하게 실현해야 했다. 김구는 그의 저서 『백범일지』에서 "나는 중경에 도착하여 세 가지 일을 해야 했는데 … 현재 가족들은 이미 안정되게 돌볼 수 있게 되었고, 미국과 이미 연락을 취하였으며, 마지막으로 내부적인 통일 업무를 하고 있다."라고 회고하였다.[3]

한국의 독립을 위해 한국인들로 구성된 각 정당, 단체들의 통일은 실현하는 과정은 매우 복잡하였는데, '7당 통일회의' 혹은 '5당 통일회의'를 막론하고, 모두 좌익과 우익에서 정치적, 사상적 모순이 발생하였고, 결국 통합은 실패하게 되었다. 이에 임시정부의 이동녕(李東寧) 주석과 김구 등 정부 관계자들은 모두 "우선 순수한 민족 진영을 수립한 후에 민족의 전체적인 통일을 도모하고, 대한민국 광복과 독립을 거행하던 3개 정당을 중심으로 우선적인 통일이 진행되어야 한다."라고 주장하였다. 이러한 각 정당들의 타협과 양보는 임시정부 내부의 분열적 상황을 빠른 속도로 전환시켰다. 1940년 5월 8일, 3대 정당의 지도자들은 우선 치장(綦江)에서 '각 정당의 해산 선언'을 발표하고, 아울러 함께 한

3) 馮開文, "韓國臨時政府在陪都重慶"[J], 『韓國硏究論叢』, 1998(S1), p. 202.

국 독립당 창당을 선포하였다. 지속적인 단결을 응집하여 항일 투쟁을 전개하기 위한 창당 선언에서 "잔혹한 일본 제국주의의 붕괴와 중국의 대승리는 이미 누구나 알고 있는 사실이다. 우리는 이러한 하늘이 내린 좋은 기회를 살려 우리의 진영을 다시 정비하고, 우리의 가지고 있는 혁명 역량을 중국과 협력하여 일본 제국주의를 물리치고 우리의 조국을 되찾는다."라고 발표하였다.

1942년 10월 25일, 대한민국 임시정부 임시의정원은 중경 우스예샹(吳師爺巷) 1호에서 제34회 회의를 거행하여 정식으로 조선민족 혁명당의 가입을 승인하였다. 이로써 5개 정당을 중심으로 결성된 임시정부가 출범하면서 중국에서 한국의 각 정당들이 단결하여 협력하는 상황이 처음으로 형성되었다. 즉, 한국 독립운동에서 좌익과 우익이 협력하는 내부적인 통일은 대한민국 임시정부에서 기념비적인 성과라고 할 수 있다. 또한 이를 통해 대한민국 임시정부의 중요한 정치적인 기반이 마련되었음은 물론, 대한민국 임시정부가 항일독립투쟁에 있어서 새로운 전기를 맞이하게 되면서 국제적으로도 활약할 수 있는 기회를 만들 수 있게 되었다.

(3) 광복군의 창설은 대한민국 임시정부의 군사적 기초조건 달성

1940년, 대한민국 임시정부는 광복군을 창설하였는데, 이는 조국의 해방과 부흥을 실현시킬 수 있는 군사적인 기반이 되었다. 1937년 7월 30일, 자신의 군대를 신속하게 조직하기 위해 김구의 건의로 대한민국 임시정부 국무위원회는 관련 회의를 소집하여 군사 분야에서 특별히 파견하는 단체를 만들어야 한다고 결정하였다. 1940년 '삼당 통일'이 끝난 후, 김구는 직접 중경으로 가서 장제스(蔣介石)와 천궈푸(陳果夫)를 만나서 한국 광복군 모집 협조에 대해 논의하였다. 김구는 "대한민국 임시정부에서 군사대표단을 시안(西安)과 뤄양(洛陽) 등 지역으로 파견하여, 중국의 군대에 복역하여 훈련을 받고 있던 한국 청년들을 광복군에 참가시킬 수 있도록 도움을 바란다."라고 제안하였고, 장제스와 천궈푸는 이를 받아들였다.[4]

1940년 9월 17일, 한중 양국은 적극적인 교섭을 통해 중경 자링빈관(嘉陵賓館)에서 '한국 광복군'총사령부 창설을 거행하게 되었다. 이 행사에서 김구가 가장 먼저 축사를 하였고, 다음으로 조소앙(趙素昂)은 광복군 창설 보고서를 낭독하면서 광복군의 역사적 연원과 성립 과정을 자세하게 발표하였다. 이와 별도로 임시정부 측에서는 홍진(洪震)과 조완구(趙琬九), 중국 측에서는 장제스가 파견된 류스(劉峙)가 각각 축사를 하였고, 마지막으로는 이청천(李青天) 총사령관이 발언을 하였다.[5] 김구는 이 행사의 축사에서 "오늘, 우리는 중국의 전시(戰時) 수도 중경에서 한국 광복군 사령부 창설 행사를 거행하게 되어 그 의의가 매우 깊으며, 또한 크다고 할 수 있다. 이로써 중국에서 정식으로 창설된 광복군은 우방인 중국과 함께 일본을 무찌를 것으로 굳게 믿고 있다. 우리는 우방인 중국이 중국 내에서 한국 광복군의 군대 편제, 군사 연습을 특별히 허가해 준 것에 대해, 그리고 우리 한국인들이 이런 일본 제국주의를 같이 물리치는 연합군의 일부라는 의무에 최선을 다하고, 아울러 우리의 위대한 목표를 달성하기 위해 우리를 지지하고 있는 중국에 진심으로 감사를 표한다."라고 선언하였다. 이처럼 한국 광복군의 창설은 대한민국 임

---

4) 沐濤、孫志科,『大韓民國臨時政府在中國』[M], 上海, 上海人民出版社, 1992, pp. 103, 163, 168.

5) 石源華、蔣建忠,『韓國獨立運動與中國關係編年史: 1919-1949』(中卷)[M], 北京, 社會科學文獻出版社, 2012, pp. 748-749.

시정부가 민족 독립을 쟁취하고자 하는 과정에서 군사적 가능성을 실현한 것이다.

(4) 승리 이후의 귀국, '한국 인정'은 한중 양국 우호의 기반

1945년, 대한민국 임시정부는 해산하여 귀국하였는데, 이 '한국에 대한 인정'은 한중 양국의 우호적인 관계의 기반이 되었다. 1945년 8월 14일, 일본의 히로히토(裕仁) 국왕은 '정전 협정서'에 서명을 하고, 무조건 항복을 선언하였다. 미국 군대는 인천에 상륙하여 한반도 남부의 일본군 무장을 해제시켰고, 일본이 장장 35년간 한국을 식민 통치했던 상황은 종식되었다. 1945년 8월 24일, 임시정부는 한반도 내의 정치무대로 돌아가기 위해 장제스에게 중국과 연합군이 임시정부의 합법적 지위를 인정해 달라는 편지를 보냈다. 국민당 정부는 솔선하여 임시정부를 승인하였고, 김구 등 임시정부 관계자들을 한국으로 보내기로 결정하였다. 그러나 미국 정부는 한국에 이승만을 중심으로 친미 정권을 세우는 것으로 결정하였기에 중국에서 활동하였던 임시정부의 합법성을 승인하지 않았으며, 또한 임시정부 관계자들의 귀국을 정식적으로 용인하지도 않았다. 결국, 어떤 방법도 소용이 없는 상황에서 11월 25일에 임시정부 관계자들은 김구, 조소앙 등은 부득이 개인적인 자격만으로 귀국할 수밖에 없었다. 이들이 귀국하면서 많은 환영을 받았지만, 미군정에 의해 정치적인 정당성을 인정받지는 못했다. 이를 간략히 정리하면, 중국에서 대한민국 임시정부는 완전히 끝나게 되었지만, 중국은 이후에도 '한국을 인정'하고 있다는 점에서 이미 한중 양국이 확고한 우호적인 관계의 기반을 갖추고 있었다는 것을 알 수 있다.

〈표 1〉 중경 대한민국 임시정부 활동 상황 연표

시간	역사적 사건
1939년 5월	대한민국 임시정부는 치장현(綦江縣)으로 천도
1939년 8월 27일	'7당 통일 회의'에서 각 정당의 연합통일 시도 실패
1939년 9월 22일	'5당 통일 회의'에서 각 정당의 의견 차이로 실패
1939년 10월	대한민국 임시정부 의정원의 제31회 회의 개최, 제14회 대한민국 임시정부 결성
1940년 5월 8일	삼대 정당의 '정당해산 선언', 새로운 정당 (신)한국 독립당 성립
1940년 9월	대한민국 임시정부 중경(重慶)으로 천도, 한국 독립해방운동의 새로운 시작
1940년 9월 17일	중경 자링빈관(嘉陵賓館)에서 '한국 광복군'총사령부 결성 거행
1942년 10월 25일	임시정부 의정원 제34회 회의 개최, 중국에 있는 한국의 여러 정당들의 단결과 협력의 국면 형성
1945년 8월 14일	일본 히로히토(裕仁) 국왕의 '정전 협의서'서명, 무조건 항복 선포
1945년 11월 25일	김구(金九), 조소앙(趙素昂) 등 임시정부 지도자 귀국

자료: 沐濤、孫志科, 『大韓民國臨時政府在中國』[M], 上海: 上海人民出版社, 1992. 石建國, 『中國境內韓國反日獨立復國運動』[M], 杭州: 浙江大學出版社, 2014.

2) 중경 대한민국 임시정부 시기의 한중관계

대한민국 임시정부가 중경에서 활동하면서 발전하였던 상황을 돌이켜 보면, 그 과정에서 매우 많은 어려움이 있었고, 위기상황도 적지 않았다. 그러나 중경의 대한민국 임시정부가 중국 공산당, 중경 국민당 정부 및 민간의 역량 사이에서 많이 소통하면서 다양한 방식의 효과적인 교류가 진행되었다. 이러한 소통과 교류는 한국 독립운동에 많은 도움이 되었으며, 또한 한중 양국 사이의 우호관계가 지속적으로 발전하는 확고한 기반이 되었다.

(1) 중경 대한민국 임시정부와 중국 공산당과의 관계

항일전쟁 시기에 중국 공산당은 중국 국내에서 항일구국운동을 거행했을 뿐만 아니라 세계적으로도 핍박받은 민족의 반식민지-반제국주의 투쟁에도 긴밀한 관련을 맺고 있었다. 중국 공산당은 어떠한 상황에서도 항일독립운동을 견지하고 있던 중경 대한민국 임시정부에 대해 물질적, 비물질적 도움을 아끼지 않았다.

중국 공산당은 대한민국 임시정부에 대한 물질적 지원으로는 항일무장투쟁의 중심이었던 조선 의용대를 지지하며 도움을 주었다. 조선 의용대는 1938년 10월 10일 무한(武漢)에서 설립되었는데, 중국 국민당 군사위원회 정치부의 도움을 받았다. 당시 저우언라이(周恩來)는 정치부 차관이었고, 궈모뤄(郭沫若)는 정치부 제3청의 청장으로 조선 의용대를 선발하여 훈련시키거나 조선 의용대의 활동 계획을 기획하였고, 필요한 경비를 제공하는 업무에 직접적으로 관여하였다. 이 밖에 1941년, 중국 공산당은 화북 지역에 조선 의용대를 수용할 수 있는 장소를 세웠고, 아울러 화북 지역 조선 청년 연합회를 조선 의용대 화북 지부와 연합하여 확장, 발전시켰으며, 또한 조선 의용대에 간부 훈련 코스를 개설하여 수많은 군정(군사, 행정, 정치) 간부를 양성하였다.[6)]

중국 공산당은 대한민국 임시정부에 대한 비물질적 지원으로 매체와 여론을 충분히 활용하여 잇따른 선언과 성명을 공개적으로 발표하면서 한국의 항일독립운동을 확실하게 지지하였다. 중국 공산당의 기간지인 『해방일보(解放日報)』에서는 망명한 한국 독립지사의 애국 활동을 자

6) 鄭成宏, "中韓友誼之樹長青—中國共産黨支持韓國獨立運動的歷史見證"[J], 『當代韓國』, 2005년 제1기, p. 55.

주 소개하였는데, 예를 들어 "조선민족해방사화(朝鮮民族解放史話)"(1941. 10. 26.), "이면 거울(二面鏡子)"(1943. 3. 1.), "'3 · 1'운동의 개황과 경과("三一"運動的概況和經過)"(1943. 3. 1.) 등이 있다. 『신화일보(新華日報)』 또한 한국 독립운동 중에서의 중대한 사건에 대해 언론 보도를 하면서 많은 지면에서 직접적인 보도를 통해 한국 독립운동을 지지하였는데, 예를 들어 "각 전선에서 활약하고 있는 조선 의용대(朝鮮義勇隊活躍在各個戰線)"(1940. 2. 8.), "'3 · 1'대혁명과 대한민국 임시정부("三一"大革命與大韓民國臨時政府)"(1943. 3. 2.), "조선 국치 31년에 중국 동포에게 경고하는 글(爲朝鮮亡國31周年警告中國同胞書)"(1941. 8. 29.) 등이 있다.

중국 공산당과 대한민국 임시정부 사이에는 비록 의식과 사상에서 차이가 있었지만, 그러나 이 둘은 공동의 적인 일본 제국주의에 대항하기 위해 협력하게 되었다. 중국 공산당은 국제 반파시스트의 입장에서 적극적으로 한국 사람들과 대한민국 임시정부가 항일독립운동에 참여할 수 있도록 도움을 주었다. 중국 공산당 스스로도 작은 역량에서 큰 역량으로, 약한 세력에서 강력한 세력으로의 변화, 발전하였던 과정을 겪었기에 다양한 시점과 단계에서 대한민국 임시정부에 대해 지지하는 정책과 전략적 방침에 있어서 도움을 주었다. 이를 정리하면, 중국 공산당은 한국의 각 정당, 정파와 적극적으로 협력하였으며, 한국이 자산 계급 민주혁명의 방식을 통해 민족독립을 실현하고자 하는 것을 매우 적극적으로 지지하였다. 또한 한국과 한국 사람들의 지혜와 역량에 대해 긍정적으로 인식하였고, 이로써 양측의 우호적인 관계를 형성할 수 있었다.

(2) 중경 대한민국 임시정부와 국민당 정부 사이의 관계

중경 시기의 장제스 국민당 정부는 한국 독립운동과 임시정부를 지지하는 태도를 한결같이 견지하였고, 아울러 정치, 경제, 외교 등 여러 방면에서도 많은 도움을 주었다.

정치적으로 중경 국민당 정부는 한국 독립운동의 내부적 통일이 이루어질 수 있도록 노력하였다. 한국 독립운동의 각 정파의 단결과 협력을 달성하기 위해 장제스는 1939년 정월에 김구와 김약산을 각각 별도로 만나 양측이 협력할 수 있도록 권유하였다. 그 후에 장제스는 이에 관련된 업무를 위해 국민당 중앙조직부의 주자화(朱家驊) 부장을 특별히 파견하여 한국의 독립운동 단체의 통일을 촉구하여 그 효과를 얻을 수 있었다. 동시에 한국 광복군의 창설에 있어서 국민당 정부의 도움은 필수적이었기에 김구는 한국 광복군 창설에 필요한 여러 가지를 장제스에게 알렸고, 장제스는 이를 승인하였다. 또한 국민당 정부는 차관을 빌려주는 방식으로 광복군이 필요로 하는 기계, 탄약, 제복 등을 제공하였고, 각 부대에서 1명의 대원을 선발하여 중국 육군 소위의 대우를 하였다.[7]

경제적으로 국민당 정부는 한국 독립당의 관련자들에게 충분한 물질적 보장을 제공하였는데, 특히 의식주와 같은 기본적인 비용은 물론이고, 독립운동에 관련된 비용 등 여러 방면에서 많은 도움과 경제적인 원조를 하였다. 1945년 9월 김구 등 임시정부 관계자들과 사천(四川) 지역의 독립지사들이 각각 미국이 제공하는 비행기를 타고 귀국할 때, 국민당 정부는 임시정부 관계자들이 귀국한 후에도 생계와 이후 정치적인

7) 謝俊美, "抗戰時期中國國民政府與韓國獨立運動"[J], 『華東師範大學學報』(哲學社會科學版), 2004, 제36호 제1기, pp. 36, 40, 41.

자금이 필요함을 고려하여 특별히 1억 프랑과 20만 달러를 제공하여 임시정부 관계자들이 사용할 수 있도록 하였다.

외교적으로 국민당 정부는 국제사회에서 한국 독립을 적극적으로 지지하였고, 외교에서도 대한민국 임시정부를 실제적으로 승인하여 한국이 민족 독립을 쟁취함에 있어 많은 국제적 지지를 얻을 수 있도록 하였다. 특히 1942년 한국이 '3 · 1'운동의 23주년 기념식을 거행할 때, 임시정부는 중국, 미국, 영국, 소련 등의 국가 지도자들에게 대한민국 임시정부를 승인하고 아울러 임시정부가 일본 제국주의에 맞서는 27번째 참전국이 될 수 있도록 허가해 주기를 바란다는 내용의 전보를 각각 보냈다. 그러나 미국, 영국, 소련 등 삼국은 임시정부가 요청한 내용에 대해 모두 거들떠보지도 않는 상황에서, 오로지 중국 정부만이 임시정부가 요청한 내용을 적극적으로 반영하였다.

이상을 종합하면 중경 국민당 정부는 한국 독립운동을 위해 상대적으로 안정적인 발전을 할 수 있는 공간을 제공하였고, 한국의 각 정당들의 중간에서 정당의 통일과 협력이 이루어질 수 있도록 역할을 하였다. 아울러 임시정부가 광복군을 창설하여 군사적인 역량을 갖출 수 있도록 하여 대한민국 임시정부가 국제무대에 나아갈 수 있게 하였고, 또한 국제사회의 도움을 받을 수 있도록 많은 방면에서 도움을 주었다. 중경 시기 국민당 정부는 대한민국 임시정부에 대해 강력하게 지지하였고, 이로 인해 비록 일본에 나라를 빼앗겼지만, 대한민국 임시정부가 출범하여 지속적으로 독립운동을 할 수 있게 되었으며, 결국은 일본의 패망으로 한국의 독립운동이 승리를 거둘 수 있게 된 것이다. 이는 또한 한중 양국 사이에 우호관계가 오랫동안 지속될 수 있는 역사적인 근거가 되었다.

(3) 중경 대한민국 임시정부와 민간 역량 사이의 관계

한국 독립운동의 초기에 중국의 민간에서는 관심을 가지며 크게 지지하였다. 우선 중국의 민간 인사는 대한민국 임시정부와 왕래가 빈번하였다. 중국 현대문학의 기반을 만든 루쉰(魯迅)이 북경대학교에서 교수로 재직하던 기간에 한국의 애국지사 김구경(金九經), 이우관(李又觀), 유수인(柳樹人) 등과 교류하면서 한국 독립운동과 한중 양국의 민족 해방 등 서로의 관심사에 대해 자주 의견을 나누었다. 1930년 루쉰은 병중에 있으면서도 번역 관련 일로 방문한 유수인을 맞이하였고, 유수인은 루쉰의 『광인일기(狂人日記)』와 『아Q정전(阿Q正傳)』을 한국어로 번역하였다.[8] 장지롼(張季鸞)과 왕윈성(王芸生)은 중경에서 『대공보(大公報)』를 주관하던 기간에 한국 독립운동을 지지하는 기사를 중점적으로 보도하였다. 특히, 1940년 1월, 『대공보』는 사론(社論)으로 "동아시아 해방을 쟁취한다(爭取東亞解放)"를 발표하였는데, 그 주요 내용은 중국이 일본과 전쟁하는 가장 최전선은 바로 '조선'이므로, 즉 조선을 일본으로부터 해방시키는 전쟁에서 승리할 것이라고 밝혔다.

다음으로 민간단체에서는 대한민국 임시정부에 대한 성명과 지지를 보냈는데, 가장 빠르게는 1920년 대한민국 임시정부가 성립되자마자 중화 전국 각계 연합회(中華全國各界聯合會)에서는 「중국의 모든 사람들에게 조선의 반일복국 운동의 원조를 호소한다(呼吁全國人民援助朝鮮反日復國運動)」라는 공고문을 발표하였다. 구체적으로는 전국 교육 연합회가 상하이 지역에서 한국인의 교육문제에 해결의 방법을 제의하면서 안창

8) 宋成有, 「中國人民與韓國獨立運動的密切關係—中國援助韓國獨立運動的基本特點之一」[J], 『大連近代史研究』, 2012, 00기, pp. 302-303.

호와 같은 한국인 동료들과 관련사항을 상의하였고, 그 결과로 인성학교(仁成學校)가 설립되었다. 한중 양국의 민간협력 조직은 빠른 속도로 만들어졌으며, 이러한 민간에서의 지지는 대한민국 임시정부가 무시할 수 없는 힘을 가지게 되었다. 그 대표적인 조직으로는 신규식의 '신아동제사(新亞同濟社)', 이우맹(李愚氓)과 조중구(趙重九)의 '무한한중호조사(武漢中韓互助社)', 신익희(申翼熙)와 이유필(李裕弼) 등이 공동으로 발기한 '상하이한중호조사(上海中韓互助社)', 그리고 황영희(黄永熙)가 발기한 '창사한중호조사(長沙中韓互助社)' 등이 있었는데, 마오쩌둥(毛澤東)과 허수헝(何叔衡)은 이러한 조직에 가입한 적이 있었다.

민간인사와 단체는 대한민국 임시정부의 지지에 대하여 한중 양국의 항일구국의 연계를 강조하였을 뿐만 아니라 임시정부의 대외적인 명성과 정치적 영향력을 크게 향상시켰다. 한국의 김영삼 대통령은 회고록에서 한국과 중국의 이러한 우호적인 시기에 대하여 "20세기 초에 한국은 일본의 침략을 받았으나 중국은 한국 독립운동의 근거지가 되었다. 당시 중국 국민들은 한국에 대해 매우 우호적인 태도를 보였으며, 막대한 지원을 제공하였는데, 우리 한국 국민들은 오늘에 이르러서도 반드시 기억을 하고, 절대 잊을 수 없다."라고 언급하였다.[9] 확실히 중국의 대한민국 임시정부에 대한 지지는 국가에서 민간에 이르기까지 전체적으로 장기간 지속되었다. 이는 공통적인 민족감정을 만들면서 지지한 것이고, 양국이 공동으로 항일구국을 거행하였던 한중 양국의 우호적인 역사에 모두 기록되어 있다.

9) 金泳三、鄭仁甲 譯,『開創二十一紀的新韓國』[M], 北京, 東方出版社, 1993, p. 1.

3) 한중 양국관계에 대한 문화 교류 강화의 적극적 영향

모두가 알고 있듯이 냉전 등의 여러 원인의 영향으로 한중 양국의 이러한 우호적인 전통은 끝나게 되었고, 지난 20세기 90년대에 이르러서야 양국이 다시 외교관계를 수립하면서 양국의 관계는 비로소 개선되었다. 이 수십 년간의 발전에서 한중 양국의 관계는 끊임없이 변화하였으나, 전체적으로는 우호협력적 관계가 지속되면서, 이에 따라 '21세기를 향한 협력 동반자 관계', '전면적 협력 동반자 관계'로 발전하였으며, 2008년, '한중 전략적 협력 동반자 관계'가 확립되었다. 2015년에 한중 FTA가 순조롭게 진행되면서 한국의 박근혜 대통령은 미국, 일본의 방해와 주변의 많은 반대 의견에도 불구하고 '항일전쟁 및 세계 반파시스트 전쟁 승리 70주년' 기념 활동에 참가하여 중국에서 최고의 예우를 받았다. 한중 양국의 관계 역시 외교 수립 이래 '신밀월 시기'를 맞이하게 된다.[10] 그러나 현재 '사드' 배치로 인해 한중 양국 관계는 다시 냉랭하게 변화하고 있는데, 이는 한중 양국 관계의 평화로운 발전에 심각한 위협이 될 뿐만 아니라 동북아시아는 물론 모든 아시아-태평양 지역의 안전 방면에 있어서도 잠재적인 위협이 되고 있다. 한중 양국 사이에 적극적이고 심도 깊었던 우호관계를 되돌아보면, 아마도 우리는 문화 교류의 시각에서 한중관계의 새로운 발전에 좋은 방법을 찾을 수 있을 것이다.

---

10) 한중 양국이 '신밀월 시기'에 접어들면서 한국에서는 중국 관광객의 비자 면제에 대한 신한중 검토가 진행되고 있다. 참고: 環球網, http://world.huanqiu.com/exclusive/2015-09/7423048.html

(1) 문화 교류의 강화는 한중 양국의 선린우호적인 역사 전통 발전에 도움

예로부터 한중 양국의 문화 교류는 빈번하고도 끊임없이 지속되었다. 한국은 옛날에 '소중화'라고 불렀는데, 중국의 유교, 도교는 물론이고, 인도의 불교와 서양의 기독교까지 모두 중국을 거쳐 한국으로 전래되었다.[11] 중국의 선진적인 전장제도(典章制度, 국가 체계 형성에 기반하는 각종 제도)가 한국으로 전해진 후에 고대 한국의 정치 제도 형성과 발전에 중대한 역할을 하였다. 특수한 형태인 '조공무역' 체제는 한중관계의 장기적인 안정을 가지고 왔고, 근대에 이르러서는 한중 양국이 모두 일본의 침략으로 인해 이 같은 평화적인 관계는 파괴되었다. 대한민국 임시정부를 예로 들면, 대한민국 임시정부는 중국에서 수립되어 한국과 중국 국민들의 우호적인 관계에 새로운 기반을 형성하였다. 1990년대에 중경의 대한민국 임시정부 유적이 다시 복구된 후에 매년 많은 한국 관광객들이 중경의 대한민국 임시정부 유적을 참관하고 있다. 2014년, 중경의 대한민국 임시정부 유적에 참관한 인원은 모두 27,930명(중국인 관광객이 22,563명, 외국인 관광객은 5,367명)이다.[12] 2015년에는 모두 26,300명(중국인 관광객이 10,000명, 외국인 관광객은 16,300명)이 참관하였다. 한국의 국무총리, 전임 대통령, 전임 총리, 국회의장, 야당 당수 등 정부 인사들이 중국을 방문하면 거의 대부분이 중경 대한민국 임시정부 유적을 방문하는데, 2014년

11) 石源華, "論大韓民國臨時政府的歷史意義—紀念大韓民國臨時政府創建90周年"[A], 復旦大學韓國硏究中心,『韓國硏究論叢』(第21輯)[C], 北京, 世界知識出版社, 2009, p. 10.

12) 중경 대한민국 임시정부 유적 진열관 2015년도 보고서(重慶大韓民國臨時政府舊址陳列館2015年度報告書)[EB/OL], 중경시 정부 홈페이지(重慶市政府網), http://www.cq.gov.cn/subject/sydwnb/2015/5/13/1371806.shtml

에 한국의 정홍원 국무총리는 중경 대한민국 임시정부 유적을 참관하였고, 독립운동가인 김구의 조각상에 헌화를 하였다. 즉, 의미적인 측면에서 말하자면, 중경 대한민국 임시정부 유적은 대한민국 건국의 정신과 사상을 기초로 한 곳이고, 또한 중국과 한국의 깊은 우호관계를 역사적으로 남겨 놓은 곳이다. 따라서 한중 양국 국민들은 대한민국 임시정부가 남긴 물질적, 정신적 유산을 모두 함께 귀중히 여겨야 한다.

최근에 한중 양국은 약간의 역사적 문제로 분쟁이 발생하고 있는데, 안전문제에서도 끊임없이 문제가 그치지 않고 있으며, 민간문화 교류에서도 여러 차례 문제가 발생하고 있다. 조선족 문제로 예를 들면, 조선족은 중국의 56개 민족에 속해 있는데, 외교 수립 이후에 일부 다른 마음을 가지고 있는 한국인들이 문화 교류의 기회를 이용하여 중국의 민족 분열과 정보 수집에 이용하고 있다. 특히 한국의 '해외동포법'의 법률적 수정으로 중국의 조선족에게 해외에서 거주하는 한국의 '해외동포'와 같은 법률적 지위를 부여하였다.[13] 이러한 행동은 중국의 민족 단결과 국가 안전에 심각한 위협이 되며, 한중 양국의 선린우호적인 왕래를 파괴하게 된다. 한중 양국 국민들은 선린우호적인 역사 전통을 발전시켜야 하고, 평화롭고 우호적인 마음으로 모순되는 것들을 함께 해결하면서, 불필요한 시기심과 논쟁을 감소시켜야 하며, 문화문제가 정치문제로 비화되지 않도록 해야 한다.

---

13) 천메이(陳媚)는 한중 문화교류에서 정치적인 문제가 발생할 때에 한국에서 수정한 '해외동포법'의 소극적 영향에 대해 논의하였다. 관련된 법률의 수정 이후의 '해외동포법'은 '해외동포'에 대한 정의를 '대한민국 건국 이전에 외국으로 이주한 사람'으로 수정하여, 중국의 조선족에 대해 다른 나라에 거주하거나 여행하는 해외동포와 같은 법률적 지위를 제공하였다. 실제로 수정한 후의 '해외동포법'은 중국 조선족의 분열을 야기시켰으며, 한반도 통일 과정에도 영향을 주게 될 뿐만 아니라 한중 우호관계에도 위협이 되고 있다. 참고: 陳媚, 『當代中韓文化交流對兩國關係的影響』[D], 暨南大學碩士論文, 2008, p. 33.

(2) 문화 교류의 강화는 한중 양국의 정치적 상호 신뢰와 협력에 도움

2014년 7월 중국의 시진핑(習近平) 국가주석은 처음으로 방문할 국가를 한국으로 선택하였고, 아울러 한중 양국의 정치적 상호 신뢰를 강화하여 동아시아에서 발생하는 심각한 문제에 대처하고자 하였다.[14] 대한민국 임시정부를 예로 들면, 중경 대한민국 임시정부는 비밀 활동에서 공개 활동으로 전환하였는데, 이러한 정치적 정상화는 한중 양국 사이의 강력한 정치적 상호 신뢰와 협력이 기반이 된 것이었다. 한국 광복군을 창설하는 문제는 중국(다른 나라)으로 망명한 사람들이 중국(다른 나라)에서 군대를 창설하는 것이기에 어떤 사람은 "이 일은 국제법으로 합법적이지 않다.", 또한 "앞으로 이 문제를 처리함에 있어 반드시 곤란할 것이다." 등의 반대 의견을 제시하였다.[15] 그러나 드골(De Gaulle)이 영국에서 '자유 프랑스군'을 조직하였을 때, 영국은 이를 방해하지 않았고, 자유 프랑스군은 영국의 지시와 도움을 받으며 독일과 계속 전쟁을 할 수 있었다. 주자화(朱家驊)는 이를 장제스에게 보고하였고, 장제스는 이를 긍정적으로 받아들여 광복군을 창설하게 하면서, 아울러 "국민당이 이끄는 동방 민족 혁명과 항일전쟁에서 원칙적으로 조선 광복군은 중국의 도움을 받으며 창설되어 운용되지만, 법률문제로 제약을 받게 되는 것은 바람직하지 않다."라고 언급하였다. 이후에 많은 의견이 오고 가면서 한국 광복군의 명의와 실질적인 면 모두에서 대한민국 임시정부가 진정한 독립으로의 군사적 역량을 갖추게 된 것이다. 그러나 완전한 독립은

14) "習近平訪韓: 提升政治互信鞏固經貿'蜜月關係'"[N], 中國新聞網, http://www.chinanews.com/hb/2014/07-04/6350314.shtml

15) 楊天石, "蔣介石與獨立運動"[J], 『抗日戰爭研究』, 2000년 제4기, p. 7.

아니었고, 일부 군사 참모들은 그래도 중국의 의견을 받아들여야만 했다. 현대 국제법의 관점에서 볼 때, 다른 나라에서 군대를 창설하는 것은 상상도 하지 못할 일이지만, 당시 중국과 중경 대한민국 임시정부는 정치적으로 상호 신뢰와 협력을 체현한 것이다.

1983년 한중 양국의 학자들은 제3국에서 학술교류를 시작한 이래, 양국의 일부 전문가와 고위 지식인층 간의 만남을 시도하였는데, 중국의 양자오취안(楊昭全), 스위안화(石源華)와 한국의 민석린, 추헌수 등이 적극적으로 한중관계사의 연구를 진행하였다. 중경 대한민국 임시정부 유적은 문화유적에 속하는데 풍부한 문화적 역사의 내용을 가지고 있으며, 많은 관련 사실 자료가 보존되어 있어 학자들이 1차 사료를 얻을 수 있는 중요한 장소이기에 학술문화의 교류에 큰 도움이 되고 있다. "중경 대한민국 임시정부 유적 진열관 2015년도 보고서(重慶大韓民國臨時政府舊址陳列館2015年度報告書)"에 의하면 한중 문화 교류가 더욱 빈번해지고 있다는 사실을 알 수 있다. 2015년 중경 대한민국 임시정부 유적 진열관은 청두(成都) 총영사관과 중경 한인회(韓人會)의 협조를 통해 '4 · 13' 대한민국 임시정부 성립 기념회, '8 · 3' 한중 청년 자전거 대장정 출범 행사, 한국 독립기념관과 연합하여 한중 역사연구학술 세미나 등을 거행하였다.[16] 이러한 문화학술적인 교류와 만남은 서로가 이해할 수 있는 계기가 되며, 이러한 교류들이 쌓이면 두 나라의 우호관계에 도움이 될 수 있다. 즉, 각국의 전문가들은 스스로가 한중 양국의 연구에 대해 각국 정부에 객관적, 이성적인 사고로 건의할 수 있으며, 따라서 정부의 결정 과정에서 영향을 줄 수 있게 되어 한중 관계의 적극적인 발전에 크게 기여할

16) "중경 대한민국 임시정부 유적 진열관 2015년도 보고서(重慶大韓民國臨時政府舊址陳列館2015年度報告書)"[EB/OL], 중경시 정부 홈페이지(重慶市政府網), http://www.cq.gov.cn/subject/sydwnb/2015/5/13/1371806.shtml

수 있게 된다.

현재 한중 양국의 '사드' 문제를 살펴보면, 중국이 한국의 탄도미사일 방어 시스템의 설치에 대해 비판하는 것은 실제로 정치적 상호 신뢰의 균형을 파괴하는 것이다. 즉, 탄도미사일 방어 시스템은 한국에게 자국의 국가안전보장 체계에 있어서 중요한 부분이다. 그러나 '사드' 시스템은 한국이 스스로의 안전보장을 위한다는 의의를 확연하게 뛰어넘고 있기 때문에 동북아시아, 심지어는 아시아-태평양의 정치적 균형을 파괴하게 될 것이고 그 심각한 결과는 별도로 언급하지 않더라도 명확할 것이다. 결국, 한반도의 긴장된 국면은 더욱 가속화될 것으로 보이는데, 즉 북한은 반드시 군사적 경계를 높일 것이며, 더 좋은 성능으로 개발한 탄도미사일을 연구하거나 재차 핵실험을 감행할 것이다. 또한, '사드' 시스템은 미국의 아시아-태평양의 미사일 방어시스템의 최전방에 속하는 것으로 중국과 러시아에 대한 군사적인 전략적 견제가 시행되는 것으로 볼 수 있다. 따라서 중국, 러시아, 한국, 미국, 그리고 미국과 동맹국들 사이에 정치, 경제, 군사적으로 충격과 피해가 발생할 것이다.

만약 '사드' 시스템이 설치되면 한국 스스로에게는 발전할 수 있는 공간이 축소될 것이며, 한중 관계에 대해서도 완전히 백해무익할 것이다. 따라서 한중 양국은 전략적 협력 동반자로서 각자의 체제와 외교 원칙의 특징을 이해하고 존중해야 한다. 즉, 이러한 상황에서 더욱 소통하고 반복적으로 협의하여 상호 존중을 기반으로 서로 간의 중요한 이익을 관철시켜야 한다. 또한 쌍방은 이성적인 태도를 견지하면서 지역안전 문제에 있어서는 '제로-섬 게임(zero-sum game)'[17]에서 벗어나는 방식으

17) '제로-섬 게임(zero-sum game)'의 가장 기본적인 내용은 만약 승리한 쪽이 1점을 얻고, 패배한 쪽이 1점을 잃는다면, 이 둘이 서로 게임을 하여 얻는 점수는 1+(-1)=0이라는 것이다. 즉 이 게임에서 승자와 패자가 존재하지만, 게임의 전체적인 결과는 영원히 '0'이라는

로 상대방의 정책을 이해하거나 관련된 정책을 만들어야 한다. 서로에 대한 정치적인 상호 신뢰는 더욱 넓고 깊이 있는 기반이 되기 때문에, 우선은 양국 사이의 문화 교류를 강화해야 한다. 그리고 이러한 문화 교류를 계기로 적극적으로 매체와 여론을 움직이면서 정부와 학계에서 한중 관계에 대한 다양한 연구가 많이 이루어지게 해야 한다.

(3) 문화 교류의 강화는 한중 양국 공동의 경제적 이익 기초 강화에 도움

문화는 소프트 파워가 중요한 부분을 차지하고 있는데, 이 역시 경제적 이익의 중요한 원천이자 기초가 된다. 한중 양국이 외교관계를 수립하여 지금까지 양국의 무역은 쌍방이 가지고 있던 광범위한 인문적 교류가 기반이었다. 이를 바탕으로 서로가 필요로 하는 바를 취하고 상호 보완과 완성을 통해 경제관계 발전은 괄목상대의 성장을 이루었다. 통계에 의하면, 2014년 한중 무역액은 2,904.9억 달러로 동기 대비 5.9%가 증가하였다. 그중에서 중국의 한국에 대한 수출은 1,003.4억 달러, 한국으로부터의 수입은 1,901.5억 달러로 동기 대비 10.1%와 3.9%가 증가하였다. 중국은 한국의 제1 무역 파트너로 수출과 수입에서 제1위를 차지하고 있으며, 한국은 중국의 제3위 무역 파트너이다.[18] 2014년 APEC 회의 기간 동안 한중 양국의 시진핑 국가주석과 박근혜 대통령은

것이다. 이 개념은 1950년대 국제정치 연구에서 인용된 것으로 제로-섬 게임은 쌍방이 서로 경쟁하는 것이지만 한쪽의 승리는 반드시 다른 한쪽의 패배를 불러온다는 것이다. 참고: 陳東, "談博弈規則在國際關係中的應用"[J], 『國際關係學報』, 2007년 제3기, p. 16.

18) "한중 경제무역 협력 현황(中韓經貿合作簡況)"[DB/OL], 주한국 경상참처(駐韓國經商參處), http://kr.mofcom.gov.cn/article/zxhz/hzjj/201505/20150500974764.shtml, 2015. 05. 18.

양국 정상회담에서 한중 FTA에 대한 일치된 결과를 얻었다고 발표하였고, 한중 양국의 경제무역 왕래는 새로운 미래를 맞이하게 되었다. 회담 결과에 의하면 화물무역의 경우에 한중 양국은 20년 내에 생산품의 품목에서 90% 이상의 상품에 대한 관세를 취소한다고 합의하였다.[19]

중국 속담에 "문화가 무대를 만들면 경제는 공연을 한다."라고 하는데, 한중 양국은 기나긴 문화 교류의 기반에서 외교 수립 이후의 상호간의 '한류(韓流)'와 '한류(漢流)'의 문화적 영향으로 두 나라의 경제산업이 활기차게 번영하고 있다. 1990년대에 시작된 한국 문화는 영상과 음악을 중심으로 중국에서 한류(韓流)를 형성하였고, 이 같은 유행은 문화산업에서부터 전자산업과 여행산업까지 점차 확대되면서 한국 승용차, 전자제품, 미용상품의 활발한 판매로 이어지게 되었고, 거대한 경제적 효과를 창출하였다. 2013년 한국 문화관광부가 발표한 데이터 결과를 살펴보면, 2013년에 한국의 중국에 대한 수출은 2012년에 비해 6.2% 증가하여 총수출액은 13억 579만 달러에 이르렀고, 한국의 무역 총규모에서 27.5%를 점하고 있어 일본 다음으로 2위를 차지하고 있다. 한류(漢流) 역시 한국에서 사람들의 관심이 집중되어 있다. 2014년 한국에서 중국을 방문한 관광객은 2013년에 비해 5.4%가 증가하였는데, 미국은 동기 대비 0.4% 증가하였고, 일본과 러시아는 각각 5.6%, 6.4% 하락하였다. 2005년부터 2014년까지 10년 동안 한국에서 중국을 방문한 관광객은 모두 3,988만여 명으로 대략 한국 인구의 77%에 해당한다.[20]

이상의 내용을 종합하면, 한중 양국의 경제적 협력은 빠른 속도로 거대한 성과를 거두었는데, 쌍방이 경제무역 발전과 문화 교류 협력의

---

19) 宋志勇, "中韓FTA對東亞區域格局的影響分析"[J], 『東北亞論壇』, 2015년 제1기, p. 12.
20) 徐金印, "韓國來華旅游市场變化及對策"[N], 『中國旅游報』, 2015. 05. 01., p. 10.

기반에서 서로가 함께 상대방을 인식하며 공동 이익을 추구하게 되는 결과로 나타난 것이다. 중경 대한민국 임시정부 유적의 보존과 홍보를 예로 들면, 문화의 교류와 협력은 두 나라 사람들의 우호적인 감정을 더욱 깊게 심화시킬 것이고, 다른 협력 분야에서의 이해와 믿음을 통해 나아간다면 앞으로 혹시라도 어긋나거나 마찰이 발생하는 문제들을 감소시킬 수 있다. 실제로 한중 경제관계는 현재까지 쌍방 무역에서 불균형 문제가 있고, 특히, 한국은 중국과의 무역에서 지속적인 흑자 증가 등의 문제가 존재하고 있지만, 쌍방이 더욱 이해하면서 문화 교류를 우선적으로 진행해 나아간다면 무역과 투자의 지속적인 발전은 계속 이루어질 것이고, 서로에게 도움이 될 것이다. 이러한 상호 간의 공동 이익 실현은 한중 양국의 관계를 더욱 견고한 기반을 통해 앞으로도 계속 발전할 것이다.

4. 소프트 파워, 공공외교, 미디어 외교는 국제적 발언권의 핵심 포커스

우페이(吳非)
번역: 구자원

1) 소프트 파워는 국제적 발언권의 핵심

나이(Joseph S. Nye)는 소프트 파워가 하드 파워보다 집행되는 과정이 더 복잡하다고 주장하였는데, 소프트 파워 자원은 대체적으로 정부가 통제하는 범위에 속해 있지 않기 때문에, 많은 사람들이 받아들이는 정도에 따라 그 효과는 달라질 수 있게 된다. 소프트 파워 자원은 가끔 장기적인 정책을 필요로 하는 환경에서 사용되기도 하고, 또한 가끔 예상되는 결과를 만들기 위해 많은 시간을 필요로 하기도 한다. 정보화 시대에서 더욱 효과적으로 공공외교를 집행하고, 소프트 파워를 발휘하게 되었는데, 예를 들어 미국은 내부적으로는 자신들의 역량의 증가, 확산과 외부적으로는 미국에 대하는 태도 변화를 위해 소프트 파워를 적절하게 사용하고 있다. 즉, 소프트 파워를 추진하는 것은 하드 파워와 같이 직접적으로 체감하는 것보다 훨씬 못하지만, 실질적으로 국제 여론에 영향을 미친다는 것을 알 수 있게 되었다.

멜리슨(Jan Mellissen)은 냉전 시기에 미국, 소련, 유럽 등 3대 강대국이 모두 자국과 외부 세계를 향해 미디어로 널리 알리는 방식을 특별히 중시하였다. 이것이 바로 국가 간의 실력 경쟁에서 미디어가 영향을 미치는 소프트 파워의 경쟁인 것이다. 9 · 11 사건 이후, 각국은 모두 자신들의 공공외교를 시작하였고, 이후 이는 전 세계에서 가장 광범위한 토론의 주제가 되었다. 공공외교의 발전은 소프트 파워가 발전되고 있는 특징을 가장 뚜렷하게 보이고 있는데, 그러나 공공외교는 여전히 제한적으로 활용됨으로써 국제관계 구조의 일부로만 인식되고 있다.

메츠갈(Emily T. Metzgar)은 컬(Nicholas J. Cull)이 정의한 "임의적인 어떤 한 사람이 외국의 여론에 종사하면서 이를 통해 국제환경의 관리를 시도하는 것, 특히 공공외교가 학문적 영역을 뛰어넘어 뉴스 및 방송 연구와 연계시켜 그러한 관계가 성립되는 것을 뚜렷하게 설명할 수 있다."라는 주장에 대해 기본적으로 동의하였다. 다르게 말하자면, 공공외교의 목적은 다른 나라 사람들의 관심을 얻는 것이고, 결과는 외국의 여론으로부터 자신들의 주장을 관철시키는 것이다. 즉, 효과적으로 국제 여론에 영향을 미치기 위해서는 반드시 학문적 영역을 뛰어넘어 뉴스 및 방송 사이에서 멀티적으로 다양하게 운용되어야 한다. 따라서 공공외교는 학술 분야의 연구에 있어 그 특징이 학문적 영역을 뛰어넘거나 혹은 다양한 학문이 융합되어 운용되는 것이다. 그러나 학문의 영역에서는 주로 국제관계학, 신문방송학 등의 전문적인 학과에서만 학술적 영역 초월과 학문적 융합, 결집이 이루어지게 된다.

2) 발언권은 공공외교와 발언권 사이의 경쟁에서 성립

국무원신문판공실(國務院新聞辦公室)의 전임 주임이자 정협외사위원회(政協外事委員會)의 자오치정(趙啓正) 주임은 'Media Diplomacy'의 의미에 대해 미디어를 이용하여 외교정책을 자세히 논술하거나 추진하는 것이라고 하였다. 여기에 미디어 외교는 두 가지를 포함하고 있는데, 그것은 바로 미디어와 대중매체로, 미디어는 공공외교의 중심적인 형태이고, 대중매체는 공공외교의 내용을 알리는 방식이다.

미디어 외교는 1912년 이래로 수에즈 운하 사건, 헝가리 사건, 쿠바 미사일 위기, 베트남 전쟁, 아랍과 이스라엘 간의 역대 전쟁, 포클랜드 전쟁, 이란-이라크 전쟁 및 최근의 이라크 전쟁까지 모두 중요한 역할을 하였다. 1987년 고르바초프(Mikhail S. Gorbachev)는 결정적인 행동을 행하였는데, 당시 미국의 압력에 의해 '미국의 소리(The Voice of America, 약칭으로 VOA)'와 '자유 유럽 방송(Radio Free Europe, 약칭으로 RFE)'에 대한 간섭을 취소하였다. 당시 미국 여론은 이에 긍정적으로 찬성하는 입장을 보이면서 고르바초프의 이러한 행동은 동유럽에서 17만 소련군을 철수시키는 것보다 더 중요하다고 보았다. 당시 '미국의 소리(VOA)' 집행위원회의 테일러(Taylor) 위원장은 "동유럽에서 깜짝 놀랄 만한 변화가 발생하였는데, 우리의 입장에서 괴물로 보이는 공산주의는 이제 완전히 와해되고 있다. 미국의 소리(VOA)와 함께 십 년을 하루같이 힘들게 보냈지만, 지금 그 결과를 얻게 되었다."라고 언급하였다.

스노우(Nancy Snow)와 테일러(Philip M. Taylor)는 21세기의 공공외교가 9 · 11 사건 이후에 발생하였다고 주장한다. 미국은 아프가니스탄과 이라크에 군대를 투입하였는데, 이 시기에 반미 정서와 반이슬람 문명의 대립이 발생하였고, 미국은 공공외교를 시도하여 중동 국가의 국민의 민심과 민의를 얻을 수 있었다. 20세기 공공외교는 동유럽 공산주의와 서방 자본주의 국가 사이의 의식형태의 대립 과정에서 나타나게 되었다. 글로벌 세계의 다른 흐름, 즉 테러리즘의 공격 행위 및 과학기술의 전파 등의 확대에 따라 시간과 거리는 단축되었고, 정부에 속하지 않으며 행동하는 사람들(테러리스트, 인터넷 사용자, 블로거) 역시 과거에 정부가 보유하고 있었던 정책과 발언권에 대해 여러 형태로 도전하고 있다.

스노우(Nancy Snow)는 소프트 파워가 오래된 전통을 가진 새로운 개념이라 여겼다. 미국은 자국에서 유행하는 대중 문화와 미디어가 세계적으로 널리 확대된 후에야 비로소 국가 이미지에 있어서 도움이 된다는 것을 알게 되었고, 많은 국가들 역시 자신들의 문화를 자신들의 국가 이미지에 도움이 될 수 있도록 향상시키고 있다. 실제로 미국은 소프트 파워를 문화에 적용하여 활용하면서 외교적 목적을 달성할 수 있다는 것을 실행에 옮기게 되었다. 대표적인 사례로, 제1차 세계대전이 끝나기까지 크릴(George Creel)을 공공 정보위원회의 위원장에 임명하여 관련 업무를 진행하게 한 것이다. 스노우(Nancy Snow)는 소프트 파워의 좋은 장점은 세 가지 방면에서 고려할 수 있다고 하였는데, 첫째는 문화 혹은 이념에 부합하는 보편적 글로벌 표준에 해당한다는 것이다. 둘째로 일개 국가가 문화를 다원적으로 전파함에 있어서 더 다양한 방법을 사용하게 되었고, 그 결과 문화적인 영향은 글로벌 뉴스미디어에서도 중요한 관심사가 된다. 셋째로 일개 국가가 행동할 수 있는 범위는 그 자국 내와 국제적으로 관련되어 있는 행위에 한정되지만, 소프트 파워로 인해 이러한 범위가 확대될 수 있다.

1946년, 벨기에의 스파크(Paul-Henri Spaak) 외교부 장관은 유엔 총회 연설에서'공공외교의 시대'를 강력하게 강조하였다. 1958년 함마르시윌드(Dag Hammarskjöld) 유엔 사무총장은 성명을 통해 "공공외교는 발언에 많은 책임이 따르며, 그 가치를 높이는 것은 전 인류의 희망이 될 것이다" 라고 선언하였다.

냉전 시기 미국의 공공외교는 외교의 중요한 일환이었기에 반드시 전문적인 기관이 집행하였는데, 미국 문화 정보국(United States Information Agency, 약칭으로 USIA)이 이를 담당하였다. 미디어 방면은 주로 미국의 소리(VOA)가 대중매체에서 다양한 형태로 활동하였는데, 예를 들어 자유 아시아 방송(Radio Free Asia, 약칭으로 RFA)과 자유 유럽 방송(RFE) 등에서도 방송으로 다양한 소식을 전하였으며, 문화 교류는 풀브라이트 장학재단(Fulbright Scholarship)에서 관련된 사항에 대해 책임을 지고 활동을 진행하게 되었다. 1999년 미국 문화 정보국(USIA)이 해산되어 미국의 소리(VOA)는 미국 연방 방송 이사회에서 관리하게 되었다. 공공외교의 소통은 더욱 확대되면서 이제 미국 정부는 국무부 차관이 공공외교와 공공사무의 업무를 담당하면서 집행하게 하였다.

미국은 1980년대 말 레이건 정부 시대에 전문적인 '공공외교 사무실'을 만들었는데, 니카라과 반군의 지지에 대한 미국의 국내 상황을 관리, 감독하고 있었다. 또한 레이건 정부는 이란에 비밀리에 무기를 판 사실이 밝혀져, 이른바 '이란 게이트'(Iran－Contra affair라고도 함)가 발생하였는데, 이러한 정치적, 군사적 스캔들 표현은 당시에 환영받지 못하였다. 1990년대 공공외교는 외교의 영역에서 공동으로 인정받는 중요한 시대로 진입하였고, 영국의 토니 블레어(Tony Blair) 수상은 공공외교 전략위원회를 만들었다. 9 · 11 사건 이후 미국의 조지 부시(George W. Bush) 대통령은 "우리의 공공외교는 조잡하며 좋지 못하다."라고 언급하면서, 증오로 확대된 테러리즘과 미국을 적대시하는 언론을 상대하며 말하기를 "미국은 공공외교에 대한 노력이 여전히 부족하다."라고 언급하였다.

컬(Nicholas J. Cull)은 미국에서 진정한 공공외교의 현재적인 개념의 기초가 조지 부시(George W. Bush) 대통령 시기, 휴스(Karen Hughes) 국무부 차관이 공공외교와 공공사무의 업무를 담당하였던 때에 시작되었다고 주장하였다. 휴스는 국무부 차관으로 부임한 후에 미국 정부에 대한 아랍 국가의 비평을 업무의 중점으로 삼았으며, 아랍 지역 국가의 미디어에서 미국에 관련된 보도의 출연 빈도를 증가시켰고, 외교관 승진의 기준에 대한 조정을 건의하면서 외국 공관에서 능력 있는 인재를 중용하도록 하였다. 그리고 국무부에 3개의 '신속 처리조'를 신설하여 미국 정부에 대한 각종 해외 뉴스 보도에 대응할 수 있도록 하였다. 또한, 휴스는 미국의 스포츠 스타를 적극적으로 활용하였는데, 예를 들어 화교 출신의 피겨스케이트 여제인 Michelle W. Kwan(關穎珊)을 미국 공공외교의 홍보대사로 임명하고, 그녀가 해외를 방문할 때 민간과 일반 사람들에 대한 대외 교류를 강화하였다. 휴스의 노력으로 미국 정부는 공공외교 사무에 필요한 경비가 거의 배 이상 증가되었고, 이후 미국에서는 매년 9억 달러 정도를 공공외교에 사용하고 있다. 휴스는 "공공외교의 사명은 다양한 사람과 만나고 소통하며 그들에게 우리(미국)의 정책과 가치관을 이해시키는 것이다. 그러나 내가 관심을 가지고 있는 것은 바로 다른 사람이 우리를 이해하기 전에 우리는 반드시 다른 사람들을 이해할 수 있도록 노력해야 한다는 것이다. 만약에 세계 각 지역의 사람들에게 한 마디 말을 할 수 있다면, 나는 '당신의 의견을 경청하겠습니다'라고 말하고 싶다."라고 하였고, 이에 따라 휴스는 4개의 E, 즉 접촉(Engage), 교류(Exchange), 교육(Education) 및 권한 부여(Empower)를 통해 미국의 공공외교를 진행하고, 미국의 국제적 이미지를 개선시키고자 하였다. 휴스는 부시 정부의 정계 요인을 각종 공공외교 행사에 참여시키면서 해외의 주장을 더 많이 들어야 한다고 주장하였고, 세계를 돌아다니며 외국 지도자와 일반 사람들을 많이 만나고 싶어 했다. 동시에 휴스는 또한 미국에 증오가 가득한 사람들(주로 테러리스트)의 주장에 대해 맞서면서 위험하거나 황당한 그들의 발언은 사실과 다르다며 언론에서 밝혔으며, 미국의 정책과 가치관에 관련된 진실을 세상에 알리겠다고 약속하였다.

크릴(Creel) 위원회의 창시자인 크릴(George Creel)은 신문기자 출신으로 1916년 *Wilson and issues*를 출판하여 제1차 세계대전에 미국이 왜 참여하지 않고 고립주의를 선택하였는지에 대한 사실을 미국인들에게 널리 알리면서, 윌슨(Thomas Woodrow Wilson) 대통령의 연임을 지지하였다. 그러나 1917년, 윌슨 대통령은 국회에서 연임을 거행하는 취임식에서 미국이 제1차 세계대전에 참전한다고 선포하였다. 이에 미국의 국내외에서는 참전에 반대하는 주장이 있었고, 육군 사령관, 해군 사령관, 국무부장관은 윌슨 대통령에게 공공정보위원회(약칭으로 CPI, 크릴 위원회라고도 부른다) 설립을 건의하였다. 크릴은 국가가 당연히 전쟁에 대한 결정, 민중의 지지 획득에 있어서 주도적인 역할을 할 것이라 굳게 믿었다. 즉, 전쟁에 대해 정당성을 부여하여 강제적이지 않으면서도 간단한 방법으로 관련 정보가 외부로 퍼지지 않도록 하였다. CPI는 현대 공공관계학의 역사에서 가장 중요한 영향력을 발휘하였던 두 인물인 리프만(Walter Lippmann)과 버네이스(Edward L. Bernays)를 포함하여 다양한 인재를 모집하였다.

3) 마르크스주의의 국가와 사회 이원화 사상은 현대 공공외교의 기초

공공외교의 형상화는 국가 이미지, 국제 발언권 획득, 국가 소프트파워 향상 등 공공외교의 여러 다양한 주체의 관점과 결합한 것이다. 그렇다면 공공외교의 개념적 범위를 주권국가는 중앙정부 아니면 권리를 부여받은 사회조직 혹은 대중으로 한정할 수 있다. 즉, 다른 나라의 대중적으로 확대되는 사회 범위 내에서의 정치, 경제, 문화 등의 분야에서 교류하여 상호 영향을 주고받을 수 있도록 해야 한다. 더 나아가 두 나라의 사람들의 왕래와 소통을 추진하여 서로에 대한 이해와 인정을 증진시키고, 마지막으로는 국가관계가 발전될 수 있는 사회적 기초를 굳게 다지고자 하는 목적을 달성하는 것이다. 공공외교 개념에서 전제되어야 하는 것은 바로 많은 사람들이 가지고 있는 역량을 중시하는 것이고, 그 속에 함축된 논리는 성숙된 시민사회가 정부의 내정과 외교에 대해 강력한 제약과 영향을 발휘하는 것이다. 이에 다양한 국가사회 방면에서 교류를 추진함으로써 국가 간의 관계와 대외 교류의 발전에 유리하게 되고, 국가가 처해 있는 외부의 발전적인 환경을 개선하여 국가이익의 목적을 달성하는 것이다.

마르크스는 국가와 사회의 이원화 문제를 제기하였는데, 사회는 발전 과정 중에 있어서 국가와 국가가 관리하는 사회가 자연스럽게 발생하는데, 이는 사회 발전의 모든 과정에서 뛰어넘을 수 없는 필연적인 단계이며, 국가가 관리하는 정도에 따라 그 사회는 스스로 발전하는 척도가 결정되는 것이다. 즉, 사회가 낙후되어 발전 정도가 낮은 단계 시기에 있는 국가는 사회의 모든 활동을 관리할 것이고, 그 사회가 부단히 미래를 향해 발전하는 시기의 국가는 사회에 대한 관리의 정도가 점차 낮아지게 된다고 하였다. 마르크스는 국가와 사회의 이원화가 실제적으로 정부와 경제의 이원화라고 여겼는데, 사회의 경제생활과 국가의 정치생활 때문에 확연히 다르게 운행되는 규칙을 따르게 될 수밖에 없고, 결국 정치의 경제에 대한 무제한적인 간여는 오히려 사회경제가 계속적으로 위축되는 현상이 발생하게 할 것이라 하였다. 예를 들어 어느 특정한 역사 단계 내에서는 다양한 이익집단이 존재하기 때문에 봉건주의 제도와 같은 정치제도가 나타나게 되었고, 이러한 정치제도로 인해 시민사회는 정치권력의 실체에 완전히 묶여 버리게 된다. 정치의 탁월한 발전은 상응하는 경제의 위축을 초래하고, 경제로 대응되는 시민사회의 공간은 더더욱 작아지면서 점점 국가와 일체화되는 경향을 보인다는 것이다. 마르크스 학파의 국가-사회 이론은 국가와 사회의 이원 대립관계를 최초로 지적하였는데, 사회는 역사 발전에 대해 결정적인 작용을 한다고 확신하였으며, 사회 중심의 역사관과 사회가 국가의 이론적 기초를 결정하게 된다고 굳게 주장하고 있다. 이런 분석 방법에서 최종적인 의미로 경제에서 '근본으로 돌아간다'는 주장을 통해 국가와 사회 간의 변증법적 관계를 파악하였고, 사회의 각 구성 요소가 상호 작용을 한다는 전제를 명확히 지적하였다. 아울러 이로 인해 모든 사회적 현상과 역사적 현상에 대한 연구 이념을 확립하게 되어 사회를 중심으로 삼는 방법론으로의 전환을 정립할 수 있게 되었다. 마르크스의 관점은 국제정치와 그 속의 국가에 중요한 관점을 제공하였다. 비록 그들의 분석은 주로 정치경제학의 비판적 입장과 국내 정치의 특정한 환경에 한정되어 있지만, 그러나 만약 그 이론에서 보편적인 의의와 중요한 변수를 뽑아내어 구조적인 프레임을 이론적으로 확실하게 분석할 수 있다면, 국가-사회적인 관점은 더 넓은 정치연구 범위에서 응용할 수 있다.

4) 공공외교는 평화로운 환경에서 효과적인 경쟁 방식

모겐소(Hans J. Morgenthau, 1948)는 『국제 간의 정치』에서 국가 사이의 관계의 실제적인 것이 바로 이익을 옹호하고 권력을 다투면서 진행하는 투쟁이라 보았다. 따라서 국제정치 연구의 근본적인 목표는 세계 평화의 방법과 경로를 보호하고 유지하는 것을 찾는 것이라고 주장하였다. 모겐소는 세 가지 방법으로 주권국가가 조성한 국제 체제에서 평화를 추구할 수 있다고 하였는데, 첫째는 제한적으로 평화를 추구하는 것으로 군축, 집단안보, 사법절차 그리고 유엔에서 국가 주권을 제한하는 방식을 통해 국가 간의 전쟁을 피하고 세계 평화를 유지할 수 있다고 하였다. 둘째는 전환하는 방식으로 평화를 추구할 수 있다고 하면서 우선 세계 공동체를 만들어 점진적으로 세계 국가를 건립하며, 국가 주권을 세계 국가로 이양하는 방식으로 세계평화가 이루어질 수 있다고 하였다. 셋째는 중재를 통해 평화를 추구할 수 있다고 하였는데, 외교의 직책과 기능을 새롭게 규정하고 외교의 폐단을 해소하여 새로운 방식의 외교를 통해 세계 평화를 유지할 수 있다고 하였다. 부잔(Barry Buzan, 1993)은 국제사회 이론이 신현실주의적 국제 무정부 상태와 자유제도주의적인 국제 시스템 사이를 연결할 수 있다고 주장하였다. 즉, 국제사회는 국가 간의 상호 교류를 통해 공동의 이익과 전체적인 소속감을 얻게 된다. 그러나 각국의 문화가 모두 동일한 상황에서 발생될 필요는 없고, 오히려 다른 문화들과의 장기간의 교류에서 공동의 이익, 전체적인 소속감이 형성된다. 이러한 국제적인 시스템 구조를 확대시킨다면, 자유제도주의는 국제규범의 확립에 대한 목표를 실현할 수 있게 된다는 것이다.

5) 서방 여론 봉쇄에 직면한 러시아는 전면적 소프트 파워의 발전 시작

2008년 러시아의 라브로프(Lavrov) 외교부 장관은 처음으로 '소프트 파워'를 언급하였는데, 그는 소프트 파워가 문명, 인문, 문화, 정치 그리고 다른 주변 세계에 영향을 미치는 능력을 갖추고 있어야 한다고 정의하였다. 러시아 외교부 직속의 모스크바 국제관계 국립대학(MGIMO-University)의 토르쿠노프(Anatoly Torkunov) 총장은 소프트 파워가 외교정책의 통합적 자원의 역할을 하여 유라시아 경제연맹 지역의 과학과 교육의 통합을 강화하여 경제융합의 역량을 높일 수 있다고 주장하였다. 이 밖에 지역 통합의 범위를 확대하기 위해 브라질 리우데자네이루의 부다야프(Budayev) 러시아 총영사는 브릭스(BRICs) 국가의 싱크탱크와 각 학술 포럼 사이에 의견을 교환하는 무대가 있어야 한다고 주장하였다. 또한 이러한 '소프트 파워 외교'는 브릭스 국가 사이의 연구와 교육의 교류 과정을 촉진시킨다고 하였다. 즉, 소프트 파워의 체현은 의견이 교류되는 국제 협력 무대와 시스템의 구축에서 이루어지며, 서방이 주도하는 국제기구에서 독립하여 신흥 경제독립체의 국제적 발언권과 국제적 지위에 부합되기를 기대하고 있다는 것이다.

모스크바 국제관계 국립대학의 학술위원이자 세계정치학과 학과장인 레베데바(Lebedeva) 교수는 소프트 파워가 외교정책에 있어서 독립국가 연합체를 통합한 후에 이들의 공동 지역에서는 불가하거나 혹은 결핍되어 있는 독특한 자원이라고 정의하였다. 또한 소프트 파워의 가치는 그 지역 통합의 깊이를 결정한다고 주장하고 있다. 또한 레베데바 교수는 유라시아 지역의 통합이 독립국가 연합체의 경제 발전에 있어 유리한 자연적인 과정이라고 여기면서, 소프트 파워는 통합 과정 중의 경제비용을 낮추고, 그 과정의 속도를 가속화하며, 장기 협력 프로젝트의 매력을 증가시킨다고 하였다. 그리고 독립국가 연합체 국가 사이의 과학연구와 고등교육의 통합은 단지 통합의 도구일 뿐만 아니라 국가 발전의 이념과 현대화의 목표를 제고한다고 하였다. 레비제바 교수는 과학연구와 교육의 통합을 통해 경제 통합 과정에서 나타나는 불신의 문제를 극복할 수 있고, 유라시아 지역에서 심도 깊은 통합이 확대될 것으로 확신하고 있다.

2000년 푸틴이 러시아 대통령에 취임한 후, 러시아의 중요한 핵심적 국가미디어가 부분적으로 회복함에 따라 정부 체제 내에서 정부정책의 대중매체 시스템을 변호하는 역할을 하게 되었다. 2013년, 푸틴은 러시아 투데이(Russia Today)를 확장시켜 국가 최대 통신사로 만들어 유일한 대외 소통 시스템으로 삼았고, 국가 발전 전략과 결합시킴으로써 그 효과가 나타나게 하였다. 러시아는 국제적 영향력을 높이기 위한 일환으로 공공외교를 진행하였다. 그러나 공공외교는 단지 일개 국가가 자신의 이익에 유리한 것만을 위해 알리게 될 뿐이고, 그 결과로 자신의 이익만이 과하게 될 수 있다. 따라서 나날이 복잡해지는 국제분쟁 중에서 자신만을 위한 공공외교는 다른 나라와 공감하여 해결한다는 것이 어려워지게 된다. 서방에서는 소프트 파워를 서방의 가치관으로 알리거나 정치경제를 압박하는 여론을 조절하는 방식을 통해, 다른 국가에서 생존에 의존하는 전통문화 방식을 이미 파괴하였기에, 국가사회 간에 충돌의 뚜렷한 경계를 쉽게 수습하지 못하는 상황이 증가하게 되었다. 따라서 러시아는 스스로의 의식형태와 가치관을 발전시켜 새로운 공공외교의 방향을 반드시 소프트 파워의 다원적인 문화와 평등하게 참여하는 개념으로 확대시켰다. 즉, 러시아의 공공외교는 소통과 존중의 특수성과 중요성에서 소프트 파워가 돋보이게 되었다.

6) 국제학자들은 중국의 경제 발전으로 인한 국가 이미지의 형성에 주목

일본 와세다 대학교 교육학부의 아오야마(Rumi Aoyama) 교수는 중국의 공공외교가 외교, 내정, 경제, 문화의 특징을 포함하고 있다고 주장하고 있다. 즉, 외교에 있어서 중국은 전 세계의 평화와 평화로운 발전의 이미지를 적극적으로 알리고 있으며, 국가 이미지를 개선하여 국가이익이 국민들의 복지와 결합이 부합되도록 하고 있다고 여기고 있다. 또한 문화산업을 경제 발전의 요소로 보는데 그 주요 내용은 중국 전통문화를 해외 문화 교류에서 널리 보급, 확대시키는 것이며, 국가 이미지를 전 세계와 현대화의 특징에 부합시키도록 하고 있다.

샴보(David Shambaugh)는 한 국가에서 소프트 파워의 진행을 위해서 상당한 자금이 필요할 뿐만 아니라, 반드시 국내의 싱크탱크 연구와 학자들 사이에 창의력을 실행할 수 있도록 하여 내부적인 소통이 원활하게 유지되어야 한다고 주장하였다. 그는 중국의 소프트 파워가 아프리카와 남아메리카에서 상당한 성공을 거두었다고 하면서, 이 지역에서는 장기적으로 중국의 경제와 문화를 받아들였기 때문에 그 효과는 비교적 좋은 편이라고 주장하였다. 중국 공공외교는 세 개의 방향으로 나뉜다. 첫째는 중국의 문화 전파는 서방 세계로 하여금 중국 경제 성장의 성과와 문화적 특징을 이해시키는 것으로, 어떤 의미에서는 중국의 공공외교 역시 세계를 향해 중국의 신비한 모습을 밝히는 것이라고 할 수 있다. 둘째는 서방 세계의 여론이 분화되기 시작하고 있으며, 이에 서방 여론의 영향력이 쇠퇴하고 있다는 것을 뚜렷하게 나타내고 있다는 점이다. 셋째는 중국의 경제 성장에 따라 중국은 냉전 시기의 유럽, 미국, 소련보다 공공외교에 더 많은 투자를 시작하여 서방 여론이 독주하는 패자의 지위에 도전함으로써 중국을 제대로 알고 있지 못하는 상황에서도 조금씩 중국에 대한 인식 변화를 추구하고 있다는 것이다.

7) '소프트 파워'는 아시아-태평양에서의 충돌을 외교적으로 예방

『러시아연방 대외정책 개념(俄羅斯聯邦對外政策概念)』에서 국제 환경의 전환과 금융위기는 관련이 있다고 밝히고 있다. 즉, 국제 정치와 경제의 중심이 아시아-태평양 지역으로 옮겨지고 있지만, 서방 국가는 여전히 다극적인 중심체계의 형성을 시도함으로써 전통적으로 우월하였던 입장을 유지하려 하고 있다고 밝히고 있다. 따라서 국제적인 환경과 체제가 전환되는 과정에서 긴장된 국면이나 충돌하는 현상이 증가하고 있다는 것이다. 러시아는 국제안전 문제에 있어서 평등과 공동의 방식으로 해결해야 한다고 하면서, 발전적인 네트워크 외교는 당연히 전통적인 방식을 대신해야 하며, 그중에서 개발도상국 사이의 경제적 상호 신뢰는 국제 안정을 유지시키는 관건인 요소라고 보고 있다. 경제적으로 글로벌화된 오늘날, 경제적 상호 신뢰는 세계 각국에서 가장 중시하는 현상이 되었다. 러시아는 당연히 경제적 상호 신뢰의 전 세계 금융 시스템 중에서 빠질 수는 없다고 하면서도, 그러나 러시아 자신의 경제적 구조의 특징을 다른 국가와 운용하여 상호 이익을 얻을 수 있도록 진행하는 것이 중요하다고 보고 있다. 과거 서방 세계에서는 자본, 기술, 인원, 시장에서 절대적인 우위를 가지고 있으면서도 신흥국가의 도전을 받게 되었고, 약탈 방식의 자본주의는 다시 한 번 신흥국가의 도전에 직면하고 있다. 평등, 소통, 협조의 방식은 현재 국제관계에서 가장 중요한 시스템이다. 러시아와 중국 사이에는 이러한 이념에 따라 서로가 전면적으로 전략적 협력 동반자 관계를 만들게 되었다.

8) 중국과 러시아는 세계를 향해 평화 선포를 의미하는 열병식 거행

세상에 혼자 할 수 있는 것이 없다는 것과 같이 중국의 굴기는 여전히 열병식을 통해 지역적 안전과 안정을 보장하고 있다고 공개적으로 표명하면서, '중국의 꿈'과 '일대일로'의 국가 경제 발전의 전략적 목표를 실현함으로써 평화선언과 안전보장을 대외적으로 표현하고 있다. 이는 주변 국가와 신흥 경제국에 대해 모두 일정한 영향력을 미치고 있는데, 모든 중립적이거나 우호적인 국가까지 참여하도록 하여 중국과 러시아가 제안한 다양한 지역의 통합계획을 포함하고 있고, 현재 각국이 필요로 하는 국제체계에 적합하도록 지속적으로 추진하고 있으며, 안정적인 역량을 갖춘 지역에서 대국을 중심으로 다극적인 구조를 만드는 것이다. 예를 들어 상하이 협력조직(The Shanghai cooperation organisation)과 브릭스(BRICs)는 다른 국가연맹과 맞서는 것이 아니라 최소한 서방 패권주의에서 비롯된 균형과 충격으로 인해 발생하는 문제들에 대해 효과적으로 방지하자는 것이다. 동시에 현재까지 여전히 국제적으로 전쟁은 발생하고 있는데, 서방 국가들이 주도하는 일방주의적인 패권의식 형태를 질책하는 것이다. 이러한 서방의 사상에 따라 일방주의는 세계 각 지역에서 조성된 군사충돌과 정치적 동요를 초래하게 되었고, 서방 국가는 세계경제를 독점함으로써 각국에 경제위기의 위험이 나타나게 되었다.

러시아의 '소프트 파워'와 '공공외교'는 국제환경 중에서 "러시아와 변화하는 세계"라는 글을 발표하게 되었는데, 외국인에게 '정확한 러시아 이미지'를 만들어 러시아의 소프트 파워와 결합된 외교정책의 방향과 목표를 강조하였다. 이러한 방침을 실현하기 위하여 러시아는 국가적으로 대외선전 시스템을 개조하려고 하고 있으며, 아울러 상응하는 공공외교의 정부 부처를 설립하여 집행하고자 하고 있다. 이를 위해 러시아 정부는 2012년에 러시아 연방, 해외동포 및 국제인문협력부서를 설립하였고, 그중에서 구체적으로 계획하여 실행하는 일은 러시아 중산계층이 주로 구독하는 『코메르산트(Kommersant)』와 공동으로 하여 러시아 청년 및 학생 세계 축제를 기획하였다. 이전의 소련 정부는 1957년과 1958년에 이와 비슷한 청년 국제 경축 행사를 거행한 적이 있었다. 국제인문 협력부서가 집행하는 일은 러시아 외교부, 문화부, 통신부를 중심으로 각 부서를 초월하여 협력하는 것이고, 또한 러시아의 외국 주재 학술문화 센터를 활용하여 해외에서 관련된 일을 진행하고 있다. 러시아 외교부 직속의 모스크바 국립 국제관계대학교의 토르쿠노프(Anatoly Torkunov) 총장은 '소프트 파워'를 외교정책의 통합적 자원으로 여기기 때문에 이에 유라시아 경제 연맹 지역의 과학과 문화를 강화해야 한다고 주장하였다. 제6회 청년 및 학생 세계축제는 1957년 7월 28일 모스크바에서 거행되었는데, 이는 흐루시초프(Nikita S. Khrushchev)가 탈냉전 시기(1953-1958)에 세계를 향해 개방한 '스탈린 시대 이후' 소련의 국제적 친선 행사로 130개 국가에서 3만 4천 명이 모스크바를 방문하였다. 1985년 4월에 고르바초프가 소련 중앙 총서기로 취임하면서 그가 주장한 '새로운 사유 방식'과 '조직 개편'의 개혁 과정을 시작하면서 제12회 청년 및 학생 세계 축제를 거행하였는데, 이 축제에 157개국에서 2만 8천 명이 모스크바를 방문하였다.

9) 러시아는 미디어, 공공외교와 결합하여 어려움을 해결

중국은 여전히 공공외교에 대한 이론적인 연구를 진행하고 있는데, 구체적으로는 공공국제학과 혹은 커뮤니케이션학과에서 학문적으로 연결시키거나 혹은 그 한계를 예측하고 있다. 이에 반해 러시아의 공공외교는 이미 현실적인 범위에서 미래를 향해 나아가고 있었다. 즉, 러시아는 우크라이나 사건에서의 행동으로 러시아의 공공외교 실행을 연구하였다. 러시아의 공공외교는 이미 안전전략과, 심지어 지역에서의 충돌까지 포함하고 있다. 우선 러시아의 공공외교는 2010년에 정식으로 시작되었는데, 그 주요 원인은 2008년에 발생한 그루지야(Georgia) 전쟁 때문이었다. 비록 러시아는 전쟁에서 승리를 거두었지만, 그러나 거의 전 세계의 국가로부터 비난을 받게 되었다. 그 후에 메드베데프 대통령은 자신의 직권을 사용하여 공공외교와 관련된 3개 조직을 설립할 것을 지시하였다. 이 3개 조직에 대해 메드베데프 대통령은 "이 조직에서 근무하는 대부분의 사람은 나의 동창들이다. 나는 그들을 통해 러시아 공공외교 조직의 업무를 자세하게 살필 수 있는 기회가 있었다. 이 세 개 조직이 포함하고 있는 것은 '러시아 국제문제 연구소'로 전임 국회 사무총장이 실질적인 것을 맡고 있으며, '세계평화 펀드('세계 펀드'라고도 함)'는 스탈린 시기 외교부 장관의 손자인 몰로토프(Molotov)가 조직하였고, 그 진정한 집행자는 전임 외교부 아시아 담당 부서장이다. 그리고 '골가토프 펀드(The Golgatov Foundation)'가 있다."라고 언급하였다. 이 세 개 조직은 공공외교의 협회와 연관되어 각각의 중점을 두고 있는 것이 있는데, '러시아 국제문제 연구소'는 참여에 중점을, '세계평화 펀드'는 교육에 중점을, '골카토프 펀드'는 문화 방면의 공공외교에 중점을 두고 있다. 우크라이나 사건이 발생하기 전에 세계평화 펀드는 이미 크리미아(Crimea) 지역에서 교육투자를 시작하고 있었고, 군항 내의 모든 군인 자녀들의 교육, 취업문제를 해결하고 있었다. 우크라이나 사건이 발생하였을 때, 세계평화 펀드는 우크라이나 동부에 거주하던 100만 명을 즉시 이주시켰다. 이 밖에 러시아 국제문제 연구소는 우크라이나 사건에서 중요한 역할을 발휘하였는데, 폴란드의 자금과 인원이 우크라이나로 들어오는 것을 방지하였다. 즉 폴란드가 우크라이나 문제에서 영향을 미치지 못하게 하였으며, 결국 우크라니아와 러시아가 대항하는 상대는 나토(NOTO)의 군대만 남게 되었다. 이런 충돌사건에서 공공외교는 사전에 예지하는 역할을 맡았을 뿐만 아니라 또한 충돌 이전의 예방을 진행하였고, 이러한 충돌의 가능성을 가장 낮게 하였다. 실제로 쌍방은 모두 거대한 충돌이 발생하는 것을 바라지 않았는데, 그렇다면 어떻게 예방할 수 있는 것인가? 러시아는 기본적으로 충돌을 이미 예지하고 있었으며, 그래서 이미 성립되어 있는 세 개의 펀드는 충돌에 대해 초점을 맞추고 있었고, 결국, 4년 후에 발생한 우크라이나의 위기에서 중요한 역할을 하게 되었다.

10) 중국-러시아는 중러 인문협력 위원회를 구성하여 국제적 발언권 발전

2000년 12월 29일 중러 교문위체 협력위원회(教文衛體合作委員會)에서 제1회 회의가 개최되었는데, 중국의 리란칭(李嵐清) 부총리와 러시아의 마트비옌코(Matviyenko) 부총리는 공동으로 이 행사를 주관하였다. 2007년 협력 분야가 계속적으로 확대됨에 따라 중러 인문협력 위원회(中俄人文合作委員會)로 개명되었다. 위원회 산하에는 교육, 문화, 위생, 체육,

여행, 미디어, 영화, 청년협력 등 8개 분야의 협력 분과 위원회와 문서 협력 업무 팀이 있다. 중러 양국은 지속적으로 많은 업무에서 협력하는 시스템을 구축하였는데, 특히 관련된 문서에 서명하여 국가정치와 법률적 분야로부터 중러 문화관계의 발전을 강력히 추진할 수 있도록 보장하였다. 이러한 중러 양국의 교류는 빠른 속도로 발전하여 협력의 규모와 수준은 계속 확대되고 있다.

2005년 7월 후진타오(胡錦濤) 국가주석이 러시아를 방문하는 기간에 양국 정상은 2006년에 중국이 개최하는 '러시아의 해'와 2007년에 러시아가 개최하는 '중국의 해' 활동을 공동으로 확정하였고, 중국은 교육 분야에 있어서도 중요한 활동을 계속적으로 거행하였다. 그중에서 중요한 점은 중국에서 유명한 57개 대학교가 2년에 한번 러시아를 방문하여 '중러 대학생 예술축전'에 참가하도록 하였다.

2015년 10월 9일, 중러 인문협력 위원회는 시안(西安)에서 제16차 회의를 거행하였는데, 그 회의에서 2016-2017년 중러 미디어 교류의 해를 기획하고 준비하였다.

2015년 5월 중러 양국은 '중화인민공화국과 러시아 연방 간의 심화된 전면적 협력 동반자 관계와 공동이익 협력의 창도에 관한 연합성명(中華人民共和國和俄羅斯聯邦關於深化全面戰略協作夥伴關係、倡導合作共贏的聯合聲明)'에 공동으로 서명하였고, 양국의 정보 네트워크 공간에서 상호 신뢰를 더욱 강화하기를 바라면서, 공정과 평등의 정보 네트워크의 공간을 세워 발전과 안전한 시스템을 추진하였다. 중국-러시아는 전면적인 전략적 협력 동반자 관계에서 양국의 정보 네트워크 공간을 확보, 확대하기 위해 더욱 협력하게 되었다. 중러 양국은 앞으로도 더 많은 국제적 이익의 필요성을 위해 공동으로 체결한 내용을 다음과 같이 발표하였다.

첫째, 각국의 네트워크 주권을 존중하여 추진할 것을 공동으로 제안하고, 다른 국가의 네트워크 주권을 침해하는 행동에 반대한다.

둘째, 각국의 문화전통과 사회적 관습을 존중하여 추진할 것을 공동으로 제안하고, 정보 네트워크 공간을 통해 다른 국가의 내정 간섭에 반대한다.

셋째, 정보 네트워크 공간 영역에서 과학기술의 협력을 강화하여 정보통신기술 연구개발을 확대하고 쌍방의 정보교류와 인재 양성을 결합하도록 한다.

넷째, 정보 네트워크 공간 영역에서 경제 협력을 강화하여 양국의 산업 사이의 교류와 다양한 협력이 이루어질 수 있도록 하며, 개발도상국에게 기술 협력을 제공하여 디지털의 격차를 좁힐 수 있도록 한다.

다섯째, 양국 국민이 인터넷에서의 합법적인 권리를 진지하게 보호하고, 평화, 안전, 개방, 협력의 정보 네트워크 공간에서 새로운 질서를 구축할 수 있도록 공동으로 노력한다.

여섯째, 업무의 역량을 확대하여 네트워크를 이용한 테러와 범죄 활동이 진행되지 않도록 예방하거나 해결하도록 하며, 연합국이라는 구조에서 상응하는 협력 시스템을 구축하도록 연구하고, 시스템 제정에 관한 연구는 전 세계적으로 인정받을 수 있는 법률 문서까지 포함하도록 제안한다.

일곱째, 네트워크 안전에 있어 긴급한 상황에 대처할 수 있도록 협력하고 네트워크 안전에 위협이 되는 정보를 공동으로 공유할 수 있도록 하여 국경을 초월한 네트워크의 위협을 해결할 수 있도록 강화한다.

상술한 내용을 실현하기 위해 중국은 중화인민공화국 국가 인터넷 정보 사무실에서 지정한 관리자와 정보기술의 응용을 책임지는 러시아 연방 대통령의 보좌관을 양국의 고위급 대표로 임명하였다. 즉, 이들은 정기적으로 거행되는 회담을 책임지게 하며, 공동으로 관심 있는 문제에 상세하게 논의하도록 진행하고, 정보 네트워크 공간에서 상호 이익을 협력할 수 있는 새로운 방향을 확정하여 관련 부처 간의 협력에 협조할 수 있도록 하는 제안을 발표하였다.

2016년 7월 4일, 중국 국무원의 류옌둥(劉延東) 부총리는 모스크바에서 러시아 골로데츠(Golodets) 부총리와 공동으로 중러 인문협력 위원회 제17차 회의를 주관하였다. 교육부 국제사업부 차관인 중러 인문협력 위원회 사무국 사무실의 위지하이(于繼海) 주임은 2011년 4월 15일에 건립된 중러 전략 협력 연구소가 처음으로 건의한 중러 양국 정부 총리 회견 시스템을 승인하였고, 이에 '중러 인문협력 위원회'가 운행하게 되면서 중국 측 대표인 류옌둥 위원장과 위안구이런(袁貴仁) 서기장은 해당 위원회를 교육부 산하 국제협력 교류처에 설치하도록 하였다.

참고문헌

단행본

韓方明 主編, 『公共外交概論』, 北京, 北京大學出版社, 2011.

胡逢瑛、吳非, 『俄羅斯公共外交與地緣政治』, 台北, 獨立作家出版社, 2016.

王滬寧, 『比較政治分析』, 上海人民出版社, 1987.

吳非、胡逢瑛, 『反恐年代中的國際新聞與危機傳播』, 台北, 秀威出版社, 2006年版

______, 『政治傳播與新聞體制』, 台北, 秀威出版社, 2006.

______, 『全球化下的俄中傳媒在地化變局』, 台北, 秀威出版社, 2008.

______, 『全球傳播與國際焦點』, 台北, 秀威出版社, 2009.

______, 『國際關係與國際戰略安全-國際傳播角度』, 台北, 秀威出版社, 2010.

趙可金, 『公共外交的理論與實踐』, 上海, 上海辭書出版社, 2007.

中共中央馬克思恩格斯列寧斯大林著作編譯局 編譯, 『馬克思恩格斯全集』(第二卷), 北京, 人民出版社, 1957.

논문

蘇淑民, "公共外交與中國國家形象的塑造", 『教學與研究』, 2008年第1期.

譚峰, "跨文化傳播理論模式中的公共外交", 『公共外交季刊』, 2013年第3期.

萬青松、王樹春, "俄羅斯的軟實力外交評析", 『國際展望』, 2013年第3期.

吳非, "石原慎太郎式思維與美國右翼智庫和媒體之間的三角互動關係", 『美國跨文化學刊』(Intercultural Communication Studies), 2013年第1期.

______, "扑朔迷離的烏克蘭國家未來發展方向", 『人民論壇 · 學術前沿』, 2014, No. 45, 第05期.

______, "扑朔迷離的烏克蘭國家未來發展方向", 『人民大學復印報刊資料: 國際政治』, 2014年6月.

______, "國際新聞傳播的深入與拓展", 『青年記者』, 2014年8月下.

______, "克里米亞危機的國際與情分析報告", 『人民論壇 · 學術前沿』, 2014年.

謝曉光, "普京時代俄羅斯公共外交政策評析", 『當代世界與社會主義』(雙月刊), 2016年第3期.

許靜, “論公共外交中的國家品牌化策略傳播”, 『南京社會科學』, 2012年版.
趙鴻燕、劉超, “俄羅斯公共外交的傳播瓶頸與未來發展路徑”, 『國際問題研究』, 2013年第4期.
鄭華, “新公共外交內涵對中國公共外交的啓示”, 『世界經濟與政治』, 2011年第4期.

5. '일대일로' 관점에서의 산동 지역 도시 외교: 비교우위와 방향 선택

판레이(範磊) · 양샤오칭(楊曉青)
번역: 구자원

2014년 5월 15일, 시진핑 국가주석은 중국국제우호대회(中國國際友好大會) 및 중국인민대외우호협회(中國人民對外友好協會) 성립 60주년 대회에서 "더 좋은 민간외교, 도시외교, 공공외교의 실행은 중국의 민간에서 대외우호 업무에서 새롭고 더 큰 공헌을 하게 되었다."라고 밝혔다.[1] 이는 중국 최고지도자가 '도시외교'라는 개념을 연설을 통해 처음으로 공개적으로 밝힌 것이고, 중국 도시외교의 연구와 진행에 대해 매우 중요하고 영향을 미칠 수 있는 의의를 가지고 있다. 이 연설에서 새로운 시기의 중국 도시외교 발전은 분명한 방향을 밝히고 있으며, 이후 활발하게 발전하는 국제 우호도시 업무를 강력하게 추진할 것이다. 이에 중국 내의 도시의 국제화 건설을 촉진하여 중국과 외국의 도시 사이에 우호교류, 상호 보완, 공동 이익과 협력을 통한 강력한 추진력이 발생할 것이다.

현재까지 중국에서 많은 지역의 도시외교 이론과 실행이 다양하게

1) 習近平, "在中國國際友好大會暨中國人民對外友好協會成立60周年紀念活動上的講話", 『新華每日電訊』, 2014. 5. 16.

나타나고 있는데, 동북아시아의 핵심적인 위치에 있는 산동성은 비록 유구한 역사적 문화전통과 개방적인 전략을 가지고 있지만, 도시외교의 이론적, 실무적인 면에서 다른 지역에 비해 크게 낙후되어 있다. 그러나 가지고 있는 여러 형태의 자원으로 말하자면, 산동성의 도시외교는 확실히 비교우위를 가지고 있다. 만약 도시외교의 장점을 좋게 활용하여 적극적으로 동북아시아 지역의 상호 작용과 교류를 실행하게 된다면, 산동성은 이 핵심 지역의 평화와 발전 과정에서 더욱 영향력을 발휘할 수 있다.

1) 도시외교의 이론 발전과 기본적 조건

외교 활동의 주체는 이전 시기에 대부분 국가가 그 중심적인 역할을 하였고, 전문성을 갖춘 외교관만의 역할이었다. 그러나 국제관계가 민주화되고 국가 간의 외교가 보다 더 공개적으로 발전함에 따라 외교 활동 주체는 더욱 다양하게 확대되었다. 현재 글로벌 세계의 도시는 인류의 경제와 사회의 발전 과정에서 더더욱 중요한 역할을 하게 되었고, 거의 모든 국가의 정치, 경제, 문화 활동 그리고 생활에 수반되는 자원, 사상의 교류와 융합 등이 모두 도시를 기본으로 이루어지고 있다. 글로벌화, 정보화, 도시화의 진행이 이루어지면서 도시는 이미 "국경, 시공, 문명을 초월하여 교류하는 장소이고, … 국가문화의 전략에서도 중요한 역할을 하고 있으며, 심지어 기본적으로 다양한 것을 보유하거나 이동시키는 기능까지 갖추고 있다. 국가 소프트 파워의 경쟁은 도시를 중심으로 이루어진다."[2] 심지어 도시는 또한 국제관계 활동에서 주체적인 자격도 일정 정도를 가지게 되었다. 글로벌 시대의 도시의 개방성은 가장 기본적인 속성이고, 이는 대외 교류 과정에서 뚜렷한 주장이 발생하는 것을 피할 수는 없다. 따라서 글로벌 시대에 다원적인 국제적인 역할로 참여하고 글로벌 네트워크 관리의 진정한 모습으로 나아가고 있다고 할 수 있다.

도시는 대외 교류에 있어서 중요하게 표현되는 방식으로 여겨지고 있기에 도시외교는 민간에서 대외우호 업무의 새로운 형태의 방식이 되었고, 이러한 다원화된 활동과 역할이 다방면으로 상호 작용을 하여 발전하는 경향을 체현하게 된 것이다. 개혁개방의 신속한 발전에 따라 중국의 도시는 국제화 과정에서 이미 발전의 속도를 내고 있으며, 형식과 내용을 막론하고 더욱 다양한 형태로 여러 방면적으로 많은 특징을 모두 가지고 있다. 도시 국제화의 기본적 표현 방식인 도시외교는 기능적인 면이 첨가됨으로써 "주권국가 외교, 국제조직과 국제제도 외교, 그리고 사회 네트워크 외교체계는 점차 여러 요인인 첨가된 새로운 외교체계를 건립하게 되었고, 전 세계와 도시화는 도시에 대한 기능의 요구 사항을 만족시켰다."[3] 중국의 전체적인 외교체계가 유기적으로 조성되면서, 중국의 도시외교는 중국인민외교우호협회(中國人民外交友好協會)가 추진하는 우호도시 건설 과정에서 발전한 것이다. 1985년 문서에서 "우호도시는 중국 인민외교가 중요하게 조성한 부분이고, 중국의 각 지역은 대외개방 정책의 관철, 대외 교류와 협력을 전개하는 중요한 방법이다."[4]라고 명확히 밝혔다. 1973년 우호도시 활동의 전개가 시작된 이래 2016년 6월 12일까지 "중국은 30개 성(省), 자치구, 직할시(타이완과 홍콩,

---

2) 韓方明 主編,『城市外交: 中國實踐與外國經驗』, 新華出版社, 2014年版, "序言"第1頁.

3) 趙可金, "嵌入式外交: 對中國城市外交的一种理論解釋",『世界經濟與政治』, 2014年 第11期.

4) 劉庚寅,『爲了友誼與和平—民間外交親歷記』, 世界知識出版社, 2006年版, 第21頁.

마카오 특별행정구역은 포함하지 않음)와 461개 도시가 5개 대륙의 133개 국가의 496개 행정구역(주州, 현縣, 대구大區, 도道 등)의 1,524개 도시와 2,297개의 우호도시 관계를 맺고 있다."[5]

오늘날 도시외교 활동의 발전은 이와 관련된 국제조직의 활동과 분리될 수 없다. 2004년 5월에 성립된 세계 지방정부 연합(United Cities and Local Governments, 약칭으로 UCLG)은 현재까지 가장 큰 국제조직으로, 조직의 본부와 사무국은 스페인의 바르셀로나에 있다. UCLG 성립의 취지는 전 세계 지방정부 간에 네트워크 소통을 구축함으로써 서로 간의 가치관, 발전 방향 그리고 이익이 발생하는 분야에서 이해와 협력을 함께하고, 거대한 국제사회는 도시와 지방정부에서 발생되는 여러 도전에 대응할 때에 도움을 주게 되는 것이다. UCLG에 설립된 12개의 전문적인 위원회 중에는 "협력발전과 도시외교 위원회"가 있다.[6] 비록 UCLG와 다르지만 비슷한 성향의 도시국제화 조직이 추진하고 있는 도시외교는 전 세계에서 빠른 속도로 발전하고 있다. 현재까지 중국인민대외우호협회(中國人民對外友好協會)는 중국의 각 도시와 UCLG 의 협력과 교류 활동의 협조를 담당하고 있는데, 중국 국내에는 베이징, 상하이, 광저우 등을 포함하여 18개 회원도시가 있다.[7] 어떤 면에서는 중국의 도시외교 실행에 있어 지속적인 발전을 추진하기 위해 국가의 중앙정부가 도움을 주는 것이라고도 할 수 있다.

구체적으로 살펴보면, 중국의 도시외교 실행은 관련된 이론적인 연

---

5) "우호도시 통계(友城統計)", 중국 국제 우호도시 연합회(中國國際友好城市聯合會), http://www.cifca.org.cn/Web/YouChengTongJi.aspx

6) "Committees & Working Groups", UCLG, https://www.uclg.org/en/organisation/structure/committees-working-groups

7) "UCLG World Council Members 2013-2016", UCLG, https://www.uclg.org/sites/default/files/wc_members.pdf

구 이전에 우호도시를 중심으로 하는 도시국제화 과정 속에서 주요 내용이 구성되었다고 할 수 있다. 아울러 지속적으로 도시의 정치, 경제, 사회, 문화 발전을 추진하는 과정에서 드디어 중국 특색의 도시외교 이론이 등장하였다. 오늘날 중국은 전면적인 개혁개방의 발전 과정을 강력하게 추진함에 따라 중국의 각 지역에서 도시의 국제화 발전 과정은 계속 빨라지게 되었고, 아울러 국가의 전체적인 대외전략과 총체적인 외교는 더욱 적극적으로 역할을 하고 있다. 도시외교의 이론연구와 실행 추진에서의 강화는 새로운 상황에서 도시 발전이 국경을 뛰어넘는 초월적인 부분과 국제 경쟁력의 상승을 실현하는 중요한 내용으로 초미의 과제가 되었다.

2013년, 시진핑 국가주석이 '실크로드 경제벨트'와 '21세기 해상 실크로드'를 종합한 '일대일로' 제안을 발표한 후에 해당하는 지역과 연결되는 60여 국가는 적극적으로 호응하고 많은 지지를 보내고 있다. 이 제안은 세계 발전의 흐름에 순행하는 현대화의 핵심적인 주제이고, 현재 인류사회 발전에서 기본적으로 요구되는 사항을 충분히 반영한 것이다. 따라서 육상과 해운으로 연결되는 국가와 지역은 도시 발전의 기회를 새롭게 얻게 되었다. '일대일로'로 연결되는 지역이 점점 명확해짐에 따라 상응하는 지역에 위치한 국가와 도시는 확연히 부각되었고, "가장 적극적으로 활약하는 행동의 주체는 실제로 각국 중앙정부가 아니라 각 지역의 지방정부이다. 중국의 지방정부와 도시는 매우 적극적인 태도를 보일 뿐만 아니라 노선이 연결되는 국가의 지방정부와 도시 역시 매우 열정적인 태도를 보이고 있다."[8] 상응하는 우호도시의 구축과 인문사회

8) 趙可金, "城市外交爲一帶一路定格", 中國網, http://opinion.china.com.cn/opinion_8_132408.html

의 교류와 협력 역시 관련 있는 각 지역에서 관심이 집중되고 있다.

우수한 역사문화의 기반을 보유한 산동 지역은 중화 문명의 중요 발상지이고 동아시아 문화권에 대해서도 중요한 영향력을 가지고 있다. 따라서 지역적으로 뛰어난 자연조건을 가진 장점 또한 국제적으로 주목을 받고 있어 '일대일로' 제안은 우월적인 역사적 배경에서 중대한 발전의 기회를 맞이하게 되었다. 이러한 새로운 상황에서 도시외교에는 한편으로 산동의 각 도시의 국제화 발전 과정에서 강력한 두 날개를 얻게 된 것처럼 비상할 수 있는 기회가 찾아온 것이다. 다른 한편으로는 산동의 각 도시는 동북아시아 지역에서의 평화와 발전 과정에 있어서 중요한 역할을 적극적으로 담당하고 있으며, 동북아시아 각국 사이에 도시교류와 상호 이해를 증진시킴에 있어서도 중요한 역할을 하고 있다.

2) '일대일로' 시각에서 산동성 내의 도시에 대한 객관적 평가

산동은 '일대일로'가 합류하는 지역으로 다른 지역과 비교해도 지리적인 우위를 가지고 있다. 최근에 신속하게 발전하는 연해 지역은 국가의 '일대일로' 제의를 적극적으로 받아들여 추진하고 있으며, 산동과 '일대일로'로 연결되는 국가와 지역, 특히 동북아시아의 더 많은 분야에서 심층적으로 협력을 실현할 수 있게 되었다. 또한 산동에 대한 진일보된 개방 발전으로 인해 경제와 사회가 변화하게 되었고, 이러한 상황에서 산동은 중국의 전역과 동아시아 지역에 많은 영향력을 미치게 되고 있다. 2015년 3월에 반포한 『실크로드 경제벨트와 21세기 해상 실크로드의 공동건설 추진의 전망과 실행(推動共建絲綢之路經濟帶和21世紀海上絲綢之路的愿景與行動)』에서는 비록 산동을 핵심 지역으로 언급하지 않았지만,

산동의 칭다오(青島)와 옌타이(烟台)는 중요한 항구도시로 인정받고 있다. 즉, 산동은 유라시아 대륙과 경제적으로 새롭게 연결되는 중요한 지역으로 '해상 실크로드'의 중요한 전략적 거점이라는 점이다. 결국, 산동은 '일대일로' 건설에서 매우 중요하고, 공동으로 향유하고 건설하는 '일대일로'는 필연적인 선택인 것이다.[9] 또한 '일대일로' 제안으로 산동은 보하이(渤海) 지역이 발전함에 있어 중요한 역할을 할 것이고, 산동성 내부의 여러 대도시의 국제화는 더 많은 발전의 기회를 맞이할 것이다.

예로부터 산동은 동방의 해상 실크로드가 시작되는 지역으로 한중일 삼국의 우호적인 왕래, 교류, 소통에 적극적으로 공헌하였다. 오늘날 개혁개방 이래 산동은 한국과 일본이 가장 먼저 투자하는 지역 중의 하나로 동북아시아 각국 사이의 무역왕래와 협력교류에 적극적인 모습이 발휘되고 있다. 2005년, 산동성은 칭다오를 산동 지역의 경제 중심으로 삼았는데, 칭다오는 산동에서 더 나아가 황하 중하류까지의 지역에서 가장 좋은 도시이며, 우수한 과학연구 실력을 가진 국제적 항구도시이자 해변 여행의 도시로 유명하다. 옌타이는 산동성에서 칭다오를 뒤이은 경제 중심 도시로 발전하였고, 이 두 도시는 산동성의 남부와 동부에서 산동의 발전에 기여를 하고 있다. 지난(濟南)은 산동성 서부의 핵심적인 도시로 최근 몇 년 동안 빠른 발전과 도시의 국제화 과정을 진행하였고, 그 국제화 성과는 칭다오와 옌타이를 뒤이어 3위를 차지하고 있다. 이 세 도시는 산동반도의 발전에 기여하고 있으며, 동북아시아에서 더 나아가 전 세계적으로 국제적인 협력을 진행하는 과정에서 중요한 역할을 하고 있다. 산동은 현재 이미 산동반도의 도시들에 대해 "전 세계 범

9) 鄭貴斌, "將山東打造成爲東西雙向開放的橋頭堡", 鳳凰智庫, http://sd.ifeng.com/special/zhiku03

위 내에서 반도에 위치한 도시 중에서 동북아시아 지역에서는 칭다오가 가장 좋은 국제도시가 될 수 있도록 할 것이다. 또한 산동반도의 도시들은 외부지향형 도시적 기능으로 전체적으로 발전하는 도시 밀집 지역이 될 수 있도록 선도하고, 전 세계 도시 체계와 전 세계 생산 서비스를 하나로 이어질 수 있도록 한다. … 산동 반도, 한국의 서해안 지역, 일본 규슈 지역을 다국적 도시 지역으로 구축하여 '한중일 황해 지역 삼각주'의 형성을 추진한다."라는 목표를 명확히 밝히고 있다.[10)]

동북아시아 지역의 한국과 일본 등의 국가는 산동의 지역적인 특징을 활용하는 것에 대해 적극적으로 지지하고 있다. 한국관광협회 신중목 회장은 산동을 방문했을 때, "산동성은 중국과 한국이 지리적으로 가장 가까운 지역이고, 한국의 화교 대부분은 모두 산동에서 건너왔다. 한국인의 사상에서 가장 핵심적인 정수는 모두 유교사상이다. … 한국은 이러한 주장을 하고 있으며, 중국의 산동 사람들을 모두 신뢰할 수 있다. 나는 어려서부터 산동이 예의(禮儀)의 본고장이라고 알고 있으며, 중국인들도 산동은 신뢰할 수 있는 지역이라고 하는데, 한국인들도 역시 이러한 주장에 동의하고 있다."라고 언급하였다.[11)]

현재 산동성의 국제적인 우호 지역(행정구역과 도시)은 한국, 일본과의 교류가 상당한 비율을 차지하고 있으며, 또한 산동성 내의 도시 중에서 우호도시 관계의 대부분이 한국, 일본과 시작된 것이다. 예를 들어 1979년 10월, 칭다오는 시모노세키(下關)와 우호적인 관계를 맺어 산동에서 첫 번째 우호도시가 되었다. 1983년 제남은 일본의 와카야마(和歌山) 시와 처음으로 우호도시 관계를 맺었다. 이어서 산동성은 1982년과 1984년

10) 劉鳳鳴, 『山東半島與東方海上絲綢之路』, 人民出版社, 2007年版, 第18頁.

11) 「力争送100萬韓國游客到山東」, 『大衆日報』, 2007年1月9日.

에 각각 일본의 야마구치(山口) 현, 와카야마 현과 우호 지역 교류관계가 설립되었다. 한중 외교관계가 수립되면서 1993년 산동성은 경상남도와 우호관계를 맺었고, 1993년에 지난(濟南)은 경기도 수원시, 칭다오는 대구광역시와 모두 우호도시 관계가 시작되었다.[12)]

2016년 8월, "국무원의 지난 시의 도시 전체계획에 관한 회답(國務院關於濟南市城市總體規劃的批復)"에 의하면 산동성 성(省) 정부 행정소재지인 지난(濟南)은 환보하이(環渤海) 남쪽에 위치한 중심 도시이고, 칭다오는 국가 중심 도시로 약진하고 있다.[13)] 산동성 내 17개 도시가 발전함에 있어 단지 칭다오만 국제적 항구 도시로의 목표가 명확하고, 국제화를 시작하였다. 2012년 칭다오 시는 제11차 당대회에서 살기 좋고 행복한 현대화된 국제도시로의 목표를 확정하였고, 세계적 안목, 국제적 표준, 지역적 장점 발휘, 적극적 국제화 추진, 현대화, 특색화, 해양세계를 향한 진일보, 더 우수한 기회의 활용, 글로벌화 참여 추진, 국제화의 확대 등을 견지할 수 있도록 명확하게 밝히고 있다. 이는 산동성 내의 도시들에게 국제화 과정에 대해 확실하게 강조하고 있으며, 그런 다음으로 도시의 발전을 위해 유력한 사회와 여론 환경을 조성하고 있다. 2016년 6월, 칭다오 시는 "2016-2017 '국제화 플러스' 시행 프로젝트의 실행추진(推进實施"國際化+"行動計劃(2016/2017))"의 초안을 작성하였는데, 세계적인 안목을 통해 국제화 도시로 발전해야 한다고 다시 한 번 강조한 것이고, 이는 이후 칭다오 시의 도시외교 업무에 있어서 적극적으로 추진될 것이

12) "우호도시 통계(友城統計)—산동성 검색(山東省検索)", 중국국제우호도시연합회(中國國際友好城市聯合會), http://www.cifca.org.cn/Web/SearchByPro.aspx?proID=78&proName=%C9%BD%B6%AB.

13) 「國務院同意了!山東17市定位: 青島爲國家中心城市」, 『齊鲁壹點』, http://ql1d.com/news/show/id/289117.html.

다. 도시국제화 그 자체가 강조하는 것은 일개 도시가 국가 혹은 지역의 구조하에서 경제와 사회의 협력, 인문 교류 등 다방면에서 상호 작용하는 과정이다. 따라서 도시가 국제 혹은 지역성을 가진 다국적 협력과 경쟁의 행동에 참여하는 것은 그 자체가 바로 도시외교의 중요성을 알려주는 것이다.

3) 산동 지역 도시외교의 비교우위

근대 시기에 산동의 도시국제화는 이미 시작했었던 경험을 가지고 있다. 100여 년 전에 지난(濟南)시는 비록 내륙에 위치한 도시이지만, 청나라 말기에 대외개방과 도시국제화의 중요 시범 도시가 되었다. 1902년, 청나라 정부는 지난(濟南)에 독일의 통상사무처 설립을 승인하였고, 이는 역사적으로 첫 외국의 사무기관이 설립된 것이다. 1905년 6월, 독일 사람들은 지난(濟南)에 영사관 건립을 강행하였고, 그 후에 영국, 일본, 미국, 스웨덴, 스위스 등 국가에서도 연이어 지난에 영사관을 건립하였다. 이 지난의 영사관들은 1948년에 이르러서야 비로소 사라지게 되었는데, 거의 반세기의 시간 동안 지난은 화북(華北) 지역에서 서양 영사관이 거의 집중적으로 설립된 도시였다. 비록 대부분은 식민통치의 색채를 보이고 있었지만, 그러나 객관적으로 보면, 당시 지난의 대외 교류에 있어서 촉진 작용을 하였다고도 할 수 있다. 경제무역 방면으로는 1904년에 시작되었는데, 지난에서는 이미 많은 국가의 외국 회사가 상업활동을 시작하고 있었으며, 1919년에 이르면 이 외국 회사들은 15곳으로 증가하였다. 당연히 칭다오는 독일 사람들이 주목하고 있어서 1920-1930년대에 이미 상당한 규모를 가진 개성적인 도시로 변화하였는데, 당시에 상황을 현재의 시점으로 본다면 도시외교의 특징을 가지고 있다.

오늘날 산동성에서 제안한 "산동 반도, 한국의 서해안 지역, 일본 규슈 지역을 다국적 도시 지역으로 구축하여 '한중일 황해 지역 삼각주'의 형성을 추진한다."라는 발전 전략은 산동성 내의 관련 도시의 국제화 책임을 부여하겠다는 목표이다. 따라서 각 도시의 소프트 파워의 발전을 높이고, 뚜렷한 전략적 위치와 도시외교의 전개 추진에 있어서 적극적으로 선도하는 의의가 있다. 현재 산동의 도시들은 '일대일로'의 합류 지역으로 독특한 지역적 위치와 전략적 우위를 가지고 있고, 지방정부와 민간의 대외 교류의 활약 모두가 현재 산동성 내에서 도시외교의 전개에 있어서 비교우위적인 중요한 모습으로 구성되어 있다. 1979년부터 현재까지 산동성은 한국, 일본, 북한 등 동북아시아 국가의 행정구역(한국의 도道, 일본의 현縣) 그리고 도시들과 다양한 형태로 상호 작용을 하는 우호관계를 맺고 있다. 이는 다른 국가 사이의 우호교류를 촉진하고 다양한 사람들과의 우수한 상호 작용을 증진시키며, '서로에 대한 관심'이라는 공공외교 목표를 적극적으로 추진할 수 있도록 실현하고자 하는 것이다. 동시에 우호도시 사이의 실무적인 교류와 협력은 산동성 각 도시로 하여금 국제'교류관계'를 부단히 확대시키고 있다. 그리고 도시국제화의 과정 역시 가속화하여 많은 도시들이 지역성을 갖춘 국제화 대도시의 발전 전망을 세울 수 있도록 명확히 하였고, 상응하는 도시외교의 발전 역시 빠르게 변화하게 되었다. 더욱이 '일대일로' 제안에 따라 산동성 도시외교의 발전은 새로운 전기를 맞이하게 되었고, 도시브랜드 건설 역시 새로운 출발선에 서게 되었다. 구체적으로 정리하면, 산동성의 도시는 도시외교에 종사하여 도시국제화 발전에서 비교우위적인 장점을 추진하여 이하의 몇 가지 방면을 체현하고자 한다.

첫째, 역사문화가 유구하여 동아시아 문화권의 대표적인 사상인 유교사상의 중요 발상지이다. 현재까지 매우 많은 한국과 일본 사람들은 산동을 방문하면 반드시 공자(孔子)의 고향인 취푸(曲阜)에 들러 공자를 참배하고, 공자가 학문을 강의하였던 행단(杏壇)을 둘러보며, 2천여 년 전의 신성한 분위기를 체험한다. 그리고 태산(泰山)에 올라 소원을 빌고, 칭다오의 해변 경치를 느끼며, 황하의 모습을 구경하고, 직하학궁(稷下學宮)의 유적에서 제자백가의 역사적 사실을 자세히 들을 수 있다. 산동 문화에 대해 대문구(大汶口) 문화, 용산(龍山) 문화 등 구석기 시대의 유적을 참관하게 되면 더 자세히 이해할 수 있게 된다. 필자는 한국과 일본의 학자들이 산동에서 학술회의가 있으면, 그들은 모두 취부(曲阜)와 태산으로 가는 모습을 본 적이 있는데, 이러한 것은 이미 관례로 굳어졌다. 이러한 모든 것들은 산동의 역사문화가 동아시아 각국의 사람들에게도 중요한 영향력을 가지고 있다는 것을 충분히 알려 주고 있으며, 이러한 귀중한 역사문화 자원은 도시외교에서 있어서도 중요한 부분을 차지하고 있다. 문화와 문명은 일개 국가에 있어 국제적 이미지와 국가 브랜드의 영향력을 높일 수 있는 중요한 근거가 되며, 일개 도시에 대해 언급하는 것도 이와 같다. 또한 도시를 중심으로 한 도시외교는 국가의 범위의 외교가 직면한 이익분쟁과 의식형태의 충돌을 피할 수 있기 때문에 진정한 문화의 교류와 융합을 통해 '서로에 대한 관심'으로 협력하여 발전하는 목표를 실현할 수 있다. 산동은 유구한 역사와 번영한 문화사상을 갖추고 있고, '일대일로'로 확장되어 연결되는 국가의 도시외교는 중요한 의의를 가지고 있다.

둘째, 산동과 한국, 일본 등 국가는 지리적으로 가깝고 우수한 자연조건을 가진 도시외교의 장점이 있다. 한중, 중일 등 각국 사람들 사이의 왕래에 있어서도 우수한 자연조건이 있는 지리적 장점이 있다. 바다를 격해 서로 마주 보고 있으며 지리적으로 인접한 한중 양국 사이에는 "웨이하이(威海)의 닭 울음소리가 인천에서 들린다."라는 말도 있는데, 이는 지역적인 특징에 대한 생동감 넘치는 표현인 것이다. 시진핑 국가주석은 "사람들이 서로 관심을 가져야 국가의 교류가 이루어진다."라고 여러 번 강조하였고, 현재 동북아시아 각국 사이의 인문 교류와 경제무역은 모두 긴밀한 관계를 가지고 있기 때문에 산동은 주요한 교두보의 역할을 하고 있다. 예로부터 산동성을 가장 많이 찾는 여행객은 주로 한국인들로 산동을 방문하는 모든 외국 관광객 중에서 1/3을 차지하고 있다.[14] 현재까지 산동성은 지리적인 장점을 활용하여 한국과 일본의 지방정부와 경제협력 동반자 관계의 기반을 만들었고, 음악, 미술, 서예, 무형문화 유산 등 문화 교류 활동이 계속 확대되고 있다.

칭다오, 옌타이, 웨이하이 등 도시는 더욱 지리적인 장점을 활용하여 가지고 있는 자원을 더 많이 발굴하며, 이에 한국과 일본과의 교류는 계속 긴밀해지고 있다. 웨이하이 시는 한국에 대한 문화 교류에서 우호도시 방법과 민간 교류 방법에 근거하여 정부 파견, 단체 여행, 상업활동 등의 형식을 채택하고 있다. 즉, 그림 전시, 사진 전시, 음악과 무용 연출, 세계 무형유산 참여 등을 거행하면서 한국 측을 초청하여 공동으로 전시회와 공연 등을 진행하고 있는데, 이는 한중 문화 교류와 지방정부 사이의 협력을 강하게 추진하고 있는 것이다. 현재까지 칭다오 공항에는 8개 항공사가 한국으로 향하고 있으며, 인천공항(서울과 인천)과 김해(부산)공항으로 가는 비행기는 매주 왕복으로 250여 차례에 달하고 있다.[15] 중국 전 지역에서 한국으로 갈 수 있는 도시가 증가하고 있는데, 이러한 도시

14) "'好客山東'入韓營銷 530名韓國旅游界人士成山東旅游專家", 『齊鲁晚報』, 2016. 12. 26.
15) "濟南飛韓國航班數只有青島十分之一", 大衆網, http://w.dzwww.com/p/475836.html.

들 중에서 칭다오는 3위를 차지하고 있어 지리적인 장점은 도시외교에 있어서 확실히 유리하다고 할 수 있다.

셋째, '일대일로' 제안의 추진은 산동성 각 도시에게 전대미문의 발전 기회를 부여하는 동시에 산동성 각 도시들의 도시외교의 전개에 있어 더 나은 국제화 무대를 만들고 있다. 최근에 특히 '일대일로'가 제안된 후에 산동성은 긴급히 국가발전 전략에 따라 '일대일로' 건설에 적극적으로 참여하고 있으며, 도시 국제화와 대외 교류 방면에서도 비교적 큰 성과를 얻고 있다. 종합적으로 살펴보면, 산동은 '일대일로'로 연결되는 국가와 지역의 경제에 상호 보완적인 성격이 강하고, 여기에 한국-중국 FTA와 중국-오스트레일리아 FTA가 더해지면 동아시아 해양협력의 무대를 만들 수 있으며, 한중 철도와 페리 항목에서 한중 지방경제 협력 시범지역 건설 등을 만들어 심화시킬 수 있게 되는데, 이 모두는 산동과 각 도시에 국제 경쟁과 협력에 참여할 수 있는 좋은 기회를 제공하게 된다. 산동은 이 기회를 적극적으로 활용하여 '일대일로' 과정과 함께하게 된다면 산업적 장점을 충분히 발휘할 수 있고, 도시의 브랜드, 자본, 시장, 인재 및 기술 등 분야에서 국제화 전략에 도움이 될 것이다. '일대일로'로 연결되어 자원 기지, 생산 기지, 종합서비스 기지, 연구설계 기지, 네트워크를 이용한 마케팅 방식 구축 등에서 협력하여 건설할 수 있고, 산업적 가치는 수준 높은 다양한 발전과 함께하게 되며, 국제 협력의 품질과 수준을 계속적으로 높일 수 있게 된다.[16] 그리고 국제 협력을 추진하는 과정에서 도시 혹은 지방정부는 활동하는 주체로서 반드시 적극적인 역할을 하게 될 것이다. 이에 '일대일로'는 이미 산동의 도시외교 업

16) "山東副省長孫偉: 主動融入'一帯一路'等三大戰略", 鳳凰山東, http://sd.ifeng.com/zbc/detail_2015_03/11/3644158_0.shtml

무에 좋은 발전의 기회를 제공하고 있다. 칭다오를 예를 들면, 2015년 칭다오는 '일대일로'로 연결되는 국가에 18.2억 달러를 투자하여 동기 대비 141.4%가 증가하였고, 중국에서 모든 도시의 대외투자에 55.2%를 차지하고 있으며, '일대일로'로 연결되는 국가와 수출과 수입의 총액수는 2,178억 2천만 위안(RMB)으로 중국에서 모든 도시의 수출입 총액의 50%를 차지하고 있고, '일대일로'로 연결되는 국가의 ITO(Information Technology Outsourcing)와 BPO(Business Process Outsourcing)의 협력에 집행되는 액수는 5억 5천만 달러로 중국에서 모든 도시의 집행되는 비용의 22.7%를 차지하고 있다.[17] '일대일로'의 구조에서 칭다오 시는 국제 경제무역에 협력할 수 있는 잠재력과 실력을 충분히 나타내게 될 것이다.

넷째, 민간과 정부의 공동 노력은 산동 도시외교 발전의 기초적인 동력이다. 현재까지 산동성 내에서 가장 좋은 도시인 칭다오는 국제적 도시 건설의 5개 국제화를 추진하는 것에 대해 확실히 제의하였다. 첫째는 도시경제의 국제화로 경제 분야에서 전 세계와의 협력에 심도 있게 참여하여 칭다오가 가지고 있는 산업적인 장점을 국제 첨단 산업과 연결시켜 국제경쟁력을 더욱 높이도록 한다. 둘째는 도시 기능의 국제화로 세계적 안목, 국제적 표준을 견지하여 지역이 보유한 장점을 발휘하고, 도시계획의 건설과 관리를 강화하여 도시 기능 개선과 도시 특징 상승이 이루어질 수 있도록 한다. 셋째는 인재의 국제화로 창의적 도시, 창업의 도시, 생산의 도시를 만들며, 인재를 중시하는 환경을 통해 국제적으로 우수한 인재를 칭다오로 유입시켜 새롭게 산업을 발전시킨다. 넷째는 교류의 국제화로 경제 협력과 인문 교류의 공동적인 추진을 견지하여 국제 세미나, 문화 교류, 국제 경기 등 활동을 적극적으로 거행하

17) "青島國際城市建設研討會擧行", 『青島早報』, 2016. 6. 4.

고, 칭다오의 '좋은 소식'을 알리도록 한다. 다섯째는 교류 능력의 국제화로 칭다오 정부, 기업, 사회의 국제의식을 향상시켜 국제적으로 선진적인 경험을 배우고 국제사회와의 왕래와 교류 능력을 높이며, 칭다오를 세계와 더욱 긴밀하게 연계되도록 한다.[18] 이는 칭다오 시위원회와 시정부가 칭다오 도시국제화 발전에 대해 명확하게 인식하고 있는 것이며, 정부 당국이 도시국제화 교류에 있어서 다양한 사고방식을 분명히 활용하고 있는 것이다. 동시에 민간 교류 방면에서 산동의 각 도시는 한국, 일본 등 국가의 도시와 긴밀한 관계를 세우고 있는데, 매일 한국과 일본으로 오가는 여행객, 쇼핑객이 증가하여 산동의 항공편에서도 매우 큰 비율을 차지하고 있다.

4) 산동 지역 도시외교에서 상대적으로 부족한 요소

산동은 유구한 역사와 우수한 문화를 가지고 있고, 아울러 '일대일로'의 관점에서 동북아시아 각국 사이에 매우 우수한 지역적 장점을 가지고 있으며, 또한 많은 분야에서 정부 당국과 민간의 교류는 더욱 발전하고 있다. 그러나 전체적으로 보면 산동은 도시외교 방면에서 비교적 많은 부족한 점이 존재하고 있다. 현재까지 이런 부족한 점은 산동의 도시 브랜드 건설과 소프트 파워의 향상에 대해 모두 불리한 영향을 미치고 있으며, 산동성 내의 각 도시의 국제화 과정을 제한하고 있다.

첫째, 이론 연구와 실무 추진 방면에서 현재 산동 전체에서는 도시

---

18) "青島加速打造國際城市 '名片'", 青島財經網, http://www.qdcaijing.com/2016/0603/177409.shtml

외교, 공공외교에 대한 인식이 모호하고, 지금까지 정식적인 공공외교 협회 혹은 도시외교 주무부처와 도시외교 연구에 종사하는 정부 당국의 기관이 만들어지지 않았다. 또한 민간에서도 이 개념에 대한 열정이 그렇게 강하지 않다. 일반적으로 이론은 실무를 선도하는 역할을 하는데, 현재 산동성 내에 상응하는 도시외교 이론 연구의 바탕이 부족한 것이 가장 큰 단점이다. 즉, 산동성 내의 고등교육 기관, 사회과학원 및 기타 싱크탱크 혹은 연구기관에서도 전문적으로 공공외교 혹은 도시외교를 전문적으로 연구하는 곳이 없다. 따라서 공공외교와 도시외교에 대해 실무적으로 진행하고 싶더라도 이론적인 연구 성과가 없기 때문에 실질적으로 산동에서 이에 관련된 협력은 불가능하다. 중국지망(中國知網, cnki.net)에서 관련된 연구 성과를 검색하여도 산동에 대한 연구 성과는 몇 개 되지 않는다. 동시에 정부 당국에서도 현재까지 상응하는 중요 핵심 기관이 성립되지 않아서 다른 지역 혹은 도시와 비교하면 산동성과 산동성 내의 도시는 이 방면의 실무 업무에 있어서 매우 낙후되어 있다. 비록 많은 도시에서 국제화의 목표와 발전적 전략을 제안하였으나, '도시외교' 혹은 '공공외교'의 개념을 제안하여 이를 적용하여 설명하거나 추진하는 도시나 산동성에서 관련 업무를 전개한 곳은 하나도 없다. 즉, 산동성의 모든 사회는 이에 관한 개념의 인식에 대해서도 편차와 모호함이 존재하고 있다. 필자는 산동성의 어떤 도시의 시정부의 외부 업무 사무실의 공무원과 관련된 내용을 교류한 적이 있었는데, 그 공무원은 "도시와 지방정부가 어떻게 외교활동에 종사할 수 있는가?"라고 언급하였다. 이는 지방공무원이 도시외교 개념에 대해 오해하고 있거나, 잘 알지 못하고 있다는 것을 의미한다. 이는 이후에 시급히 해결해야 할 과제이다.

둘째, 산동성 내의 도시국제화는 비교적 모호하고, 도시 브랜드 역시 뚜렷하지 않으며, 도시외교를 강력히 홍보하는 미디어가 부족하기에

도시 브랜드 건설에 약점이 되고 있다. 현재, 중국 국내의 많은 도시는 모두 명확한 도시 브랜드 이미지를 제안하고 있는데, 예를 들어 시닝(西寧)의 "세계에서 가장 시원한 도시"가 있고, 양저우(揚州)와 원저우(溫州) 등의 도시 역시 자신의 공공외교 발전의 형태를 만들었다. 비록 산동은 최근에 "많은 여행객이 찾은 산동"이라는 문화 브랜드에 따라 산동성의 국제적, 국내적 영향력을 높이고 있지만, 산동성 내의 도시는 이 부분에서의 브랜드 의식은 오히려 약한 편이고, 더욱이 대외 교류 방면에서도 보수적인 태도를 취하고 있다. 최근에 지난은 "4개의 중심 지역을 개발하여 현대적 봄의 도시를 건설한다."의 발전 목표를 제안하였다. 이는 단지 도시발전의 속성에 대한 확장이지만, 여러 가지 한계로 인해 도시 브랜드가 발전하였다고 할 수는 없다. 종합적으로 살펴보면, 산동성 각 도시는 도시 브랜드 건설 인식이 높지 않고, 구체적인 실행 역시 중국의 다른 지역에 비해 낙후되어 있다. 이는 동부 연해 지역에 위치한 산동성이 경제적으로 거대한 지역과 개방의 창구라는 지리적 우위에 있어서도 상당히 부합되지 않고 있어 도시외교의 발전에 대해서도 적극적으로 추진하는 효과가 없는 것이다. 현재 홍보가 중요한 발전 방향과 신뢰를 결정하는 시대에서 이와 같이 도시외교와 도시 브랜드 이미지 건설을 중시하지 않는 것은 상당히 해결하기 어려운 문제이다.

셋째, 교통 방면에 있어서 현재 산동성 내의 도시의 국제선, 특히 대륙 간 항공노선은 상당히 적은 편이다. 이는 산동성의 경제 발전 속도 그리고 사회 발전과 대외 개방이라는 관점에서 상당히 낙후되어 있다고 할 수 있다. 산동성의 행정 중심지인 지난(濟南)은 베이징-상하이 고속철도가 지나고 있어 고속철도, 기차역 등의 연계에 있어 뛰어난 장점이 있다. 이러한 장점은 도시의 대외 교류에 대해서 매우 유리한 점이다. 현재 많은 외국 관광객들이 베이징-상하이 고속철도를 통해 산동을 방문하여 지난, 취푸(曲阜), 타이안(泰安) 등 관광으로 유명한 도시를 찾는다. 이 같은 긍정적인 면을 가지고 있지만, 그러나 항공 분야에서 부족한 점은 매우 뚜렷하다. 앞에서 언급한 바와 같이 현재 칭다오는 산동성에서 가장 발달한 국제공항이 있는데, 2016년 12월을 기준으로 칭다오 국제공항에서 국제선은 대부분 동아시아에 취항하고 있고, 대륙 간 항공노선은 독일의 프랑크푸르트, 오스트레일리아의 멜버른, 미국의 샌프란시스코 등 몇 개의 노선만 있다. 지난 역시 2016년 12월에 처음으로 대륙간 항공노선을 취항하였는데, 쓰촨(四川)항공은 제남에서 로스앤젤레스 노선에 취항하였다. 비록 최근에 산둥(山東)항공이 비교적 빠른 속도로 발전하고 있지만, 아직까지 대륙 간 항공노선에는 취항하지 않고 있다. 이에 대해 전체적으로 살펴보면, 실력이 부족한 것이 아니라 관점과 시각의 문제인 것이다. 최근에 하이난(海南)항공과 샤먼(厦門)항공의 신속한 발전은 이러한 점을 충분히 증명하고 있다.

넷째, 산동의 국제 교류 향상을 기대하고 있다. 중국 국제 우호도시 연합회의 통계 데이터에 의하면, 산동성과 각 도시는 이미 전세계 다른 국가의 지방정부, 도시와 180개의 우호도시(지역)관계를 맺고 있다. 이는 중국의 각 지역 중에서 강소성의 300개 우호관계보다 낮고, 3위인 광동성의 173개 우호관계에 비해 우위를 차지하고 있는데, 귀중한 국제교류 자원인 것이다. 그러나 종합적으로 살펴보면, 산동은 우호지역 방면에 있어서 강소성과 기본적으로 같지만, 그러나 구체적인 우호도시 방면에서는 비교적 큰 차이가 있다는 것을 쉽게 발견할 수 있다. 강소성의 13개 시(市)에서 10개 시에서 해외의 9개 도시와 우호도시를 맺고 있고, 3개 시에서는 해외의 20개 도시와 우호도시 관계가 있다. 산동성은 17개의 시(市)에서 10개 시에서 해외의 4개 도시와 우호도시 관계를 맺고 있으며, 그중에서 2개 시에서는 해외의 20개 도시와 우호도시 관계가 있다.[19] 즉 간단히 정리하면 최근에 산동은 동북아시아 국가의 몇몇 도시와 교류함에 있어서도 차이가 존재하고 있다(〈표 1〉 참고). 이 데이터를 통해 도시가 대외 교류 방면에 있어 산동은 아직 발전할 여력이 매우 크다는 것을 알 수 있다. 현재, 강소성의 난징(南京) 시와 양저우(揚州) 시는 공공외교와 도시외교 방면에서 공공외교 협회를 건립했을 뿐만 아니라 전문적인 연구기관을 설립하였다. 최근에 도시외교 업무는 빠른 속도로 발전하고 있으며 국제적 영향력도 계속 높아지고 있는데, 산동을 돌이켜 보면, 공공외교와 도시외교 등에 대한 개념과 이해에 있어 편차가 존재하기 때문에 지금에 이르러서도 인식과 실천에 있어서 크게 나아가기는 여전히 어렵다.

〈표 1〉 한국, 일본, 북한의 산동, 강소 두 지역의 우호도시 수

	한국	일본	북한	합계
산동성	23	18	2	43
강소성	26	35	1	62

출처: 중국 국제 우호도시 연합회(中國國際友好城市聯合會). http://www.cifca.org.cn/Web/YouChengTongJi.aspx

5) 결론

이상의 내용을 종합적으로 살펴보면, 산동성은 도시 국제화 과정에서 대외 교류의 발전이 정부의 이익과 관련이 있기 때문에 많은 지지를

19) 이상의 데이터는 중국 국제 우호도시연합회(中國國際友好城市聯合會) 홈페이지의 "우호도시 통계(友城統計)" 항목을 참고하였다. 중국 국제 우호도시 연합회(中國國際友好城市聯合會), http://www.cifca.org.cn/Web/YouChengTongJi.aspx

받게 되었고, 민간의 적극적인 참여, 그리고 국가의 전체적인 발전전략에 따라 적극적으로 대응하고 있다. 현재, 산동의 도시외교 업무는 '일대일로'에 의거하여 발전할 수 있는 좋은 기회를 맞이하게 되었고, 이와 같은 배경에서 산동은 스스로의 장점과 '일대일로'와의 효과적인 연결을 실현하고 있다. 즉, 제도 설계, 이론 창신, 규칙 제정, 실천 추진 등 여러 방면에서 모두 거대한 발전 잠재력과 실행 능력을 가지고 있다. 그러나 주관적으로 혹은 객관적으로도 가지고 있는 부족한 점과 단점은 단기적으로 해결하기 어렵기 때문에 여전히 존재하고 있다. 그렇지만 이러한 문제는 잠깐 동안만 존재할 것이다. 이후 도시외교 발전에 있어서 산동의 각 도시의 국제교류가 계속적으로 확대됨에 따라 산동은 반드시 더 풍부한 국제적 우호도시의 자원을 가질 것이며, 도시외교의 중요한 발전 동력이 될 것이다. 그리고 지적 자원이 집중된 고등교육 기관과 연구소를 통해 이후의 업무 과정에서 적합한 의견 권고, 새로운 이론, 관련된 여론 주도, 사회 서비스, 공공외교 등 다양한 기능을 담당할 것이다. 그리고 도시외교 발전을 위한 지적 지원을 제공하는데, 그중에는 외국 유학생에 대한 유치 역량과 규모의 확대, 젊은이들의 국제 상호 교류 활동 등을 증진시키는 것까지 포함하고 있다. 예를 들어 산동 대학교는 최근 '일대일로 국가유학생 연구회(一帶一路國家留學生硏究會)'와 같은 새로운 기관을 설립하였다, 이는 산동 도시외교의 발전이 산동 지역의 특징에 부합되고 또한 국가발전 전략과 전체적인 외교적 요구와 결합한 것이며, 산동 도시 국제화의 미래를 위한 필연적인 선택인 것이다. 따라서 도시외교의 발전은 이후 산동의 지방경제 발전과 도시이미지 향상, 국제적 영향력 확대 등 여러 방면에서 더욱 적극적으로 추진될 것이다.

6. 문화인지적 관점에서의 일대일로 건설과 한중일 협력

하이쩌룽(海澤龍)
번역: 구자원

실크로드는 2,000여 년의 유구한 역사를 가지고 있는데, 중국의 서북부에서 시작되어 중앙아시아를 거쳐 흑해와 지중해 연안[1]까지 이르는 만 리의 거리가 연결되어 있어 각국 사람들의 우호적인 왕래, 상호 이익이 오랫동안 지속되었다. 현재, 새로운 전략적 구상이 세계지도 위에 '실크로드 경제벨트'와 '21세기 해상 실크로드'로 함께 펼쳐지고 있다. 이 시공을 초월한 위대한 구상은 고대와 현대를 관통하고, 중국과 외국을 연결하며 평화, 발전, 협력, 공동이익에 따르는 세기적 흐름인 것이다. 이는 실크로드로 연결되는 노정과 그 지역의 사람들에게 번영과 발전의 아름다운 꿈을 담고 있으며, 옛 실크로드의 영광이 새롭고 다양한 형태로 다시 시작되는 것이다. "천 리 길도 한 걸음부터"라는 표현과 같이 종합적인 국력과 지역적인 정치적 현실을 기반으로 '일대일로(一帶一

1) [미] Leften Stavros Stavrianos, 董書慧 等譯, 『全球通史: 从史前史到21世紀』(第7版), 北京大學出版社, 2005版, 第90頁.

路)'의 건설은 우선 중국과 주변 지역에서 시작하여 점차 확대되는 모습을 보이고 있다. 한국과 일본은 동북아시아에서 중국과 바다를 마주 보고 있는 국가로 한중일 사이의 협력은 '일대일로'의 추진에 있어서 적극적으로 시범적인 작용을 한다고 할 수 있다. '일대일로'가 단지 서로 간의 연결과 소통하는 실체적인 방면에서 건설되는 것일 뿐만 아니라 더욱 중요한 것은 사람들의 마음과 생각이 지식적으로 더욱 상호 교류, 왕래 및 이해를 심화시킬 수 있기 때문이다. 따라서 '일대일로' 건설은 반드시 한중일 사이의 역사적 문제와 현실적인 분규를 극복하고 공동으로 미래를 향해 나아가며 '일대일로'에 대한 확실한 인지적 기반을 만드는 것이다.

1) '일대일로'의 전략적 의의와 한중일 협력

'일대일로(One Belt And One Road, 약칭은 OBAOR)'는 '실크로드 경제벨트'와 '21세기 해상 실크로드'를 간략히 칭하는 것이다. 2013년 9월 초에 시진핑 국가주석이 카자흐스탄을 방문했을 때 '실크로드 경제벨트'를 제안하였고,[2] 10월 초에 인도네시아를 방문했을 때에도 '21세기 해상 실크로드'를 제안하였다.[3] 이 거대한 두 구상은 관련된 국가의 상호 이익 추구를 중심으로 하는 '이익 공동체'와 공동 발전과 번영을 중심으로 하는 '운명 공동체'를 강조한 것이다. 시진핑 국가주석이 언급한 바와 같

2) 習近平, "弘楊人民友誼—共創美好未來—在納扎爾巴耶夫大學的演講"(2013. 9. 7., 아스타나), 『人民日報』, 2013. 09. 08., 第03版.

3) 習近平, "携手建設中國—東盟命運共同體—在印度尼西亞國會的演講"(2013. 10. 3., 자카르타), 『人民日報』, 2013. 10. 04., 第02版.

이 중국은 각국과 함께 '실크로드 경제벨트'와 '21세기 해상 실크로드' 건설에 더욱 박차를 가할 것이고, 또한 아시아 인프라 투자은행(Asian Infrastructure Investment Bank, 약칭으로 AIIB)을 빠르게 시행함으로써 지역적 협력의 참여를 가속화하여 아시아의 발전과 안전, 상호 촉진, 서로 간의 능력을 발휘할 수 있도록 할 것이다.[4]

'일대일로' 건설은 21세기 중국의 미래경제 발전을 향한 전략적 준비이고, 이 같은 이념과 행동으로의 전환은 중요한 전략적 의의를 가지고 있다.

(1) 민족 부흥의 대표적 전략

실크로드의 부흥은 중화 민족, 중화 문명의 부흥과 완전히 일치하는 것으로 특별한 의의를 가지고 있다. '일대일로'는 상업 무역, 물자 유통 및 인적 교류를 주요 내용으로 하였던 '상업의 길'의 연장일 뿐만 아니라 중국의 국가이익, 국가의 전체적으로 안전한 '변강 지역'의 자연스러운 확대와 개척 정책이기도 하다. 개혁개방으로부터 시작되어 21세기가 되면서 중국의 종합적 실력, 즉 전체적인 국력은 빠른 속도로 상승하였다. 2014년을 예로 들면, 중국(홍콩, 마카오, 타이완을 제외)의 국내 총생산은 63조 6천억 위안(RMB)으로 환율을 계산하면 세계 2위이다.[5] 또한 IMF의 구매력 평가법의 추산에 의하면 중국 국내 총생산은 17조 6천억 달러로

---

4) 習近平, "積极樹立亞洲安全觀 共創安全合作新局面—在亞洲相互協作與信任措施會議第四次峰會上的講話"(2014. 5. 21., 上海), 『人民日報』, 2014. 05. 22., 第02版.

5) 국가통계국(國家統計局), "2014年國民經濟和社會發展統計公報", 국가통계국 홈페이지(國家統計局網站), 2015. 2. 26., http://www.stats.gov.cn/tjsj/zxfb/201502/t20150226_685799.html

미국의 17조 4천억 달러를 뛰어넘어 세계 제일의 경제대국이 되었다.[6] 이와 같은 상황에서 '일대일로'의 제안은 21세기 중국 경제가 '새로운 형태'로 진입하였다는 것을 체현한 것이다. 즉, 중국 국내의 관련 산업의 발전과 산업의 전환은 객관적으로 시대적인 상황에 의한 것이며, 또한 더욱 중요한 것은 21세기 국가의 전략적 이익에 대해 개괄한 것이다. 결국, 새로운 정부체제가 중국의 주변 환경에 대한 창의적인 관점을 반영한 것이고, 중화 민족의 전면적인 부흥에 적합한 전략인 것이다. "주나라는 비록 옛 나라이나 그 명이 새롭다(周雖舊邦, 其命維新)."와 같이 중국은 역사가 유구한 국가이지만, 항상 새로움을 추구한다는 의미를 실현하고 있는 것이다.[7]

(2) 사상문화의 중대한 변혁

중국은 역대로 찾아오는 이들에게 후하게 대접하는 도덕을 중시한 외교 사상을 가지고 있었다. 따라서 "친구가 먼 곳에서 찾아오다(有朋自遠方來)"라는 말처럼 중국은 주변 지역과 좋은 우호적인 관계를 유지해 오고 있었다. 서양의 유명한 학자들의 고증에 의하면, 수천 년의 문명사에서 중국은 거의 천여 년 이상 세계경제에서 최고의 강대국이었고, 1500년에 이르면 "근대 이전 시기 모든 문명은 어떠한 국가도 중국 문명과 비교해도 발전되지 않았고, 선진적이지도 않았다."라고 밝혔다.[8] 그러나

---

6) "中國去年經濟總量超10萬亿 位居世界第二位", 中國網-2015全國兩會, 2015. 03. 11., http://news.china.com.cn/2015lianghui/2015-03/11/content_35016557.htm

7) 『詩經』 "大雅 · 文王"

8) [미] Paul Kennedy, 王保存 等譯, 『大國的興衰—1500-2000年的經濟變遷與軍事冲突』, 北京, 求實出版社, 1988年版, 第7頁.

중국은 자신이 보유하고 있던 문화적 관념의 많은 한계에서 벗어나지 못하면서 결국 세계경제 사회의 발전에 주도적인 역할을 하지 못하게 되었다. 따라서 진정으로 글로벌 세계에도 융합되지 못하였으며, 이른바 '글로벌 사상'은 발생하지 않았다. 중국에 있었던 '천하 관념'은 동북아시아에 머물러 있었으며,[9] 이에 중국을 중심으로 한'동아시아 조공체계'를 형성하게 되었다.[10] 더욱이 1840년부터 중화인민공화국 건국 이전의 백여 년 동안 중국은 서양 열강의 압박에 처해 있었다. 중국의 종합적 국력이 빠른 속도로 상승하면서 국제적인 전략적 구도의 발전과 변화에 따라 각국 간의 왕래와 협력이 더더욱 중요하게 작용하였고, 중국은 국제무대에서 대국 이미지를 확연하게 나타내게 되었다.[11] 따라서 중국은 더 높은 경지, 더 넓은 포용력을 추구하면서 중국의 문화를 발전시키게 되었고, 중국판 '문예부흥'을 만들게 되었다.[12] 사상문화적인 관점에서 '일대일로'의 실질적인 내용은 중화 문명이 근대 이래의 서양 제국주의에 대해 이전의 강력한 국가권력을 형성하였던 정치적, 지리적인

9) '천하'의 정의는 지리학적으로 '천하의 모든 토지'이고, 심리학적으로는 "민심을 얻으면 천하를 얻는다."이며, 윤리학과 정치학의 의의로는 "세계는 한 가족이다(世界一家)."(중국에서는 "사해가 한 가족이다(四海一家)."라고도 한다), 즉, 지리, 심리, 사회제도적으로 삼위일체가 되어 완벽함이 가득한 철학적 이념인 것이다. 참고: 趙汀陽, 『天下體系: 世界制度哲學导論』, 南京, 江蘇教育出版社, 2005.

10) 조공 체계는 기원전 3세기에 시작되어 19세기 말까지 동아시아, 동남아시아, 중앙아시아 지역에 존재하였는데, 중국을 중심으로 하여 등급으로 나뉘는 정치적 질서 체계이다. 일반적으로 조약 체계, 식민 체계와 함께 칭하는데, 세계의 주요 국제관계의 형식 중의 하나이다, 조공 체계의 영향으로 동아시아 지역은 한자, 유교, 불교를 중심으로 동아시아 문화권을 형성하였다.

11) "李克强作的政府工作報告(摘登)", 『人民日報』, 2015. 03. 06.

12) 서양의 유명한 역사학자인 토인비(Arnold J. Toynbee)는 "중국의 패턴은 그리스의 패턴과 같다."라고 언급하면서 "역사에서는 찬란한 빛이 존재하는데, 만약에 이 둘의 패턴을 서로 연계하여 관찰하게 된다면 더욱 빛날 것이다."라고 주장하였다. 참고: Arnold J. Toynbee, 劉北成 · 郭小凌 譯, 『歷史硏究』, 上海, 上海人民出版社, 2000年版, 第39頁.

원래의 모습처럼 새롭게 강해진 모습을 다시 만드는 것이다.[13)]

(3) 중국 국내외의 균형 발전을 위한 중요 정책의 추진

중국의 개혁개방은 연해지역에서 시작되었는데, 부익부 빈익빈의 마태효과(Matthew Effect)의 영향과 시장경제의 특징에 기반을 두었기에 경제의 모든 요소들은 계속 연해지역으로 이동하였고, 결국 연해지역과 내륙지역의 발전의 차이는 계속 벌어지게 되었다. 따라서 반드시 거시적으로 '보이는 손'을 조절하여 시장경제의 '보이지 않는 손'을 규범화하면서 계획적인 구도를 합리적으로 만들고, 지역발전의 균형을 조절하며 지역 간의 차이를 축소시켜야 했다. '일대일로'를 언급하자면, '일대(一帶)', 즉 실크로드 경제벨트는 특히 중국의 중서부의 4,000여 km에 걸쳐 있고, '일로(一路)', 즉 해상 실크로드는 중국의 연해지역을 포함한 광범위한 지역으로 '환보하이(環渤海) 경제벨트', '창장(長江) 삼각주', '주장(珠江) 삼각주', 복건성, 해남도 등의 지역이 유기적으로 함께 연계되어 있다. '일대일로'의 부흥은 광대한 중국의 중서부 지역과 연해지역, 특히 관련 기술이 상대적으로 발달하지 못한 지역에 기초적인 설비투자를 진행하여 지역 간의 상호 연계와 소통을 빠르게 건설한다. 또한 현지의 투자환경을 개선시키는 것을 의미하기 때문에 중국의 균형적인 발전에 있어 매우 중요하다. 동시에 중국 경제를 살펴보면 대외수출의 의존도가 비교적 높기 때문에 세계경제가 금융위기와 누적된 채무 위기가 발생하면 중국도 영향을 받을 수밖에 없는 상황이었다. 중국은 이러한 경제적

---

13) 서양의 국제관계학에서 저명한 학자인 키신저(Henry Kissinger) 박사는 중국과 서양의 사유 방식에 명백한 차이가 있다고 주장하였다. 참고 [미] Henry Kissinger, 胡立平 等譯, 『論中國』, 北京, 中信出版社, 2012年版, 第18-22頁.

구조를 바꾸기 위해 관련 산업을 업그레이드하거나 다른 형태로 전환하고 있는데, 즉 동부와 서부 지역, 연해지역과 내륙지역, 중국의 국내와 국외에서 경제산업의 균형을 다시 만들고 있다. 예전의 중국은 기본적으로 국제시장의 기복에 따른 영향을 피동적으로 대처하였다면, 오늘날의 중국은 안정적인 무역 파트너를 중시하는 거시적인 경제시스템을 통해 대외경제무역에서 안정과 균형을 이룰 수 있게 되었고, 더 나아가 안정적이고 균형 있는 거시적 경제상황을 추구하고 있다.

(4) 상업 발전의 강력한 동력을 인도

역사적으로 육로 실크로드와 해상 실크로드는 관련된 상업 발전의 통상활동과 번영의 길을 촉진하였고, 중국에서 생산된 비단, 찻잎, 도자기는 세계적으로 유명하였다. 또한 문화 교류의 통로로서 불교와 외국의 많은 문화가 중국으로 전해지게 되었다. 현실적으로 현재 중국은 세계에서 가장 많은 외화를 보유하고 있는데, 중국의 외화보유고는 4조 달러에 달한다. 미국의 '양적 완화'[14]와 유럽의 누적된 채무 위기의 경험을 교훈 삼아 개발도상국은 통화팽창 상황을 이용하여 채무의 미래로 인해 발생하는 문제점을 감소시키고, 또한 선진국의 채권을 구매하여 외화보유고의 보증된 부가가치로 미래에 대한 우려에서 벗어나려 하고 있다. 이에 상응하여 만약 보유하고 있는 외화가 대외투자에 사용되면, 다른

14) '양적 완화'는 주로 중앙은행이 이자율이 제로이거나 혹은 제로에 가까울 때 실행하는데, 국채 등 중장기 채권을 매입하여 기초화폐의 공급을 증가시켜 시장에 대량의 유동성 자금을 투입하는 국가의 간여 방식으로 소비와 대출을 유도하는 것이다. 간단히 정리하면 간접적으로 지폐를 더 많이 발행하는 것이다. 일반적으로 이율 등이 더 이상 효과가 없는 상황에서 화폐당국은 비로소 이러한 적극적인 방법을 취하게 된다.

국가의 공동발전을 돕고 중국의 수출시장을 확대시킬 수 있으며, 중국의 경제는 지속적으로 발전하는 이른바 중국판 '마셜 플랜(The Marshall Plan)'이 만들어지면서 더 좋은 선택을 할 수 있게 된다. 더욱이 '일대일로'로 연결되는 국가에서 철도, 해운, 항공, 고속도로 등을 통한 물류시장에는 거대한 상업적 기회가 잠재되어 있기에 중국의 운수, 물류에 관련된 시장과 가치는 더욱 현저하게 발전할 것이다. 중국 상무부(商務部)의 보고에 의하면, '일대일로'전략은 중국의 물류 위탁처리의 신속한 향상을 추진하고 있다. 2014년 1월부터 10월까지 중국이 '일대일로'로 연결된 인근 국가와 물류 위탁처리를 담당한 계약금액과 집행금액이 각각 89억 5천만 달러와 73억 2천만 달러로 동기 대비 21.1%와 38.6%가 증가하였다. 그중에서 동남아 11개국의 물류 위탁처리를 담당한 집행 금액은 35억 1천만 달러로 동기 대비 70%가 증가하였다.

(5) 중국 특색의 국제 공공재 조성

발전은 각국 사람들의 스스로의 이익에 관련되어 있고, 또한 전 세계 안전을 위협하는 원인을 제거함에 있어서도 관계가 있다. 보편적인 발전과 공동의 번영이 없다면, 세계는 무사태평하기 힘들 것이다.[15] 더욱이 세계경제의 발전은 최근에 완만한 속도를 보이고 있으며, 국제 공공재[16]의 공급이 부족한 상황이 발생하고 있다. 그러나 중국은 신속하게

---

15) 胡錦濤, "努力建設持久和平、共同繁榮的和諧世界—在聯合國成立六十周年首腦會議上的講話", 『人民日報』, 2005. 9. 16., 第1版.

16) 공공재(Public Goods)는 경제학 개념으로 공공상품은 함께 공동으로 소유하는 것이다. 공급과 소비는 모두 한 개인이 아니고, 하나의 집단으로 그 초기 모습은 12세기까지 거슬러 올라간다. 애덤 스미스는 그의 저서 『국부론』에서 공공상품에 대한 분석을 한 결과, 3종류의 공공상품 유형이 있다고 주장하였다. 즉 국방, 사법행정, 사회를 위한 상업은 편리함

발전하는 경제로 인해 실질적으로 주변 국가와 세계 각국에 있어서 더더욱 중요한 역할을 하고 있다. 최근 중국은 "중국 발전의 열차에 탑승하신 여러분을 환영합니다. 고속열차에 탑승하셔도 좋고, 무임승차도 좋습니다. 우리는 모두를 환영합니다."라는 태도를 보이고 있다.[17] 실제적으로 세계 각국은 모두 중국 경제의 빠른 발전에 동승하기를 원하고, 또한 중국이 소프트 파워를 강화하여 더 많은 소프트 파워를 운용하기를 모두가 바라고 있으며, 또한 각국은 중국의 소프트 파워 강화를 환영하고 있다.[18] 중국은 세계경제 발전, 지역적 평화 및 안정에 긍정 에너지를 발휘하여 더 좋고 풍부한 국제 공공재를 제공하고 있다. 특히 개발도상국은 아마도 지난 20세기 80년대 세계적으로 누적된 채무 위기의 전철을 밟을 수 있는 가능성이 있다. 그러나 세계 각국이 필요로 하는 '일대일로' 체계와 대규모 기초설비 투자가 효과적으로 시행되면서 중국은 물론 개발도상국에서도 장기적이고 지속적으로 발전할 수 있는 기초가 마련되었다. 개발도상국은 '발전형' 국제 공공재에 대한 강력한 수요로 인해 중국과 협력 파트너가 되었고, '일대일로'를 통해 융자 제공, 계획설계, 설비, 재료 등에서 해결 방법을 제공받을 수 있게 되었다. 이는 개발도상국 자신들의 경제사회가 지속적인 발전적 기초를 굳건하게 할 수

을 제공하고, 국민교육이 공공 프로젝트와 공공기구를 촉진한다고 하였다. 참고: [영] Adam Smith, 唐日松 等譯, 『國富論』, 北京, 華夏出版社, 2007版, 第387頁. 현대 공공재의 연구로 가장 오래된 것은 새뮤얼슨(Paul Samuelson)의 연구이다. 그는 1954년 『公共開支的純理論』를 발표하여 공공재의 정의를 "각각의 한 사람의 소비는 임의로 다른 사람이 이 물건에 대한 소비하여도 감소되지 않는다."라고 하였다. 참고: Paul Samuelson, "The Pure theory of Public Expenditure", *Review of Economics and Statistics*, Vol. 36, No. 4, 1954, pp. 387-389.

17) "習近平在蒙古國國家大呼拉爾發表重要演講", 『人民日報』, 2014. 8. 23., 第1版.

18) 俞新天, 『掌握國際關係秘鑰—文化、軟實力與中國對外戰略』, 世紀出版集團、上海人民出版社, 2010年版, 第142頁.

있는 계기가 된 것이다. 또한 육로와 해운으로 연결되는 국가는 적극적으로 '일대일로'를 수용하는 중요한 원인이 되기도 하였다.[19)]

(6) 지역적 정치문제를 해결하는 중요 연결점

중국은 광활한 영토와 긴 해안선을 보유하고 있으며, 서쪽으로는 유라시아 대륙의 중심 지대와 접하고 있고, 동쪽으로는 서태평양과 연결되어 있어 전체적으로는 육지와 바다로 둘러싸여 있어 주변 국가들과 영해와 영토 분쟁이 적지 않다. 더욱 뚜렷한 것은 미국이 '아시아-태평양 지역의 균형 재조정(Asia Pacific rebalancing)' 전략을 실행하여 2020년 이전에 아시아-태평양 지역에 해군 전함을 이동시키고, 미국 전함의 60%를 태평양에 배치하게 되었다는 것이다.[20)] 동시에 미국은 미국-일본 군사동맹과 미국-필리핀 군사동맹을 강화하고 있는데, 구체적으로 일본과의 댜오위다오(釣魚島) 문제[21)], 필리핀-베트남과의 남중국해 문제[22)]를 이용하여 중국에게 압박을 가하고 있다. 결국, 미국은 이 지역의 안전을 문제 삼아 중국과 이웃 국가의 관계를 악화시키며 지역분쟁을 야기하고 있다. 마지막으로 양안 관계는 아직 근본적으로 호전되지 않았는데, 타이완 문제는 중국의 대부분의 국방자원을 견제, 소모시키고 있어 여전

---

19) "沿線國家踴躍對接'一帶一路'", 鳳凰網-財經, 2015. 05. 26., http://finance.ifeng.com/a/20150526/13731476_0.shtml

20) "五問美亞太再平衡戰略: 能否兑現承諾?", 新華網, 2012. 06. 06., http://news.xinhuanet.com/world/2012-06/06/c_123238380.htm

21) "美日首腦發聯合聲明 再稱釣島積用於美日安保條約", 環球網, 2015. 04. 29., http://world.huanqiu.com/exclusive/2015-04/6304025.html

22) "中國嚴重關切東盟涉南海聲明 反對個別國綁架東盟", 環球網-國際新聞, 2015. 04. 29., http://world.huanqiu.com/exclusive/2015-04/6301557.html

히 불확실한 요소가 많이 존재하고 있다.

중국은 근대 이래로 외부의 침략을 방어하였던 전쟁 역사를 통해 후방을 견고하게 한 후에야 비로소 위기에서 벗어나 안정을 찾을 수 있었다. 따라서 '일로'는 중국이 견고하고 번영하는 후방을 만들기 위함이고, '일대'는 동남 연해 지역에서 동남아시아, 인도양 연안 방면에서의 압력, 특히 미국의 '아시아-태평양 지역의 균형 재조정'이라는 형세를 효과적으로 해결하려는 목적을 가지고 있다. 더욱이 '일로'는 유라시아 대륙을 연결하여 중국과 유럽 사이의 무역왕래에 있어서 육지 운송을 통해 이루어지는 것이고, 해상 운송으로 실현되는 것이 아니기 때문에 중국은 지역적 정치적 전략에서 선회할 여지가 매우 크게 증가하고 있다.[23)]

'일대일로'에서 언급되는 대다수 개발도상국과 비교하면, 일본과 한국은 바다를 격하여 중국과 마주 보고 있는데, 경제는 발달하였고, 사회는 비교적 안정되어서 중국에서 투자되는 외국 자본의 중요 부분을 차지하고 있으며, 그들의 성숙된 시장은 중국의 대외 투자에 있어서도 중요한 지역이다. 한국과 일본은 장기적으로 중화 문명의 영향을 받아왔고, 동시에 최근에는 서양 문명이 유입된 국가이다. 따라서 한중일 삼국의 협력을 통해 중국은 정치지리적으로 가까운 곳에서부터 시작하여 먼 곳까지 영향을 주는 방침을 세우고 있다. 이러한 변화는 아시아-태평양 전략구도가 새롭게 조성되면서 발생하는 충격에 대해 일정 정도에

23) 지역정치학은 "국제와 국내 정치 활동, 정치 현상과 지리적 환경의 관계를 중점적으로 연구하는 것으로 이는 정치 활동의 진행에 대해 방향을 분석하고, 또한 정치적 결정의 지리적 환경에 대한 영향을 연구하는 것이며, 그리고 당대 세계평화와 발전의 주제를 심도 깊게 언급하고 있다." 참고: [영] Jeffrey Parker, 李亦鳴 等譯, 『二十世紀的西方地理政治思想』, 北京, 解放軍出版社, 1992. 우촨쥔(吳傳鈞)이 "중역본의 서문"을 작성하였다.

서 완충 작용을 하게 된다. 따라서 중국은 확실한 지리적인 우위를 바탕으로 한중일 협력을 더하여 여러 관련된 분야 발전의 동력을 더욱 강력하게 할 것이다. 미국이 실행하는 '아시아-태평양 지역의 균형 재조정' 전략의 주요 거점이자 제일 열도선(The first island chain)에서의 중요한 일환이고, 한일 양국은 지역적 정치에서 중요한 작용을 한다는 것은 매우 명확하다. 이에 중국은 한중일 협력을 통하여 중국에 대한 부정적, 적대적인 여러 전략과 정책을 효과적으로 제거하거나 상쇄하고자 한다. 따라서 중국은 지리적인 위치를 활용하여 인근 지역인 한중일과의 협력부터 시작하여 중국 특색의 국제공공재를 더욱 풍부하고 다양하게 해야 한다. 그렇게 된다면 그 효과는 강력하게 작용될 것이고, 성장 속도는 더욱 신속하게 변화할 것이다. 이상의 내용을 총괄하면, 한중일 사이의 협력은 중화 민족 부흥의 위대한 과정을 가속화하는 중요한 역할인 것이다.

2) '일대일로'의 특징과 한중일 협력

"천 리 길도 한 걸음부터"라는 표현처럼 종합적 국력과 경제사회 발전을 기반으로 '일대일로' 건설은 주변 국가로부터 시작되어야 한다. 한국과 일본은 동북아시아 지역에서 중국과 바다를 두고 지리적으로 가까운 선진국으로 그 중요성은 더욱 뚜렷하며, 한중일 사이의 협력이 '일대일로'건설에 있어서 순조롭게 진행되는 것이 무엇보다도 중요하다.

(1) 범위: 많은 국가와 넓은 지역

'일대일로'는 유라시아 대륙을 관통하며, 서쪽으로는 EU와 접하고 있다. 최초로 예측된 결과를 살펴보면, '일대일로'의 노선과 연결되는 인구는 약 44억 명이고, 경제 총생산량은 21조 달러로 이는 전 세계의 63%와 29%를 차지하고 있다. 역사적으로 육상 실크로드와 해상 실크로드는 중국에서 시작되어 중앙아시아, 동남아시아, 남아시아, 서아시아, 동아프리카, 유럽까지 경제무역과 문화 교류가 이루어질 수 있는 거대한 통로이다. 중국이 "우수한 몇 개의 육상 통로를 개척하여 비단 제품과 같은 특징 있는 상품을 가장 교통이 발달한 지역에서 판매함으로써 무역이 크게 발전하는 원인 중의 하나가 되었다."[24]라고 하는 옛 실크로드의 전승을 현대적으로 전환한 '일대일로'가 현재 국제사회, 특히 육상과 해운으로 연결되는 각국 사람들에게서 많은 지지를 받고 있다. 즉, 경제 발전, 민생 개선, 위기 대응, 조정 가속 등을 막론하고 특히 일대일로로 연결되는 지역에서는 완만한 경제 발전의 영향, 사회 모순이 격화되는 환경의 상황에서 많은 관련 국가들은 중국과 더불어 공동의 이익을 추구하며, 또한 국제적인 책임도 가지게 되었다.

(2) 형식: 이념과 제의의 구조

'일대일로'는 하나의 실질적인 형태나 시스템이 결코 아니라 협력 발전의 이념과 제안으로, 거시적인 의미로는 발전을 유도하며 내용적으로는 충실하고 완벽한 구조를 가지고 있다. 일대일로는 각국을 육상과 해운으로 연결하여 스스로의 종합 국력과 발전 단계에 있어서 나타나는 많은 특징에 따라 여러 나라와 지역과의 협력 시스템을 결합하는 것이

---

24) [미] Leften Stavros Stavrianos, 董書慧 等譯, 『全球通史: 从史前史到21世紀』(第7版), 北京大學出版社, 2005版, 第89頁.

다. 이에 관련 있는 협력과 건설을 진행하고 상호 연계와 소통을 촉진하며, 무역에서의 거대한 발전, 교류 및 협력을 중심으로 육상과 해운으로 이어진 지역의 경제사회 발전을 이끌어 나가는 것이다. '일대일로'의 기초시설의 상호 연계와 소통에 관한 초기 계획을 살펴보면, 그 내용은 건축, 토목, 수리, 전기, 기계공정, 환경 프로젝트, 통신시설 등의 분야를 포함하고 있다. 동시에, 기초설비의 상호 연계와 소통, 산업지역, 무역, 금융 및 민간 교류 분야에 중점을 두고 있다. 2014년 보아오(博鰲) 아시아 포럼 개막식에서 중국은 아시아 협력 정책을 전면적으로 상세히 언급하였는데, 특히 '일대일로' 건설의 가속을 강조하였다. 즉, 일대일로로 연결되는 각국 경제의 번영과 지역 경제의 협력 추진에 있어서 유익한 점을 밝혔고, 다른 문명 간의 교류와 상호 존중을 통해 서로가 배우는 것을 강화하며, 세계평화 발전을 촉진하여 세계 각국 사람들의 행복을 가져오는 위대한 일이라고 주장하였다.[25)]

(3) 성격: 보존량과 증가량의 결합

'일대일로'는 완전히 별도로 나뉘는 것이 아니라 보존량과 증가량이 완벽하게 결합한 것이다. '일대일로'는 고대 '실크로드'의 역사적 이름(보존량)을 차용한 것으로 중국과 관련 국가 간의 기존의 다자 간 시스템(보존량)에 충분하게 의존하고, 기존에 거행되었던 효과적인 지역 협력 무대(보존량)를 차용하여 평화 발전의 기치(보존량)를 높이는 것을 가리킨다. 그리고 일대일로로 연결되는 국가와 경제 협력 동반자 관계(증가량)

25) 국가발전개혁위(國家發展改革委)、외교부(外交部)、상무부(商務部), "推動共建絲綢之路經濟帶和21世纪海上絲綢之路的愿景與行動"(經國務院授權發布), 『人民日報』, 2015. 03. 29., 第04版.

〈그림 1〉 일대일로 표시도[26)]

를 적극적이며 능동적으로 발전시키고, 정치적 상호 신뢰, 경제적 융합, 문화적 포용의 이익공동체, 운명공동체와 책임공동체(증가량)를 공동으로 만드는 것이다. '일대일로'의 건설은 아시아 태평양 경제 협력체(APEC), 상하이 협력 조직(The Shanghai cooperation organisation), 유라시아 경제 연맹(The Eurasian Economic Union), 중국-동남아시아 국가연합(10+1) 등 기존의 협력 시스템(보존량)에서 중첩 혹은 경쟁이 발생하는데, 이러한 국제 시스템, 국제 기구에 새로운 내용과 활력을 첨가하여 새롭게 협력적 역량을 증가시킨다. 만약 기존의 국제 시스템, 국제 기구가 강성적인 작용을 하는 바위와 같다면, '일대일로'는 "상선약수(上善若水, 스스로 낮추어 모든 것이 자연스럽게 흘러가는 것)"의 작용을 더욱 발휘하게 하는 이른바 "수풍잠입야, 윤물세무성(隨風潛入夜, 潤物細無聲, 바람과 함께 슬며시 스며든 밤, 소리 없이 만물을 적

26) 文楊, "'一帯一路'倒逼中國海軍加速轉型", 和訊網, 2015. 03. 03., http://news.hexun.com/2015-03-03/173677984.html

신다)"과 같이 자연스럽게 융합되어 진행될 것이다. '일대일로'는 이러한 보존량과 증가량이 결합한 것으로 기존의 국제 시스템, 국제 기구의 긴밀한 관계를 촉진시키고, 그 협력 내용을 충실하게 할 것이다. 따라서 각종 교류가 심화되어 협력의 결과는 견고한 역량을 갖추게 될 것이고, 마지막으로는 모두의 '공동 승리(Win-Win)'와 '공동 이익'을 실현하게 할 것이다.

(4) 구조: 연속발전 형식

'일대일로' 건설은 원래 중점지역을 외부로 확대시키는 지역 발전 방식에서 탈피하여 육상과 해운으로 연결되는 각국에서는 전체적으로 연속적인 발전구조가 형성되었다.[27] 이는 많은 국가 혹은 지역이 긴밀하게 연합할수록 유리하다는 것을 의미한다. 따라서 무역, 산업, 교통 등이 연결되면서 관련된 각 환경이 기반이 되어 자신의 기본적인 국가 상황과 경제사회 발전 단계에 따라 분업과 협동을 전개하여 각각이 원하는 바를 얻게 된다. 이러한 상황의 장점은 상호 보완이 형성되면서 공동으로 발전한다는 건실한 구조를 만들게 된다는 것이다. 개혁개방 초기의 선전(深圳) 경제특구, 핑탄(平潭) 종합 실험지역, 최근에 설립된 상하이 자유무역지역 등은 경제사회 발전구조를 막론하고 모두 특정한 구역 혹은 지역에 발전을 위해 새로운 돌파구를 계획한 것이다. 즉, 점(點)의 형상(구역보다 작음) 혹은 편(片, 조각)의 형상(구역보다 큼)의 발전구조를 형성한 것이다. '일대일로'의 연속적인 발전구조는 대(帶, 연결)의 형상으로, 종합적인

---

27) 연속발전 방식은 다른 주체 사이에 각종 관계의 설립을 통해 서로가 함께 연계되어 자원과 정보를 공동으로 향유하고, 위험을 공동으로 대처하며 공동으로 이익을 추구하는 발전 방식이다.

발전으로 이전의 점, 면의 발전 구조를 완전히 변화시켰다. 중국 국내에서 가로로는 중국의 동부, 중부, 서부를 관통하고 있고, 세로로는 주요 연해의 항구도시로 연결되어 있다. 또한 중국의 외부에서는 중앙아시아, 동남아시아 국가연합, 중동, 아프리카 및 유럽까지 다양한 방향으로 연결되어 시장경제의 결정적인 역량인 '보이지 않는 손'이 자연스럽게 확장되었다. 이는 중국의 구역경제 중심의 사회발전 판도를 변화시켰고, 관련 지역 사이에 상호 연계와 소통, 산업의 정리와 이전을 강화하고, 중국 경제 발전의 전환을 향상시키는 것을 가속화한 것이다. 동시에 육상과 해운으로 연결된 각국 경제사회의 번영과 발전이 이루어지게 된다.

(5) 원칙: 개방, 평등, 포용

'일대일로'는 공동 협상, 건설, 공유의 원칙을 견지하고 있는데, 폐쇄적인 것이 아니라 개방적이며 포용적인 것이다. 즉 중국의 혼자만의 것이 아니라 육상과 해운으로 연결되는 국가가 다 함께 하는 것이다. 또한 편협하거나 공허한 구호가 아니라 모두가 함께하며 실체화하는 것으로 국가들의 공동 요구에 따라 불합리한 조치는 해제하고, 실제적인 이익을 제공하도록 한다. 그리고 '일대일로'는 현재의 존재하는 지역적 협력 시스템을 새롭게 변화시키는 것이 아니라 기존의 시스템을 기초로 삼아 국가 간을 연결시키는 것이다. 즉, 국가에 대한 발전 전략의 상호 연결과 장점의 상호 보완을 추진하여 그 기반을 넓게, 또한 굳건하게 하는 것이다. 현재, 이미 60여 개 국가와 국가 기관에서 '일대일로' 건설 참여에 대해 적극적인 태도를 취하고 있다.[28] '일대일로'의 전망과 실행에

---

28) "一帶一路建設不是中國獨奏是沿線國家合唱", 鳳凰網, 2015. 03. 29., http://news.ifeng.

관한 문서는 이미 제정되었고, 중국이 주축이 되어 시작한 아시아 인프라 투자은행(Asian Infrastructure Investment Bank, 약칭으로 AIIB)은 모두에게 개방되어 있다. 따라서 중국은 육상과 해운으로 연결된 국가와 아시아 국가의 적극적인 참여를 바라고 있으며, 또한 다른 지역의 국가와도 협력하여 중요한 사항에서도 완성을 보이고 있다. 현재, '일대일로'의 전망과 실행에 관한 문서는 이미 제정되었고, 아시아 인프라 투자은행이 기획하고 건립한 업무는 실질적으로 이미 시작되었다. 이에 따라 '실크로드 펀드'는 순조롭게 진행되고 있으며, 기초시설의 상호 연계와 소통 프로젝트는 안정적으로 추진되고 있다. 이 같은 초기의 성과를 통해 앞으로도 '일대일로'의 미래는 계속 밝을 것으로 전망되고 있다.

'일대일로'의 많은 국가와 비교해 볼 때, 한국과 일본은 중국의 이웃 국가로 지역적인 범위에서 "근수루대선득월(近水樓臺先得月, 근처 물가의 누각에서 먼저 달을 얻는다: 가까운 곳에서 이익을 얻을 수 있다)"과 같이 많은 편리한 점이 있다. 형식에 있어서 이미 한중일 자유무역 구조, 아시아 태평양 경제협력체(APEC) 등은 현재의 시스템으로 자금을 운용하고 있고, 더욱이 한중 FTA는 2015년 6월 1일에 체결되어 양국 정상은 이에 서로에게 축하의 메시지를 전하였다.[29] 성격에 있어서 현재 비교적 안정적인 기반이 구축되고 있는데, 설령 정치적 문제나 역사적 문제 등에서 지장이 있더라도 진정으로 한중일 사이, 특히 중국과 일본, 한국과 일본 사이에 정상적인 무역교류를 저지하지는 못할 것이다. 구조에 있어서 한중일 협력은 기존의 산업구조를 충분히 이용하면서, 또한 '일대일로'를 통해 상호

com/a/20150329/43437508_0.shtml

29) "習近平主席與韓國總統朴槿惠就兩國正式簽署中韓自貿協定互致贺信", 外交部網站, 2015. 06. 01., http://www.fmprc.gov.cn/mfa_chn/zyxw_602251/t1269003.shtml

연계와 소통을 더욱 강화하여 연속적인 발전구조를 구축할 수 있을 것이다. 원칙에 있어서 개발, 포용, 평등 등의 이념은 이미 기존의 한중일 협력에서 발휘될 수 있고, '일대일로'는 이러한 원칙을 다시 한번 강조함으로써 실제적으로 초지일관한다는 것을 의미하고 있다. 따라서 한중일 협력은 더욱 순조롭게 진행되어 그 효과는 더욱 뚜렷할 것이다.

3) 한중일 협력에서 문화인식에 의한 문제와 '일대일로'

한중일 삼국은 모두 세계에서 경제와 무역 대국으로 동북아시아 지역경제의 기반이 되고 있는데, 삼국 협력은 동북아시아뿐만 아니라 아시아 전체, 더 나아가 전 세계에 있어서도 중요한 영향을 미치고 있다. 현재, 한중일 삼국의 경제 총생산량은 세계의 1/9, 아시아에서는 70%를 차지하고 있어서 글로벌 경제에서 중요한 역할을 하고 있다. 2012년에 한중 무역은 처음으로 2,500억 달러를 초과하였고, 중일 무역 역시 3,294억 달러에 이르렀으며, 삼국의 투자협력은 새로운 발전을 맞이하게 되었다. 한국은 대중 투자의 합계가 이미 590억 달러를 초과하였고, 일본의 대중 투자의 합계 역시 901억 달러를 초과하였다.[30] 비록 한중일 협력이 많은 지리적 유리함과 본래의 우위를 가지고 있고 또한 '일대일로' 전략이 일말의 성공을 거두었지만, 그러나 문화적 인식을 포함하여 여전히 많은 문제는 해결되지 않고 있다.

---

30) 宋耀明, "中日韓自貿區建設影響深远(聲音)", 『人民日報』(海外版), 2013. 08. 29., 第2版.

(1) 미국의 '아시아-태평양 지역의 균형 재조정' 전략에 의한 문제

미국의 '아시아-태평양 지역의 균형 재조정' 전략의 주요 목적은 중국의 신속한 굴기에 대응하는 것으로 국제적인 영향력이 강해지는 중국을 압박하고자 한다. 따라서 '일대일로' 전략의 목표 중의 하나는 바로 '아시아-태평양 지역의 균형 재조정'에서 파생되는 부정적 영향을 제거하는 것이다. 그러나 중국은 가능한 국제사회-미국 등 서방 국가에게 강압적인 방법이 아니라 평화롭게 발전을 실현하고자 한다는 입장을 확실하게 밝혀야 한다. 그리고 최소한 미국의 핵심적 이익에 손해를 끼치지 않도록 고려하는 일종의 교류와 경계를 동시에 진행하는 전략인 '경쟁과 협력'은 새로운 국면에서 중요한 역할을 하게 되었다. 이 전략의 구현은 여전히 앵글로-색슨의 전통적인 국제 전략-'세력 균형'을 구축하여 계속 유지하는 것이다. 예를 들어 약한 쪽을 도와 지역적인 역량의 균형적인 상태를 실현하지만, 때로는 반대로 강한 쪽을 도와 세력 균형의 변화를 방지하기도 하는, 자신들의 안전과 이익만을 위한 정책인 것이다.[31] 이는 급진적 현실주의 이론의 창시자인 미어셰이머(John J. Mearsheimer) 교수의 '연안의 평형(offshore balancing)' 전략에서 개괄적으로 소개하고 있다. 미어셰이머 교수는 심지어 현실주의 성향에 기초하여 미국은 당연히 결정을 내려야 하며, 일체의 대가를 아끼지 않아야 한다고 여기고 있다. 특히 현저하게 나타나는 중국의 권력과 영향력을 약화시켜야 하며, 또한 중국이 발전하는 상황을 억제시켜야 한다고 주장하였다. 이를 간단히 정리하면 "중국의 파워가 증가한 후에 미국과 중국은 반드시

---

31) [미] Henry Kissinger, 顾淑馨 · 林添貴 等譯, 『大外交』, 海口, 海南出版社, 2012年版, 第60-61頁.

경쟁자가 될 것이다."[32]라는 관점으로 미국에 도전하는 국가를 미연에 방지하는 것이다. 미국은 2차 세계대전 후에 '연안의 평형' 전략을 적절하게 운용하였는데, 예를 들어 유럽에서는 북대서양 조약기구(NATO)를 통해 소련에 대치하는 서유럽을 지지하였고, 중동 지역에서는 이스라엘을 지지하여 아랍 국가와 대치하게 하였으며, 동아시아에서는 일련의 쌍방 동맹(한-미, 미-일, 미-필, 미-태)을 통해 '부채 모습의 구조'로 미국 자신의 패권적 영향을 유지하려 하고 있다. 아울러 '제일 열도선(The first island chain)'은 중국을 봉쇄하는 중요한 연결선으로 보았다.[33] 현재, '일대일로'와 관련 있는 지역에서 이 전략이 중요하게 간주하고 있는 것은, 바로 미국이 댜오위다오(釣魚島) 문제에서는 미일 동맹을 통해 일본을 지지하고, 남중국해 도서 분쟁의 문제에서는 필리핀, 베트남을 지지하는 것으로, 실제로는 중국에 대해 견제하는 행동이다. 이는 중국과 미국이 문화적 인식에서 '전략적 상호 의심' 형성을 초래하게 하였다.

(2) 일본의 미래전략에 의한 문제

일본의 외교에서 문화적 인지의 특징은 일본은 역사적으로 스스로가 '국제 체계 중의 최강자'라고 하면서 동맹의 체결에 있어 장점이 있다

---

32) [미] 미어셰이머(John J. Mearsheimer), 王義桅 · 唐小松 譯, 『大國政治的悲劇』, 上海, 上海世紀出版集團, 2014年版, 第3頁.

33) 소위 '섬의 연결'은 미국의 국무장관을 역임하였던 덜레스(John Foster Dulles)가 1951년 처음으로 명확하게 언급한 특수한 개념이다. 첫 번째 섬의 연결은 일본 열도, 오키나와 열도를 포함하여 중간에 타이완 섬을 연결하고, 남쪽으로는 필리핀 열도와 대순다 열도에 이른다. 두 번째 섬의 연결은 역시 일본 열도, 오가사와라 제도를 거쳐 가잔 열도 등 할마헤라 열도까지 연결된다. 소련 연방이 해체됨에 따라 이 두 종류의 섬의 연결은 더 이상 의의가 없어졌지만, 그러나 일부 사람들은 중국 해군이 대양으로 발전하는 것을 억제하는 두 개의 전략적 전선으로 보기도 한다.

고 주장하는 전통이 있다는 것이다.[34] 또한 일본은 지리적으로 해양 국가에 속하기 때문에 인접한 대륙 국가의 굴기에 따라 변화되는 현상에 주목하고 있는데, 특히 대륙과 연결되는 해양 항로의 안전에 대해 자연적으로 높은 관심을 가지고 있었다.

일본은 역사문제로 인해 중국이 일본에 대해 세계적인 대국으로 인정하고 있지 않다는 점을 이미 알고 있다. 구체적으로 중국은 일본이 UN 안전보장이사회에 가입하여 상임이사국이 되는 문제에 특히 뚜렷하게 반대하였다. 따라서 일본은 단지 미국과의 동맹에 의존하면서 정치적으로가 아니라, 경제적인 발전으로 세계적 강대국으로서의 면모를 갖추게 되었다. 이러한 전략의 전환은 1990년대 중기에 기본적인 형태를 갖추었다.[35] 그중에서 중요한 것으로 일본은 국제사회에 '중국 위협론'을 과장되게 묘사하면서, 국제사회는 이에 적절한 조치를 취해야 한다고 주장하고, 중국의 실력이 빠르게 발전하는 것을 방해하고 있다. 특히 글로벌 세계라는 배경은 중국과 비교하면 지난 20세기가 더 개방적이었다. 즉, 21세기의 국제사회는 각종 국제적인 외교 업무의 처리에 있어 더욱 준수해야 할 것이 증가하고 있으며, 따라서 중일 사이에 경제무역 교류는 더욱 긴밀해졌다. 그러나 일본에서는 시종일관 스스로가 "아시아를 벗어나 유럽으로 진입한다."라는 관념을 바꾸지 않았고, 스스로 미국 등과 같은 서방 민주국가라고 여기고 있다. 중국은 개발도상국으로 일본과 경제적으로 비교적 큰 차이가 있었고, 실제로 일본은 일종의

---

34) 결맹에 관해 "역사정치 문화(History-Political Culture)"를 중점으로 삼게 되면, 일본의 대외전략에 있어서 작용된다. 참고: Thomas Berger, *Cultures of Antimilitarism: National Security in Germany and Japan*, Baltimore: The John Hopkins University Press, 1998, pp.55-60.

35) Mike M. Mochizuki, *Japan: Domestic Change and Foreign Policy*, Santa Monica: Rand, 1995, pp. 47-54.

'우월감'을 가지고 있었다. 이러한 일본의 정치적인 관념과 경제적인 차이로 인해 일본은 정치적으로는 미국, 경제적으로는 중국이라는 이른바 '전략적 선택'을 적절하게 구사하고 있다.[36] 중국의 종합적인 국력이 일본을 초월하여 미국 다음의 제2위의 경제대국이 되었을 때, 일본은 문화적 인식에서 비교적 복잡한 변화가 시작되었다. 일본은 현재의 중국을 걱정하거나 두려워하는 것이 아니라 미래의 중국이 동아시아 지역에서 정치적으로는 패권적 지위를, 경제적으로는 과학기술과 산업생산 능력을 가지게 되는 것을 고민하고 있다. 즉, 미래의 중국이 동아시아 지역에 있어서 일본을 능가하는 역량을 가지는 것을 걱정하고 두려워하는 것이다. 결국, 일본은 중국에 대해 '초월'과 '견제'에 초점을 맞추며 일본에 적합한 전략적 반응을 구축하려 하고 있다.[37]

(3) 한국의 미래전략에 의한 문제

한반도에 대해 언급하자면 민간 속담에 "고래 싸움에 새우 등 터진다."라고 하였는데, 그 지정학적 위치에서 바로 알 수 있다. 21세기 이래 한국은 중국 경제사회의 발전에 따라 많은 분야에서 나날이 긴밀해지고 있는데, 한국의 국가전략은 이미 '중대한 선택의 기로'에 도달하였다. 이

---

36) 미국과 일본에 관한 것은 '공동 진영'의 파트너, 참고: Gerald L. Curtis. ed., *The United States, Japan and Asia: Challenges for U.S. Policy*, W. W. Norton & Company, 1994; Michael J. Green and Patrick M. Cronin, eds., *The U.S.-Japan Alliance: Past, Present and Future*, New York: A Council on Foreign Relations Book, 1999; Steven K. Vogel, ed., *U. S.-Japan Relations in a Changing World*, Washington D. C.: the Brookings Institution, 2002.

37) 해당 국가 사이에 권력 분대가 변화되기 시작할 때, 국가는 '균형' 대상에 대해 자각하고 복잡한 균형 행위는 해당 국가의 전략적 선택을 결정하게 된다. 참고: Charles L. Glaser, "The Security Dilemma Revisited", *World Politics*, Vol. 50, No. 1, 1997, pp. 171-201.

는 미국과의 군사동맹의 지속적 강화, 연장, 개진의 방향과 20세기 이전 전통적인 중국과의 관계로부터 21세기 중국의 발전으로 인한 전략적 수용(strategic accommodation)의 방향에서 미국 혹은 중국을 선택할 수밖에 없는 상황이 되었다.[38] 이에 대해 한국은 더 많은 현실적인 조치를 취해 상황에 대응하면서, 대국(미중) 간의 전략적 균형 정책을 시도하고 있다. 즉 주한미군의 주둔으로 한반도 등 아시아-태평양 지역에 대해 안전을 도모하면서도 미국이 중국에 대한 '억제 정책'을 취하는 것은 바라지 않으며, 또한 미국을 따라 중국에 대해 강경한 대응조치를 취하는 것도 원하지 않는다. 한국과 미국이 공동으로 '사드' 탄도 미사일 부서를 한국에 설치하는 것을 선포한 후에, 한국의 국내에서 국민들은 여기저기서 끊임없이 항의하는 풍조가 나타나고 있다. 특히, 한국 정부에 대한 미국의 강력한 정치적 압력, 박근혜 대통령의 '비선 실세' 사건의 신속한 처리, '사드' 배치로 인한 중국과의 갈등 등 정치적, 경제적, 사회적으로 불만족스러운 문제가 매우 많이 발생하고 있다. 비교적 공인된 일부 주장에 의하면, 한국은 전략적인 입장에서 설령 미국과 동맹이라도 한국 역시 스스로의 국가이익에 중점을 두어야 한다는 것이다. 즉, 중국과 정상적인 국가관계를 발전시키며, 더욱 긴밀한 경제관계는 물론이고 더 나아가 전략적 협력을 구축해야 한다는 것이다. 박근혜 대통령은 아시아 경제가 중국에 달려 있고, 안전은 미국에 의지한다는 이른바 '아시아 패러독스 이론'에서 벗어날 수 있다고 언급하였다.

비교적 분명한 것은 2015년 6월 1일 한중 FTA가 정식으로 체결되었는데, 한국과의 FTA가 중국의 대외무역에서 가장 큰 자유무역 협정으로 그 제도와 계획이 정식적으로 완성되어 실행 단계에 들어갔다는 것

38) Richard Halloran, "U.S.-Korea Relations at Crossroad", *Washington Times*, March 11, 2005.

을 의미하고 있다. 이 협정은 한중 경제무역의 새로운 경쟁과 협력의 시대를 열었으며, 양국의 산업 역시 균형과 경쟁을 중심으로 심도 깊게 융합하게 되고 있다. 한중 FTA의 결과로 한국은 중국의 '일대일로' 정책에 함께 하면서 중국과의 상호 연계와 소통을 가속화하여 유라시아 대륙에 함께 진출하게 될 것이다. 한국은 아직 '아시아 인프라 투자은행(AIIB)'의 창시국 자격을 보류하고 있는데(역자 주: 2016년 1월에 한국이 가입하였다), 앞으로 더욱 완전하게 유라시아 시장에 함께 참여하여 나아갈 수 있을 것이다. 그러나 일본, 미국 등 태평양 지역의 국가와 같이 맹목적으로 연안의 평형정책에 동참한다면 유라시아 문명 부흥의 기회를 잃을 것이다.[39] 2016년 11월 미국 대선 과정에서 TPP 반대가 핵심적인 정책의 하나가 되었는데, TPP를 '재난'과 '미국에 대한 약탈'로 부르는 공화당의 트럼프 후보는 미국의 신임 대통령으로 취임하였다. 오바마 정부는 TPP를 중요한 정치적 유산으로 여겼지만, 미국 의회에서 TPP에 대한 심의가 타결되지 않아 어쩔 수 없이 보류되었음을 선포하였다. 앞으로 TPP의 운명은 트럼프 대통령의 결정에 달려 있다.[40]

(4) 다른 국가의 미래전략에 의한 문제

"냉전 후 시대의 신세계에서 충돌의 기본적인 원인은 의식 형태나 경제가 아니라 문화이고 … 전 세계 정치에서 중요 충돌은 다른 문화의 국가와 집단 사이에서 발생한다. 문명의 충돌은 전 세계 정치를 지배하고 있다." "다음에 세계대전이 만약에 발생하게 된다면 반드시 모든 문

39) 王義桅, "中韓自貿協定的五重效應(望海楼)", 『人民日報』(海外版), 2015. 02. 27., 第1版.
40) "奥巴馬放棄在任內通過TPP 其命運將由特朗普決定", 人民網, 2016. 11. 13.

명 사이에서 전쟁이 시작된다."[41] 이와 같은 주장에 대해 중국 내의 학계에서 많은 학자들은 잇달아 반박하고 있으며, 많은 전문가들 역시 '문명 충돌론'을 전문적으로 비평하고 있다.[42] '일대일로'가 건설되면, 다른 지역과 문명과 교류하는 과정에서 마찰과 충돌은 필히 발생할 수 있다. 한중일 협력에서도 이 같은 문화적 인식에서 협조 문제가 존재하고 있으며, 유교 문화권의 국가인 한중일 삼국이 '일대일로'를 통해 다른 국가와 지역에서 교류활동을 진행하고 있을 때, 문화적 인식에서 협조 문제는 여전히 비슷하게 존재하고 있다.

이와 동시에 국가 이익의 문화적 인식과 현실적 수요를 기반으로 만약 중국이 '일대일로'와 관련된 많은 지역과 전략적 관계를 맺어 안정과 협력을 유지할 수 있다면, 말레이시아, 싱가포르 등을 포함한 중소 국가의 전략적 균형정책은 기본적으로 보장될 수 있고, 어떤 대국이 가입하여 다른 대국과 대치하는 정책을 취하는 상황을 피할 수 있게 된다. 이러한 중소국가의 전략적 균형정책은 동아시아 지역의 안정과 평화의 중요한 역량이며, 또한 '일대일로' 건설이 순조롭게 전개되면서 상응하는 전략으로 회귀할 수 있는 공간을 제공하고 있다.

4) '일대일로' 건설의 가속과 한중일 협력 상승을 위한 약간의 건의

어떠한 개혁 조치도 모두 현재의 이익구조와 저촉될 수밖에 없다.

---

41) Samuel Huntington, "The Clash of Civilization", *Foreign Affairs*, Summer 1993.

42) 참고: 王緝思 主編, 『文明和國際政治』, 上海人民出版社, 1995年版.

'일대일로'는 중국의 개혁개방을 인도하여 시기적으로나 지역적으로 위험하고 위태로움을 감수하면서 진행되고 있다. 따라서 반드시 중국 정부는 만반의 준비를 미리 갖추고, 관련된 분야에서 여러 연구 업무를 심도 깊게 전개하여 대응 방법을 적절하게 제공할 수 있는데, 이하의 것을 포함하고 있다.

(1) 최상위 설계와 기초 설계의 결합

'일대일로' 건설은 기본적으로 지나간 과거의 경험을 빌릴 수가 없다. 비록 '실크로드'와 '해상 실크로드'의 경험이 축적되어 있지만, 현재의 중국은 이미 역사 속의 중국과 종합적 실력, 군사적 실력, 국제 영향력, 더 나아가 시간과 공간적 배경을 막론하고 모두 서로 비교가 되지 않는다. '일대일로'의 전체적인 규모는 매우 거대하고 연관된 분야도 매우 많기에, 일단 중국이 '실크로드'를 다시 활용하기로 결정한 것은, 육상과 해운으로 연결된 국가와 지역에서 필수적으로 인구 13억과 경제 총생산량 10조 달러에 달하는 중국의 헤비급 '팬더 충격'을 충분히 감당해야 한다는 것을 의미하고 있다. 개혁개방 초기에 전체적인 설계, 채택이 여전히 결여되어 있어 점진적으로 시행착오를 거치는 이른바 "돌다리도 두들겨 보고 건너다(摸着石頭過河)" 방식은 이미 초대형 국가[43]로 발전한 중국의 현실적인 수요를 더 이상 만족시킬 수 없게 되었다. 따라서 반드시 우수한 최상위 설계가 필요한데, '일대일로'의 최상위 설계는 간단한 규칙과 고효율 시스템을 강조하며, 이에 대응하는 기초 설계는 실사구시(實事求是)와 타당한 실행을 강조하는 것이다. 동시에 기초 설계는

43) 王占陽, "超大型國家的戰略硏究只能靠自己", 『人民論壇』, 2010, 第30期.

더 이상 전통적인 "돌다리도 두들겨 보고 건너다"라는 방식이 아니고, 최상위 설계에 따라 진행되는 창의적인 탐색인 것이며, 그 실천 과정 중에 있어서 최상위 설계를 통해 기초 설계를 이끄는 것인 동시에 그 기초 설계를 통해 최상위 설계의 견고한 기반을 굳건히 하는 것이다. 즉, 주변 국가, 특히 한국과 일본으로 하여금 '일대일로' 건설에 대해 적극성과 창의성을 공동 추진하게 하여 '일대일로'의 여러 항목 건설에 순조로운 전개를 돕는 것이다.

(2) 연속적으로 발전하는 점, 선, 면의 결합

연속적인 발전구조는 '일대일로'에서 점, 선, 면의 종합적인 모습으로 많은 주체들이 발전하는 형태이다. 즉, 기존의 다른 산업은 '선'을 잇는 방식으로 발전하였고, 다른 지역은 '점'의 형태로 건설되었으며, 또한 다른 국가와 지역은 '면'의 형태로 분화되어 조합되었다. 그 관건은 다양한 주체, 즉 다른 국가와 지역에서 스스로의 실질적인 국가 상황의 발전과 이에 관련된 산업에 의해 산업 연결과 가치 연결을 효과적으로 형성하게 된 것이다. 따라서 시장경제의 '보이지 않는 손'을 통해 점진적으로 물자와 인원의 각종 상호 연계와 소통을 추진하였다. 따라서 당연히 충분하게 점, 선, 면의 결합을 통하여 이들로 하여금 각자 맡은 바 업무를 완수하게 하고, 각자 그 업무에서 안정되게 하며, 각자 그 장점을 나타나게 하는 것이다. 따라서 시장경제가 진정으로 기초적 작용을 발휘하게 하고, 사물의 발전 추세에 따라 유리한 방향으로 이끌며, 발전의 추세에 따라 실행하게 된다면, '일대일로' 건설이 가지고 오는 각종 평화적 이익과 경제적 이익을 함께 나눌 수 있게 된다. 구체적으로 한중일 협력은 한중일 FTA 건설을 추진하도록 하며, 아울러 한중일 FTA의 시범적인 효과를 통해 한국과 관련된 전략문화의 잘못된 인식을 누그러지게 하고, 일본의 전략적 문화인지에서 불리한 부분을 감소시키며, 점차적으로 이를 통해 한중일 사이의 상호 신뢰를 증대할 것이고, 나아가 '일대일로' 건설과 관련된 것을 더욱 좋은 방향으로 전개하는 것이다.

(3) 대국 협조와 주변 국가 외교의 결합

'일대일로'의 전체적인 구조에 있어서 대국외교는 전략적 지위를 점하고 있다. 육지에서 실크로드 경제벨트의 성공 여부는 먼저 중국과 러시아, EU 사이의 외교 관계에서 결정된다. 중러 관계의 수준 높은 운행을 유지하는 것은 '일대일로' 제안의 우선적인 발전 방향이다. EU에서 독일, 이탈리아, 프랑스, 영국은 '일대일로'의 서쪽의 시발점으로, 만약 유럽의 대국이 '일대일로'에 대해 적극적으로 반응하지 않는다면 설령 '일대일로'의 연결이 실현되더라도 유지하기 어려울 것이고, 유럽 경제권의 가입이 없다면 '일대일로'는 상호 이익과 공동 승리의 기반을 잃어버릴 것이다. 현재 세계에서 유일한 초강대국인 미국과 그 동맹 체계는 전 세계에 영향력이 보편적으로 나타나고 있으며, '일대일로'에 대한 영향과 비슷하게 매우 거대하다. 해상 실크로드의 영향에 대해서는 특히 더 심각하다. 더욱이 최근에 미국은 남중국해의 도초(島礁) 건설에서 빈번히 문제를 일으켜 지역의 형세가 복잡해지고 있다.[44] 따라서 대국외교

44) "克里提出對中國南海填海關注 王毅: 不要有誤判", 鳳凰網, 2015. 05. 16., http://news.ifeng.com/a/20150516/43771826_0.shtml?_CPB_404_R4
"남중국해에서 미국의 고강도 개입"에 관한 것은 "獨家解析: 美國'南海三不建議'是爲束缚中國手脚", 台海網, 2014. 07. 16., http://www.taihainet.com/news/txnews/sz/2014-07-16/1282213.html 참고.

를 통해 러시아, 미국, EU 국가와의 관계에 협조하고 이를 안정시켜야 한다. 동시에 한중일 협력 강화를 통해 "주변에 관심을 가진다"라는 방식으로 이웃 국가와 좋은 관계를 맺는 등, 대국외교와 주변외교를 적절하게 결합시킬 수 있는 '일대일로' 건설을 통해 우호적이고 조화로운 지역 환경을 조성하고, "자신의 발전을 실현시키는 동시에 전 아시아의 단결과 협력을 추진하고, 빨리 자신이 가진 영광을 맞이한다."라는 것이다.[45)]

(4) 민간외교와 공공외교의 결합

종종 복잡한 원인의 제약으로 인해 '일대일로'로 연결되는 국가의 속도는 완전히 일치하지 않는다. 이에 관련 있는 지역 발전을 중심으로 진행하면서 전체적으로 중점 국가에는 민간외교와 공공외교를 동시에 진행하는데, 한국과 일본 역시 중점 국가에 속한다. 따라서 중국은 기업, 미디어, 비정부기구(NGO) 및 시민 네트워크를 권장하여 한국과 일본을 포함한 해외연계를 확장하고, 규범과 협조를 강화하며, 정상적으로 차례로 외교에 관련된 교류에 참가하도록 해야 한다. 동시에 주변 국가, 특히 한국과 일본에 대해 중국의 국내외 정책을 충분히 소개하고, 중국의 이야기를 잘 말하며, 중국의 소리를 잘 전달하고, 공공외교의 영향을 강화한다. 이와 동시에 중국과 주변 국가, 특별히 한국, 일본과의 문화 교류를 적극적으로 추진하며, 대학, 문화, 예술 등 분야의 단체를 장려하여 교류를 강화하고, 재경, 문화, 종교 등에 관해 각각 별도로 조직하여 각종 형식의 협회, 펀드를 세우며, 민간외교를 활발하게 진행하고, 세계로 하여금 사람들의 관점을 진지하게 경청하도록 한다. 더욱이 한중일 협

45) "習近平歡迎出席亞信第四次峰會的各國貴賓", 『人民日報』, 2014. 05. 21., 第2版.

력에 있어서 한국이 아시아 인프라 투자은행 가입, 한중 FTA 체결과 '일대일로' 표현에 대해 흥미를 보이고 있다는 점을 명시하고, 한중 관계를 더욱 가까이 하여 동북아시아에서 '일대일로'의 실현 가능성을 탐색하여 발생하는 문제를 극복하도록 한다. 또한 일본과 미국에 대해 '일대일로'의 문화적 인식에 충격을 주어 변화하도록 한다.

(5) 경제의 부가적 이익과 정신적 부합의 결합

물질적 기초는 상층의 건설에서 결정되는데, 시장경제에서 경제적 이익의 기반은 '일대일로' 건설의 동력을 더욱 강력하게 한다. 그러나 단순한 물질적 요소는, 관련 있는 국가와 사람들에게 '일대일로'의 건설로써 충분한 호감과 이해를 나타나게 하는 것이 진정으로 불가능하다. 더욱이 중국은 이러한 것에 대해 유구한 역사와 독특한 문명을 가지고 있는 '초대형' 국가라고 말할 수 있다. "사람들이 서로 관심을 가져야 국가의 교류가 시작된다."라고 하듯이 한국과 일본 등 주변 국가와의 인문교류가 견고하게 확대되어야 중국의 주변에 대한 전략은 항구적으로 발전하는 사회와 민의(民意)의 기반에 영향을 미치게 된다. 따라서 반드시 대외관계, 특히 한국과 일본에 대한 교류 과정에서 주변의 '운명공동체' 조성을 강조하고, 한편으로는 지역경제의 일체화와 한중일 FTA 추진 업무를 가속화하고, 다른 한편으로는 여행, 과학과 교육, 지방 협력 등 우호적 교류와 우호관계의 확대, 인연의 확장 등을 심도 깊게 전개하고, 공자학원, 중국 문화센터, 스포츠 대회, 사진 전람회, 각종 문화예술제 등을 포함한 각종 행사를 기반으로 아시아의 정신을 총괄하고, 한중일 사이의 다민족, 다문화 간의 대화를 통해 한중일 국민들 사이에 문화 이해와 융합창조를 이룬다면, 경제의 부가적 이익과 정신적 부합이 결합될 수 있을 것이다. 또한 따라서 더욱 많고, 더욱 심도 깊으며, 더욱 오래 유지될 수 있는 사람들의 마음을 얻을 수 있을 것이다.

7. 북한의 미래

왕충(王冲)
번역: 구자원

어제, 북한에서 필명이 '정필(正筆)'인 작가가 매우 저급하면서도 수준 낮은 제목으로 글을 발표하였다. 누리꾼들은 이 글에 놀람을 감추지 못하면서 비난을 하였지만, 오로지 찬런핑(單仁平)만이 이에 비슷하게 필적하는 글을 발표하였다. 따라서 우선 필자는 찬 선생의 글을 반박하도록 한다.

필자는 비록 찬(單) 선생과 같은 능력은 없어서 '정필'의 문장에 대해 정면으로 반박할 수 없었다. 그러나 다행히도 필자는 시나닷컴(新浪)의 마이크로 블로그(微博)에서 누리꾼의 북한의 미래에 관한 의문점에 대해 리플의 형식으로 답변을 하였던 경험을 가지고 있다. 또한 북한에 대한 글을 작성한 적도 있었다. 따라서 필자는 이러한 것들을 종합하여 여러분과 함께 나누고자 한다.

1) 북한 미래에 있어 몇 가지 가능성

북한의 최종적인 미래에는 반드시 한국과 통일이 될 것이고, 민족 통일을 방해하는 것이 없을 것이라는 것은 확실하다. 이것은 단기간에 진행되는 것이 아니라 어느 정도 시간이 필요하지만, 통일을 결코 막을 수는 없을 것이다.

그러나 구체적인 상황을 살펴보면 그 변화되는 것이 매우 많은데, 몇 가지 가능성이 있는 것을 정리하면 다음과 같다.

A. 한미 연합군이 김정은 참수 작전을 거행하여 성공하여 북한에서 한국과 미국에 친한, 친미 정권이 새롭게 성립되는 경우
B. 한미 연합군이 김정은 참수 작전에 실패하여 북한에서 격렬한 저항이 발생하고, 이로 인해 한반도에서 전쟁이 발생하는 경우
C. 북한 내부에서 김정은에 반대하는 쿠데타가 발생하여 김씨 정권은 몰락하고, 북한은 핵무기를 포기하면서 개혁개방 정책을 실행하여 국제사회에 동참하게 되는 경우
D. 북한 내부에서 쿠데타나 반란이 발생하여 정세가 불안정하게 되어 중국의 해방군이 북한으로 진주하는 경우
E. 김정은이 스스로 변화를 추구하면서 겸손한 태도를 가지고 국제 사회와 회담을 진행하면서 핵무기를 포기하는 경우

먼저 A와 B를 살펴보면, 김정은 참수는 실제적으로 문제를 해결하지 못할 뿐만 아니라 더 많은 문제를 야기할시킬 것이다. 이는 상식적으로 판단할 수 있고, 또한 간단한 군사적인 문제가 아니라 정치적인 문제인 것이다. 기존의 사회 체제를 붕괴시키는 것은 쉽지만 새로운 사회를

만드는 것은 매우 어려운 일이다.

C와 D는 김정은 참수 작전을 배제한다는 전제로 한 것이지만, 북한의 내부에서 갑작스런 붕괴의 가능성은 결코 크지 않다. 그러나 가능성은 여전히 존재하기 때문에 중국의 해방군은 이에 관련된 준비를 하지 않을 수 없다.

필자는 평화 회담의 가능성이 있다고 믿고 있다.

우선, 중국과 미국의 북한에 대한 압력이 모두 증가할 것이다. 미군은 항공모함을 동아시아로 보내어 군사적으로 압박을 가할 것이고, 중국은 북한으로부터의 석탄 수입을 중지할 것으로 선포하였는데, 중국이 금지를 결정한 이 석탄은 북한의 외화 수입의 45%를 차지하고 있다. 이 같은 압력에 대해 북한에서는 중국이 인정도 없다고 격렬하게 비난하고 있는데, 중국 역시 이에 대해 더 강력하게 대응하는 방식은 북한으로 공급되는 석유를 중지시키는 것이다.

둘째, 김정남이 피살되어 김씨 일가에 대한 북한 내부와 외부에서의 더 많은 압력이 발생하고 있으며, 이로 인해 정책 조정의 가능성이 있다. 실제로 김정은은 경제와 핵무장을 동시에 진행하는 정책을 실행하고 있다.

셋째, 중국의 결심이다. 중국은 북한에 대한 전체적인 전략이 없다. 그렇다고 이에 관련된 세부적인 준비와 결심이 없는 것은 결코 아니다. 중국이 기본적으로 바라고 있는 점은 북한에서 혼란한 국면이 발생하거나 붕괴되지 않는 것이다. 중국이 진정으로 북한의 경제 생명선을 끊는다면 북한은 중국의 요구를 따를 수밖에 없다.

이상을 종합하면, 필자는 앞으로 3단계로, 즉 첫 번째 단계는 가까운 시일 내에 회담이 이루어지는 것이고, 두 번째 단계는 회담을 진행하면서 북한 정권은 조금씩 변화될 것이며, 최종적인 세 번째 단계는 한국과 통일될 것이라고 생각한다. 그러나 중국이 기대하고 있는 것은 남북한 사이에 전쟁이 발생하지 않으며, 통일되지 않고, 북한의 정권이 지속되면서 개방정책을 실시하는 것으로 생각된다.

만약에 북한에 외부 세력이 개입한다면, 중국은 미국보다 먼저 개입해야 하고, 미국이 개입하게 된다면 수수방관해서는 안 될 것이다. 현재 북한의 형세를 살펴보면 19세기 말의 상황과 매우 흡사한데, 그 시기는 한반도를 두고 중국과 일본이 다투었고, 지금은 중국과 미국이 다투는 형상으로, 또한 한국과 일본 역시 한반도 통일에 대해 많은 관심을 보이고 있다고 생각된다.

중국은 어떠한 모습의 북한을 원하는가에 대한 대답이 필요하며, 이에 따른 결정을 내려야 한다.

2) 북한 붕괴론은 아직 확정된 것이 아니다

북한 붕괴론에 대해 며칠 전에 필자가 작성한 것이 있는데, 다시 언급하면 다음과 같다.

김정은 참수 작전을 배제한다는 전제로 북한 내부에서의 갑작스런 붕괴 가능성은 결코 크지 않다. 일각에서 흘러나오는 북한이 빠른 속도로 붕괴한다는 소문에 대해 아직은 어떤 것도 확정 지을 수는 없다.

일반적으로 정권이 붕괴될 때에는 몇 가지 상황이 존재하고 있다. 첫째는 남아프리카 공화국의 넬슨 만델라(Nelson Mandela)와 같이 정권에 반대하는 강력한 역량을 가지고 있는 상황이다. 둘째는 예전의 소련처럼 국가 체제의 극심한 문제로 어떠한 방법도 소용이 없어 국가 통제력이 상실되어 갑자기 해체되는 상황이다. 셋째는 중국의 청나라와 같이 혁명의 불꽃이 발생하여 전국적으로 혁명이 확산되는 상황이다. 넷째는 중국 타이완처럼 정권의 내부에서 민주파가 출현하여 스스로 자신들의 권리를 놓고 선거를 진행하는 상황이다. 마지막으로는 파키스탄처럼 군사 쿠데타가 발생하는 상황이 있다.

북한에는 정권에 대한 강력한 반대 역량이 없고, 또한 혁명 세력도 없으며, 내부에서 개혁개방을 주장하던 장택민, 김정남은 모두 제거되었다. 군부는 이미 김정은의 통제하에 있으며 자신들의 이익을 보장받았기에 반란의 가능성 역시 높지 않다.

그나마 가능성이 가장 높은 것은 두 가지가 있는데, 군부의 고위층, 사회 엘리트, 전체 국민들이 모두 알고 있을 것이다. 즉, 첫째는 북한 내부에서 어떤 우연한 사건으로 인해 김정은 정권이 붕괴되는 상황이 발생하게 되는 경우이다. 둘째는 외부와의 연계나 외부 압박에 의해 김정은 정권이 붕괴되는 경우이다. 이 두 가지 가능성으로 새로운 정권이 나타날 수 있다. 그러나 이는 시간을 필요로 한다. 현재까지 북한은 이 같은 상황에 이르지는 않았고, 따라서 북한의 갑작스런 붕괴론은 아직 확정적이지 않다.

3) 안정을 위해 회유하는 것은 소용이 없었다

북한에 대해 안정을 위한 회유 방침은 이미 실패하였고, 상황에 따른 압박 정책 역시 효과적이지 않고 한계가 있었다. 따라서 북중 관계는 어떻게 처리해야 하는지에 대해 진정으로 전반적인 조정이 필요하다.

바꾸어 말하자면, 중국은 6자회담이 다시 재개될 것이고, 대화로 평화를 추구할 수 있으며, 강압적이지 않은 부드러운 태도로 한반도 비핵화를 이룰 수 있다는 등의 환상에서 벗어나야 한다. 더 솔직히 말하자면 북한은 중국의 좋은 형제 국가라는 환상에서 벗어나야 한다.

만약 환상이 없다면, 단순하게 내버려 두며 거들떠보지 않는 것이 아니라 이와 상반되게 북한에 대한 외교를 강화해야 하고, 미국인들의 대화 방식을 사용하여 다양한 방식으로 접촉하거나 또한 북한의 도발적인 행동을 억제하도록 해야 한다.

만약 환상이 없다면, 결코 쉽게 포기하는 것이 아니라 강경한 태도를 굳건히 하며 견지하여야 한다. 중국은 항상 다른 국가의 내정에 간섭하지 않는다고 주장하였지만, 한반도 문제는 다른 나라에 대한 내정 간섭이 아니며 동아시아 전체에서 중요한 의미를 가지고 있기에 유화책과 강경책을 적절히 사용할 수 있어야 한다. 전 세계 많은 국가들이 북한의 인권 현황에 대해 비난할 때, 중국은 반드시 북한을 비호할 필요가 없다. 이는 북한의 고위층을 적대적으로 대하는 것이 아니라 북한 사람들에게 밝은 미래를 주는 것이기 때문이다.

당연히 북한의 문제는 매우 복잡하다. 중국은 남지나해에서 미국의 압력을 받고 있는데, 만약 동북아시아의 정세가 불안정하게 된다면, 이 두 가지 위협에 어떻게 균형을 잡아야 하는지에 있어서 중국의 외교적 지혜와 전략적 역량을 적절하게 구사해야 한다.

4) 한국으로 하여금 중국을 싫어하게 하지 말라

한반도 형세에서 중요한 관건은 바로 한국과의 관계를 긴밀히 하여 한국으로 하여금 완전히 미국에게 경도되지 않게 해야 한다는 것이다.

한국과 긴밀한 관계를 유지하는 것은 한반도 통일 문제에 관해서 한국을 지지하는 것이다. 한국의 내부에서 남북 통일에 대한 논쟁이 생기고 있는데, 특히 젊은 세대들은 통일 이후의 경제적인 문제를 걱정하기 때문에 남북 통일을 원하지 않는다고 한다. 한국 내부에서의 논쟁을 잠시 접어 두고, 중국의 관점에서 남북 통일을 지지하는 것은 반드시 필요한 조치이다.

현재 사드 문제로 인해 한중 관계는 냉랭하게 변하고 있고, 한국 민간 사회에서도 중국에 대한 생각과 행동이 매우 부정적인 모습을 보이고 있는데, 사드 문제를 어떻게 풀어 나가는지에 대해 세부적으로 약간의 문제가 있더라도 전체적인 한중 관계를 잘 지켜 내는 것이 중요한 과제인 것이다.

다시 통일 문제를 살펴보도록 한다.

우선 통일은 도의적인 측면이 가장 중요한 핵심적인 부분이다. 남북 분단으로 인한 이산 가족의 발생은 진정으로 비극적인 일이기에 민족의 통일은 한반도 내부에서 원하고 있다. 따라서 한반도에서 통일을 기원하는 것에 반대할 수는 없다.

둘째, 중국은 아직 통일을 실현하지 못하고 있기 때문에 스스로도 통일에 대해 진정한 의미를 찾고 있다. 옛 격언에 있는 "내가 하고 싶지 않은 일을 남에게 시키지 말라(己所不欲、勿施於人)"와 같이 중국은 외교적으로 많은 노력과 자원을 투입하면서 하나의 중국을 주장하고 있다. 따라서 다른 나라의 통일에 대해 방해가 되어서는 안 된다.

셋째, 현실적인 점을 고려하면, 북한은 중국이 가지고 있는 나쁜 카드로 이미 중국의 전략에 마이너스 요소가 되었다. 현재, 중국의 외교에 있어서도 심각한 악영향을 미치고 있다. 북한 내부에 숨겨져 있는 붕괴의 위험은 중국의 동북 지역은 물론이고, 중국의 전반적인 개혁개방에 있어서도 거대한 충격을 줄 것이다.

당연히 중국의 입장에서는 안정적이며, 순종하는 북한이 중국의 이익에 가장 부합되지만, 그러나 이 두 가지는 모두 현실적으로 존재하지 않는다. 북한은 마치 화약고와 같아서 언제나 폭발할 수 있는데, 여기서 가장 문제가 되는 것은 중국이 북한에 대해 강력한 영향력을 행사할 수 없다는 점이다. 역사적으로 중국은 한반도에 압도적인 우위를 차지한 적이 없었다. 수나라 양제는 세 번에 걸친 고구려 원정의 실패로 수나라가 멸망되는 단초가 되었고, 고대 중국에서 가장 뛰어나다고 평가받는 당나라 태종은 세 번의 원정에서 성공하지 못하였으며, 더욱이 세 번째 원정에서는 눈에 화살을 맞아 귀국한 후에 한쪽 눈이 실명하게 되었다. 청나라는 조선의 파병 요청을 받아들여 군대를 파견하였으나, 청일전쟁이 발생하면서 청나라는 일본에 패배하여 결국 동북아시아 패자의 자리를 빼앗겼다.

8. 한반도 안전의 평화 시스템과 방법

류청(劉成)[1]
번역: 구자원

1953년 7월 27일, 한국전쟁의 정전협정 서명이 이루어졌으나, 그러나 한반도에 거주하는 사람들에게 "한국전쟁의 결과는 민족적인 비극만 남게 되었다."[2] 한반도 중부 지역의 200여 km에 이르는 비무장지대는 한국과 북한을 나누는 민족적 상처가 되었고, 현재에 이르러서도 동북아시아와 세계평화에 심각한 위협 요소로 잠복하고 있다. 한국전쟁의 배경 원인은 간단히 정리될 수 없이 매우 복잡하고, 한국전쟁 이후에도 한반도의 안전문제는 한국과 북한 사이의 내부적 상황과 한반도 외부의 국가들에서도 여러 상황이 복합적으로 얽혀 있다. 이에 관한 연구 성과는 매우 많아 전체를 모두 열거할 수 없지만, 본문에서는 경제적인 요소를 중심으로 한반도 안전문제의 핵심을 이해하며 해결 방법을 찾고자

1) 남경대학 역사학과 교수(南京大學歷史學院教授), 차하얼(察哈爾)학회 고급연구위원. 본문에 관계된 자료는 순차오징(孫朝婧)과 조윤우의 도움으로 작성되었다.

2) William Stueck, *The Korean War: An International History*, Princeton University Press, 1995, p. 360.

한다. 따라서 여러 관점의 융합, 전체적인 시각, 그리고 비폭력적인 충돌으로의 변화가 한반도 안전문제를 해결할 수 있는 시스템이자 방법이라 생각된다.

1) 한반도 경제의 남북 비교

한반도의 분단은 단순한 지리적인 분단일 뿐만 아니라, 남북한 '경제 체제의 분단'까지 초래하게 되었다. 1945년, 일본으로부터의 독립 이후 한반도에서는 일제강점기의 불균형적인 산업 분포, 그리고 한국전쟁의 영향으로 한국 경제가 심각한 문제에 처하게 된다.[3] 냉전 체제에서 동북아시아에서의 한국의 전략적 위치로 인해 미국은 한국에게 대량의 자금을 지원하게 되는데, 1945년부터 1971년까지 미국이 한국에 원조한 총액은 44.1억 달러에 달한다(그림 1).[4] 이와 같이 60년대 이전에 한국

〈그림 1〉 미국의 한국 원조 통계

3) 劉旭明, 『韓國經濟發展之路』, 東方出版社, 1995年版, 第2-3頁.

4) 董向榮, 『韓國起飛的外部動力—美國對韓國發展的影响(1945-1965)』, 社會科學文獻出版社, 2005年版, 第103-104頁.

경제의 회복과 발전은 북한에 비해 상대적으로 정체되었다.

60년대 이후 한강의 기적이 시작되면서, 한국은 전쟁의 폐허에서 벗어나 현재는 세계 11위의 경제대국으로 변모하였고, 세계적으로도 저명한 다국적 기업이 출현하였다. 한국의 평균 GDP는 1961년 100달러에서 2006년에는 17,600달러로 폭발적인 증가를 이루어 내면서 개발도상국에서 경제선진국으로 도약하고 있다. 〈그림 2〉에서 알 수 있듯이 1966년과 1975년을 비교하면, 한국 정부의 차관 액수는 4.6배 증가하면서 경제는 계속 발전하고 있다. 즉, 미국이 제공한 차관은 한국 정부가 빌린 차관의 액수에서 그 비율이 오히려 점점 축소되면서 1966년 50%에 달하던 차관 비율이 1975년에는 17%로 낮아졌다. 한국이 차관을 이용하여 경제를 발전시키고 있는 상황에서, 미국에 의존하였던 한국 경제는 점차 자주성이 증가하게 된다.

한국전쟁 이후의 북한 경제는 우수한 산업적 기반과 노동력, 그리고 외부(소련과 중국)의 지원으로 빠른 속도로 회복하였다. 북한은 1948년

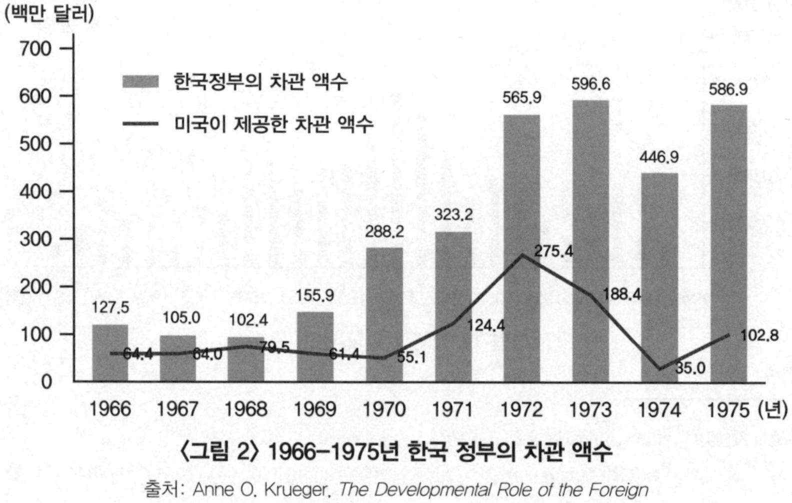

〈그림 2〉 1966-1975년 한국 정부의 차관 액수

출처: Anne O. Krueger, *The Developmental Role of the Foreign Sector and Aid*, Harvard University Press, 1982, p. 155.

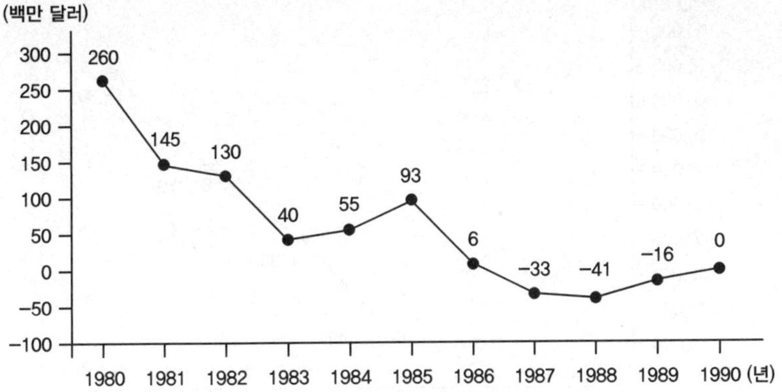

〈그림 3〉 소련의 북한 원조 액수

부터 1984년까지 대략 22억 달러의 원조를 받았는데,[5] 그중에서 소련이 차지하고 있는 비율은 43.14%, 중국이 차지하고 있는 비율은 30.75%였다.[6] 그러나 연도에 따른 원조 자금을 비교하면, 북한의 대외원조는 0.62억 달러이고, 한국은 1.69억 달러였다. 또한 1980년대 중반 이후에는 북한과 소련 간에 원조 상황에 대한 협의가 진행되면서 소련의 원조는 급속도로 줄어들었고, 1987년 이후 북한에서 현물로 상환하는 현상이 증가하게 되었다(그림 3).[7]

북한은 소련과 중국의 경제적 원조를 통해 경제 발전을 진행하고 있었지만, 미국의 막대한 경제 원조를 이용한 한국의 경제 발전을 상징하는 '한강의 기적'을 따라잡을 수 없었다. 즉, 70년대 이후 북한의 경제 발전이 확연하게 약해지면서 한국과 북한의 경제 발전 수준의 차이는

5) Marcus Noland, *Avoiding the Apocalypse: The Future of the Two Koreas*, Washington DC: Institute for International Economics, 2000, p. 97.

6) Carla P. Freeman (ed.), *China and North Korea: Strategic and Policy Perspectives from a Changing China*, Palgrave Macmillan, 2015, p. 191.

7) Marcus Noland, *Avoiding the Apocalypse: The Future of the Two Koreas*, Washington DC: Institute

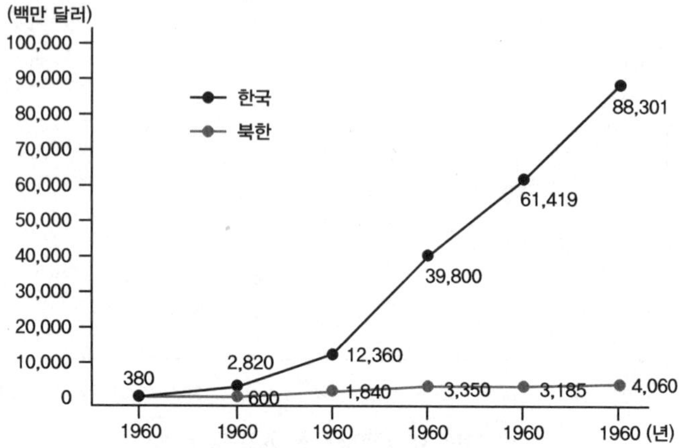

〈그림 4〉 한국과 북한의 대외무역 대비

출처: [한]송병락, 『韓國經濟的崛起』, 張勝紀 · 吳壯 譯, 北京: 商務印書館, 1994, 第217頁.

더더욱 커져 갔다. 이를 정리하면, 1960년, 한국과 북한의 대외무역의 액수는 기본적으로 비슷하였지만, 1987년에 이르면 한국은 883.01억 달러로 증가하였고, 북한은 40.6억 달러에 불과하여 한국의 대외무역 규모는 북한의 20여 배에 이르게 된다(그림 4).

다음의 표에서 보이는 바와 같이 1953년은 정전협정이 이루어진 해로 북한의 GNP가 한국의 33%에 불과했지만, 1960년 북한의 GNP는 한국의 78%에 달했다. 그러나 그 후로는 남북의 차이는 계속 벌어지게 되었고, 1990년에는 한국의 10%에도 못 미치게 된다. 개인 GNP는 1960년과 1970년에 북한이 한국보다 높았지만, 1975년 이래로 북한은 한국보다 낙후되기 시작하여 1990년에는 한국의 20%에도 못 미치게 된다. 또한 북한의 GNP와 개인 GNP는 1991년을 기점으로 낮아지게 되는데, 예를 들어 1990년의 GNP는 231억 달러, 개인 GNP는 1,064달러

---

for International Economics, 2000, pp.96- 97.

였지만, 1998년의 GNP는 126억 달러, 개인 GNP는 573달러로 조사되었다.[8)]

〈표 1〉 북한과 한국의 국민 총생산 총액 비교[9)]

연도	GNP(백억 달러)		개인GNP(달러)	
	북한	한국	북한	한국
1953	0.44	1.35	58	76
1960	1.52	1.95	137	94
1970	3.98	7.99	286	248
1975	9.35	20.85	579	591
1980	13.5	60.3	758	1,589
1985	15.14	85.4	765	2,047
1990	23.1	237.9	1,064	5,569

출처: National Unification Board (March 1994)

미국의 한국에 대한 대규모 원조와 한미동맹의 강화에 따라 냉전 시기에도 한국은 계속 발전하였고, 이에 따라 남북한 관계는 거의 단절되면서 남북한 사이에는 그 차이가 더더욱 벌어지게 되었다. 한국은 한반도의 경색된 국면을 완화하기 위해 몇 가지 조처를 취하면서 소기의 성과를 거두기도 했지만, 2008년 남북한 관계는 다시 긴장된 국면이 발생하게 되면서 남북의 상처는 아물지 않고 지금까지 지속되고 있다. 2016년 1월 6일, 북한이 수소폭탄 실험에 성공하였다고 발표하면서 한반도는 돌이킬 수 없는 위기 상황에 처하게 되었다.

8) Kongdan Oh and Ralph C. Hassig, *North Korea – Through the Looking Glass*, Washington, D. C.: Brookings Institution Press, p. 42.

9) Kim Yong-ki, *North Korea: The Land That Never Changes – Before and After Kim II- sung*, Seoul: Naewoe Press, 1995, p. 68.

2) 양안관계 발전과의 비교와 대조

남북한의 아픔을 가장 잘 느낄 수 있는 것은 아마도 중국 역시 대륙과 타이완 간의 문제가 있다는 점일 것이다. 1949년 300km에 달하는 대만해협은 대륙과 타이완을 가로막는 역할을 하고 있었다. 한반도의 형세와 비슷하게 양안관계 역시 냉전의 산물이었다. 1946년부터 1962년까지 대략 20억 달러의 자금이 타이완으로 유입되었는데,[10] 타이완은 한국과 비슷하게 경제가 빠른 속도로 발전하였고, 따라서 대륙과 타이완의 관계는 긴장된 국면이 조성되었다. 중미관계가 개선된 후, 1979년 대륙에서는 솔선수범하여 미래지향적인 태도를 갖추게 되었고, 전국 인민대표대회 상무위원회(全國人民代表大會常務委員會)는 "타이완 동포에 알리

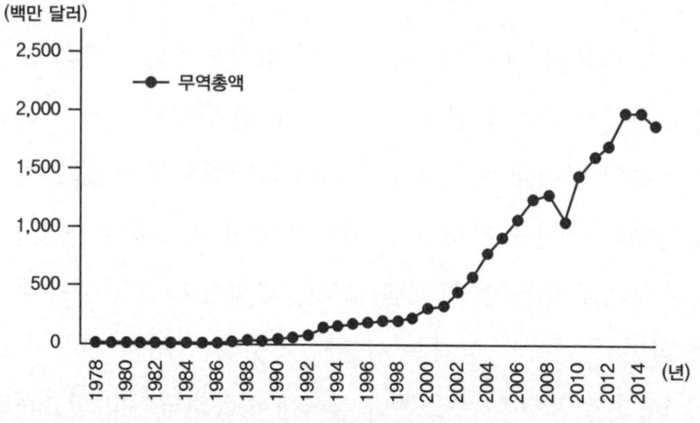

〈그림 5〉 양안 무역의 총액 통계

출처: 중공중앙대만공작판공실(中共中央臺灣工作辦公室), 국무원대만사무판공실(國務院臺灣事務辦公室), 『1978-2005년 양안무역통계(兩岸貿易統計)』, http://www.gwytb.gov.cn/lajm/lajm/201101/t20110121_1718210.htm

---

10) 李國鼎, "臺灣的對外經濟合作與加工出口區", 臺北, 『資訊與電腦雜誌社』, 1999年版, 第35頁.

는 글(告臺灣同胞書)"에서 '평화통일, 일국양제'의 정책 방침을 발표하였다. 1980년대 중반 이후, 타이완은 '접촉하지 않고(不接觸), 협상하지 않으며(不妥協), 대화하지 않는다(不談判)'의 삼불(三不) 정책을 포기하게 되었다. 1992년 '구이공식(九二共識)' 이후, 양안의 교류는 지속적으로 빈번하게 되었고, 양안의 쌍방무역도 부단히 발전하여 대륙과 타이완 사이의 소통과 교류는 새로운 전기를 맞이하게 되었다. 여기서 명확히 알 수 있는 것은 경제적 교류는 양안관계 개선에 중요한 역할을 하였다는 점이다.

〈그림 5〉에서 보이는 바와 같이 비록 2009년에 양안의 쌍방무역은 세계적인 경제위기의 영향으로 하락세를 보이고 있지만, 최근 30여 년의 양안 무역은 전체적으로 상승하고 있으며, 2014년 무역 총액은

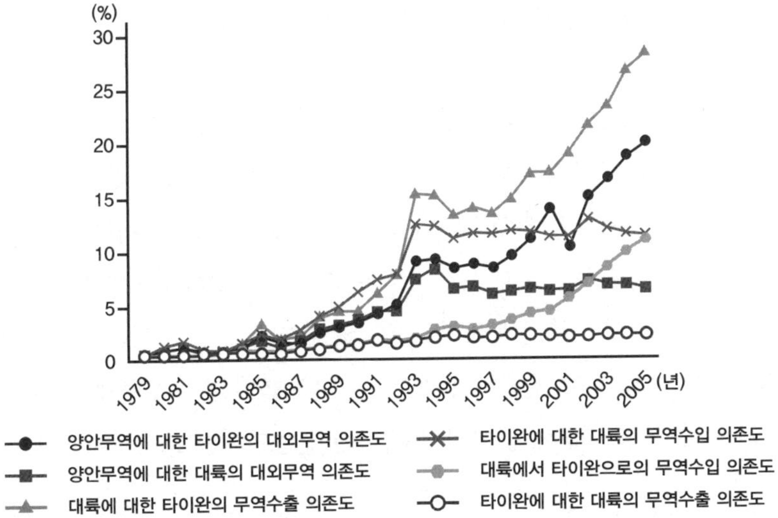

〈그림 6〉 1979–2005년 양안 무역 의존도 통계

출처: 중공중앙대만공작판공실(中共中央臺灣工作辦公室), 국무원대만사무판공실(國務院臺灣事務辦公室): 『1979–2005년 양안무역 의존도 통계분석표(兩岸貿易依存度統計分析表)』.
http://www.gwytb.gov.cn/lajm/lajm/201101/t20110121_1718211.htm

2,000억 달러에 이른다. 동시에 다음의 〈그림 6〉에서 보이듯 1979년부터 양안 무역 의존도 역시 상승하는 추세를 보이고 있는데, 특히 타이완은 대륙과의 수출입 의존도가 1979년에는 0.25%와 0.13%에 불과했지만, 2005년에는 각각 11%와 28.36%로 증가하였다. 2015년 11월 7일, 중국의 시진핑(習近平) 국가주석과 타이완의 마잉주(馬英九) 총통은 회담에서 '세기의 악수'를 통해 양안 관계는 새롭게 발전할 것이라 천명하였다. 이렇듯 양안관계가 개선되면서 대륙과 타이완 사이의 경제무역과 긴밀한 관계를 가지게 되고, 쌍방의 교류는 더욱 다양하고 활발하게 발전할 것이다. 그리고 이후에라도 대륙과 타이완은 어떤 한쪽이 모두 80년대 이전 관계로 돌아가기는 힘들 것이다.

3) 문제의 해결은 장본인이 해야 한다

1970년대 초에 남북한 양측은 남북 쌍방의 협의를 선례로 삼았다.[11] 1984-1985년에는 남북 5차 회담을 진행하여 남북한 경제 교류의 틀을 기본적으로 확정하였으나, 1986년 1월 20일 제6차 회담에서는 한미 연합군사훈련을 이유로 북한이 거부하였다.[12] 1988년 노태우 대통령은 '7 · 7 선언'에서 북한에 대해 우호적인 태도를 보였고, 김대중 대통령은 '햇빛 정책'으로 남북한 관계는 전환의 계기를 맞이하게 되었다. 2005년 노무현 대통령은 북한의 개성에 산업단지를 조성하여 남북한

---

11) Jinwung Kim, *A History of Korea: From "Land of the Morning Calm" to States in Conflict*, Bloomington: Indiana University Press, 2012, p. 514.

12) [한] 이상준, 韓振乾 譯, 『韓國對外貿易的成功與失誤』, 中國大百科全書出版社, 1994年版, 第290頁.

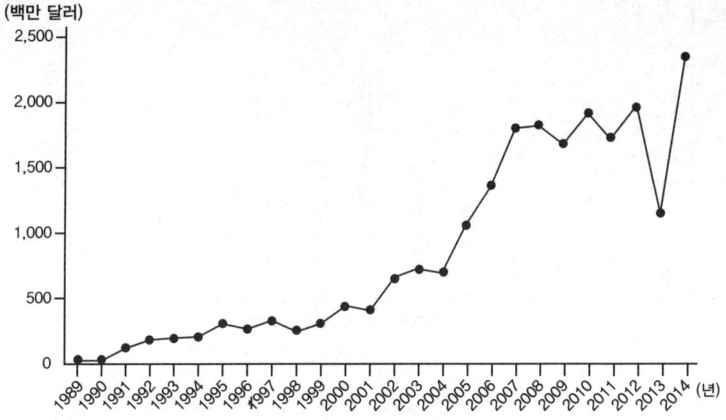

〈그림 7〉 한국과 북한의 무역

출처: 1. Suk Hi Kim, Semoon Chang (eds.), *Economic Sanctions Against a Nuclear North Korea: An Analysis of United States and United Nations Actions since 1950*, Jefferson, North Carolina, and London: McFarland & Company, Inc., Publishers, p. 26.

2. Marcus Noland, *Avoiding the Apocalypse: The Future of the Two Koreas*, Washington DC: Institute for International Economics, 2000, p. 298.

3. 한국 통일부(Ministry of Unification), http://eng.unikorea.go.kr/content.do?cmsid=3103

양국의 경제무역에 획기적인 발전을 이룩하였다.

20세기 말부터 2007년까지 남북한은 양측이 대화를 통해 우호적인 모습을 보였고, 남북한의 무역 역시 계속 증가하였다. 그러나 미국의 아시아 정책의 변화로 인해 한미 연합 군사훈련은 강화되었고, 또한 항공모함을 동아시아로 이동시키는 등의 군사적 압박은 남북한 관계를 냉각시켰다. 이러한 상황에서 북한은 다시 강경한 정책을 재개하면서 한국이 남북한 관계와 한미 관계를 위해 노력하는 것을 미 제국주의의 교활한 술책에 따른 것이라고 비난하였다.[13] 2008년 이후로 한반도의 정세

13) Jae-Jung Suh ed., *Origins of North Korea's Juche – Colonialism, War, and Development*, Lexington Books, p. 153.

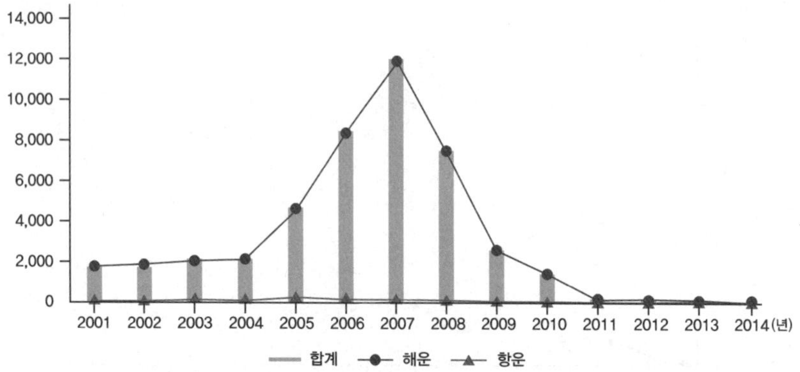

〈그림 8〉 남북한 양측의 해운과 항운의 통과기록

출처: 한국 통일부. http://eng.unikorea.go.kr/content.do?cmsid=3103

에 긴장된 국면이 조성됨에 따라 남북한 양측의 대화는 급격히 감소하였다. 이에 따라 경제적인 대화 역시 줄어들게 되면서 남북한 무역의 현황은 심한 기복이 나타나게 되었으며, 2013년 남북한 무역량은 최근 5년 들어 가장 낮은 수준이 되었다(그림 7). 또한 남북한 사이에 해운과 항운의 통과 기록 역시 낮아지게 되었다(그림 8).

주의해야 할 것은 〈그림 9〉에서 보이는 바와 같이 2013년의 남북한 회담에서는 주로 경제를 중심으로 대화가 이루어졌고, 2014년 남북 무역은 이에 따라 조금 회복되기도 하였다는 점이다.

한반도 안전문제는 냉전 시대의 산물로 한반도의 형세는 결코 북한에서만 조성한 것이 아니기에, 단순하게 압력과 제재를 실행하는 것은 한반도 안전문제의 근본적인 해결에 도움이 되지 않는다. 더구나 '사드' 설치는 한반도의 위태로운 상황에 새로운 위기를 더하게 되었다. 이와 상대적으로 2015년 10월 31일, 한중 양국은 "실크로드 경제벨트와 21세기 해상 실크로드 건설 및 유라시아 이니셔티브 방면의 전개에 관한 협력적 양해비망록(關於在絲綢之路經濟帶和21世紀海上絲綢之路建設以及歐亞倡議方

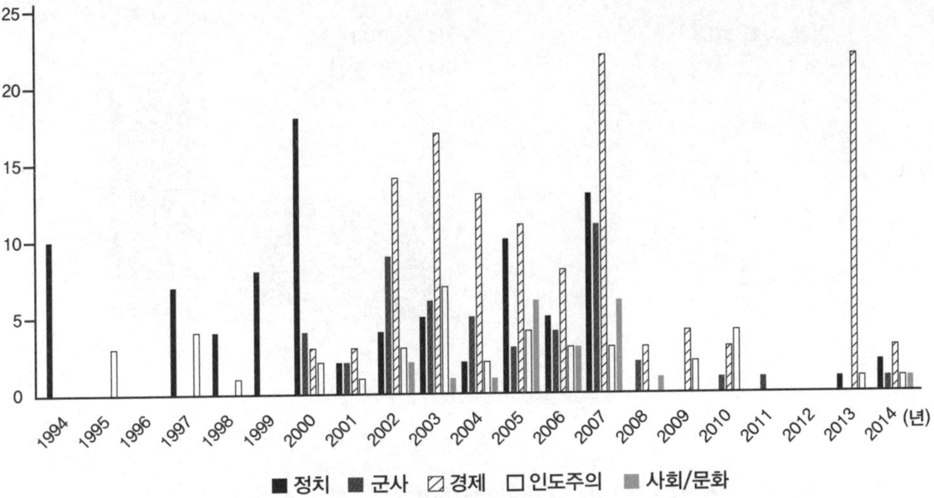

〈그림 9〉 남북한 양측의 대화 횟수

출처: 한국 통일부, http://eng.unikorea.go.kr/content.do?cmsid=3103

面開展合作的諒解備忘錄)"에 공동으로 서명하였다. 이 서명은 중국의 '일대일로'와 한국의 '유라시아 이니셔티브'의 유기적인 결합과 대응을 의미하고 있으며, 또한 북한의 경제 발전에 중대한 기회가 될 것이다. 중국의 '일대일로'와 한국의 '유라시아 이니셔티브'를 막론하고 이 모두는 다음 〈그림 10〉에서와 같이 융합적인 모습을 체현한 것이다. 그림을 통해 알 수 있는 것은 융합적인 모습에서 모든 문화와 민족이 서로 관련성을 가지고 있으며, 이는 글로벌 사회가 그물처럼 연결되어 결국은 하나로 결합되어 있다는 의미이다. 북한의 안전문제에 있어서 우리는 반드시 전체적인 시각으로 자세히 살펴보아야 할 것이다.[14]

"문제의 해결은 장본인이 해야 한다."라는 것이 한반도 안전문제의

14) 〈그림 10〉, 〈그림 11〉은 劉成, (독) Egonspiege, 『全球化世界的和平建設—圖解和平學』, 人民出版社, 2015 참고.

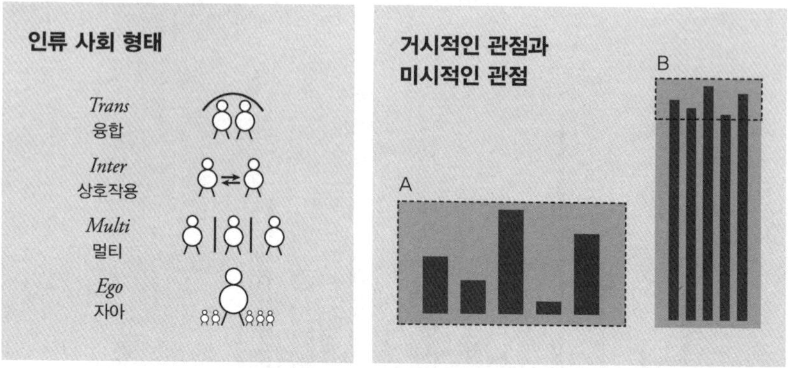

〈그림 10〉 전체시각과 부분시각

해결에 도움이 될 것이고, 남북한 양측이 가장 중요하게 여겨야 할 것은 바로 참여하는 역할과 만드는 역할을 모두 같이 해야 한다는 것이다. 이는 국제사회에서 어느 한쪽이 고립되거나 독자적으로 어떠한 행동을 취하게 된다면 진정으로 문제를 해결할 수 없기 때문이다. 국제사회는 북한이 염려하는 것을 불식하기 위한 의무와 책임이 있다. 앞으로의 동북아시아에서 안정과 발전을 위해서는 북한이 점진적으로 체제를 전환시킬 수 있도록 도움을 주어야 할 것이며, 또한 국제사회의 일원이라는 점을 인식시켜야 한다. 단순한 고립과 압력은 북한으로 하여금 고압적인 태도를 취하게 할 것이고, 결국 궁지에 몰려 극단적인 결정을 할 수도 있다. 이란, 이라크 및 시리아 문제가 이미 전 세계에 표명하고 있는 것은 글로벌 사회에서 일단 전쟁이 발생하면 최종적인 피해자는 바로 모든 인류라는 것이다. 이에 대해 한국은 남북한 긴장관계에서 원인의 제공자인 동시에 문제의 당사자이기에 당연히 북한과 같이 문제를 해결하여야 하며, 한반도 문제에 관련 있는 국가 역시 모두가 각각 책임감과 의무감을 가져야 한다. 21세기가 시작되면서 타이완 학자들은 양안 문제에 대해 역시 "결코 모두가 희생되는 것이 아니다."라고 강하게 주장하

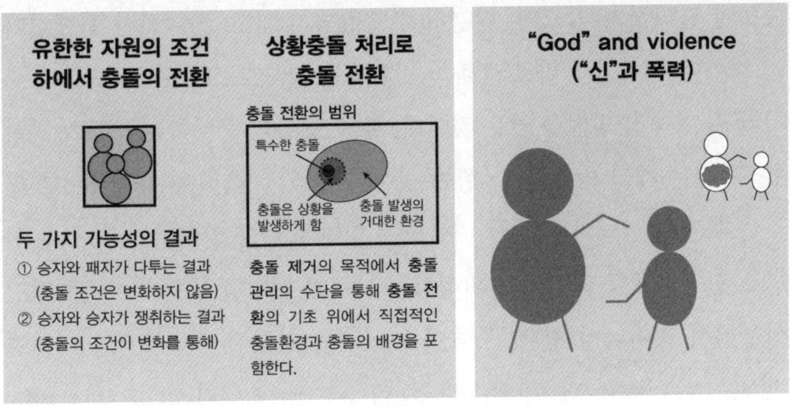

〈그림 11〉 평화와 비폭력 문화이론

고 있다.[15)]

〈그림 11〉의 오른쪽 그림은 만약 우리가 폭력적인 행동을 취하여 북한의 안전 문제를 해결한다면, 폭력을 가하는 한쪽이 확신하고 있는 주장을 의미하는 것이다. 폭력적 행동은 신이 바라는 바이거나 혹은 신에게 받은 권력을 대표하는 것이기에 폭력을 행하는 당사자는 도덕적으로 우위에 있다고 믿고 있다. 따라서 폭력의 정당성을 가지고 상대방에게 폭력을 행하게 된다. 왼쪽 그림과 같이 북한 문제는 당연히 비폭력적인 방식에서 해결되어야 한다. 따라서 관련 있는 국가들은 스스로가 한반도 안전에 대한 책임과 연관된 원인을 이해해야 한다. 즉, 북한의 안전 문제에 대한 구조적인 원인을 반드시 규명하여야 하는데, 이는 현재의 표면적인 충돌을 변화시킬 뿐만 아니라 충돌이 발생하게 되는 구조와 그 원인을 변화시킬 수 있게 된다. 우리는 이러한 변화하는 방식이 실현될 수 있도록 신중하게 선택하여야 하는데, 대화로 서로를 존중하고, 통

15) 鄭浪平、余保台, 『絕不同歸於盡』, 臺北, 生智文化事業有限公司, 2000.

합하여 갈라서지 않으며, 단결하여 고립되지 않고, 참여하여 함께한다는 것이다.[16] 이것이 바로 충돌이 전환되는 것으로 그 목표는 모두가 승자가 되는 해결 방법을 찾는 것이다. 결국, 충돌의 당사자는 모두가 만족할 수 있는 해결 방법을 다 함께 찾아야 한다. 비폭력을 적극적으로 행하는 과정은 신념과 책임이 대립되는 것이 아니라 일치되는 것이다. 한반도 안전문제를 해결하기 위해서는 모두가 책임감을 가지고 폭력적인 상황에서 벗어나야 한다. 충돌이 없어지는 과정에서 철학적인 의미인 '방원(方圓, 평화로운 세상에서 살아가는 것)'이 실현될 수 있다(이는 동시에 하기에는 쉽지 않다).

당연히 남북한 양측은 서로가 충돌 없는 평화를 원한다는 조건에서, 국제사회에서 행해지는 외부의 역량은 한반도 문제의 해결에 있어 진정으로 도움이 될 것이다. 어쨌든 우리는 한반도, 동북아시아 및 전 세계에 적극적인 평화를 이루어야 하는데, 이는 단지 전쟁이 없는 상황이 아니라 사회적인 정의와 전체의 행복이 있어야 한다. 이에 대한 근거는 바로 "si vis pacem, para pacem", 즉 만일 평화를 원한다면 반드시 평화를 준비하여야 한다는 것이다. 적극적인 평화에 대응되는 원칙은 'paxiusta(정의로운 평화이론)'이고, 이는 유엔이 주장하는 '평화와 비폭력 문화'인 것이다.[17]

16) 劉成,『和平學』, 南京出版社, 2006年版, 第28頁.

17) 劉成, (독) Egonspiege,『全球化世界的和平建設—圖解和平學』, 人民出版社, 2015.

【결론】 동북아 평화의 길: 한중 협력 3대 프레임 건의

김상순
번역: 김상순

북한은 2016년 9월 9일 제5차 핵실험을 실시한 이래 현재까지 제6차 핵실험을 준비 중이고, 이번 제6차 핵실험은 아마도 다중실험이자 최후의 핵실험이 될 가능성이 있다. 북한은 단기간 내에 핵 보유 목표를 달성하길 바라고 있다. 가장 짧다면 1년 이내이고, 길어도 2년여의 시간 내에 핵무기 실전배치를 완료하기를 바랄 것이다. 만약 북한이 핵 보유 국가의 목표를 달성한다면, 이것은 한반도의 평화통일을 촉진할 수 없다는 의미임은 물론이고, 전쟁 재발의 가능성을 더욱 높인다는 의미이기도 하다. 또한 이것은 한국이 앞으로 북한 핵무기의 포로가 됨과 동시에 모든 한국인들이 북한 핵무기의 인질이 된다는 의미를 포함한다.

탈냉전 시대에 중국의 한반도 전략은 변했을까? 한미 양국은 북한의 비핵화를 저지하는 과정에 있어서 중국의 역할이 중요하다고 인식하고 있다. 그러나, 필자는 '한반도의 통일 과정에 있어서 중국의 역할은 확실히 한계적'이라고 인식한다. 필자는 '이러한 인식이 매우 중요하다'는 점을 더욱 강조하고 싶다. 왜냐하면 한중관계는 단지 감정이나 감성으로 판단하지 말아야 하며 현실 조건과 실제 환경으로 판단할 필요가 있기 때문이다. 따라서 이렇게 명확하고 냉정한 인식이 있어야만 비로소 다음 문제를 고민하고, 나아가 해결 방향을 찾을 수 있다.

한계적인 중국의 역할을 전제로, 대한민국은 어떻게 한반도 통일에 있어서 한중관계를 설계할 것이며, 어떻게 한계적인 중국의 역할에 영향을 받지 않거나 상관없이 한반도 통일을 이룰 수 있을까? 이 질문은 매우 중요하다.

1) 남 · 북 · 중의 북핵문제에 대한 상이한 계산법

(1) 한국의 북한 핵 인질화는 멀지 않은 현실

한국의 TV조선 2016년 10월 23일 자 보도에 따르면, 북한이 자강도와 평안도 일대 미사일 기지 네 곳에 이동식 대륙간 탄도미사일 KN-08을 배치 및 운용 중인 것으로 확인됐다고 한다. 6차 핵실험을 준비하고 있는 북한의 이러한 행위는 북한이 핵무기 실전배치를 강하게 추진하고 있음을 의미한다. 더구나 2016년 9월 9일 북한이 제5차 핵실험을 한 지 겨우 1개월여의 짧은 시간에 제6차 핵실험을 준비하고 있다는 점은 더 이상 놀랄 만한 일이 아니다.

이러한 현상에 대해, 대한민국의 일부 정치권과 학계에서도 우리도 핵무장을 해야 한다는 주장에 대한 논쟁이 전개되고 있다. 필자의 주장은 한국이 주변국의 반대, NPT 탈퇴 문제, 유엔의 경제 제재 등의 이유로 스스로 핵무장은 무조건 포기해야 한다는 생각부터 먼저 포기해야 한다는 것이다. 한국은 국가이익 추구라는 관점에서부터 출발하여, 처음부터 다시 논쟁을 전개해야 한다. 그리고, 정부와 정치권은 국익 추구라는 공통의 관점에서 초당적으로 협력해야 한다.

먼저 당연히 확정해야 하는 것은, "한국이 핵무기를 포기할 경우 얻을 수 있는 이익이 무엇인가?"이다. 동시에 확실한 북한의 비핵화가 한국의 핵무장 포기의 교환 조건이라는 점을 주변국에게 강조해야 한다는 점이다. 즉 한국의 핵무장 주장은 반드시 달성해야 할 목표가 아니라, 북한의 핵 인질이 되지 않기 위한 수단이자 과정이며, 한국의 핵무장은 이를 위한 전술적 카드의 하나로 활용해야 한다는 것이다. 이 점에 대해 한국은 주변국에게 강조해서 설명할 필요가 있다.

(2) 중국의 친북한 전술은 양날의 칼

핵무기를 보유한 북한이 붕괴되는 북한보다 더 자국에 유리하다고 중국이 판단한다고 필자는 확신한다. 일단 북한이 핵무기를 실전배치할 경우, 중국은 이러한 북한을 새로운 지렛대로 활용할 수 있기 때문이다. 왜냐하면 중국은 한미일로부터 북한에 대해 영향력을 발휘해 달라는 요구를 지금보다 더 많이 받게 될 것이기 때문이다. 이 점은 러시아에게도 일부 해당될 것이다. 따라서 한국은 우선 중국과 러시아가 북한의 핵 위협력을 어떻게 자국의 이익에 유리하게 이용할지를 먼저 고려할 것이라는 점을 주목해야 한다.

한미의 사드 배치 결정의 여파로 한중 간에 갈등이 발생되었다. 그러나 필자는 한중 사드딜레마에 있어서 오히려 북중관계가 어떻게 변화되는지에 대한 관찰이 더 중요하다는 점을 지적하고 싶다. 실제로 한국의 사드 배치를 빌미로 중국은 북한에 대한 원유 공급을 증가시켰고, 북한 철광석과 석탄 수입의 증가를 포함하여 전체 교역량을 급격히 증가시켰다. 이것은 한국의 사드 배치에 대한 중국의 보복이자 전술의 일부이다.

중국의 일부 학자들은 "한국의 사드 철회를 이끌어 내기 위해 중국은 친북한 전술로 한국에게 경고해야 한다."라고 줄곧 주장하고 있다. 그러나 이러한 중국의 친북한 전술카드는 양면적 위험성을 내포하며, 일종의 양날의 칼로서 새로운 문제를 야기할 수 있다는 것이 필자의 생각이다. 이런 방식은 잘못된 신호를 보낼 수 있다. 예를 들면 한국의 사드 배치에 대한 경고를 위해 중국이 친북한 전술로 전환할 경우, 북한에게 비핵화 포기나 암묵적인 핵보유 지지라는 잘못된 신호를 줄 수 있음을 명심해야 한다. 필자가 더욱 강조하고 싶은 점은, 북한의 핵무기 실전배치는 한국과 일본은 물론 대만의 핵무장을 유발한다는 점에 대해서 중국도 고민해야 한다는 것이다.

한편, 중국은 북한의 비핵화보다 북한의 붕괴나 혼란을 더욱 우려한다. 그렇다면, 중국이 사드 배치를 핑계로 중북 교역을 급격히 증가시키는 것은 그만큼 김정은 체제의 위기가 심각하다는 의미는 아닐까? 혹시 김정은 체제의 붕괴가 임박했음을 중국이 먼저 읽은 것은 아닐까?

(3) 핵무기 실전배치는 북한의 무력통일 전략

북한에는 핵무기 실전배치 이후 세 가지 전략의 전개가 예상된다. 첫째, 북한은 미국에게 북미 간 '핵 군축 협상'과 '경제 보상'을 요구할 것이다. 북한은 미국과 핵 군축 협상, 북미관계 정상화와 엄청난 경제 보상을 요구할 것이고, 결국 미국은 응할 것이다. 둘째, 김정은은 북미 · 북일의 국교 정상화를 통해 정권 안정을 추구할 것이다. 또한 북미 · 북일의 국교 정상화는 세 번째 목표를 위한 것이다. 즉, 셋째, 한국의 핵 인질화와 북한의 한반도 무력통일이다.

북한의 핵무기 실전배치는 주변 강대국들로 하여금 자국을 먼저 보호하게 만들 것이다. 북한은 외부 세력의 간섭을 배제하고 한민족끼리 한반도 문제를 해결하겠다고 주장할 것이다. 한반도 문제에 있어서 주변국이 배제된 상황하에 북한의 핵 인질로 전락한 한국의 대응 방안이 있을까?

2) 한중 협력의 현실적 한계 존재

(1) 중국의 우선순위는 '북핵문제'보다 '미중 사드 딜레마'

북핵문제와 사드 배치에 대한 한중 간의 인식은 전혀 다르다. 첫째, 한중은 북한의 핵무기 실전배치에 대해 서로 다른 인식 차이가 있다. 한국은 핵 인질이 될 것을 두려워한다. 그러나 중국은 이를 위협은커녕, 오히려 한미에 대한 새로운 전략카드로 인식한다는 생각이다. 중국이 우려하는 것은 북한의 핵 누출 사고나 대규모 난민으로 발생될 직접적인 위협이다. 따라서 북한의 핵무기 실전배치는 북한과 중국 모두에게 유용한 카드이다. 필자는 이것이 중국이 북핵문제에 대해 서둘지 않는 이유 중의 하나라고 생각한다.

둘째, 중국은 사드 배치가 중국의 안보이익을 직접 침해한다고 주장한다. 한국은 북한의 핵무기와 미사일 공격을 방어하기 위해 사드 시스템을 배치한다. 하지만 중국이 우려하는 것은 사드 시스템이 결국 미국 주도의 미사일방어체제(MD)에 연결되어 미중 간 핵 억제력의 평형이 깨질 뿐만 아니라, 중국을 열세에 빠지게 하기 때문이라는 점이다. 자국의 이익을 위해 중국은 방어적 · 자위적 대응이라는 한국의 주장을 철저히 무시했다. 중국이 보기에, 북핵문제는 한미에 대한 중국의 협상력을 행사할 수 있는 카드이지만, 사드 배치는 미중 간의 지역패권 경쟁에서 중국의 안보이익을 심각하게 침해한다고 인식하기 때문이다.

(2) 중국은 사드로 한국을 홀대했다

한국의 자위적 조치라는 입장은 철저히 무시당했다. 중국은 자국의 이익을 위해 사드 배치를 강력하게 반대했다. 첫째, 사드 시스템의 운용권은 미국에 있고, 이것은 미중의 '핵 억제력' 균형이 깨어진다는 의미라는 것이다. 둘째, 미국 주도의 미사일방어체제(MD)에 한국은 결국 편입된다는 것이다. 결국 한중 간 '사드 딜레마'는 사실상 한미중 3국의 협력으로 해결될 수 있다.

2016년 7월 8일 한미의 사드 배치 발표 이후 동년 9월 9일 북한의 5차 핵실험 이전까지 약 두 달 동안, 중국은 한국에 대해 강력한 여론전을 전개했다. 중국의 언론과 전문가들을 총동원한 여론전에서 중국은 경제 · 사회 · 문화 및 군사 보복까지 거론하며 한국을 압박하며 보복을 진행했다. 뿐만 아니라, 중국의 일부 언론들은 한국 학자들의 인터뷰 내용을 교묘히 편집하여 자국에 유리한 내용만 보도하는 꼼수를 부리기도 했다.

한국의 언론과 일부 학자들은 중국의 체계적인 여론전에 일방적으로 당했다. 한국의 언론과 일부 학자들은 스스로 중국의 보복에 대한 많은 시나리오를 제공했을 뿐만 아니라, 심지어 중문 사이트를 통해서도 이러한 내용들을 경쟁적으로 보도했다. 사드 문제에 있어서 전혀 무관하고 비전문가인 야당 초선의원 6명은 한국 사회의 내분을 자초하면서까지 북경을 방문하여 중국의 전문가들과 사드 문제를 토론했으며, 결과적으로 중국에게 유리한 여론 조성에 크게 기여(?)하는 '참담한 상황'을 만들기도 했다.

필자는 한국이 한중 사드 갈등을 통해 중국의 한반도 전략을 확실하게 인식해야 한다고 누차 강조했다. 첫째, 중국이 북한보다 한국에 우호적일 것이라는 환상에서 한국은 빨리 깨어나야 한다. 둘째, 중국은 안보 영역에서 한국을 대화와 협상의 상대가 아니라 무시와 압력의 대상으로 생각하고 있다는 점이다. 이 두 가지는 이번 한중 사드 갈등으로 명확하게 드러났다. 특히 중국이 한국에 행한 2개월가량의 언론전이 그러하다.

(3) 한국은 중국의 강력한 대북제재를 기대조차 하지 말아야

북한의 붕괴와 대량 난민 발생은 중국에게 직접적인 피해가 된다. 따라서 중국의 대북제재에 대한 입장에는 근본적인 한계가 있다. 이 점이 중국이 한미와 협력하여 강력하게 대북제재를 하지 않는 이유 중의 하나이다. 중국은 북한의 붕괴가 중국의 지정학적 안보에 위협이 된다고 인식한다. 비록 지금은 냉전적 사고라고 중국 내부에서도 비판을 받기도 하지만, 아직도 중국의 많은 전문가들 사이에 여전히 이 인식은 확고하고, 당분간 변하지 않을 것이다.

대북제재의 참여에 한계가 있는 중국은 점점 대북정책 딜레마에 빠져들고 있다. 왜냐하면 북한의 핵무기 실전배치는 미국의 핵전략무기의 한국 재배치 혹은 한국과 일본 및 대만의 핵무장으로 이어질 수도 있기 때문이다. 그럼에도, 중국은 여전히 제한적인 대북제재를 선택할 것이다. 따라서 한국은 대북제재에 중국이 강력하게 참여할 것이라는 기대를 아예 하지 않는 것이 현실적이다.

(4) 외부 요소가 한중관계 딜레마의 주요 원인

한중 양국이 사드 문제나 북핵 문제를 해결할 수 없는 이유는 복합적인 동북아 안보 딜레마이기 때문이다. 두 가지 요소가 한중관계의 현실적 한계를 좌우한다. 첫째, 북핵 문제와 사드 문제는 모두 한중관계의 외부 요소로 발생되었다. 둘째, 외부 요소로 발생된 안보 갈등이 한중 갈등으로 확대된다.

사실 한국이 더욱 주목해야 할 문제는 다음의 문제이다. 즉 이러한 갈등을 해결하는 과정에서 문제를 일으킨 북한과 미국은 물론 중국에게까지도 한국이 소외 당하고 있다는 것이다. 어떻게 해야 한국이 소외당하지 않고 능동적으로 문제 해결에 참여할 수 있을까?

3) 한국의 능동적인 북핵 문제 해결 방안

(1) 북한 내부의 변화 유도가 지름길

한국은 북한의 제6차 핵실험보다 핵무기 실전배치를 고민해야 한다. 따라서 한국은 세 가지 전략적 접근이 필요하다. 첫째, 김정은을 포함한 북한 핵 이익집단과 개인에 대해, 한 · 미 · 일의 협력은 물론 영향력이 있는 국가들도 적극 참여하여 최강의 대북제재를 진행해야 한다.

둘째, 중국의 대북제재는 아예 기대조차 하지 말아야 한다. 중국 외교부의 발표처럼 중국은 안보리에서 결정한 범위 내에서만 겨우 참여할 것이다. 따라서 중국의 제한된 참여에도 불구하고, 김정은과 핵 이익집단이 버티지 못할 정도의 최강의 제재 방안을 한국은 구현해야 한다.

셋째, 한국은 북한 정권 교체를 위해 내부 비주류 세력을 탄력적으로 활용하는 전략을 펼쳐야 한다. 한편으로는, 북한 체제 내의 비주류 간부 및 주민들과 분리된 대북 제재를 진행해야 한다. 다른 한편으로는, 보다 많은 대외정보를 북한 주민에게 제공하여 북한 내부의 변화를 유도해야 한다. 마지막으로, 북한 비주류 간부들의 법률적 신변 안전보장을 제시하고 이를 홍보해야 한다. 즉 문재인 정부는 박근혜 정부가 '통일준비위원회'에서 준비해 왔던 '통일헌법'의 규정을 수정하여 완성하고, 이 완성된 '통일헌법'에서 북한 비주류 간부들의 법률적인 안전을 보장한다고 선포해야 한다.

북한 비핵화의 가장 효과적인 방법은 북한 비주류 간부들과 주민들의 내부적 반발로 발생되는 자발적인 북한 정권 교체이다. 이것은 중국을 설득하거나 중국의 역할을 기대하는 것보다 효율적이고 현실적이다.

(2) 북핵 문제에 대한 한국의 해법

한중 협력의 한계적 의미가 존재하기 때문에, 한국은 북핵 문제 해결을 위해 다음과 같은 전략이 필요하다. 첫째, 한국은 북한과의 군비경쟁을 강화해야 한다. 남북 군비경쟁의 속도를 높여서 북한의 군비경쟁을 유도할 경우 세 가지 효과를 유발한다. ① 북한의 경제 부담이 더욱 누적될 것이다. ② 북한 핵 이익 집단과 소외된 체제 내 비주류 집단 간의 내부 갈등이 발생되고 더욱 증폭될 것이다. ③ 체제 유지 집단과 북한 주민의 갈등도 발생되고, 이 갈등은 더욱 증폭될 것이다.

둘째, 북·중·러의 협력을 약화시켜야 한다. 즉, ① 한국은 한중·

한러 협력으로 중러의 틈새를 벌려야 한다. ② 강도 높은 대북 압박과 동시에 한중 빅딜 제안으로 북중의 틈새도 벌려야 한다. ③ 한러 경협과 협력을 제안하여 북러의 틈새도 넓혀야 한다. ④ 북·중·러의 틀을 깨는 결정적인 방법은 한국이 한·중·러, 한·미·중, 한·미·러의 새로운 협력 구도를 시도하는 것이다.

셋째, 중국과 러시아의 대북 민간 경제 교류가 북한의 내부 갈등으로 이어질 수 있도록 해야 한다. 중국과 러시아의 대북 교류 증가는 북한의 급작스러운 붕괴로 발생되는 돌발 사태나 대량 난민 사태에 의한 직접적인 피해를 막기 위해서이다. 따라서 중국과 러시아는 대북 제재에 적극적으로 참여할 리가 없다. 한국은 오히려 중국과 러시아의 대북 민간 경제활동을 통해, 북한 주민들의 경제 양극화, 당정 간부들간의 이익쟁탈 갈등 등을 유발할 수 있는 방안을 고민해야 한다.

중국은 북한이 지금처럼 계속 지정학적 가치를 중국에게 제공하고, 한국이 미중 사이의 중립적 위치에 있기를 바란다. 중국의 한반도 전략은 등거리 외교원칙과 이에 따른 현상유지일 뿐이다. 그러나 한국은 북한의 빈부 격차와 소유 갈등으로 발생되는 내부의 분열을 주목하는 것이 필요하다. 이러한 불만들이 어느 시점에 이르렀을 때, 결국은 북한 내부에서 체제에 대한 반발로 유도될 수 있기 때문에, 한국은 이에 대한 전략을 준비해야 한다.

정리하자면, 필자는 사드 문제와 북한의 5차 핵실험을 통해 한중관계를 다음 세 가지로 결론짓고 있다. 첫째, 한국은 중국의 북한 제재에 대해 기대하지 말아야 한다. 둘째, 대북 제재는 중국이 받아들일 수밖에 없는 국제표준을 찾아야 한다. 셋째, 북한 핵무기 실전배치에 대한 한국의 유일한 대응 방안은 '한미동맹'을 강화하는 것이다.

(3) 한국은 중국에 대한 협상력을 높여야

한국이 주변국에게서 더 이상 소외되지 않는 방법은 스스로의 대외 협상력을 높이는 것이다. 한국은 향후 세 가지 전략을 선택해야 한다. 첫째, 한미동맹 강화이다. 중국에 대한 기대는 최대한 낮추고, 한미동맹을 강화하여 보다 더 강력한 대북제재를 실행해야 한다. 한국의 이러한 전략적 변화는 중국에게 북핵 문제와 대북제재에 대한 재검토의 필요성을 유발할 것이다. 동시에 한국의 한미동맹 강화 전략은 대중국 협상력을 이전보다 높일 수 있다.

둘째, 한중 사드 딜레마 해법은 역설적으로 사드 시스템을 조기 배치하는 것이다. 필자는 두 가지 이유를 제시하고 싶다. 첫째는 '이이제이(以夷制夷)', 즉 외부 요소로 발생된 문제는 외부 요소로 해결하자는 것이다. 두 번째는 중국은 사드딜레마의 협상 대상은 한국이 아니라, 지역 패권 경쟁 대상인 미국이라고 판단한다는 것이다. 중국은 한국을 단지 미국의 사드 배치를 반대하기 위한 화풀이 대상으로 볼 뿐이다. 따라서 한국의 사드 조기 배치는 소외된 발언권을 찾을 수 있고, 협상력을 가질 수 있으며, 중국이 한국을 다시 한 번 협상의 상대로 인정하는 효과를 낼 수 있다.

셋째, 한국은 전략적으로 핵무장과 미국 전술핵 재배치를 강력하게 주장해야 한다. 북한의 핵무기 실전배치에 대한 한국의 대응은 명확한 '확장 억제력'을 보유하는 것이다. 한국의 이런 주장 역시 중국에 대한 협상력을 높인다.

4) 동북아 평화의 길을 위한 한중 협력 3대 프레임 제안

(1) 첫째, '4화 협력': 새로운 사고를 다시 생각해야

표면상, 과거의 '6자회담'은 동북아 안보협력 기제로 인식되었지만, 실제로는 실패한 조합이 되었다. 가장 중요한 원인은 냉전과 탈냉전의 대립적 사고가 '한미일'과 '북중러'의 남북 간 삼각 대립을 조성했기 때문이며, 동시에 미중, 남북, 북일, 중일 등의 양자관계의 분쟁으로 발생된 모순 때문이기도 하다. 과거의 '6자회담' 형식으로는 북핵 문제를 집중적으로 논의할 수 없기 때문에, 반드시 과거의 프레임을 수정해야만 한다. 동북아의 평화 발전을 추진하기 위해서는 '6자회담'의 평화 정신을 회복할 필요가 있다.

북핵 문제와 사드 문제를 포함한 동북아 안보문제의 해결을 위해, 필자는 다음과 같은 '4화 협력'의 새로운 생각이 필요하다고 판단한다. 첫째, '프레임 간소화'이다. '프레임 간소화'는 냉전 및 탈냉전의 경쟁적 사고 방식을 깨뜨릴 수 있다. 북핵 문제를 해결하는 프레임에서 중요한 것은 정전협정 해당국 간의 새로운 조직을 형성하는 것이다. 즉 '남 · 북 · 미 · 중'의 '4자회담' 프레임으로 회담을 진행해야 한다. 불필요한 논쟁을 예방하고 문제를 축소하기 위하여, 북핵 문제에 있어서 일본과 러시아는 '4자회담'에서 제외해야 한다.

둘째, '영역 세분화'이다. '정경 분리'와 '영역 분리'의 기본 원칙하에, '북한 문제'와 '북핵 문제'를 분리하고, 동시에 북한 정권, 북한 경제, 북한 민생, 북한 사회, 북한 문화, 북한 핵 이익집단, 북한 비주류 집단으로 영역을 세분화해야 한다.

셋째, '의제 정밀화'이다. 프레임의 간소화와 영역의 세분화에 따라,

북핵 문제의 의제는 정밀화할 수 있고, '남 · 북 · 미 · 중'의 '4자회담' 형식으로 구체적인 논의를 진행할 수 있다. 구체적인 문제를 해결하기 위해 진행하는 협상에서는 모든 문제가 '미중 문제' 혹은 종합적인 문제가 되지 않도록 해야 한다. 의제의 정밀화는 대치 국면의 화해에 유리하며, 실질적인 문제 해결에 집중할 수 있게 할 뿐 아니라, 협의를 이루게 할 수 있다.

넷째, '회담 중복화'이다. 만약에 '4자회담'을 진행하는 과정에서 '남북 문제'가 발생할 경우, '남북 대화'를 별도로 진행하되, '4자회담'도 동시에 진행하자는 것이다. 만약 미중 간에 문제가 발생되면, 미중은 '4자회담'에 참석함과 동시에 별도로 '미중 대화'를 동시에 진행하는 것이다. 양자관계의 문제가 '4자회담'에 관련되지 않도록 해야 한다는 기본 원칙에 대해, 참여한 4개국 모두 함께 노력하고 이 원칙을 준수해야 한다.

(2) 둘째, '3단계 과정'으로 '종합안보'를 추진, '6자회담 정신'을 회복해야

동북아의 평화 발전을 위하여, 3단계의 종합안보 대화 프로세스를 추진할 필요가 있다. 첫 번째 단계, 한중이 '1+1 안보 대화'를 추진해야 한다. '4화 협력'과 '대화 협상'의 기본 원칙에 따라, 한중은 양국의 전략을 접목하여 '경제전략협력'을 '안보전략협력'으로 확대할 필요가 있다. 2015년 10월 31일, 한중 양국은 서울에서 '유라시아 이니셔티브'와 '일대일로'의 전략적 협력에 서명했다. 한중 '1+1 안보 대화'의 주요 목적과 기능은 우선 '4자 안보 대화'와 '6자 경제협력 대화'의 기본 틀을 설계하는 것이다.

두 번째 단계, 한중 안보협력을 바탕으로 '2+2 안보 대화'를 추진한다. 즉 한중은 '1+1 안보 대화' 구축의 기본 틀을 기초로 삼아, 미국과 북한을 '4자회담'에 초청하고, '4자회담'에서 회담의 의제와 향후 일정을 수정하고 보충해야 한다. '4자회담'은 위에서 서술한 '4화 협력'의 방식으로 진행해야 하며, 이것은 4개국 간의 각종 충돌이나 갈등을 완화하거나 예방하는 데 도움이 되며, 한반도에 평화의 길을 만드는 새로운 사고에 도움이 될 것이다.

세 번째 단계, 안보 위주인 '4자회담'의 기초하에, 동북아 경제 협력에 있어서는 '4+2 경제협력 대화'를 추진해야 한다. 즉 '6자회담' 형식으로 경제 협력을 포함하는 종합적인 안보문제를 협의하고, 동북아 공동 발전의 협력 기제를 추진해야 한다.

미중관계와 남북관계는 양자관계의 충돌이라는 틀에서는 해결하기가 어렵고, 북핵 문제는 이러한 양자관계보다 더욱 복잡한 '6자회담'의 틀에서는 더욱더 그 해답을 찾기가 어렵다. 따라서 '1+1', '2+2', '4+2'의 3단계 종합 안보 대화의 과정에 있어서, 프레임 간소화, 영역 세분화, 의제 정밀화, 회의 중복화라는 네 가지 구체적인 새로운 방식은 냉전과 탈냉전 사고를 탈피할 수 있다. 동북아 안보 딜레마를 완화시키는 것은 시대적인 사명이다.

'3단계 프로세스' 과정에 있어서 남북관계, 중북관계, 북미관계를 회복시키는 접점을 찾는다는 것은 동북아 지역의 경제 발전과 평화 공존에 유리하다. 뿐만 아니라, 이 새로운 개념은 중국이 일관되게 강조하는 대화로 해결, 평화 발전의 노선과 원칙에도 완벽하게 부합된다.

(3) 셋째, '제2차 한중 빅딜'과 '제1차 한 · 미 · 중 빅딜' 추진

스스로 협상력을 높인 한국은 세 가지 위협의 존재로 한중 협력을 제안할 수 있다. 첫째, 한국은 중국에게 북한 핵무기 개발이 한국의 사드 배치보다 더욱 엄중한 위험 요소임을 강조해야 한다. 중국에게는 사드 레이더 탐색 거리로 인한 안보이익의 침해보다도 더 심각한 직접적 위협을 강조해야 한다. 북한의 핵 누출 사고나 대량 난민 사태, 또는 북한의 핵무기 실전배치로 야기되는 한·일 핵무장 혹은 미국의 전술핵 재배치 등은 모두 중국에게 매우 불리하다. 문제의 해결에 있어서 중국은 한국과의 협력이 필요하다.

둘째, 한국은 중국에게 조기 배치된 사드 시스템은 한중 협력과 한중 빅딜로 해결할 수 있지만, 북한 핵무기 실전배치는 전면전이나 핵전쟁으로 확산될 가능성이 매우 높다는 점을 강조해야 한다.

셋째, 한중은 '제2차 한중 빅딜'로 북핵 문제의 해결을 능동적으로 시도할 수 있다는 점을 강조해야 한다. 기존 북미 대화를 통한 북핵 문제의 해결은 상호 비방과 무력 대결의 지속에 의한 적대관계 조성으로 인해 연속해서 실패했다. 그러나 한중은 북미 간의 대립이나 갈등과는 달리 대화와 빅딜의 방식으로 문제의 해결을 시도할 수 있다.

한중은 오히려 한국의 미중 대국 딜레마와 중국의 남북 한반도 딜레마 사이에서 한중 간의 공동이익 찾기를 통해 해결 방안을 만들 수 있다. 첫째, 한중은 '제2차 한중 빅딜'을 추진할 필요가 있다. 과거 약 9년(1983-1992) 동안, 한중은 필자가 강조하는 '제1차 한중 빅딜', 즉 한중 수교를 위한 비밀 담판을 진행했다. 이제 한중 양국은 '제2차 한중 빅딜'을 추진할 절호의 시기를 맞이했다. 둘째, '한·미·중'의 '삼각 빅딜'이다. '한중 빅딜' 이후에는 '한·미·중'의 '삼각 빅딜' 진행으로 북핵 문제의 해결과 통일 한반도 이후의 문제를 논의해야 한다.

'한중 빅딜'과 '한·미·중 빅딜'에서 한미는 세 가지 기본 조항을 중국에게 제시하여 중국을 안심시켜야 한다. 첫째, 북한 사회주의 체제 유지를 보장함과 동시에, 남북이 1국 2체제의 장기적인 통일 방침을 제시해야 한다. 둘째, 북한 정권 교체를 통한 비핵화 달성을 합의함과 동시에, 북한의 새로운 집단지도 체제와 점진적 개혁개방을 추진하도록 합의해야 한다. 셋째, 한반도 통일 이후, 주한미군은 38선을 넘지 않아야 하고, 향후 한미 간의 협의를 거쳐 점진적으로 철수할 것임을 제시해야 한다.

이 모든 과정에서, 특히 필자가 강조하는 것은 중국에 대한 한국의 협상력 제고가 가장 필요하다는 점이다. 과거 '제1차 한중 빅딜'에서는 한국에게 '경제력'과 '경제 발전 경험'이라는 협상력이 존재했다. 그러나 G2로 성장한 중국은 현재 한국의 협상력이 별로 없다고 판단한다. 한중 협력에 대한 중국의 전략은 처음부터 지금까지 철저한 국익 우선의 관점에서 지속되어 왔다. 문재인 정부는 특히 중국의 이러한 전략을 반드시 주목해야만 한다.

저자 프로필

제1부: 정치외교 분야

김상순

- **한국 활동**

동아시아평화연구원 원장

대통령 직속 북방경제협력위원회 국제관계전문위원회 전문위원

통일부 통일교육위원 & 북경협의회 회장

(사)한국정책재단 상임이사

아태평화기금회 고문

한국일보 차이나포럼 자문위원 & 칼럼니스트

월간조선 중국전문위원

한국정책재단 & 세한대학교 굿리더과정 초빙교수

SGI & 삼일회계법인 남북경제협력 최고위과정 초빙교수

Korea Peace Network(문재인 캠프) 발기인&공동대표

(사)한반도개발협력연구소 운영이사

(사)통일아카데미 교육위원

(사)아시아문화경제진흥원 자문위원

(사)한중기업연합회 이사

한국다문화중앙회 상임자문위원

서울미디어대학원대학교 초빙교수

칼럼니스트(『월간조선』, 『아주경제』, 『데일리NK』, 『뉴데일리』, 『월간충호』, 『서울신문』, 『월간신용경제』, 『중국전문가포럼』) 등

• **중국 활동**

차하얼(察哈尔) 학회 연구위원
차하얼(察哈尔) 학회 일대일로연구센터 연구위원
중국 공공외교&평화연구회 회원
후베이성(湖北省) 딩화영(丁华永) 미술관 국제고문
허난성(河南省) 北国之春 미디어그룹 국제영상문화 교류 고문
홍콩봉황위성(香港鳳凰衛星)TV 국제패널리스트
봉황왕대학문(鳳凰網大學問) 동아평화특강 초빙교수&사회자
봉황동아평화원탁(鳳凰東亞和平圓卓)토론 프로그램 기획&사회자
홍콩둬웨이 동아평화원탁(多维東亞和平圓卓)토론 프로그램 기획&사회자
『둬웨이(多维) 신문』 특약평론인
『둬웨이(多维) 월간』 특약평론인
『홍콩01(香港01)』 특약평론인
시나닷컴(新浪网) 『천하주간(天下週刊)』 연구위원
중국중앙재정(中央財政)대학 방문학자
칼럼니스트: 『중궈왕(中國網)』, 『평황왕(鳳凰網)』, 『신랑왕(新浪網)』, 『궈지자이셴(國際在線)』, 『중궈핑론서(中國評論社)』, 『환추왕(環球網)』, 『런민화바오(人民畵報)』, 『차이신스제왕(財新世界網)』, 『텅쉰궈지(騰訊國際)』 등

• **학력**

북경(北京)대학교 국제관계학 박사
북경(北京)대학교 CEO-EMBA
칭화(清华)대학교 CEO-EMBA
대만(台湾)대학교 사회학 석사

• **한글 저서**

- 저작: 『동아시아의 미래: 통일과 패권전쟁』, 서울: 북코리아, 2014. 9.
- 번역: 『창조적 개입: 중국의 글로벌 역할의 생성』, 서울: 북코리아, 2016. 2.
- 편저: 『시진핑 신 글로벌 전략과 한반도의 미래』, 서울: 북코리아, 2016. 12.
- 공저: 『한반도 경제통일을 디자인하라』, 서울: 중소기업중앙회, 2017. 5.

- **중국어 저서**
  - 참여: “东北亚问题与中国新一代『创造性介入』”, 자칭궈(贾庆国) 主编: 『全球治理: 保护的责任』, 北京: 新华出版社, 2014. 6., pp. 165-188.
  - 공동 편저&저작: 왕충(王冲), 김상순, 『东北亚和平之路: 东北亚如何合作』, 北京: 察哈尔学会, 2017. 8.

- **기타**

한중 각종 언론매체에 230여 편 칼럼 발표
봉황위성 등 TV 생방송 및 녹화방송의 외교 및 국제정치와 안보 문제 TV 토론에 약 60여 차례 패널로 참여

왕성(王生)

길림대학교 행정대학원 국제정치학 교수
한반도 协同创新中心 초빙연구위원
동아시아평화연구원 정치외교연구센터 부원장
한국 사회과학원 객좌연구위원
고려대학교 정치학 박사
선전(深圳)위성 평론위원
봉황위성 Tiger Talk(一虎一席谈) 패널 등

량야빈(梁亚滨)

중공중앙당교 국제전략연구원 부교수
盘古智库 고급연구위원
동아시아평화연구원 정치외교연구중심 연구위원
북경대학 국제관계학 박사

장첸저(张茜喆)

중공중앙당교 국제전략연구원 석사생

덩위원(邓聿文)

차하얼(察哈尔) 학회 고급연구위원
정치학자
동아시아평화연구원 정치외교연구센터 연구위원
국제관계 연구학자

정지용(郑继永)

푸단(复旦) 대학교 조선한국연구소 소장, 부교수
상해조선반도연구회 비서장
중국 국가해양-변계권익연구원 연구원
한국 서울대학교 방문학자
북한 김일성종합대학 방문학자
한국 경남대학교 극동문제연구소 박사후연구원(연구 분야: 한반도 정치, 한국 정당정치, 북한 권력구조 등)

왕리원(王利文)

산동재경대학 국제정치 & 경제연구소 강사
동아시아평화연구원 정치외교연구센터 연구위원
산동대학 국제정치학 박사

리쟈청(李家成)

랴오닝(辽宁) 대학 국제관계대학원 국제정치학 부교수
랴오닝(辽宁) 대학 국제경제정치연구센터 연구위원
랴오닝(辽宁) 대학 동북아연구원 연구위원
서울대학교 방문학자

장리리(姜黎黎)

동아시아평화연구원장 비서 & 정치외교연구센터 연구위원
북경사범대학 박사생

이상기

한양대학교 국제정치학 석사
몽골국립대학교 법학대학원 법학박사
前 주중한국대사관 국방무관
(사)한중지역경제협회 회장
한중안보평화포럼 대표
용인대학교 중국어과 겸임교수
서울미디어대학원대학교 초빙교수

제2부: 경제발전 분야

우진훈

북경외국어대학 국제상학원 교수
남경재경대학 국제경제무역학원 객좌교수
동아시아평화연구원 부원장
중일한(CJK) 포럼 총간사
『China Daily』 객원 칼럼니스트
통일부 해외교육위원

히요시 히데마쓰(日吉秀松)

일본대학 부교수
한국 동아시아평화연구원 경제발전연구센터 연구위원
일본대학 국제관계학 박사

쟈오전(赵贞)

산동정법대학 부교수
한국 동아시아평화연구원 정치외교연구센터 연구위원

취펑페이(曲鵬飞)

국가행정학원 연구원
한국 동아시아평화연구원 정치외교연구센터 연구위원

왕샤오커(王箫轲)

길림대학 동북아연구원 국제정치연구소 강사
한국 동아시아평화연구원정치외교연구센터 연구위원
경제학 박사

진샹단(金香丹)

길림대학 동북아연구원 세계경제연구소 박사연구생

리동신(李冬新)

청도과기대학 경제관리학원 부교수
동아시아정치경제연구센터 부주임
복단대학 한국연구센터 겸임연구원
한국 동아시아평화연구원 정치외교연구센터 연구위원

제3부: 사회문화 분야

장궈빈(張國斌)

차하얼(察哈爾)학회 비서장(秘書長), 고급연구위원
前 스트라스부르 총영사

구자원

북경외국어대학교 한국어학과 외국인 교수
북경대학교 역사문화중심 연구원

동아시아평화연구원 문화사회연구센터 주임 겸 고급연구위원
통일부 해외교육위원

우펑(武鵬)

서남(西南)대학교 정치와 공공관리(政治與公共管理)학부 부교수
서남대학교 국제문제 연구소(國際問題研究所) 사무국장
동아시아평화연구원 정치외교연구센터 연구위원

펑위안(馮媛)

서남(西南)대학교 정치와 공공관리학부 학생

우페이(吳非)

기남(暨南)대학교 신문방송 학부 교수
차하얼(察哈爾)학회 고급연구위원
중국과 전 세계(中國與全球化) 싱크탱크 고급연구위원
동아시아평화연구원 정치외교연구센터 고급연구위원

판레이(范磊)

국제정치학 박사
산동 정법(政法)대학 사회안정과 위기관리(社會穩定與危機管理) 연구센터 재직
차하얼(察哈爾)학회 연구위원
동아시아평화연구원 정치외교연구센터 연구위원(주요 연구 분야: 공공외교, 비교정치, 평화학(和平學))

양사오칭(楊曉青)

산동 정법(政法)대학 미디어학부(문화예술전파(文化藝術傳播) 연구센터) 재직(주요 연구 분야: 문화전파, 정부홍보)

하이쩌룽(海澤龍)

산동청년정치학원 강사
동아시아평화연구원 정치외교연구센터 연구위원
북경대학교 국제관계학원 국제정치학 박사

왕충(王冲)

차하얼(察哈爾)학회 부비서장(副秘書長), 고급연구위원

류청(劉成)

차하얼(察哈爾)학회 고급연구위원
남경대학교 역사학과 교수